"十三五"国家重点出版物出版规划项目

地球观测与导航技术丛书

国家科学技术学术著作出版基金资助出版

# 空间数据挖掘理论与应用

## （第三版）

李德仁　王树良　李德毅　著

科 学 出 版 社

北 京

# 内 容 简 介

　　面向大数据，本书提出数据场、云模型、挖掘视角、李德仁法等空间数据挖掘的新方法，揭示在不同层次"规则+例外"的挖掘机理，总结数据源的内容和管理，研究遥感图像的大规模智能检索、地物分类和变化检测，时空分布的视频数据挖掘，夜光遥感图像挖掘，滑坡监测数据挖掘，以及GIS数据的关联规则、分布规则、决策规则和聚类挖掘，成功用于"一带一路"沿线的城市发展评估、国际热点区域的人道主义灾难评估、公共安全事件的监测预警、无人机视频的动态目标跟踪、火车车轮的形变检测、土地利用的分类与变化检测、滑坡监测的数据挖掘、银行选址的预测评估、区域经济分析等领域，研制了空间数据挖掘系统 SDMsystem，实现了从空间大数据向大价值的实质转换。

　　本书可供空间数据挖掘、计算机科学、地球空间信息科学、数据科学、地理信息系统、遥感、全球定位系统、数据分析、人工智能、认知科学、资源规划、灾害防治、管理科学等领域的研究人员和开发人员使用，亦可作为高等学校相关专业的本科生、研究生教学用书和参考用书。

**图书在版编目（CIP）数据**

　　空间数据挖掘理论与应用/李德仁，王树良，李德毅著. —3 版. —北京：科学出版社，2019.6
　　（地球观测与导航技术丛书）
　　ISBN 978-7-03-059999-5

　　Ⅰ. ①空⋯　Ⅱ. ①李⋯　②王⋯　③李⋯　Ⅲ. ①空间信息系统–数据处理
Ⅳ. ①P208.2-39

中国版本图书馆 CIP 数据核字(2018)第 274608 号

责任编辑：苗李莉　李秋艳 / 责任校对：何艳萍
责任印制：吴兆东 / 封面设计：图阅社

**科 学 出 版 社** 出版
北京东黄城根北街 16 号
邮政编码：100717
http://www.sciencep.com

**北京虎彩文化传播有限公司** 印刷
科学出版社发行　各地新华书店经销

\*

2019 年 6 月第　一　版　　开本：787×1092　1/16
2022 年 1 月第三次印刷　　印张：24
字数：570 000
**定价：99.00 元**
（如有印装质量问题，我社负责调换）

# 作者简介

**李德仁**　德国斯图加特大学博士，瑞士苏黎士联邦理工大学名誉博士，摄影测量与遥感学家，武汉大学教授，博士研究生导师，中国科学院地学部院士，中国工程院电子信息学部院士，国际欧亚科学院院士，国际宇航科学院院士，第九届全国政协委员，武汉大学学术委员会主任，测绘遥感信息工程国家重点实验室学术委员会主任，中国测绘学会理事长，武汉"中国光谷"首席科学家，国际摄影测量与遥感学会名誉会员。历任全球对地观测卫星委员会中国副主席和一体化全球观测战略伙伴关系联合主席之一，亚洲地理信息学会创会会长，国家有突出贡献的中青年专家，国家"973"专家顾问组成员，国务院学位委员会评议组成员，国家自然科学基金委员会学科评议组成员，中国测绘学会理事长，国际摄影测量与遥感学会第III委员会主席 (1988～1992 年)和第VI委员会主席(1992～1996 年)，测绘遥感信息工程国家重点实验室主任，原武汉测绘科技大学校长。1982 年，他提出选权迭代法，被国际测量学界称为"李德仁方法"；1985 年，他提出可靠性理论，科学地"解决了测量学上一个百年来的问题"；20 世纪 90 年代，他提出地球空间信息学的概念和理论体系；1994 年，他提出并奠定空间数据挖掘的基础；21 世纪以来，他又提出广义和狭义空间信息网格，推进数字地球与智慧地球建设。他在多方面的独到建树，直接推动了技术进步和产业发展，其成果相继获得原联邦德国"汉莎航空测量奖"、国家科技进步奖二等奖等 10 余项奖励。已发表论文 650 余篇，出版专著 11 部；培养硕士研究生 80 多名，博士研究生 130 多名，5 篇被评为全国优秀博士学位论文。

**王树良**　第 11 届中华全国青年联合会委员，教育部新世纪优秀人才，教育部软件工程专业教学指导委员会委员，北京理工大学教授、博士生导师、电子政务研究院执行院长，中国指挥与控制学会青年科学家，提出了空间数据挖掘相互作用理论，获全国优秀博士学位论文、中国电子信息领域 2019 优秀论文、约翰威利 2017 年数据挖掘与知识发现类最佳论文、第五届国际信息科学年会杰出研究成果等。创办了现代数据挖掘与应用国际学术会议。发明专利授权 9 项。

**李德毅**　计算机工程和人工智能专家，中国工程院院士，欧亚科学院院士，现任中国指挥与控制学会名誉理事长，中国人工智能学会理事长，国家信息化专家咨询委员会委员，总参信息化部研究员，少将军衔，博士研究生导师，清华大学、国防大学兼职教授。在国际上最早提出"控制流—数据流"图对理论，1985 年被国际 IEE 总部授予计算机和控制类年度期刊最佳学术成果奖；1999 年攻克世界难题"三级倒立摆动平衡"问题，获得世界自动控制联合会杰出论文奖；长期从事云模型、云计算、数据挖掘、复杂网络、智能驾驶等研究，出版英文专著 3 部，获得国家发明专利 10 项，国家和军队级科技进步奖 18 项，发表学术论文 180 余篇，主编技术书籍 7 部，培养博士、硕士研究生百余名。被国家授予有突出贡献的回国留学人员，国家有突出贡献的中青年专家，享受政府特殊津贴，获得何梁何利奖和军队专业技术重大贡献奖。

# "地球观测与导航技术丛书"编委会

**顾问专家**

徐冠华　龚惠兴　童庆禧　刘经南　王家耀
李小文　叶嘉安

**主　编**

李德仁

**副主编**

郭华东　龚健雅　周成虎　周建华

**编　委**（按姓氏汉语拼音排序）

鲍虎军　陈　戈　陈晓玲　程鹏飞　房建成
龚建华　顾行发　江碧涛　江　凯　景贵飞
景　宁　李传荣　李加洪　李　京　李　明
李增元　李志林　梁顺林　廖小罕　林　珲
林　鹏　刘耀林　卢乃锰　间国年　孟　波
秦其明　单　杰　施　闯　史文中　吴一戎
徐祥德　许健民　尤　政　郁文贤　张继贤
张良培　周国清　周启鸣

# "地球观测与导航技术丛书"编写说明

地球空间信息科学与生物科学和纳米技术三者被认为是当今世界上最重要、发展最快的三大领域。地球观测与导航技术是获得地球空间信息的重要手段,而与之相关的理论与技术是地球空间信息科学的基础。

随着遥感、地理信息、导航定位等空间技术的快速发展和航天、通信和信息科学的有力支撑,地球观测与导航技术相关领域的研究在国家科研中的地位不断提高。我国科技发展中长期规划将高分辨率对地观测系统与新一代卫星导航定位系统列入国家重大专项;国家有关部门高度重视这一领域的发展,国家发展和改革委员会设立产业化专项支持卫星导航产业的发展;工业和信息化部、科学技术部也启动了多个项目支持技术标准化和产业示范;国家高技术研究发展计划(863 计划)将早期的信息获取与处理技术(308、103)主题,首次设立为"地球观测与导航技术"领域。

目前,"十一五"规划正在积极向前推进,"地球观测与导航技术领域"作为 863 计划领域的第一个五年规划也将进入科研成果的收获期。在这种情况下,把地球观测与导航技术领域相关的创新成果编著成书,集中发布,以整体面貌推出,当具有重要意义。它既能展示 973 计划和 863 计划主题的丰硕成果,又能促进领域内相关成果传播和交流,并指导未来学科的发展,同时也对地球观测与导航技术领域在我国科学界中地位的提升具有重要的促进作用。

为了适应中国地球观测与导航技术领域的发展,科学出版社依托有关的知名专家支持,凭借科学出版社在学术出版界的品牌启动了《地球观测与导航技术丛书》。

丛书中每一本书的选择标准要求作者具有深厚的科学研究功底、实践经验,主持或参加 863 计划地球观测与导航技术领域的项目、973 计划相关项目以及其他国家重大相关项目,或者所著图书为其在已有科研或教学成果的基础上高水平的原创性总结,或者是相关领域国外经典专著的翻译。

我们相信,通过丛书编委会和全国地球观测与导航技术领域专家、科学出版社的通力合作,将会有一大批反映我国地球观测与导航技术领域最新研究成果和实践水平的著作面世,成为我国地球空间信息科学中的一个亮点,以推动我国地球空间信息科学的健康和快速发展!

李德仁

2009 年 10 月

# 序　一

　　计算机技术的不断进步，使得人们从最初的用它代替人工计算，扩展为用计算机系统来模仿人类的视觉、听觉及其思维等高级智能。人们曾经为建立计算机专家系统而努力工作，但不久就遇到了难于建立专家知识库的问题。随后，计算机专家们就转向机器学习，试图让计算机像人一样，有自学习功能。但这种努力也遇到问题，即让计算机从哪儿学习呢？正在这种步履维艰之时，计算机数据库技术有了突飞猛进的发展，大量的数据通过文字、图表图像、多媒体技术等手段被送到计算机中，数据库体之大可以达到上千个 TB 的量级。到了 20 世纪 90 年代，数据挖掘（或知识发现）作为数据库技术、人工智能技术、数据处理技术和可视化技术的集成而变得越来越引人注目。人们终于认识到很多知识原来就隐藏在大量的数据之中。从数据库中通过数据库管理系统和应用程序可以获得信息；而从数据库中通过一个知识发现的工具应当可以获得知识，这些知识可以自动构成计算机专家系统的知识库。

　　1993 年，李德毅院士把计算机科学界开展数据挖掘的研究动向告诉了其兄长李德仁院士。当时，李德仁院士认为空间数据库的数量、大小和复杂性也都在激增，特定问题或特定环境下的空间数据，似乎是一种原始的、混乱的、不成形的自然状态积累，但又是一种可以从中生长出秩序和规则的源泉，为什么不可以研究空间数据挖掘呢？1994 年，李德仁院士在加拿大第五届 GIS 年会上提出了 "Knowledge Discovery from GIS" 的理念，建议在智能化 GIS 中利用从数据库发现知识(KDG)的方法，透过表观上的千头万绪、杂乱无章，去挖掘蕴涵其中的规则性、有序性、相关性和离群性。

　　随后，李德仁院士和李德毅院士兄弟二人筹划共同指导空间数据挖掘的博士研究生。由于该项研究的难度较大，直到 1995 年邸凯昌决定跟随他们做博士学位论文后，他们的上述想法才得以初步实现。在完成其博士学位论文后，邸凯昌博士去了美国俄亥俄州立大学做博士后，武汉大学出版社将其博士学位论文出版。1999 年，在邸凯昌博士学位论文答辩时，他们发现王树良对空间数据挖掘有浓厚的兴趣和一定的研究基础，于是又指导王树良在邸凯昌的基础上继续向前研究。后来，他们组建了自己的研究团体，目前已经发展为由数十名院士、教授、副教授、博士后、博士研究生和硕士研究生组成的老、中、青相结合，地球空间信息科学和计算机科学等学科交叉的梯队。兄弟二人敏捷的思维、渊博的学识、高屋建瓴的学术视野、实事求是的治学态度、执着的人生信念和宽以待人的品质，引导和激励着整个研究团体，在空间数据挖掘的道路上逐步前进。

　　这部力作，系统地研究了空间数据挖掘的国内外进展，在概述了可用于空间数据挖掘的理论方法的基础上，主要提出了云模型、数据场、地学粗空间和空间数据挖掘视角等新技术，构建了空间数据挖掘金字塔，全面分析了空间数据挖掘的数据源及其清理方式，导出了空间观测数据清理的选权迭代法，研究了基于空间统计学的图像挖掘，提出了"数据场—云"聚类算法、基于数据场的模糊综合聚类算法和基于数学形态学的聚类知识挖掘算法，研究了基于归纳学习的空间数据挖掘、基于概念格的遥感图像挖掘和 GIS 数据挖掘。为了展现空间数据挖掘的可操作性，该书具体研究了长江三峡宝塔滑坡监测、银行经营收益分析及选址评价、遥感图像土地利用分类、土地资源评价、火车运行安全检测等多个关系国计民生的空间数据挖掘实例。最后，自主研制了一个空间数据挖掘原型系统。

可见，作者们既有地球空间信息科学的背景，又具备计算机科学的知识，从事理论研究和应用开发多年，而且都有所建树，是地球空间信息科学和计算机科学在空间数据挖掘中真正有机的交叉、融合和升华。在空间数据挖掘中，同时可以满足地球空间信息科学的学者掌握计算机科学的要求，以及计算机科学的学者了解地球空间信息科学的需要。在研究空间数据挖掘时，他们紧密围绕空间数据的特点，理论切实联系实践，并始终以解决实际问题为要旨。

在科学界，如果说兄弟院士不多的话，那么不同学科的兄弟院士共同指导的博士就更少了。更进一步，兄弟院士共同指导自己的博士，联名著述的，就更少之又少了。李德仁院士和李德毅院士，为其中之一，令人敬佩！他们第一次把自己最近十几年来在空间数据挖掘中的丰富研究成果汇集熔炼，凝聚了系列国家重大课题的创新研究及其横向应用成果，汇总了十几名教授、副教授、博士后、博士和硕士的智慧。创新内容突出，利用自己的创新成果研究空间数据挖掘，而不是单纯利用已有的数据挖掘策略。绝大部分成果都已经被邀请在国际会议上作口头报告，并在交流时获得与会国际同行学者的赞同。而且，部分成果已经在国际学术期刊发表，为 SCI、EI、ISTP 等国际权威检索机构收录。理论研究始终以解决实际应用问题为要旨，积极把理论成果应用在关系国计民生的实际问题中，服务社会，造福人民。如长江三峡滑坡监测。全书内容丰富，结构严谨，层次清晰，逻辑严密。成稿后多人阅读，多次征求意见，数易其稿，精益求精。这种一丝不苟的治学态度，值得称赞和学习。

随着信息时代、网络社会和知识经济的走来，空间数据挖掘开始引起越来越多学者的兴趣。目前，它已经成为国际研究的热门课题。祝作者的研究更上一层楼，做出更大的成就！愿空间数据挖掘的理论和应用研究，开放出更多、更鲜艳的花朵。

陈述彭

中国科学院院士

2005 年 1 月 28 日

# 序　二

Rapid advances in the acquisition, transmission, and storage of data are producing massive quantities of big data at unprecedented rates. Moreover, the sources of these data are disparate, ranging from remote sensing to social media and thus possess all three of the qualities most often associated with big data: volume, velocity, and variety. Most of the data are geo-referenced, that is, geospatial. Furthermore, internet-based geospatial communities, developments in volunteered geographic information, and location-based services continue to accelerate the rate of growth and the range of these new sources. Geospatial data have become essential and fundamental resources in our modern information society.

In 1993, Professor Deyi Li, a scientist in artificial intelligence, talked with his older brother, Professor Deren Li, a scientist in geographic information science and remote sensing, about data mining in computer science. At that time, Deren believed that the volume, variety, and velocity of geospatial data were increasing rapidly and that knowledge might be discovered from raw data through spatial data mining. At the Fifth Annual Conference on Geographic Information Systems (GIS) in Canada in 1994, Deren proposed the idea of knowledge discovery from GIS databases (KDG) for uncovering the rules, patterns, or outliers from spatial datasets in intelligent GIS. Subsequently, both brothers were far-sighted in co-supervising two doctoral research students, Mr. Kaichang Di (from 1995 to 1999) and Mr. Shuliang Wang (from 1999 to 2002), to study spatial data mining by combining the principles of data mining and geographic information science. Shuliang's doctoral thesis was awarded one of China's National Excellent Doctoral Thesis prizes in 2005.

It is rare that Deren and Deyi, brothers but from different disciplines, collaborated and co-supervised a graduate student, Shuliang. It is even rarer for them to have co-authored a monograph. Together, they have fostered a research team to undertake their pioneering work on the theories and applications of spatial data mining.

Their knowledge and wisdom about spatial data mining is manifested in this book, which offers a systematic and practical approach to the relevant topics and is designed to be readable by specialists in computer science, spatial statistics, geographic information science, data mining, and remote sensing. There are various new concepts in this book, such as data field, cloud model, mining view, mining pyramid, clustering algorithms, and the Deren Li methods. Application examples of spatial data mining in the context of GIS and remote sensing also are provided. Among other innovations, they have explored spatiotemporal video data mining for protecting public security and have analyzed the brightness of nighttime light images for assessing the severity of the Syrian Crisis.

This monograph is an updated version of the authors' books published earlier by Science Press of China in Chinese: the first edition in 2006 and the second in 2013. The authors tried their best to write this book in English, taking nearly 10 years to complete it. I understand that

Springer, the publisher, was very eager to publish the monograph, and one of its Vice Presidents came to China personally to sign the publication contract for this English version when the draft was ready.

After reading this book, I believe that readers with a background in computer science will have gained good knowledge about geographic information science; readers with a background in geographic information science will have a greater appreciation of what computer science can do for them; and readers interested in data mining will have discovered the unique and exciting potential of spatial data mining. I am pleased to recommend this monograph.

Michael Frank Goodchild
Emeritus Professor of Geography at the University of California, Santa Barbara
Former Director of UCSB's Center for Spatial Studies
Member of the National Academy of Sciences
Member of the American Academy of Arts and Sciences
Foreign Member of the Royal Society of Canada
Foreign Member of the Royal Society
Corresponding Fellow of the British Academy
August 6, 2015

# 序　三

The technical progress in computerized data acquisition and storage results in the growth of vast databases. It has become an imminent bottleneck that data are excessive while knowledge is scarce. Among the excessive data, 80% are geo-referenced, i.e. spatial data. Faced with the large mounts of increasing spatial data, a terminal user has more difficulty in understanding them without the helpful knowledge from spatial databases. In order to overcome the bottleneck, spatial data mining was proposed under the umbrella of data mining. Now, a growing attention has been paid to it.

Besides the common public properties of data mining, spatial data mining has its own private characteristics. Spatial data includes not only positional data and attribute data, but also spatial relationships among spatial entities. Moreover, spatial data structure is more complex than the tables in ordinary relational databases. Besides tabular data, there are vector and raster graphic data in spatial database. However, people have almost studied spatial data mining in the context of data mining, paying inadequate attention to the spatial characteristics.

Professor Deren Li is an Academician of Chinese Academy of Science and an Academician of Chinese Academy of Engineering in Geo-informatics. He proposed the knowledge discovery from geographical databases (KDG) on the international conference on GIS in 1994. Professor Deyi Li is an Academician of Chinese Academy of Engineering in computer science, especially to data mining. The brothers both supervised Dr. Shuliang Wang, whose thesis was honored one of the best 100 Ph.D. theses in China. Moreover, their group have successfully applied and finished more than 10 projects on spatial data mining, such as National Natural Science Fund of China (NSFC), National Key Fundamental Research Plan of China (973), National High Technique Research and Development Plan of China (863), China Postdoctoral Science Foundation and so on. At the same time, their theoretical and technical results have been applied to support and improve spatial data-referenced decision-making in the real world. During the process of their study, the fundamental theories on data mining in computer science are really combined with the spatial characteristics. Their work has further been accepted by the scholars in the world, of course, including myself.

In this monograph, there are several contributions. Some new techniques are proposed, i.e. cloud model, data fields, geo-rough space, mining view-angels, and a pyramid of spatial data mining. The discovery mechanism is believed to be a process of discovering a form of rules plus exceptions at hierarchal view-angles with various thresholds. Three algorithms are also put forward on spatial data cleaning, which are the iterative weight selection, cloud model based Delphi hierarchy process and Vectorizing-Matching on character string and numerical data. And three clustering techniques are further given, i.e. clustering discovery with cloud model and data fields, fuzzy clustering under data fields, and mathematical morphology based clustering. Image databases are mined with spatial statistics, inductive learning, and conceptual lattice. The applicability and examples are further studied, such as monitoring landslides near Yangtze River, deformation recognition on train wheels, land classification on remote-sensed image data, land resources evaluation, uncertain reasoning, and bank place selection. Finally, a prototype system on spatial data mining is developed.

Seen from the abovementioned, the monograph of "Spatial data mining theories and applications" is the fruits of a collective work. The authors really study spatial data mining as an interdisciplinary subject, along with the applicability.

Thank the authors for inviting me to share their contributions earlier. And I am really pleased to recommend this monograph to you.

Lotfi A. Zadeh
Founder of fuzzy set
Member of the U.S. Academy of Engineering
Professor in Department of EECS,
University of California, Berkeley
July 31, 2005

# 序　四

现代数据采集技术的发展，促使数据量迅速膨胀，也导致了人们利用数据的困难。数据挖掘应运而生，空间数据挖掘为其主要的研究内容。长期以来，人们常常使用数据挖掘的方法研究空间数据挖掘，而较少考虑空间数据的独有特征。实际上，相对一般的事务数据挖掘而言，空间数据挖掘更为复杂，挖掘的对象不仅包含位置数据和属性数据，还有实体间的空间关系，而且空间数据的结构也比较复杂，既有表格数据，也有矢量数据和栅格数据。

李德仁院士是地球空间信息科学的专家，他首次提出了"Knowledge Discovery from GIS"的理念。李德毅院士是计算机科学的专家，他也较早研究数据挖掘。为了把数据挖掘原理和地球空间信息科学有机整合，从本质上研究空间数据挖掘，他们兄弟二人先后共同指导了邸凯昌、王树良两位博士。两位院士高屋建瓴，不仅成功培养了邸凯昌和王树良，还培育了一个空间数据挖掘的研究团队，并共同指导他们对空间数据挖掘展开了卓有成效的开创性研究。而且，他们的研究团队成功申请并出色完成了国家自然科学基金等多项课题，并把研究成果成功地应用于滑坡灾害监控等关系国计民生的实际问题。他们的很多成果，在国际交流时获得同行学者的认可，引起国际学术界的关注。

更为可贵的是，李德仁院士和李德毅院士携王树良博士，集中自己研究团队多年来的空间数据挖掘智慧，汇集熔炼成为一本专著，并强调系统性、可读性和可操作性。该书的可读之处良多，既有云模型、数据场、地学粗空间、挖掘视角、挖掘金字塔和挖掘机理等创新技术，又有崭新的数据清理法和聚类算法，还研究了遥感图像分类、宝塔滑坡监测、银行收益评价、土地资源评价、火车安全检测等多个实例等。纸短笔陋，实难以尽述。

阅读该书，计算机科学的读者可以了解地球空间信息科学的知识，地球空间信息科学的读者可以学习计算机科学的知识，数据挖掘的读者可以发现空间数据挖掘的独特魅力，空间数据挖掘的读者可以找到自己的归宿。

有幸先读该书，在赞赏作者的丰厚学术成果之余，也向大家鼎力推荐这本力作。

韩家炜

Jiawei Han

2006 年 8 月 16 日

# 第三版前言

数据是基础战略资源，大数据提供了人类认识复杂系统的新思维和新手段，正在引导社会进入以数据的深度挖掘与融合应用为特征的智慧化阶段，为政、产、学、研、用各界共同关注。时间和空间是大数据的基本属性，用空间数据构建世界，从空间数据中发现隐含的知识，增进人类智慧，是大数据研究的重要内容。

从1994年提出GIS数据挖掘，带领团队跨学科躬耕于空间数据挖掘，几代人潜心研究，二十余载如一日。昔日青丝已是华发，方有结晶《空间数据挖掘理论与应用》。迄今已有中文第一版、第二版和英文版。《科学通报》誉之"空间数据挖掘的里程碑式力作"，Springer Nature荐为"聚焦中国科研"高影响力著作计算机科学榜首，捧得第五届中华优秀出版物奖图书奖。幸获赞同和鼓励，感恩不已。

空间数据挖掘耕耘不辍。面向空间数据挖掘的瓶颈——地理信息科学数据和遥感图像，研究空间知识发现的一般性理论，集中攻克时空分布的视频数据挖掘、夜光遥感数据挖掘的难点，研究基于深度学习的遥感图像智能检索，融合大数据、人工智能、云计算等先进技术于一体，解决多源遥感图像内容及目标特征的准确提取、大数据内容索引、在线语义分析与理解等诸多难题。在"一带一路"、减灾防灾、空间资源配置、智慧城市、公共安全等实际领域，获得了有价值的应用成果。顾及遥感技术的发展趋势，遥感图像挖掘也扩充为现在的五章（遥感图像智能检索、遥感图像分类、遥感图像变化检测、时空分布的视频数据挖掘、夜光遥感图像挖掘）。

第三版的过程稿和最终成稿，国内外同行观之多次，皆谓之深入多学科的交叉融合、在学科研究方向和内容上获得了新突破，寄望其引领大数据的空间数据挖掘新时代。本书出版得到了国家自然科学基金（61472039）、国家重点研发计划（2016YFC0803000，2016YFB0502604）、国家网信办重大支撑（xxhj-2018-009）、北京市科技重大专项（Z171100005117002）等项目资助。

再次感谢支持和帮助第一版、第二版、英文版的老师！感谢江碧涛、胡瑞敏、眭海刚、肖志峰、李熙、冯文卿、江俊君、徐川、蔡琳、吕瑞鹏、韩镇、王正、梁超、肖晶、刘传鲁等老师对第三版撰写的支持和帮助。

脱稿之时，第一作者适逢八十大寿，愿以不停歇的思考，继续创新。

蓦然回首，第三版理论为经，应用为纬，融第一版、第二版、英文版之精华，剥茧抽丝，再谱新篇，已然重生。历时数载，披星戴月，方成初稿。群贤再观，画龙点睛，闻则改之。如此数次，谬误遁形，方敢付梓。纵然如此，难免错漏，尚请读者持续关爱指正，感激不已。

遥思陈述彭院士为序的音容，追梦王新洲教授指正的笑貌，恍若眼前，谨此思忆，砥砺再前。

李德仁　王树良　李德毅

2018 年 8 月 16 日

# 第二版前言

　　大数据、智能生产和无线网络三大技术变革将引领新的经济繁荣。大数据体量巨大、多种多样、高速变化、真实质差，其中，大约 80%的数据与空间位置有关。大数据价值的公认规则是用数据说话，首要前提是保持大数据始终有用的活性，最终价值则是以大数据增进人类智慧。可是，截至 2003 年，人类总共创造了 5EB 数据，而 2011 年一年产生与复制的信息量超过了 1.8ZB，"空间数据海量而知识贫乏"的瓶颈问题日益严重，空间数据挖掘的地位与日俱增。

　　本书第一版出版后，获得国内外同行学者赞同，连续印刷 2 次，《科学通报》誉其为"空间数据挖掘的里程碑式力作"，为专业工具书 *Handbook of Geographical Information* 收录。在此过程中，作者虽然深知空间数据挖掘研究之困难，但是坚持带领团队在空间数据挖掘理论研究和应用服务的道路上默默耕耘，也在学术论文、技术发明专利、原型系统等领域的海滩有幸捡到漂亮的贝壳，为同行共赏。例如数据场这个贝壳，因为技术原创性、写作水平、学术影响、未来前景等指标优秀，2012 年被 IGI Global 评为 the Fifth Annual InfoSci®-Journals Excellence in Research Awards。同时，很多读者来信，希望我们不是孤芳自赏，而是继续向社会分享，而且有的读者还提出了很多建设性意见，甚为感动。感动之余，我们不敢丝毫怠慢同行，也认为自己到了分阶段躬身自省研究历程的时候，是以开始第二版的写作，并得到了国家自然科学基金（61173061、71201120）、高等学校博士学科点专项科研基金（20121101110036）、教育部长江学者和创新团队发展计划（IRT1278）等项目资助。

　　心怀对空间数据挖掘的敬畏，仰望前景，躬耕细作，厚积薄发。承首版重启再版新篇，谋伯仲相助，理论为经贯通，应用为纬穿插，正误补缺，删繁就简，悉数深化已有内容，深入探求发展趋势。按照空间数据挖掘的基本原理、数据源、数据清理、理论方法和实际应用的内在逻辑，集中讲述相同理论，及时补充最新成果，开时空分布的视频数据挖掘之先河。时刻为读者计免劳顿，虽内容增，但篇幅减。从首版之 16 章内化为再版之 12 章。全程力求重塑经典，历时数载，披星戴月努力，剥茧抽丝求真，兢兢业业务实，洗尽铅华，浴火重生，方成第二版初稿。写然后更知不足，邀群贤传阅，请大家斧正，旁征博引，博采众议，集思广益，精益求精，方敢付梓。纵然如此，难免错漏，尚请诸位读者持续关爱，给予批评指正为谢。

　　遗憾的是，为本书作序的中国科学院院士陈述彭先生现已仙逝，为本书贡献良多的王新洲教授业已驾鹤西去，谨以此书缅怀，音容笑貌恍若眼前，教书育人宛如昨日，硕果累累承先启后，思之励今，是为纪念。

李德仁　王树良　李德毅
2013 年 4 月 16 日

# 第一版前言

空间数据挖掘旨在解决"空间数据海量而知识贫乏"的瓶颈问题。长期以来，人们基本上是套用数据挖掘的策略研究空间数据挖掘，没有充分顾及空间数据和普通事务数据的不同特点。现有的空间数据挖掘书籍或涉及空间数据挖掘的某些章节的作者，其学科背景在很大程度上是来自于计算机领域。虽然计算机科学与地球空间信息科学在方法上有所渗透，但是两者的学科基础和思维方法还是非常不同的，这决定了空间数据挖掘和数据挖掘的差异。作者深感传统研究方法的局限性，并在自己的研究和应用过程中努力突破其束缚。

1994 年，在加拿大渥太华举行的 GIS 国际学术会议上，本书第一作者首次提出了从 GIS 数据库中发现知识（KDG）的概念，认为它能够把 GIS 有限的数据变成无限的知识，精练和更新 GIS 数据，使 GIS 成为智能化的信息系统，率先从 GIS 空间数据中发现了用于指导 GIS 空间分析的知识。后来，他组建了自己的研究团体，指导他们把 KDG 进一步发展为空间数据挖掘，系统研究或提出了可用的理论、技术和方法，并取得了可喜的创新性成果，从而敲响了武汉大学在地球空间信息学中进行空间数据挖掘的战鼓。

作者指导的研究团队，由数十名教授、副教授、博士后、博士生和硕士生组成老、中、青相结合的梯队，地球空间信息科学和计算机科学等学科交叉，优势互补。先后申请并完成了有关空间数据挖掘的国家自然科学基金优秀重点实验室项目、国家重大基础研究计划（973）、国家高技术研究发展计划（863）、国家自然科学基金重点项目、国家自然科学基金面上项目、香港特别行政区政府基金项目、国家教育部博士点基金项目、测绘遥感信息工程国家重点实验室基金项目、软件工程国家重点实验室基金项目、中国博士后基金项目和武汉大学科研基金项目等 10 余项课题。同时，理论研究成果也被成功地应用于国民经济建设，如长江三峡宝塔滑坡监测数据挖掘、火车车轮的变形识别等，都直接关系到人民的生命财产的安全。先后培养了 3 名博士后、6 名博士和 20 名硕士。在国内外公开发表了相关的学术论文 30 余篇，其中，被 SCI、EI、ISTP 等三大检索机构收录 20 余篇。

为了真正解决"空间数据海量而知识贫乏"的瓶颈问题，我们把计算机界数据挖掘的基本理论与由图形库、图像库和属性数据库集成的空间数据库特征相结合，对空间数据挖掘的理论、方法及其应用进行了十多年的研究和探讨，现将这些研究成果进行加工和系统化，汇集成为一本较为系统的、可读性强、具有可操作性、理论联系实践的书——《空间数据挖掘理论与应用》。而且，竭力把许多重要的但局部的结果统一到一个令人满意的空间数据挖掘框架内，试图使人们切实认识到空间数据挖掘的独特魅力和功能。

本书从综述空间数据挖掘的国内外研究进展入手，深入研究了空间数据挖掘的内涵、外延、特征、可用的理论技术等，构建了空间数据挖掘金字塔；全面总结了空间数据挖掘的数据源及其获取方式、数据结构和数据模型，讨论了空间数据库、空间数据仓库、国家空间数据基础设施、数字地球；探讨了空间数据清理，给出了清理空间观测数据误差的方法，基于云模型提出了选择空间数据的 DHP 法，从验后方差估计原理导出了空间观测数据清理的选权迭代法；研究了基于空间统计学的图像挖掘，并以本征随机过程成功应用在基于纹理的特征提取和图像检索中；在分析模糊集的不彻底性的基础上，根据粗集，在地球空间信息学内提出了由粗实体、粗关系和粗算子组成的地学粗空间；在研究空间数据挖掘中的不确定性的基础上，提出了集成随机性和模糊性的云模型，系统地阐述了云模型的产生背景、基本概念、基本云模型、云发生器、虚拟云、云变换和不确定推理等基本技术，并在此基础上取得了一定的见解或创新；从空间数据辐射的角度，建立了数据场的概念、场强函数、势、势场及其可视化方法，讨论了数据场的影响因素，及其对空间数据挖掘的作用；提出和应用了空间数据挖掘的视角技术，基于云模型和数据场，在发现状态空间中研究了宝塔滑坡监测的空间数据挖掘技术与方法，并挖掘得到了微观、中观和宏观三个不同认知层次的可视化空间知识，而且和宝塔滑坡区的自然现象非常吻合；研究了空间聚类知识挖掘，提出了“数据场—云”聚类算法、基于数据场的模糊综合聚类算法和基于数学形态学的聚类算法；从空间数据挖掘的角度，研究了从空间数据库发现知识用于遥感图像分类的问题。提出了一套基于归纳学习的遥感图像分类技术和流程，能较好地解决同谱异物、同物异谱等问题，显著提高分类精度，并且能够根据发现的知识进一步细分类，扩展了遥感图像分类的能力；将归纳学习用于银行经营收益分析和选址评价，直接从银行数据和相关图层数据中挖掘出银行经营收益与多种地理因素关系的知识，提高了 GIS 空间数据分析和决策支持的智能化水平；分析了概念格理论的基本含义和算法，并研究了基于概念格的遥感图像挖掘，以及基于概念格的 GIS 数据挖掘；研究了空间数据挖掘软件的体系结构和开发策略，在总结几个典型的国际软件系统的基础上，自主研制了一个空间数据挖掘原型系统。最后，思考展望了空间数据挖掘的未来进一步发展。

本书的研究成果，先后获得了国家自然科学基金优秀重点实验室项目“利用空间数据挖掘进行新型遥感图像目标提取和自动分类”（40023004）、国家重大基础研究计划（973）项目“数据开采和知识发现的理论与方法研究”（G19980305084）和“对地观测数据-空间信息-地学知识的转化机理”、国家高技术研究发展计划（863 计划）项目“多源空间数据挖掘技术”(2001AA135081)、国家自然科学基金重点项目“遥感、全球定位系统、地理信息系统集成的理论与关键技术”（49631050）、国家自然科学基金重点项目“基于 Internet 的管理信息系统研究”（70231010）、国家自然科学基金项目“用模糊数学综合处理观测误差的理论与应用”（49574201）、国家自然科学基金项目“信息扩散原理在测量数据处理中的应用研究”（49874002）、香港特别行政区政府基金项目“Development of Infrastructure for Cyber Hong Kong”（1.34.37.9709）、香港特别行政区政府基金项目“Advanced Research Centre for Spatial Information Technology”（3.34.37.ZB40）、国家教育部博士点基金项目“从 GIS 数据库中发现知识及其在遥感图像理解中的应用研究”（98049801）、测绘遥感信息工程国家重点实验室基金项目"空间数据挖掘的理论框架研究"（WKL（97）0302）和"基于形式概念分析的遥感图像挖掘研究"（03-0101）、武汉大学科研基金项目（216-276081）、中国博士后基金项目"基于数据挖掘视角的多层次管理"（2004035360）和软件工程国家重点实验室基金项目"变粒度空间数据挖掘"等10余个科研项目的资助，作者对以上各方面的支持表示诚忱的感谢！

可以看出，《空间数据挖掘理论与应用》一书是三位作者与整个研究团体集体智慧的结晶，是整个研究团体辛勤劳动的成果。其中，本书第一作者和第三作者，对全书进行了缜密的构思与组织，并共同指导第二作者执笔完成了此书。而且，本书的英文版即将脱稿，将应邀由世界著名的 Springer 公司出版。

作者衷心感谢中国科学院地学部资深院士陈述彭先生多年来对后辈们的关爱和扶持，并亲自为本书作序。作者也衷心感谢模糊数学创始人、美国科学院院士 Lotfi A.Zadeh 教授的多年帮助，他在阅毕本书英文版初稿后，不仅给予了具体指导意见，而且欣然作序。

感谢科学出版社，特别是朱海燕女士、韩鹏先生的大力支持。他们的艰辛劳动，促成了本书的顺利出版。

本书的完成，王新洲教授、张良培教授、秦昆博士、马洪超教授、周焰教授、巫兆聪博士、邸凯昌博士、王烨硕士、吕辉军硕士、淦文燕博士、曾旭平博士等也起到了重要的作用；王任享院士、王守觉院士、Michael Frank Goodchild 教授、Benjamin Zhan 教授、Mircea Neogita 教授、Vladimir Gorodetsky 教授、陈国青教授、林宗坚教授、陈鹰教授、周成虎教授、胡占义教授、史文中教授、龚健雅教授、曹建农博士、游扬声博士、邹逸江博士、范千硕士、杨报华硕士、龚俊硕士、张雄硕士、王文庆硕士等给予了很多宝贵建议；国家自然科学基金委、科技部、武汉大学测绘遥感信息工程国家重点实验室、武汉大学软件工程国家重点实验室、武汉大学国际软件学院、武汉大学遥感信息工程学院、清华大学经济管理学院等提供了很多帮助。在此，一并表示衷心的感谢！

感谢所有曾经、正在或将来鼓励、爱护和帮助我们研究空间数据挖掘的单位和个人。

我们深知，本书的研究虽然取得了一定进展，但是对于整个空间数据挖掘领域来说，我们的成果只是"沧海一粟"。尽管我们数易其稿，字斟句酌，成稿后又请不同学科的多位学者阅读，多次征求意见，集思广益，可是，由于研究深度和水平所限，本书只能是抛砖引玉，书中仍然难免存在疏漏和不足之处，敬请广大读者批评和指正。

李德仁　王树良　李德毅

2005年1月8日

# 目　　录

# Contents

# 第1章 绪 论

空间数据是基础战略资源，信息技术的发展使其急剧增长，拓宽了可供利用的数据源，但是数量巨大、种类多样、复杂多变、真实质差，远非一般事务型数据所能企及。数据处理方法的相对滞后，又使得大量空间数据被迫束之高阁，已经无法充分满足日益增长的数据利用需求。在 1994 年，李德仁提出了从 GIS 数据中发现知识（knowledge discovery from GIS，KDG），经过持续努力，发展成为系统的空间数据挖掘理论，应用成果获得国内外同行学者的关注和认可。

本章首先综述空间数据挖掘的由来，然后讨论其价值，再次分析其难点，最后给出全书的主要研究内容。

## 1.1 空间数据挖掘的由来

空间数据的采集、存储和处理等技术设备的迅速发展，使得空间数据快速增长，远远超出了人们的解译能力。当空间数据积累到一定程度时，必然会反映出某些为人所感兴趣的经验教训的规律。可是，这些规律一般隐含在数据深层，难以用常规方法获得，需要寻找新的技术才能发现。

### 1.1.1 空间数据的快速增长

人类文明是从认识现实世界到创造信息世界的过程，历经初步认识世界，以信息辅助记忆，以信息记录和传承，以信息交流与传播，以信息再次认识世界的历史阶段。最初利用实物，使用石块、贝壳"一一对应"计数，通过结绳记事辅助记忆和讲述文化。后来，以图画记事，使用简单图形，通过对自身进行感性的提示，传承较为准确的记忆。再后来，当图画变成形体相对固定的约定俗成的符号，并与语言中的词语相联系后，就产生了文字。文字通过语言对现实世界抽象概括，促进了交流与传播，准备了发展科学文化的必要条件（边馥苓，2011）。为了突破文字符号依靠人工抄写或雕刻的限制，工业化革命用机器实现了批量机械化生产，提高了传播的效率。计算机以高速计算为中心，把软件从机械硬件中剥离出来，促成了信息传播的电子化和自动化；互联网以网络为中心，把计算机相互关联，突破了信息的局部限制；移动通信以用户为中心，让机器紧随用户运动，解除了机器对人的束缚；物联网以应用为中心，自动识别物体，实现了人与物的信息互联共享；云计算以服务为中心，通过整合专业技术，优化了资源配置，减轻了用户的成本；大数据以数据为中心发现规律，利用全体数据而非随机样本，近似求解而非精确解答，重视关联关系而非因果关系，为人类提供了认识复杂系统的新思维、新手段。在此过程中，信息技术不断廉价化，互联网及其延伸带来无处不在的信息技术应用，例如摩尔定律驱动的指数增长模式、技术低成本化驱动的万物数字化、宽带移动在互联驱动的人机物广泛联接、云计算模式驱动的数据大规模集约计算，这使得数据的生成、采集和存储都随之发生了质的变化，缩短了数据生产周期，积聚了多种海量的数据资源。这些数据，大约80%都与空间位置有关（Densham and Goodchild，1989），描述信息世界中的空间对象（地物、地物属性、地物关系等）在现实世界内的具体地理方位和空间距离（李德仁和关泽群，2000），涉及自然界和人类社会的活动、自然地物和人工目标的空间分布，以及经济建设和社会发展的实践活动，反映人们在现实世界中的存在。因此，空间数据与人类的衣食住行息息相关，贯穿在各行各业，大量的数据以文字、图表、图像、多媒体等方式被累积存储，已经成为通过信息世界认识现实世界的基础资源和智慧源泉。

　　空间数据的数量、大小和复杂性及其传输的速度都在飞快地增长。用于采集空间数据的可能是雷达、红外、光电、卫星、多光谱扫描仪、数码相机、成像光谱仪、全站仪、天文望远镜、电视摄像、电子显微成像、CT成像等各种宏观与微观传感器或设备，也可能是常规的野外测量、人口普查、土地资源调查、地图扫描、地图数字化、统计图表等空间数据获取手段，还可能是计算机、网络、全球定位系统（global positioning system，GPS）、遥感（remote sensing，RS）和地理信息系统（geographical information system，GIS）等技术应用和分析空间数据的过程。遥感对地观测已经成为社会、政治和经济的发展决策不可或缺的重要组成部分（图1.1）。现在，星载传感器、卫星发射、卫星控制等系列技术取得了重大突破，在遥感技术中除了使用可见光的框幅式黑白摄影机外，还使用彩色、彩红外摄影、全景摄影、红外扫描仪、多光谱扫描仪、成像光谱仪、CCD阵列扫描和矩阵摄影机合成孔径侧视雷达等手段。未来的天基信息系统和对地观测系统，将逐步具有准实时、全天候获取各种空间数据的能力，并建立集高空间、高光谱、高时间分辨率和宽地面覆盖于一体的卫星（群）对地观测系统，同时提供定位、通信和观测的服务功能。

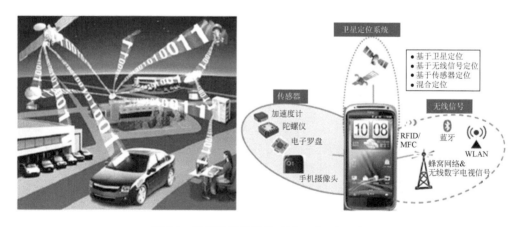

图1.1　卫星数据及服务（Li et al.，2015）

　　传感器的飞速发展，也使得描述空间对象属性的波段数量由几个增加到几十甚至上百个。随着航空航天技术的发展，遥感成为人类监控地表自然与人类活动状态的高效工具。遥感对地观测技术正在形成一个多层次、多角度、全方位和全天候的全球立体对地观测网，高、中、低轨道结合，大、中、小卫星协同，粗、细、精分辨率互补。传感器的地面分辨率数量级从千米到厘米，波段范围从紫外到超长波，时间间隔从十几天一次到每天三次，探测深度从几米到万米。在以高空间、高光谱、高动态为标志的新型遥感对地观测技术中，新型的高分辨率卫星遥感数据，如 QuickBird、IRS、IKONOS 等已提供使用。多传感器、多用途、多分辨率、多频率的 EOS 更可以提供 MODIS 成像光谱数据、ASTER 热红外数据、测云和 4-D 模拟的 CERES 数据、MOPIT 数据以及 MISR 数据。高分辨率、高动态的新型卫星传感器不仅波段数量多、光谱分辨率高、数据速率高、周期短，而且数据量特别大，一般情况下数据的容量均在千兆量级以上。美国的新一代"世界观察"（WorldView）卫星空间分辨率达到了 0.5m，直接定位精度也能达到 2～3m 以内。新一代试验卫星 EO-1 成像谱段有 220 个，光谱范围为 400～2500nm，光谱分辨率达到了 10nm。未来的通导遥一体化天基信息实时服务系统（李德仁等，2017b），在遥感信息精度上，空间分辨率要达到分米级，时间分辨率要达到小时级甚至分钟级；在实时导航定位精度上，要达到分米级；在覆盖范围和通信能力上，要达到覆盖全球的语言、视频和图像通信；在服务能力上，要达到为各类用户提供快速、准确、智能化的定位、导航、授时、遥感、通信（positioning, navigation, timing, remote sensing, communication，PNTRC）服务，实现各类卫星的系统联通、时空融合、服务畅通的目标。

同时，空间数据基础设施的建设速度和由此积累的空间基础数据也正在递增。空间数据基础设施积累了大量的城市电子地图数据库、城市规划道路网络数据库、工程地质数据库、用地现状数据库、总体规划数据库、控制性详细规划数据库、市政红线数据库、建筑红线与用地红线数据库、地籍数据库以及覆盖全市范围的土地利用及基本农田保护规划数据库等空间基础数据。现在，除了上述这些已经存储和积累的数据，每时每刻，现代技术设备都还在采集和产生新的数据。人与人、人与机器、机器与机器交互，生成和采集 TB、PB 甚至 EB 的实时数据。例如，一架空客飞机装有大量传感器，每飞行 1 小时，每个引擎生成 20TB 的数据，即每个从伦敦飞往纽约的航程，会产生 640TB 的数据。这些空间数据极大地满足了人类研究地球资源和环境的潜在需求，拓宽了可供利用的信息源。

人们解析利用空间数据的能力相对滞后。面对浩瀚的空间数据，美国国防部已经没有能力完全处理其侦察卫星没完没了拍摄下的遥感数据。而且，空间数据的种类多样，具有宇宙数据、地表数据、分子数据等多种。空间数据的来源复杂，不同的数据分散在不同的地点和部门，使用不同的结构和标准，也难以共享利用。空间数据的处理手段相对迟滞，空间数据库系统可以实现数据的录入、修改、统计、查询等显性功能，却无法发现隐藏在空间数据背后的隐性知识。GIS 以数字形式对数据进行采集、编辑、处理、存储、组织、模拟、分析和表示，重在研究如何输入数据建立数据库、如何管理数据保证数据利用分析的连续性和如何编辑系统文档表达数据，但是对空间数据的深层次处理功能比较薄弱。

常规的遥感处理理论和方法基本遵循了数理统计的模式，停留在空间信息的处理阶段，即完成从数据到信息的过程，没有实现从信息到知识的过程。而且，所能处理的数据量十分有限，大多数关注的目标和地物基本还是以人工判读为主，多为定性结果，当前各种商业遥感处理系统和 GIS 软件等在自动化和智能化方面水平不高，还有许多不足，根本不能满足新型遥感卫星图像的需求。现有的商用图像处理软件，如 ENVI、PCI、ERDAS 等，由于缺乏新的图像处理理论和方法的支撑，也不能实现对混合像素、光谱匹配、地物目标提取等问题的自动处理，难以完全满足新型遥感卫星图像的处理需求。高光谱成像所获取的地球表面图像包含了丰富的空间、辐射和光谱三重信息，为了自动处理高光谱遥感图像，满足对地物目标的自动识别、定量分析和分类的需要，应对精细光谱进行识别、提取和反演。

因此，数据的生产、传输、复制和累积的能力，已经远远超出了人们对数据的分析、理解和应用能力。过量的空间数据，已经使人们无力处理，难以发挥应有的价值。虽然人们对空间数据的需求非常迫切，但是大量空间数据还在被迫束之高阁，陷入了数据"既多又少"的矛盾，即原始数据越来越多，却越来越难找到感兴趣的数据，特别是重要的人工目标，"有用"的数据并没有随着总数据量级的增长而被"发现"出来。目前，依然回答不了人们对空间数据提出的迫切问题：一年后的今天会下雨吗？明天哪里发生地震？……面对"空间数据过量而知识贫乏"的如此窘况，如何理解空间数据的内容，如何从数据中提取信息，如何把数据转变为能够最终使用的知识，已经成为地球空间信息学的瓶颈。

### 1.1.2　空间数据的利用尝试

人类自从开始，就一直致力于在数据中搜寻感兴趣的有用模式，以改善自己的生存。为了寻找猎物，猎人总结动物的活动规律。为了改善耕种，农民遵循农作物的生长规律。为了竞选成功，政治家总结选民的意见。为了取悦对方，情侣观察彼此的反应。为了节省存储空间和提高查询速度，建立了计算机空间数据库和数据仓库，代替人工定义操作空间数据。空间信息系统由计算机硬件、软件、空间数据和用户组成，目前提供的仍然是数据，却不能提供数据之外的信息，无法发现隐藏在数据背后的关系、规则和趋势。在计算机技术中，人工智能（artificial intellegence）或机器学习（machine learning）只是模拟人类的视觉、听觉、思维等高级智能。

人工智能形成了符号主义（symbolic）、联结主义（connectionist）和行为主义（behavior）三大学派（李德毅和杜鹃，2005）。符号主义把符号作为认知基元，通过符号操作实现智能行为，着重问题求解中的启发式搜索和推理过程，在模拟逻辑思维时取得成功，但归结原理不可能成为所有数学分支的证明基础；联结主义认为人的思维基元是神经元，把智能理解为相互联结的神经元竞争与协作的结果，着重结构模拟，研究神经元特征、神经元网络拓扑、学习规则、网络的非线性动力学性质和自适应的协同行为；行为主义认为反馈是控制论的基石，根据目标与实际行为之间的彼误差来消除此误差的控制策略处理不确定性，智能行为体现在系统与环境的交互之中，功能、结构和智能行为不可分割。

机器学习初始用计算机模拟人类学习，试图让计算机像人一样，有自学习功能，辅助专家系统来完成知识的自动获取。但这种努力不久就遇到了知识获取的"瓶颈"问题，即让计算机从哪里学习呢？专家在使用传统的技术方法总结和表述经验规则，从外部输入系统，建立专家知识库时，由于规则的复杂性、模糊性和难以表达性，往往会碰到严重的困难。同时，这也形成了对专家系统的挑战。实际上，已建立的 GIS 数据库中就隐藏着大量的可供遥感图像分类用的知识，这些知识中有些属于"浅层知识"，如某一地区有无河流、道路的最大和最小宽度等，这些知识一般通过 GIS 的查询功能就能提取出来；还有一些知识属于"深层知识"，如空间位置分布规律、空间关联规则、形态特征区分规则等，它们并没有直接存储于空间数据库中，必须通过运算和学习才可能挖掘出来。

可见，现有的数理统计、数据库、人工智能和机器学习等技术，都不能独立地将数据最大限度地利用，彻底克服过量空间数据所带来的无尽灾难，数据资源中蕴涵的最大价值也远远没有得到充分的挖掘和利用。而且，人们对空间数据的需求水平越来越高，已经不满足于明确显现在数据表层的检索、查询，希望能直接在直观逼真的透视环境里进行各种空间查询与分析决策，而不只是面对单调难懂的平面图形或图表。例如，在遥感图像解译中，如果能够利用专家系统完成知识的自动获取，根据专家知识逻辑推理，就能够更接近人类专家的专业思维。进一步地，基于网络的交互信息趋于数字化和海量化，为广泛的空间信息共享、综合和利用提供了新的机遇，人们更希望能够抛弃无意义信息，深入到数据深层，而只对感兴趣的数据进行更高层次的分析和利用。例如，实现对高光谱遥感图像中精细光谱地物目标的自动识别、分析、提取、匹配和分类，扩展遥感图像目标识别和分类的能力，提高遥感图像中地物目标提取的精度和自动化分类程度，加快遥感图像处理过程的自动化、智能化和集成化过程等。因此，迫切需要一种能够把大量数据转换为有用知识的新技术，以解决当前困扰空间数据利用所面临的瓶颈问题。

### 1.1.3 空间数据挖掘的产生

1989 年，在美国底特律市召开第一届国际联合人工智能学术会议（IJCAI），数据库、人工智能、数理统计和可视化等技术会师，催生了从数据库中发现知识（knowledge discovery in database，KDD）的概念。人们终于认识到，很多知识原来就隐藏在大量的数据之中。恰如通过数据库管理系统从数据库中获得信息，通过知识发现也可以从数据库中获得知识，构成计算机专家系统的知识库（Fayyad et al.，1996）。因为数据基本都与空间位置密切相关，所以 KDD 势必影响空间数据的利用（Ester et al.，2000）。如果把一般事务数据库转到空间数据库，那么情况又如何呢？能从空间数据库中发现知识吗？

首先关注从空间数据库中发现知识，并予以奠基的是李德仁。在 1994 年于加拿大渥太华举行的 GIS 国际学术会议上，他首次提出了从 GIS 数据中发现知识（KDG）的概念，并系统分析了空间知识发现的特点和方法，认为它能够把 GIS 有限的数据变成无限的知识，精炼和更新 GIS 数据，促使 GIS 成为智能化的信息系统（Li and Cheng，1994），并率先从 GIS 空间数据中发现了用于指导 GIS 空间分析的知识（王树良，2002）。进一步地，引导地球空间信息学从狭义向广义发展。其实，从空间数据中发现知识是一件顺其自然的事。例如，遥感图像的处理是一个从二维到三维的秩亏过程，在理论上无法直接获取定量的结果，只有依赖人们的知识，才能实现图像解译与提取的自动化和智能化。例如，北京街道的分布南北东西、内城外城十分方正有序，反映了当年帝王建都的特征；而武汉因长江穿城而过，汉水汇入，其街道布建或沿江沿河，或垂直江河，这些规则可指导从图像上识别城市。此外，还有更多的规则：地形的高低起伏孕育了植被和地物的区分规则，道路与河流的交叉构成了桥梁的关联规则，教学楼、实验室和运动场的错落有致反映了校园的空间特征规则。

1995 年，在加拿大召开的第一届知识发现和数据挖掘国际学术会议上，又出现了把数据喻为矿床的数据挖掘（data mining，DM）。后又相继出现了数据发掘、数据开采、数据采掘、知识提取、信息发现、信息收获、数据考古等含义相同或相似的名称（Han et al.，2012）。虽然名称不同，但本质都是从数据库中提取事先未知、潜在有用和最终可理解的知识。由于 DM 和 KDD 较为常用且难以分离，而且 DM 通常被认为是 KDD 中的一个步骤，因此人们有时也乐于并称二者为数据挖掘和知识发现（data mining and knowledge discovery），国际学术杂志 *Data Mining and Knowledge Discovery*（DMKD）、*Wiley Interdisciplinary Reviews-Data Mining and Knowledge Discovery*（WIREs-DMKD）就以此命名。同时，李德仁也把 KDG 进一步发展为空间数据挖掘和知识发现（spatial data mining and knowledge discovery），以克服空间数据灾难，用知识指导数据利用，奠定了空间数据挖掘在地球空间信息学中的学科位置（李德仁等，2001，2002）。当不致引起歧义时，空间数据挖掘和知识发现可被简称为空间数据挖掘（spatial data mining）。

空间数据挖掘与在线分析处理（online analytical process，OLAP）结合的空间在线分析挖掘（spatial online analytical mining，SOLAM），建立在多维视图之上，既能够根据多源数据做知识发现，也能够根据用户指导做验证型多维数据分析（Han，1998；Gonzales，1999）。在分布、自治、异构的环境中，Internet、WWW 等网络模型具有聚类、较小平均路径长度的特性（Watts and Strogatz，1998），网络的连接度分布具有幂指数的形式（Barrabbasi and Albert，1999）。此外，网络服务器的日志数据增长迅速，从中发现有用的规则，也受到重视。

空间数据挖掘已经渗入数据挖掘、知识发现以及地球空间信息学等相关学科的学术活动中。1997 年，亚太区、欧洲相继召开第一届数据挖掘学术会议。1998 年，在纽约举行的第四届数据挖掘和知识发现会议，参加人数多达 773 人，并举办了数据挖掘工具的竞赛。2005 年，现代数据挖掘及应用国际学术会议（International Conference on Advanced Data Mining and Applications，ADMA）创办，主题突出数据挖掘的现代技术与应用，现被澳大利亚列为该领域的旗舰会议，成为一年一度的盛会。因为空间数据挖掘起源于国际 GIS 会议，所以各种 GIS 学术会议、国际摄影测量与遥感学会（ISPRS）等都把它列为重要主题。此外，还有相关的 Data Mining、Advanced Spatial Databases、Very Large Databases、Digital Earth、ACM、IFIS 和 SIGMOD 等国际学术会议定期举行。在这些国际学术会议中，空间数据挖掘的研究从无到有，已经被越来越多的学科重视，成为国际研究和应用的热点（Miller and Han，2009）。中国知网（CNKI）、百度学术、SCI（Science Citation Index）、EI（Engineering Index）、Google 学术等把空间数据挖掘列为重要的收录对象和研究内容。DMKD、WIREs-DMKD、*IEEE Transactions on Knowledge and Data Engineering*、*International Journal of Very Large Databases*、*International Journal of Data Warehousing and Mining*、*International Journal of Geographical Information Science*、*Artificial Intelligence*、*Machine Learning* 等国际学术期刊也重点关注空间数据挖掘的成果，空间数据挖掘成为 http://www.kdnuggets.com 的主要学术活动。科学出版社、Springer

Nature、Taylor & Francis 等也关注空间数据挖掘的选题。中国科研院所和高校等也先后展开了对空间数据挖掘理论和应用的研究。原创成果主要有数据场、云模型、发现状态空间、挖掘视角等。国家对空间数据挖掘也给予了极大的重视，中共中央政治局就实施国家大数据战略进行集体学习，出台《促进大数据发展行动纲要》，启动"云计算和大数据"重点研发计划，国家自然科学基金、国家高技术研究发展计划（863）、国家重点基础研究发展计划（973）、国家科技重大专项等都相继把空间数据挖掘列为优先资助范围。在国家"863 计划 15 周年成果展中，就有空间数据挖掘。其中，武汉大学李德仁研究团队的创新性研究成果得到了国际同行的首肯，已经被多次特邀为国际摄影测量与遥感学会（ISPRS）学术大会等国际学术会议做主旨报告，主编国际学术专著和期刊的相关专题。而且，李德仁和李德毅合作，成功指导了中国较早的空间数据挖掘博士，率先出版了较早的专著《空间数据发掘和知识发现》（邸凯昌，2001）、《空间数据理论与应用》(第一版，第二版)（李德仁等，2006，2013）、*Spatial Data Mining*: *Theory and Application*（Li et al.，2015）。其中，《空间数据挖掘理论与应用》被誉为"空间数据挖掘的里程碑"（陈述彭，2007），是"两代科学家历时 20 多年的研究结晶"（周成虎，2016），获得中华优秀出版物奖；Springer Nature 把 *Spatial Data Mining* 列在"聚焦中国科研"高影响力著作之计算机科学的第一位。成果为专业工具书 *Handbook of Geographical Information* 收录（Wang and Shi，2012）。他们指导的博士研究生，相继获得了全国百篇优秀博士学位论文、IGI Global 的第五届国际信息科学年会杰出研究成果等；创办的现代数据挖掘与应用国际学术会议（Advanced Data Mining and Applications，ADMA），首届论文集 *Lecture Notes in Artificial Intelligence*（Vol.3584）迄今被下载 17 万多次（Matrix 统计）。

现在，空间数据在人们认识和改造自然的过程中具有越来越重要的作用，空间数据挖掘也正越来越引起全球学者研究和应用的极大兴趣（Han et al.，2012；李德仁等，2001，2002）。很多学者对这些理论方法的成果及时予以总结。Grabmeier 和 Rudolph（2002）回顾了空间数据聚类发现技术，分析了基于统计学、数据挖掘和地理信息系统的空间模式识别和知识发现方法。Koperski 等（1996）认为巨量的空间数据来自遥感、GIS、计算机制图、环境评价和规划等各种领域，数据挖掘已经从关系数据库和交易数据库扩展到空间数据库，并就空间数据生成、空间数据聚类和空间关联规则挖掘等方面总结了空间数据挖掘的最近发展。Miller 和 Han（2009）、Han 等（2012）在他们的数据挖掘专著中，系统讲述了空间数据挖掘的概念和技术。李德仁和王树良等用系列学术论文系统地概述了空间数据挖掘的产生和发展，研究了空间数据挖掘的含义、可发现的空间的关联、特征、分类和聚类等知识，以及它与数据挖掘、机器学习、地学数据分析、空间数据库、空间数据仓库、数字地球等相关学科的关系，分析了空间数据挖掘的应用开发，讨论了可用于此的理论和方法，以及软件架构，并展望了空间数据挖掘的研究和应用前景（李德仁等，2001，2002；Li et al.，2017），促进了空间数据挖掘的进展。2016 年，李德仁等应邀在 WIREs-DMKD 发表的综述论文 *Software and Applications of Spatial Data Mining* 被推举为 2016～2017 年的 Top Ten WIDM Articles，以及 *Wiley Interdisciplinary Reviews*（WIREs）为 2017 年 8 月的 the Joint Statistical Meetings 提供的 9 篇高质量论文之一。加州大学洛杉矶分校地理系系主任 Laurence C. Smith 教授认为"中国主导着（该领域）成果"（Bennett and Smith，2017）。

因此，空间数据挖掘是交叉学科，是空间数据获取、空间数据库、计算机、网络和管理决策等技术发展到一定阶段的产物，是多学科相互交融和促进的新兴边缘交叉学科，汇集了机器学习、人工智能、模式识别、数据库、统计学、软件工程和网络等各学科技术的成果。空间数据挖掘理论主要包括概率论、证据理论、空间统计学、规则归纳、聚类分析、空间分析、模糊集、云模型、数据场、粗集、地学粗空间、神经网络、遗传算法、可视化、决策树、深度学习等，规则归纳、概念簇集、关联发现等技术支持着这些理论的算法的操作运行。从空间数据中发现的基本知识类型是规则和例外，模式析取主要有依赖关系分析、分类、概念描述和偏差检测等，所用理论与所发现的知识类型密切相关，所发现知识的优劣取决于所用理论的好坏。因为空间数据挖掘从数据挖掘发展而来，数据挖掘的成功算法和应用系统在很大程度上影响着它的进展，需要考虑的因素很多，所以应根据特定的需求选择相应的数据挖掘理论、方法和工具，在实际应用中常常综合使用。

## 1.2　空间数据挖掘的价值

空间数据挖掘可以为基于空间数据的应用提供有价值的知识，带来巨大收益（Ester et al.，2000），是人类认识复杂系统的新思维、新手段，促进经济转型增长的新引擎，提升国家综合能力和保障国家安全的新利器，提升政府治理能力的新途径。http://www.kdnuggets.com 认为，空间数据挖掘的应用范围正在扩大，逐步渗透入资源环境、城镇规划、减灾防灾、医疗诊断等方面（图 1.2），是助力大数据生态体系形成的内在需要和必然选择。

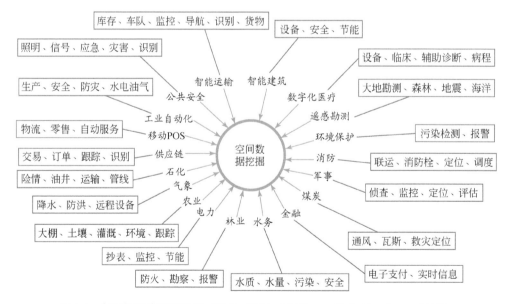

图 1.2　空间数据挖掘的价值（IDC，2011；McKinsey Global Institute，2011）

### 1.2.1　助升数据竞争力

数据利用能力是比较各国技术力量和综合国力的重要指标。对数据资源的占有、理解和有效配置的实力，成为信息时代的显著标志，在全球化时代，基于数据利用能力的数据流，能够在社会分工协作中引领技术流、物质流、资金流和人才流，增强空间数据主权保护能力。空间数据挖掘能够发掘和释放数据资源的潜在价值，揭示传统技术方式难以展现的关联关系，发挥数据资源的战略作用，全面提升数据的规模、质量和应用水平，能够提升国家竞争力、推动社会进步和促进可持续发展。

麦肯锡（McKinsey Global Institute，2011）认为，数据是基础资源，可以与物质资产、人力资本相提并论，为世界经济创造重要价值，提高企业和公共部门的生产率和竞争力，为消费者创造大量的经济剩余。2011 年，世界经济论坛（World Economic Forum）称大数据为新财富。2012 年，瑞士达沃斯论坛的 Big Data，Big Impact 把数据当作像货币或黄金一样的经济资产类别。2012 年，Gantner 认为"大数据是大钱财（Big data is big money）"。美国政府认为大数据关系到国家的经济结构调整和产业升级，是"未来的新石油"（OSTP，2012）。2015 年，中国《促进大数据发展行动纲要》指出，大数据已成为国家重要的战略资源，是推动经济转型发展的新动力、重塑国家竞争优势的新机遇和提升政府治理能力的新途径，需要突破大数据共性关键技术，形成面向典型应用的共识性应用模式和技术方案。基于空间方位有效整合多源数据，整体分析挖掘数据，从中精准有效地发现空间知识，揭示传统技术方式难以展现的关联关系，在处理复杂问题时提升精准治理、多方协作的科学治理能力。

### 1.2.2　助推社会生产力

空间数据挖掘是一种空间决策支持技术，重在从数据中挖取未知却有用的知识，最大限度地提升数据资源的有效利用能力，实现更为准确的监测、分析、预测、预警，为决策者提供极有价值的知识，提高决策的针对性、科学性和可靠性。数据挖掘已经渗透入社会经济活动之中，以数据流推动社会生产要素的网络化共享、集约化整合、协作化开发和高效化利用，将影响社会分工协作的未来产业格局。高端智能的数据挖掘产业新生态，能够促进传统产业转型升级，培育新的经济增长点，驱动业务增值，提升经济运行水平和效率。

数据挖掘的重要应用领域之一是通过分析商业的条码机数据（barcode），发现顾客购物规律，为商业决策提供支持，其经典例子是美国沃尔玛超市的销售数据挖掘，发现的"啤酒—尿布"规则被应用后，销量几乎马上成倍增长。美国钢铁公司和神户钢铁公司利用基于数据挖掘技术的 ISPA 系统，分析产品性能规律和控制质量，中国宝钢利用数据挖掘控制钢铁生产，通用电器公司（GE）与法国飞机发动机制造公司（SNECMA），利用数据挖掘技术研制的 CASSIOPEE 质量控制系统，被三家欧洲航空公司用于诊断和预测波音 737 的故障，于 1996 年获欧洲一等创造性应用奖，美国的 AC Nielson 和 Information Resources，以及欧洲的 GFK 和 Infrates Burk 等享有盛誉的市场研究公司使用数据挖掘工具处理销售和市场的数据来预测市场，英国广播公司（BBC）应用数据挖掘技术来预测电视收视率而合理安排电视节目时刻表，都取得了显著效果，带来了可观的经济收益。此外，信用卡公司 American Express 自采用数据挖掘技术后，使信用卡使用率增加了 10%～15%。AT&T 公司凭借数据挖掘技术侦探国际电话欺诈行为，可以尽快发现国际电话使用中的不正常现象。公安部门利用数据挖掘技术总结各类案件的共性和发生规律，可以在宏观上制定最有效的社会综合治理的方案和措施，在微观上指出犯罪人的特点，划定罪犯的范围，为侦破工作提供方向。利用基于决策树的概率图模型，对带有图形属性的数据库进行指导性机器学习，可以挖掘医疗知识。信息处理使用基于规则挖掘的分类方法，发现的知识可以极大地提高其速度。

### 1.2.3  助力可持续发展

空间数据既有社会公益性，又有综合价值，是解决人口、资源、环境和灾害等重大社会可持续发展问题的基础资源。人类社会的持续稳定发展取决于合理利用资源和保护生态环境，有效地开发和利用数据资源，能够帮助人类克服对物质和能量资源的巨量消耗。同时，伴随社会发展和经济增长，数据资源的需求更高、更多和更快。空间数据成为国家重要的基础性战略资源，高效合理地利用这些资源，可以为地方、国家和全球的经济增长、环境保护、社会进步提供基础支撑，增强空间数据产业的活力，服务于政府、工业和社会的需要，支持可持续发展。

空间数据挖掘具有广泛而重要的现实作用，带来的综合效益不可估量，可促进社会的可持续发展。它能够指导发现新空间对象、空间决策、浏览空间数据库，理解空间数据，发现空间联系以及空间数据与非空间数据之间的关系，重组空间数据库，构造空间知识库，优化空间查询等。例如，SKICAT 已经发现了 16 个新的极其遥远的类星体；POSS 系统将天空图像中的星体对象分类准确性从 75%提高到 94%，MagellanStudy 系统通过分析启明星表面的大约 30000 幅高分辨率雷达图像，识别了火山，CONQUEST 系统基于内容的空间和时间查询，发现了大气层中臭氧洞形成的样本知识等。空间数据挖掘适于新型高分辨率卫星遥感图像海量的特点，为知识获取以及基于知识的目标识别和分类的自动化和智能化开辟了一个新途径。由新型卫星遥感、信息处理系统组成的立体监测综合评估系统在资源环境调查、灾害监测、作物估产、天气预报等方向有着巨大的应用价值和难以估量的应用潜力，而空间数据挖掘是该监测评估体系的关键理论和核心基础。麦肯锡（McKinsey Global Institute，2011）预测，如果能充分有效地利用大数据，那么可帮助全球个人定位服务提供商增加 1000 亿美元收入，美国医疗保健行业每年提升 3000 亿美元产值，节省医疗卫生支出 8%以上，美国零售业获得 60%以上的净利润增长，减少制造业设备装备 50%的成本，欧洲政府公共行政管理的效率每年提升 2500 亿美元产值，欧洲发达经济体可以节省开支超过 1000 亿欧元。

## 1.3  空间数据挖掘的难题

空间数据多种多样，具有空间性、时间性、多维性、海量性、复杂性、不确定性等特性，区别于一般的事务型数据。计算机化的空间数据，是空间数据挖掘研究、发展和应用的基础。目前，虽然空间数据挖掘取得了一定的研究和应用成果，但是仍然存在诸多期待解决的技术难点和瓶颈问题（Koperski，1999）。例如，海量快变的空间数据，多源高维的空间数据，真实质差的空间数据，视角各异的知识需求，定性定量的互换等（李德仁和关泽群，2000）。

### 1.3.1　海量快变的空间数据

空间数据的迅速增长和变化，既促进了空间数据挖掘的发展，也带来了新的机遇和挑战。如 1.1.1 小节所述，空间数据的数量、大小和复杂性都在飞速增长，极大地超越了常规的事务型数据。随着遥感、网络、多媒体等技术的进步与普及，静态图像和动态视频已成为重要的数据源，获取周期急剧缩短，数量前所未有地迅猛增加。高分辨率、高动态的新型卫星传感器采集数据不仅速率高、周期短，而且数量特别大，数据的容量呈指数增长（表 1.1）。例如，EOS-AM1 和 PM1 每日获取的遥感数据量高达 TB 级，Landsat 每两周获取一套覆盖全球的卫星图像，目前已经积累了全球几十年的数据（李德仁和关泽群，2000）。截至 2003 年，人类总共创造了 5EB 数据，而 2011 年产生与复制的信息量超过了 1.8ZB，预计到 2020 年，全球数据总量将达到 40ZB（IDC，2011），需要 440 亿个 1TB 的硬盘存储。

表 1.1　数据容量的变化

| 单位 | 定义 | 字节数（二进制） | 字节数（十进制） |
| --- | --- | --- | --- |
| Kilobyte（千） | 1KB = 1024B | $2^{10}$ | $10^{3}$ |
| Megabyte（兆） | 1MB = 1024KB | $2^{20}$ | $10^{6}$ |
| Gigabyte（吉） | 1GB = 1024MB | $2^{30}$ | $10^{9}$ |
| Terabyte（太） | 1TB = 1024GB | $2^{40}$ | $10^{12}$ |
| Petabyte（拍） | 1PB = 1024TB | $2^{50}$ | $10^{15}$ |
| Exabyte（艾） | 1EB = 1024PB | $2^{60}$ | $10^{18}$ |
| Zettabyte（泽） | 1ZB = 1024EB | $2^{70}$ | $10^{21}$ |
| Yottabyte（尧） | 1YB =1024ZB | $2^{80}$ | $10^{24}$ |
| Brontobyte（布） | 1BB = 1024YB | $2^{90}$ | $10^{27}$ |

可是，空间数据库内缺乏关于"谁（Who）、什么（What）、时间（When）、地点（Where）、原因（Why）、如何（How）"的信息和元数据，需要通过可伸缩的体系结构实现高效的存储、处理和分析，导致数据难理解、难组织、难整合、难迁移，未来的通导遥一体化天基信息实时服务系统时空融合，提高了数据清理的要求，限制了用户对数据的全面分析和深度应用的能力。

### 1.3.2　多源高维的空间数据

空间数据挖掘的数据来源广泛，数据描述的空间对象也有多种，每种空间对象基本由多个属性描述；而且，空间对象与对象之间，属性与属性之间，也存在多种空间或非空间的关系。这些，都增加了空间数据的维数，带来高维数据挖掘的困难。

可是，目前普遍认为每一个空间对象都与单一的属性有关，属性之间被表示为清晰的边界，这和复杂多变的现实世界是不一致的。GIS 不足以描述空间要素的多维信息结构，不能方便地进行多维信息的空间概括性分析，已经严重地制约了地球空间信息学在数据利用领域的发展。例如，数字地球的空间数据框架包含了数字正射图像、数字地面模型、交通、水系、境界和地名注记等很多内容。因此，在大数据的环境中，如何快速地整合多源的数据、组织管理多维的空间要素、查询识别特定的目标、发现未知的规则，已成为空间数据挖掘的重要问题。

### 1.3.3 真实质差的空间数据

空间数据是空间数据挖掘之本，数据质量不好，将直接导致空间数据挖掘难以为服务或决策提供可靠的知识（Shi et al.，2002）。可是，数据采样的近似和数学模型的抽象，使得空间数据不可能穷尽现实世界的全部（Zhang and Goodchild，2002），也无法回避随机性、模糊性等不确定性，还可能被污染。为此，美国国家数字制图数据标准委员会采用历程、位置精度、属性精度、一致性和完整性刻画空间数据质量。

空间数据描述的空间对象难免与现实空间对象存在差异。复杂多变的现实世界是一个多参数、非线性、时变的不稳定系统，空间对象多相互混杂，彼此界限有时不很分明，难以定义。理想的空间对象是确定的，用一组离散的点、线和面表达空间分布，并假设已检核了空间数据。可是，纯几何意义上的点、线和面在现实世界中并不存在。而且，获取大量空间数据的真值并不容易，甚至有些空间数据的严格或绝对意义的真值并不存在，同时，还有系统误差、偶然误差（随机误差）、粗差或三者累积误差的影响（Heuvelink，1998；Wang and Shi，2012）。进一步地，这些数据还存在或多或少的污染问题，如内容残缺、精度有误、重复冗余、格式矛盾、类型不同、结构不一、尺度不同、标准差异、过时失效、错误异常、动态变化、局部稀疏等，每种问题又有多种成因，如噪声可能来自周期性噪声、条带噪声、孤立噪声和随机噪声。在计算机系统中导入、编辑和分析数据时，部分数据又被舍弃或删除，如制图综合。美国麻省理工学院的调查结果发现，数据污染并非个别现象，大部分数据的准确度都不到95%（Hernàndez and Stolfo，1998）。

### 1.3.4 智者见智的挖掘认知

空间数据挖掘是在不同认知层次上对空间数据的理解和把握，是"先宏观，后微观"的多角度知识发现过程，遵循了"先控制，再碎部"的数据机制。当某些规律不易从单独数据上辨认时，可以对比采用不同时间、不同颜色、不同观测角度、不同方向的空间数据，从抽象到具体、从一般到个别、从局部到整体地发现。

面对同样的一堆数据，同一个人从不同的角度分析，不同的人从相同的角度认识，皆可能得到不同的知识结果。这些不同的结果，各有各的用途。可谓仁者见仁，智者见智。而且，对于从空间数据中发现的知识结论，可能有不同的要求和应用层次。若以滑坡监测数据挖掘为例，则高层的决策者是宏观的，把握方向，可能只是一句话，一幅图；中层的决策者是中观的，带有一定的技术性，可能对滑坡每个断面的变形感兴趣，内容要求可能较多；底层的决策者，可能是技术型的，就要具体到每个监测点。那么，在空间数据挖掘的过程中，如何反映人的认知的上述差异呢？怎样从滑坡监测数据中发现这些不同层次的监测结论呢？怎样在不同层次的知识之间相互转换呢？

### 1.3.5 定性定量的知识表达

空间数据挖掘获得的知识，大量的是经过归纳和抽象的定性知识，或是定性与定量相结合的知识。知识表达是空间数据挖掘中的关键问题，定性定量相互转换为其技术基础。事实上，对这样的知识，最好的表达方法应该是自然语言，至少是在知识表示方法中含有语言值，即用语言值表达其中的定性概念。

目前常用的定性定量转换方法，有层次分析、量化加权、专家群体打分和定性分析中夹杂数学模型和定量计算的方法等，控制论则是根据目标与实际行为之间的彼误差来消除此误差的策略控制不确定性，它们都存在一定的不足，不能同时兼顾空间对象的随机性和模糊性（李德毅和杜鹢，2005）。

可是，如何建立定性描述的语言值和定量表示的数值之间的转换模型，实现数值和符号值之间的随时转换呢？如何建立定性和定量彼此相互联系、相互依存的映射关系，同时又要反映定性和定量之间映射的不确定性，尤其是随机性和模糊性呢？怎样描述知识的支持度、置信度、作用度和兴趣度等测度呢？

### 1.3.6 及时可靠的挖掘性能

空间数据挖掘由任务驱动，强调算法的执行效率和对用户命令的及时响应（Gonzales.，1999）。其中，广度计算尽量扩大计算设备的数据交流和应用范围，深度计算促使计算设备更多地参与数据分析与空间决策等方面。适当合并多边形，占有算法比邻接算法更节省计算量。

围绕空间数据的核心，研究适于空间数据挖掘的技术，并研制相应的软件，获得较为可靠和有意义的空间知识，具有现实性。例如，研究面向多个站点、多种数据库、多类数据源的分布式数据挖掘系统，使用刷新复制、数据传输、传送网络和中间件等技术在硬件/软件平台间通信，支持数据挖掘时文档层次结构间的超链接和媒体引用，实现高效的分布式计算、数据无缝集成、合理的知识表示、知识更新和结果可视化等。既遵循人类思维的规律，令空间数据挖掘适用、易用、通用和复用，又充分考虑空间数据的特性，满足地球空间信息学的特定要求，才能从日益丰富的空间数据中自动或半自动地挖掘隐藏其中的事先未知的、可信的、有效的、可理解的空间知识，才能利用所发现的空间知识指导遥感信息解译的自动化和智能化。

综上所述，在空间数据挖掘中，这些难点可能直接影响空间知识的准确性和可靠性，为后续应用中的知识发现、评估和解释带来困难，也在一定程度上影响了空间数据挖掘的正常发展。虽然这些问题越来越被人重视（史文中和王树良，2002），并取得了一定的理论方法和实际应用的成果，但是还不够系统深入。例如，概率论、GIS 模型和灵敏度分析等都是基于确定集合理论研究确定数据，对空间数据不确定性研究不足，有些研究也重点关注空间数据的位置不确定性，而对属性不确定性顾及不足。因此，在空间数据挖掘中，如果忽视数据源、数据清理、数据泛化、定性定量数据的转化，以及知识表达、理解和评价中含有的空间数据不确定性，那么即使综合使用了空间数据挖掘的各种理论、算法和技术挖掘空间知识，也可能因利用错误的空间数据，而得到可靠性较低的、残缺的、甚至错误的知识。相反，如果正确解决和解决这些难点，在基于空间数据挖掘的决策支持中，就可能避免因利用错误信息而导致的决策失误。

## 1.4 本书的内容和组织结构

为了解决空间数据挖掘的上述难题，本书提出了数据场、云模型和挖掘视角等方法，构建了空间数据挖掘金字塔，分析了空间数据源及其清理的李德仁方法，给出了新的聚类算法，研究了遥感图像挖掘和 GIS 数据挖掘，成果成功应用于滑坡监测、"一带一路"沿线分析、人道主义灾难评估等实例，组织结构如图 1.3 所示。

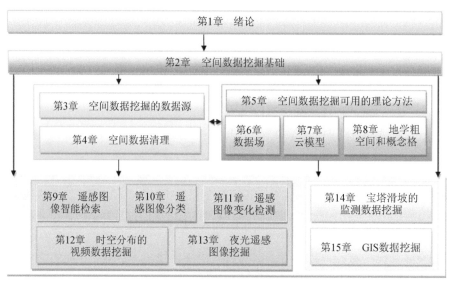

图 1.3　本书的组织结构

第 1 章 绪论。简述空间数据挖掘的由来和价值，分析空间数据挖掘的难题，概括全书的研究内容和结构。

第 2 章 空间数据挖掘基础。研究空间数据挖掘的定义和性质，提出空间数据挖掘金字塔，给出挖掘视角揭示数据挖掘的机理，把空间知识的基本类型表达为规则和例外，对比分析与相关多学科的联系与区别，给出空间数据挖掘系统的研制策略。

第 3 章 空间数据挖掘的数据源。分析空间数据及其特性，概述空间数据的获取方式，介绍空间数据的结构、模型、组织和管理，讨论空间数据基础设施和大数据。

第 4 章 空间数据清理。研究空间数据清理的概念，清理误差的方法，提出选择空间数据的 DHP 法，从验后方差估计原理导出空间观测数据清理的选权迭代法。

第 5 章 空间数据挖掘可用的理论方法。主要包括确定集合理论、扩展集合理论、仿生物方法、可视化、决策树等理论方法，并据此讨论系统的研制。

第 6 章 数据场。研究数据场的物理意义，创建数据场的概念、性质、场强和势，分析在空间数据挖掘中的作用，

第 7 章 云模型。集成研究随机性和模糊性，提出云模型的概念、类型、云发生器、云变换等基本技术，给出空间数据挖掘中的不确定推理。

第 8 章 地学粗空间和概念格。在地球空间信息学内提出由粗实体、粗关系和粗算子组成的地学粗空间，面向关联规则的概念格，同时构建概念格和绘制 Hasse 图。

第 9 章 遥感图像智能检索。研究遥感图像的检索特征，基于统计的检索方法，以及融合大数据、人工智能、云计算等技术基于深度学习的遥感图像智能检索方法。

第 10 章 遥感图像分类。研究基于归纳学习和贝叶斯方法、云模型、粗神经网络研究遥感图像分类方法，利用地学粗空间描述图像、分类图像和提取专题。

第 11 章 遥感图像变化检测。研究对象级变化检测，联合像素级和对象级变化检测在高分辨率图像作多时相变化检测，用时间序列分析无人机视频的目标位置变化。

第 12 章 时空分布的视频数据挖掘。研究视频数据智能压缩、存储、检索、时空挖掘、人脸超分辨率识别与表情挖掘、基于长程背景字典的卫星视频编码等方法。

第 13 章 夜光遥感图像挖掘。从夜光遥感图像中挖掘人类活动规律，分析中国区域经济，评估"一带一路"沿线的城市发展，评估叙利亚、伊拉克等人道主义灾难。

第 14 章 宝塔滑坡的监测数据挖掘。基于云模型和数据场，研究宝塔滑坡监测数据挖掘的方法，得到的微观、中观和宏观三个层次的知识，吻合了实际变化。

第 15 章 GIS 数据挖掘。面向 GIS 数据，挖掘空间关联规则，基于归纳学习发现空间分布规则，基于粗集发现决策知识，研究空间聚类挖掘。

# 第2章 空间数据挖掘基础

空间数据挖掘是多学科交叉的产物，旨在从空间数据中析取隐藏的有用知识，支持数据价值的实现。本章主要介绍空间数据挖掘的基本定义及其特性。提出空间数据挖掘金字塔描述数据挖掘的过程，给出空间数据挖掘视角分析数据挖掘的机理，把空间知识的基本类型表达为规则和例外，最后分析与相关学科的联系与区别。

## 2.1 基本定义和性质

空间数据挖掘（spatial data mining，SDM）的定义很多（Koperski et al.，1996；Ester et al.，2000；Li and Wang，2007；Miller and Han，2009；Han et al.，2012；李德仁等，2006，2013；Li et al.，2015），可以简单归结本质，也可以具体阐述内容。

简单地，SDM 是从空间数据集中提取事先未知却潜在有用的一般规则的过程。

具体地，SDM 是根据给定的任务，面向空间数据集，综合利用确定集合论、扩展集合论、仿生学方法、可视化、决策树、数据场、云模型等理论方法，以及相关的人工智能、机器学习、专家系统、模式识别等技术工具，从大量原始空间数据中，析取可信的、新颖的、感兴趣的、事先未知的、潜在有用的和最终可理解的知识，揭示蕴涵在数据背后的客观世界的本质规律、内在联系和发展趋势，为空间决策提供不同层次的技术依据。

### 2.1.1 基础性质

（1）空间数据挖掘的目的在于从空间数据集合中提取事先未知且潜在有用的空间规则、概要关系、摘要特征、分类概念、发展趋势或偏差例外等知识，是一种基于空间数据的决策支持过程，具有数据动态变化、含噪声、数据不完整、信息冗余、数据稀疏和数据量超大等技术难点。

（2）空间数据挖掘的数据源体量巨大、多种多样、高速变化、真实质差，早已以电子形式存储在空间数据库中。原始空间数据集可以是结构化的关系数据，也可以是半结构化的文本、图形、图像、视频，还可以是分布在网络上的异构数据。数据源支持相应的发现，但发现的知识是隐含的，事先并不知道。

（3）空间数据挖掘是发现，而不是证明。发现是自动或至少计算机辅助下的交互半自动。发现知识的方法可以是数学的，也可以是非数学的；可以是演绎的，也可以是归纳的。发现知识的多个步骤之间相互影响、反复调整、螺旋上升。发现得到的是人们感兴趣的非外在存储的知识、空间关系或其他有兴趣知识，要易于接受、理解和运用，最好能够用包括自然语言在内的多种方式表示发现的过程和结果。

（4）空间数据挖掘所发现的知识都是面向具体领域的，具有特定的前提约束条件和相对性。不要求发现放之四海皆准的知识，也不是要去发现崭新的科学定理或纯数学公式，仅支持特定的空间问题。发现的空间知识可以为数据维护、查询优化、决策支持和过程控制等提供知识指导，例如，理解空间数据，发现空间关系，构造空间知识库，重组空间数据，优化空间查询，遥感图像智能解译等。

（5）空间数据挖掘的研究内容是开放演进，而不是封闭保守。下一代互联网将逐步取代传统的互联网，成为融合各种现有网络和今后可能出现的新网络的信息基础设施。本书作者认为，空间数据可能的网络在线挖掘，必须考虑到分布在网络上各个空间数据库在空间、时间和语义上可能的不一致性，以及时空基准和语义标准的差异性，必须利用空间信息网络技术，在这些异构的联邦空间数据库上构建一个公共的数据同化平台。有关的研究工作正在开展之中。

### 2.1.2 专业特性

数据挖掘在不同的学科，站在不同的用户角度，被赋予不同的含义，反映了不同的专业理解（邸凯昌，2001；Frasconi et al.，1999；Han et al.，2012，Wang，2011；Li et al.，2017），有些却并不一定完全适合空间数据挖掘。在地球空间信息学内，空间数据挖掘是一个多步骤相互连接、反复进行的人机交互过程，它根据空间数据的特点，利用数据挖掘方法，对数据预处理、抽样和变换，按照一定的度量值和临界值从空间数据集中抽取知识。

（1）从分析的观点看，空间数据挖掘主要利用一定的理论，在给定空间数据集中，挖掘隐含在数据间的相关性或关系的有效性等各种粒度的、多种类型的空间模式，可适应不同的用户需求或不同的应用，同时给出所得空间知识的确定性或可信性度量，如置信度、支持度和兴趣度。

（2）从逻辑的角度看，空间数据挖掘是演绎推理的一部分，是一种特殊的空间推理工具，允许用户指导或聚焦有趣空间规则的搜索，可以半自动或全自动地推理。

（3）从认知科学的观点看，空间数据挖掘是一个从具体到抽象，从特殊到一般的发现过程，它使用归纳法发现知识，利用演绎法评估所发现的知识，算法是归纳和演绎的结合。

（4）从挖掘的对象看，空间数据挖掘具备宏观、中观和微观的全层次的空间分布的对象，它们可以是宇宙中的各类星体分布或人造卫星运行，也可以是地球表面各种自然或人造特征在 GIS 中的投影，还可以是分子生物学中的染色体和蛋白质的结构、原子中电子围绕原子核的空间运动轨迹等。

（5）从实际的操作对象看，空间数据挖掘处理的既有空间数据库、空间数据仓库和文件系统，又有其他任何组织在一起的空间数据集合，如多媒体资源等。在空间大数据中发现的空间知识，更有一般意义。

（6）从挖掘的空间数据看，数据结构可以是矢量、栅格或矢栅混合，数据内容包括空间的位置、属性、图形、图像、网络、文本、声音、多媒体等，数据模型可以是层次、关系、网状或面向对象等模型。

（7）从系统的信息源看，空间数据挖掘含有空间数据库与相应的属性数据库提供的原始数据或空间数据仓库提供的成品数据、用户对控制器发出的高级命令和来自各个方面的存入系统知识库的领域知识。

（8）从应用的观点看，在专家和信息技术人员总结和表述知识与规则，从外部输入系统，形成知识库时，由于知识的复杂性、模糊性和难以表达性，传统的方法往往会碰到严重的困难，而这正是空间数据挖掘的长处所在。

（9）从网络的角度看，借助网络资源系统小世界或无尺度的特点，突破空间数据的局部限制，既利用本部门内部自己的数据，也使用外部相关领域内、更大范围甚至全部的数据，能够获得更有普遍意义的知识，可能促进不同国家或地区、不同领域、同领域不同单位、单位内部等之间的数据协同与共享。

### 2.1.3　空间粒度和空间尺度

空间粒度和空间尺度是空间数据挖掘的一对孪生指标。不同空间尺度下有不同的空间粒度含义，空间尺度反映了概念粒度的缩放程度。例如，概念"武汉到北京 1100km"，在全球尺度考虑是一个较近距离的粒度，而在湖北省尺度考虑则是一个很远距离的粒度。不同空间粒度的概念应在特定的空间尺度下定义。而且，遥感针对不同对象和不同应用目的，以不同精度的传感器获取客观世界的测量数据，获取过程也带有一定的空间粒度和空间尺度。

#### 1. 空间粒度

人类的创造活动和认识活动虽然有所差别，但是都有一个共同的特点，就是具有粗细、层次和角度上的不同。为了把这个重要的特点反映在空间数据挖掘的过程中，有必要引入空间粒度的概念。

空间粒度（spatial granularity）在空间数据挖掘中度量空间数据的精细度，以及空间信息和空间知识的抽象度。粒度本在物理学中指微粒或颗粒大小的平均度量，它在空间数据挖掘中可看作像素的大小、计算程序单元的分割程度、空间数据的认识层次等。空间粒度有宏观、中观或微观之分，基于空间粒度的知识也可以区分为高抽象层的概化知识、多个抽象层的多层知识、原始数据层的原始知识等。

人类智能能够从极不相同的粒度世界上观察和分析同一问题，而且往返自如，各有各的用处。与此相似，空间数据挖掘也是分别从不同层次上透视分析数据、信息或概念，通过粒度上卷（roll up）统揽概括，以及粒度下钻（drill down）细剖微细，挖掘不同层次的知识，满足不同的需要。粒度上卷是从较细的粒度世界（finer granularity）跃升到较粗的粒度世界（coarser granularity），而粒度下钻是从较粗的粒度世界沉降到较细的粒度世界。应该说，究竟在多大的粒度上从空间数据中挖掘知识，并无永恒的最优观察距离，而是取决于要研究和解决的问题。例如，空间数据仓库的空间粒度是多重的，抽象的结果还能保持多少细粒度世界的全部性质？在粗粒度世界中无解的问题，可不可以在细粒度世界有解？都是值得研究的课题。一般而言，粒度反映空间对象在粗细、层次和角度上的不同。粗略的对象，高层次的问题，全角度的考察，都是粒度大的表现；反之，细微的对象，低层次的问题，独特角度的考察，都是粒度小的表现。在处理空间信息时，可把粒度与信息的共同处理单元相联系。若处理这些单元需要较强的功能，则称其为大粒度的；反之称其为小粒度的。

### 2. 空间尺度

空间尺度（spatial scale）度量空间数据在空间数据挖掘中由细至粗、多比例尺或多分辨率的几何变换过程。它和比例尺密切相关，当空间尺度增大时，比例尺增大；而当空间尺度减小时，比例尺则减小。在小尺度上，空间数据粗略概括，空间信息和空间知识的综合程度提高，对空间目标的表达趋于概括、宏观，可以减小存储和计算资源，增大挖掘效率，但可能导致空间细节数据的丢失，根据知识解释或解决的问题种类减少。增大尺度，则综合概括小，分析具体微细化，可能延伸到操作性空间数据库中的细节数据信息，对空间目标的表达趋于精细、微观，根据知识解释或解决的问题种类多，但需要较大的存储空间和计算资源，挖掘效率低。基于空间尺度，发现状态空间也是四维的：属性、宏元组、模板和尺度。面向尺度的操作，是对空间数据由细到粗的计算、变换、概括和综合过程，地图制图学中的制图综合技术即为典型的面向尺度的操作。例如大尺度图形图像库中的房屋、河流，可能在小尺度中分别变成了点、线，房屋形状和河流细小弯曲就被综合掉。

在给定尺度下，增加观察距离，是粒度上卷，归约数据，用粗粒度观察和分析信息，忽略细微的差别，寻找共性。共性常常比个性更深刻，可以求得宏观的把握。相反，缩短观察距离，则是粒度下钻，细化数据，用细粒度观察和分析信息，发现纷繁复杂的表象，更准确地区分个性差别。个性要比共性丰富，但是不能完全进入共性之中。例如，国家对土地利用现状调查的空间数据粒度上卷，可宏观把握全国的土地利用现状，而粒度下钻可观察某省某市的调查数据，再下钻则可看到每个地块的土地利用状况。

## 2.2 空间数据挖掘金字塔

空间数据挖掘的整个过程，可以归纳为数据准备（了解应用领域的先验知识、生成目标数据集、数据清理、数据简化与投影）、数据挖掘（数据挖掘功能和算法的选取，在空间的关联、特征、分类、回归、聚类、序列、预测、函数依赖等特定规则和例外中抽取感兴趣的知识）、数据挖掘后处理（知识的解释、评价和应用）三个阶段。其中，每一阶段的上升，都是对空间对象认识和理解的加深，空间数据先变为信息，再升华为知识，描述越来越抽象、凝聚和概括，需要的技术难度也越来越大。数据、信息和知识金字塔（Piatetsky-Shapiro，1994）区分了数据挖掘的不同层次的具体概念元素，却没有将其与数据挖掘的过程联系起来。数据挖掘的过程可视化描述（Han et al.，2012）强调了数据挖掘的过程，却没有把它的每个元素的作用及其区别表示地足够清晰。同时，空间数据的复杂性远远超出一般数据。一般的事务数据仅有几种固定的数据模型，数据库管理系统直接提供读写数据的函数，数据的转换问题比较简单；而空间数据对空间现象的理解不同，对空间对象的定义、表达、存储方式亦不相同，致使空间数据异常复杂。

为了把空间数据挖掘的概念及其不同作用解释清晰，有必要把"Data, Information, and Knowledge Pyramid"和空间数据挖掘的过程放在一起，重新认知空间数据挖掘的内涵和外延。本书把二者相互渗透地结合在一起，进一步发展构筑为一个较为具体而完整的空间数据挖掘金字塔（pyramid of spatial data mining，图2.1），呈现一个从数据到知识的升华，这个过程历经数字、空间数值、空间数据、空间信息和空间知识，各个要素之间既相互区别又相互联系，共同在空间数据挖掘中交融。

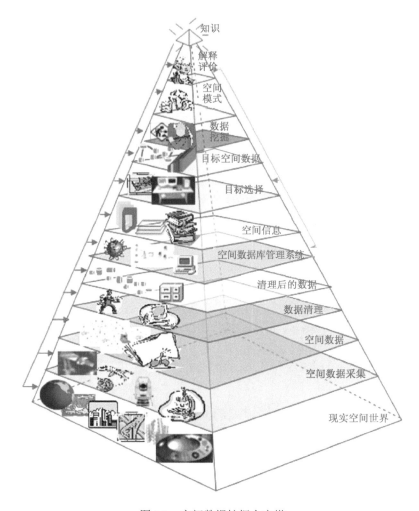

图2.1 空间数据挖掘金字塔

### 2.2.1 数字和空间数值

数字（number）是数的表示符号，例如，自然数1，2，3；有理数–1，0，6.2；无理数e，$\pi$，$-\sqrt{2}$等。空间世界中的空间对象，一般首先被宏观和微观传感器等仪器设备根据一定的概念模型采集数据，然后由计算机基于一定的理论近似描述，用逻辑模型构建空间数据库，最后以物理模型存储在物理介质上，供分析利用。在整个采集、传输和应用的过程中，数字充当了载体的作用。在空间信息领域，数字的作用是公共的，如数字600既能够表示宗地的面积为600m²，也可以表示某个均值地域的基准地价为600元/m²，还可以表示两个城市的空间距离为600km。

空间数值（spatial number value）指带有空间计量单位的数字，是对数字的具体空间解释。例如宗地面积为 $36m^2$，一幅图像含有 12 个类别等。它把各种特定的空间意义赋予数字，使数字的作用"私有化"，变为空间对象特征的度量刻度。数字一旦变为数值，就有别于普通的数字。

### 2.2.2 空间数据和空间概念

数据（data）是未经加工的原始资料。数字、文字、符号、图形、图像和视频等都是数据。大数据是国家的战略资源。

空间数据（spatial data）指以数值、字符串、图形、图像等空间符号表示的空间对象的属性、数量、位置及其相互关系等，刻画空间对象在空间现实世界的具体地理方位和空间分布。可以是点的高程、道路的长度、多边形的面积、建筑物的体积、像素的灰度等数值，也可以是地名、注记等字符串，还可以是图形、图像等多媒体成分。空间数据具备从宏观、中观到微观的整个层次，可以是宇宙数据、地表数据、分子数据等。与一般数据相比，空间数据具有空间性、时间性、多维性、大数据量、关系复杂等特点。在空间数据挖掘中，清理后的空间数据不仅是空间信息的载体，还是形成空间概念的要素。

空间概念（spatial concepts）是对空间对象的说明和定义，是认知空间世界的基元，有时含有随机性、模糊性等不确定性。每个空间概念包含内涵和外延两部分，内涵是概念所反映的事物的本质，外延是概念的范围。定义一个空间概念，说明其内涵和外延，是为了能够被应用于解释或解决某个或某些空间的现象、状态或问题。只有这样，概念支持的技术才有意义。以遥感图像解译中产生的图像概念为例，"绿地"概念的内涵是种植绿色植物的土地利用类型，表现为图像的低层特征的灰度值的一个特定范围，外延则包括图像区域中灰度值满足该特定范围的所有像素。概念的内涵如果增加，它的外延就会相应减小。若在"绿地"概念的内涵中增加"纹理特征"的属性，则其外延将缩小，仅指具有某种纹理特征的绿地，如草地、疏林地、有林地等。概念具有不同的层次等级。"绿地"是一个概念，"草地""林地""疏林地""有林地"也是概念，但它们处于不同的层次，"林地"在概念层次上比"绿地"低，比"疏林地"高。这使得空间数据挖掘的概念升华成为可能。

### 2.2.3 空间信息和空间知识

信息（information）是用数字、文字、符号、图像、语言等介质来表示事件、事物、现象等的内容、数量或特征，是数据和数据再加工的产品，提供关于现实世界的新事实，具有客观性、适用性、可传输性和共享性等特性。物质、能量和信息是构成自然社会的基本要素。控制论的维纳认为"信息是人们在适应外部世界并且反作用于外部世界的过程中，人与外部世界进行交换的内容"。信息论的香农认为"信息可定义为在通信的任何可逆重编码（或翻译）中那些保持不变的东西"。情报学的哈依洛夫认为"信息是存储、传递和转换的对象和知识"。在哲学上，信息是物质存在的方式和运动的规律与特点。在管理学中，信息是解决问题的答案。一个数据、一条消息，若解决了决策者的问题，则是信息；若还要经过加工处理才能解答决策者的问题，则仍然只是数据或消息。

空间信息（spatial information）指有意义的空间数据语义，是在具体环境中，以有意义的形式排列和处理的数据。空间信息有释义、时序、多维、不确定、地理性的特征。释义特征指空间信息是空间数据的内涵释义和内容解释。例如，从观测数据中可以抽取目标的形状、大小和位置等信息，从遥感图像中可以提取几何图形数据和物理专题信息。时序特征随时间动态变化明显，要求及时地更新时变的信息，并根据多时相的信息寻找随时间变化的分布和演化规律，进而对未来作出预测。如海水的涨落、沙漠的移动、冰川的消融、土地用途的变化、产权的变更等。多维特征指在同一平面位置上具有多个专题和属性的信息结构。例如在一个地面点上，可取得高度、地耐力、坡度、噪声、污染、交通、土地覆盖、土壤湿度等多种信息。不确定特征指同一数据在不同的场合可能表示不同的信息，不同的数据在相同的场合也可能表示相同的信息。例如，相同的 600 m$^2$可以是宗地的面积或建筑物的建筑面积，不同的"1100km 左右""12 小时左右的火车路程"或"较远"都可以表示"从北京到武汉的距离"；质量信息可以用百分比表示，也可以用"优、良、中、差"分级描述。具体信息可以辅助分析不确定性，如面对"南湖"，可能有"武汉市的南湖""南宁市的南湖""南湖机场""南湖的面积"等多个不同的认识，是不确定的，而"关闭的武汉市南湖机场"信息就比较确定和具体了。地理性特征指与空间对象的地理分布有关的信息，描述地表物体及其周围环境的数量、质量、分布、关联等属性，把空间信息位置的识别与空间数据联系在一起，具有区域性，通导遥一体化天基信息实时服务系统，能够长期不间断地提供空间信息源。

空间知识（spatial knowledge）是一个或多个信息关联在一起形成的有应用价值的信息结构。空间知识把与真实或抽象世界有关的不同模式联系起来，一般表现为一组概念、规则、法则、规律、模式、方程和约束等形式的集合，是对数据库中数据属性、模式、频度和对象簇集等的描述，需要特有的空间数据挖掘理论才能发现。例如"如果通行汽车的道路和河流互相交叉，那么交叉处 80%可能是横亘于河流之上的桥梁"。它们不同于用孤立信息表示的事实知识，如"伦敦是英国的首都"。对事物属性的具体描述，为信息；对数据进行处理、与相关数据进行比较得到的结论性、概括性的描述，在某领域若有应用价值则是知识，否则不认为是知识（邸凯昌，2001）。在很多实际应用中，并不需要严格区分信息和事实类知识。

### 2.2.4 从空间数据到空间知识

从空间对象到空间数据、再到空间信息、最后到空间知识的历程，反映了人类认识客观世界的飞跃。实际上，在空间数据挖掘中，实际参加计算的为以数字表示的各种数据，空间数值中的计量单位只是把数字赋予了不同的空间含义。空间数值是空间数据的一种，空间数据是空间信息的载体，空间信息是对空间数据在具体环境中应用价值的解释。空间数据是形成概念的要素，它和空间数据密切相关。例如，"滑坡体向南位移 20mm""3000km"是空间数据，而"滑坡体向南位移 20mm 左右""3000km 左右"就是空间概念。空间概念和空间数据之间的转换是定性定量转换的基石，具有不确定性，如随机性和模糊性。从图 2.1 中可以看出，在空间数据采集、数据清理、目标选择、数据挖掘、解释评价等外力的作用下，PSDM 中的现实空间世界的空间对象历经空间概念、空间数据和空间信息，空间粒度变粗，空间尺度减小，最后升华为空间知识。

空间知识与非空间知识的差别在于它有空间概念和空间关系。空间概念是对空间对象的说明和定义，为空间知识的重要表达方法。空间数据和空间信息是有限的，而空间知识是无限的。一个或多个信息关联在一起形成的有应用价值的信息结构为空间知识，是在不同认知层次上空间对象之间的关联，对空间数据或空间信息的高度凝聚和升华，更加概括和抽象，可以被用户直接使用。空间概念知识在不同空间尺度下有不同的空间粒度含义，不同空间粒度的概念应在特定的空间尺度下定义。

进一步地，空间知识可以升华为空间智慧，支持合理的决策。例如，在猎人狩猎时，动物的踪迹是数据，从中可以发现"如果有水，那么动物常常出没"，运用这条知识狩猎，获得很多猎物，贪婪的欲望使得每天的狩猎次数增加。可是，经过一段时间，猎户发现有的动物绝迹了，运用知识也很难获得足够的猎物了。思考后发现，自己过度的狩猎打破了生态平衡。因此，猎户给自己制定了"一天一猎"的规矩，这就是空间智慧。在这个过程中，空间数据经过空间知识，进化为空间智慧，支撑了合理的空间决策。

应该指出，图像分类、空间查询、空间分析等都是为了获得某一专业空间信息的信息提取过程，并非空间数据挖掘，却是空间数据挖掘的基础。从空间数据到空间信息的转换，是一个数据处理过程，利用一般的数据库管理系统即可做到。而从空间信息到空间知识的转换，则是另一个认识过程，需要人机结合，利用特定的空间数据挖掘技术来实现。信息和知识的价值就在于可被转化为生产力利用，或用以提取新的信息和挖掘新的知识。未被利用的有意义空间信息没有价值，当其被有目的地系统积累起来，才能变成超越可传播信息的知识。如同没有参加商品交换的有使用价值的物品没有价值，当进入市场用于交换时，物品才能变为具有价值的商品。

## 2.3　空间数据挖掘视角

人类思维可以从特殊的感觉表象中总结出代表性的经验，进而抽象为普遍性的符号，最终概括为一般性规律，回馈指导具体的活动，形成认知与行为的智能闭环。人类智能能够从极不相同的角度观察和分析同一问题，各有各的用处。不仅能够在同一个世界中求解问题，而且能够很快地从一个世界跳到另一个世界优化求解，往返自如，甚至具有同时处理不同世界的问题的能力。

在特定的问题或环境下，空间数据是一种原始的、混乱的、不成形的自然状态积累，具有不确定性，甚至包括盲目性和散漫性，而且随着世界的发展而变化。但又是一种可以从中生长出秩序和规则的源泉。空间数据挖掘就是透过表观上的千头万绪、杂乱无章，去挖掘蕴涵其中的规则性、有序性、相关性和离群性，需要各级视角的支持。不同视角的挖掘结果，就好像从不同的距离观察空间对象。随着观察距离的变化，微观、中观和宏观等层次的空间数据综合，各有所见之微观、中观、宏观的个性化知识。而且，每种知识从不同的抽象度上归纳和认识数据，各有各的用途，要求空间数据挖掘在不同的视角世界之间，能够自由往返跳跃。

### 2.3.1　人类思维

人类思维是归纳和演绎的交替。客观世界涉及物理对象，主观世界从认知单元和它指向的物理对象开始，反映了主观、客观内外联系的特性。人类思维活动都指向一定的对象,主观意识的存在映射对象的存在。外部事物在主观认知中对应概念,反映客观对象的共同特点与本质属性。每个概念下的对象都有共同的内涵和外延。概念不是孤立的,它同外部背景有着种种联系,是思维演变和流动的过程。

人类思维具有层次性。人类思维的认知活动可能对应着一定生理上的化学、电学的变化。虽然生命科学能够还原成脑的生物化学层次和神经构造层次等,但是目前生命科学还不能在思维活动与亚细胞的化学、电学层次的活动之间建立确定的关系,也不能确定什么样的神经构造可以决定哪些认知模式的发生,从脑的生物化学层次和神经构造层次研究认知活动尚有困难。恰如不能从最基础的硅芯片的活动来推测计算机网络上电子邮件的行为一样,不能设想从分析单个离子、神经元、突触的性质就能够推断人脑的认知和思维活动。因此,系统论关于系统整体特征不是由低层元素加和而成的原理,对还原论提出质疑,需要找到一个合适的层次和单元,向上模拟人类的认知和思维活动。物质的组成层次可以看成一个个等级,眼前的物体看成是宏观的,天体看成是宇观的,把分子和原子作为界标,比它们小的物质可以称为微观的。其中,原子层次十分重要。

人类思维的原子模型是自然语言的语言原子。空间数据挖掘要以机器为载体模仿以人脑为载体的人的思维活动,必须找到在人脑和机器两种载体之间建立联系的手段。人类思维的载体是自然语言,自然语言使人类获得了一个强有力的思维工具,起到呈现和保留思维对象及组织思维过程的作用。自然语言的最小单元是语言值,自然语言使用语言值表达概念,最基本的语言值代表最基本的概念——语言原子,构成人类思维的原子模型。而在原子模型的提出与演进中,从开尔文模型、汤姆孙模型、勒纳德模型、长冈模型、尼克尔森模型直到卢瑟福的原子有核结构模型,以及原子核模型,都表明构思物质组成模型是一种普遍有效的科学方法。自然语言是其他各种形式化系统的基础,派生出像计算机语言的特殊语言,像数学语言的专业化符号语言,这些符号构成的形式系统又成为新一级的形式化。在自然语言的帮助下,人们可以用最基本的概念——语言原子描述复杂的概念,用各种各样的方法对概念进行组合和再组合,进而表达认知的事件,即知识。可是,怎样体现语言思考中的软推理能力?怎样实现定性知识和定量数据之间的相互转换?显然,概念比数据更确切、更直接、更易理解。

### 2.3.2 概念空间

从表象到概念。人类思维在认识现实客观世界时,通过感知对象的表象信息,在人脑学习中不断地分析、综合、归纳和演绎对象的共同属性,逐步抽象为概念,在人脑里反映对象的本质特征。表象对应低层次的感性、模式等信息,而概念对应高层次的逻辑、符号等信息(李德仁等,2006)。从表象转变为概念,大致分为知觉或感觉、经验或活动、思维或符号三个阶段。在知觉或感觉阶段,凡是由望、闻、触、尝等感官感受到对象的各种不同属性信息,都是一种表象。在经验或活动阶段,依据已有的感性认识,仔细地比较和思考有关的对象,逐步地从对象的各种不同属性中提取对象的共同本质属性,尤其是一般属性。这是根据抽象的状态特征处理、识别和分析对象的过程,主要停留在对表象的认识上。在思维或符号阶段,通过思维将表象上升到概念,将外部世界的现象和过程的映象从直接外在关系中分离出来,在思维中保持独立。特别地,将生活经验的普遍性固化为符号,以各种符号的形式加以应用。概念形成过程可以看成思维对符号的一种组合、转换、再生的操作。

概念形成的特征表说和原型说。特征表说是从特殊到一般的过程，认为概念是人接触到的一类样本点的共同性质，主张从一类个体共有的重要特征（属性）来说明概念。就个体而言，概念形成是指个体学会概念的过程，即把有共同特征的对象归为一组，有不同特征的对象放在不同组别，再把这些组和不同的名称联系起来。原型说是从一般到特殊的过程，从整体的角度解释概念，认为概念主要是以原型（概念的最佳实例）来表示的，还包括个体偏离原型的允许程度（范畴成员的隶属度），原型是这类样本点的核心。对于人类用自然语言表达的概念形成，无论特征表说还是原型说，所有概念样本点都通过一组数据反映出来。给定一组相同属性范畴的定量数据，寻找概括这些数据的、用自然语言值表示的定性概念，是知识发现的基础。

概念的内涵和外延。概念的内涵是与概念有关系的特征，概念的外延是概念所对应的对象证据的数量（秦昆，2004）。概念的概括程度与对象的特征数量、证据数量有关，与概念有关系的公共特征是概念的内涵，证据说明某个概念之所以是某个概念的属性。根据对象的特征、证据可以明白概念的意义。如果某一概念仅与少数特征有关系，说明此概念与许多对象有关系，可以在众多对象出现，即此概念具有普遍意义；反之，如果某一概念与较多的特征有关系，说明具有这些特征的对象较少，仅与少数对象有关系，即此概念较为特殊。例如，在遥感图像中，模式可由光谱、纹理和形状三个特征定义，也可仅由光谱和纹理两个特征定义，那么前者更特殊，后者更一般。因此，内涵越少，概念的概括程度越高，概念越抽象；反之，概念越具体。在概念格中，每个节点的证据就是它包含的对象。概念与证据数量的关系可以呈现为树图，低层节点的证据较少，叶结点的证据最少；高层节点的证据相对较多，因为这些节点除了自身的证据以外，还包括了子节点的证据。

概念空间是同一类概念的数域。自然语言中的基本语言值是个定性概念，对应着一个定量的数据空间，反映概念的内涵和外延，称为概念空间（王树良，2002）。自然语言使用语言值表达概念，在自然语言的帮助下，人们可以用语言原子描述复杂的概念。例如，当讨论语言变量"位移"范畴内的"5mm 左右""很小"或"小"等不同语言值时，常常要明确这些概念在数域上表现的内涵和外延，即在数域上是大概念或小概念，粗概念或细概念，以及相互的等价关系或从属关系。

### 2.3.3 泛概念树

泛概念树是泛层次结构。在概念空间的每一个空间数据，对构成概念和概念层次结构都有作用。概念具有层次性，概念和概念之间通过相互作用，可动态生成不同层次的概念，反映数据的实际分布情况。根据概念空间的数据分布，可以将连续数据离散化，并体现离散后的定性概念之间的泛层次关系。同时，在给定的空间尺度下，不同信息粒度之间的概念，在顾及不确定性时，于同一概念空间中形成泛概念树，具有泛层次结构（图 2.1）。

概念分层结构允许在多个抽象层次上发现知识。任意一个对象都有结构（如遥感图像和 GIS 数据），在结构域中生成概念，形成某类空间对象的一般结构化特征，能反映对象的本质。用给定的对象集构造新的对象，是概念抽象的过程。为了将一个对象纳入一个概念，需要按照属性的概括度将对象分成不同的层次。概念分层结构定义了一个映射序列，将低层概念映射到更一般的高层概念，组织成为树形分类节点集，其中每个节点对应一个概念。概念分层可以由系统用户、领域专家或知识工程师提供，或根据数据分布自动地发现提炼，作为背景知识或一种空间知识。

概念聚类。把对象按一定的方式和准则进行分组，使不同的组代表不同的概念，并且对每一个组进行特征概括，得到一个概念的语义描述。概念聚类技术用描述对象的一组概念取值复合表达式，将数据划分为不同的类，它不仅能产生基于某种度量的好的分类，而且可以为每种类别找出有意义的描述，能够对输出的不同类确定属性特征的覆盖（外延），并对聚类结果给予概念解释（内涵）。根据概念属性泛化和特化的程度，可以得到概念的多层次描述。另外，概念聚类还适用于增量式数据挖掘，当有大量新数据加入时，无须对原有数据重新聚类。当聚类对象可以动态增加时，概念聚类的过程就是概念形成的过程。如果能够建立一种形式化的数据结构将概念的内涵和外延，以及概念之间的不同层次的抽象关系表达出来，就可以有效地分析和处理数据挖掘的过程，如概念格就利用数学方法形式化描述概念的形成。

云模型的泛概念树。体现了数据与概念的随机性和模糊性，以及不同层次概念间的多隶属关系，方便泛概念树的爬升和跳跃，也是构造泛概念树叶节点的基础。图 2.2 是在滑坡监测的空间尺度下，"滑坡形变位移"概念在不同认识层次上的空间粒度变化的泛概念树。从图 2.2 中可以看出，概念粒度有大小之分，多个小粒度概念可以依据一定的方法组成大粒度概念。例如，大粒度概念"位移"被划分为中粒度概念"大"和"小"，而中粒度概念"小"又被分为小的粒度概念"很小""较小"和"一般"，小粒度概念"很小"再次被分为更小的粒度概念"5mm 左右"和"9mm 左右"，更小的粒度概念"5mm 左右"下面就是精确的位移数据了。组成大粒度概念的各个小概念之间可能有交叠的模糊边界，同一个小的粒度概念又可能同时属于两个较大的概念。例如，组成小粒度概念"很小"的更小粒度概念"5mm 左右"和"9mm 左右"之间有交叠的模糊边界，同一个更小粒度概念"9mm 左右"又同时属于两个较大的小粒度概念"很小"和"较小"。同时，从图 2.2 的概念树下层到上层，粒度逐渐变粗，数据信息逐渐上卷为不同粒度的概念，为提升概念。相反，由上层而下层，粒度逐渐变细，从空间概念到空间数据的粒度下钻过程，则是细化概念。图 2.2 的泛概念树，可以利用云模型（详见第 7 章）较好地可视化表达（图 2.3）。

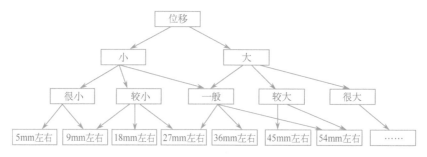

图 2.2　泛概念树

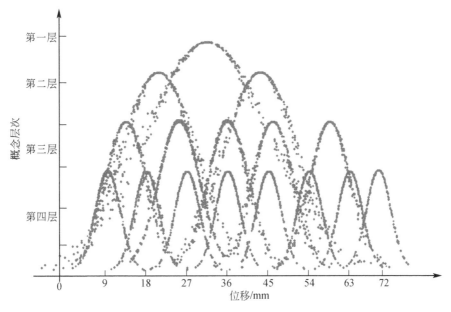

图 2.3　泛概念树的云模型表示

从图 2.3 中可以看出，云模型的数字特征期望值、熵和超熵被赋予一定的空间意义，成为云的空间数值。语言变量为"位移"，基于四个不同空间粒度，其概念云在概念空间中形成四个层次的云的泛概念树结构。每朵概念云都由许多云滴组成，一个云滴对应一个空间数据，是该空间数据对它所表示的空间概念的一次随机具体实现，云滴的位置表示了这个空间数据隶属于该概念的程度，即实现了概念"距离"从论域 $U$ 到区间[0，1]的一次映射。许多空间数据的对应云滴抱团，就形成了这个空间概念的云模型。"位移小"的熵大于"位移 9mm 左右"的熵，也就是说"小"的信息粒度比"位移 9mm 左右"大。图 2.3 中的空间概念在不同粒度的爬升、跳跃和下滑，可以利用云模型（邸凯昌，2001）实现。这种变化，是空间数据挖掘在微观、中观和宏观的视角之间的跳跃，实质是从不同抽象度上认识空间数据，通过改变空间粒度和/或空间尺度，实现不同抽象层次的空间数据综合。如果不同抽象层次的虚拟云表达的信息具有高凝结性的应用价值，就成为空间知识。即空间概念的基云在云算子的外力作用下升华为知识云。一般地，空间尺度反映了不同比例尺或分辨率下的概念的粒度缩放程度。这些特点和人类的柔性思维一致，考虑了空间数据不确定性，是传统的概念树和决策树所不具备的。

### 2.3.4　属性空间

空间对象的不同属性形成属性空间，同一属性范畴的不同概念构成概念空间。空间对象属性的选取形成空间数据挖掘的不同视角，如同从不同角度投射到空间对象的不同光柱，它们各有所见不及之处，但也各自照亮了不同景象。

对象的属性包括本质属性和非本质属性，本质属性必须具备，其有无可以直接影响某种对象之所以成为某种对象；非本质属性可有可无，其有无并不影响某种对象之所以为某种对象。例如，在图像分析中，TM 图像具有 7 个波段的值，但是对于鉴别某种地物类型或者区别某两种地物类型，可以只需要其中某几个波段的值，那么这几个波段的值就是本质属性。又如,在利用纹理属性分析各种地物类型时,特征参数可能很多,但是可能只有少数几个参数起决定作用,因此可以通过数据挖掘的方法对这些特征参数进行学习,从而找出主要的本质属性。如果用蕴涵规则的形式表达的话,可能得出少数几个关键属性决定地物类型的关联规则知识。

概念通常形成于经验概括。经验概括以关于个别对象的现象的观察陈述作为根据,通过比较其间的异同,找出对象的共同点,从而上升为较普遍的认识,即由个体属性的认识上升为对个体所属类别的属性认识。这个过程称为抽象化。与此过程相反,是使抽象的概念具体化,就是从反映对象最简单、最抽象的概念出发,一步一步地达到愈来愈具体的概念,直到把整个对象的丰富多彩性再现出来。

概念提升过程可以理解为不断抽象,从而提取大量的对象间共同的本质属性的过程,在此过程中,这些共同的本质属性不断减少,即内涵不断减少,外延逐渐扩大。空间数据挖掘从数据中发现知识的过程,可理解为从空间数据中形成概念的过程,通过大量数据的学习产生概念性知识。

### 2.3.5 特征空间

人类思维过程中的对象,对应着一个定量的数据空间,反映对象的多个属性的特征,称为特征空间。当研究由多个不同特征描述的复杂空间对象(也可称为事物、案例、记录、元组等)群时,常常用特征空间作为讨论问题和发现知识的更大范畴。在特征空间中,对象和对象之间也通过相互作用,形成知识。特征空间对象在不同概念粒度上呈现出不同的发现状态,随着抽象度的提高,描述每个属性中的概念的粒度越来越大,特征空间对象之间的关系越来越普遍,发现的知识逐步由微观走向中观、宏观,整个归纳过程促成了发现状态空间的不断转换。特征空间的基本单位是空间对象点,而概念空间为表达概念的属性数据点。

人类的认知过程是对复杂对象关系的微观、中观和宏观的知识发现过程,是对象所在的特征空间的微观数据,通过用自然语言表述的不同抽象度概念,在非线性相互作用下涌现的自组织特征。空间对象的多个不同特征构成一个多维特征空间。在空间数据挖掘中,将数据库中的一条空间对象记录,按照其多个属性把它映射到数域空间中的一个特定点上,成千上万的空间对象记录,就在数域空间中被转换为成千上万个点。每一个空间对象为特征空间的一个点,成千上万的空间对象在特征空间中也构成成千上万个点,它们整体上所呈现出来的抱团特性,就在空间数据挖掘中形成自然的聚类知识。实际上,空间数据挖掘的过程,就是位于特征空间内的不同属性值,随着每个属性中的原始数据值用该属性的概念空间中不同粒度的概念表示,而带来的特征空间中空间对象的整体分布的变化形态和各种组合状态。从较细的粒度世界跃升到较粗的粒度世界为数据归约,是对空间对象群的抽象,可以简化问题,大大减少数据处理量。空间对象群的组合状态,因不同属性的泛概念树(图2.2)的不同而多种多样,通常决定于发现任务。

### 2.3.6 发现状态空间

空间知识在逐步归纳中升华凝结。发现状态空间(李德毅,1994)是三维的立体运作空间。已有的发现状态空间是基于方向的，属性方向是对属性之间关系的认识，宏元组方向是对宏元组之间一致性和差异性的发现，这两个方向构成二维的知识基，都是对特定知识模板的操作。知识模板方向是从微观到宏观的知识发现，知识模板的抽象提升，是以归纳为核心提高知识抽象度。就数据挖掘的广度和深度而言，属性方向重在属性与属性之间的规则，宏元组方向重在宏元组与宏元组之间的多属性模式，知识模板方向则把属性和宏元组作为一个整体，在发现的层次上抽象概括或具体细化。随着抽象度的提高，属性方向和宏元组方向的概括性增大，知识模板的物理尺寸越来越小，当被引入地球空间信息科学领域时，发现状态空间又增加了尺度维，表达空间数据由细至粗，多比例尺或多分辨率的几何变换过程，形成四维的发现状态空间（邸凯昌，2001）。

实际上，抽象度的提高，来自于粒度由细而粗和/或尺度由大变小，即认知层次的归纳提高。而具体到每一个知识基中的属性和宏元组的方向趋于概括，以及知识模板物理尺寸减小，则是描述空间对象的数据在属性空间、概念空间或特征空间（图 2.4）中，按照发现任务作不同的组合、浓缩。其中，认知层次主要由粒度和尺度表达，粒度反映空间数据挖掘内部细节的粗细，而尺度描述空间数据挖掘由细至粗、多比例尺或多分辨率的几何变换过程。

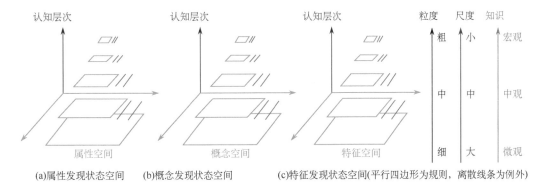

(a)属性发现状态空间　　(b)概念发现状态空间　　(c)特征发现状态空间(平行四边形为规则，离散线条为例外)

图 2.4　基于认知层次的发现状态空间

二者其一变化，或二者都变化，即粒度和/或尺度变化，都会对整个空间数据挖掘产生影响，即

发现状态空间＝{属性空间 → 概念空间 → 特征空间 | 认知层次（粒度和/或尺度）}

境界决定认知的高度，空间数据挖掘的实质就是在不同观察距离上看同一批数据和数据的组合，仅仅是观察粒度和/或尺度不同而已。当从空间数据中发现知识时，一般是基于不同的粒度和/或尺度，首先从空间数据抽象出对应的空间概念，然后在概念空间中总结初步的空间特征，最后于特征空间内归纳出空间知识。通过粒度和/或尺度的变化，或者增加观察距离，缩小尺度，用粗粒度观察和分析信息，忽略细微的差别，寻找共性；或者缩短观察距离，放大尺度，用细粒度观察和分析信息，透过纷繁复杂的表象，更准确地区分差别，两者分别对应平滑和锐化算法，如果概念层次上升，则从微观逐步到宏观，知识模板上升到抽象级别更高的知识层次。

根据发现状态空间，空间数据挖掘也可以看成一个从不同的视角，从低层到高层，不断地抽象产生更大的概念，从而浓缩空间知识的过程。例如，空间关联规则挖掘与概念的形成过程密切相关，一方面，在挖掘过程中生成不同概念层次的关联关系，在领域相关的概念层次树背景下，可以分析反映不同层次的规律的关联规则。另一方面，不同数据集蕴涵的关联规则可能不同，如图像挖掘的"乔木"与"水体"两种纹理图像，是两个不同的概念，可以挖掘在不同位置的像素值之间的关联规则，作为图像类型的区分规则，从而将"乔木"与"水体"两种纹理图像区分开，也可以认为是区别了这两个概念的本质属性。

### 2.3.7 数据挖掘机理

数据挖掘的机理是基于不同视角的"数据→概念→知识"视图，而空间知识则是各级的"规则+例外"。空间概念是认知的基元，每一个属性和该属性的概念空间相联系，一个空间对象构成特征空间的一个点，成千上万的记录变为成千上万个点，整体上抱团呈现知识。

在认知归纳的过程中，每次从较低的认知层次到较高的认知层次进行属性概括、概念提升或特征归纳，都会存在一些特殊情况，即用粒度较细的概念描述的一些空间对象，在粒度较粗的概念中无法被归纳进去，而成为离群体和例外，在整体上始终表现为"规则+例外"。因此，知识就是不同认知层次上的"规则+例外"，即"宏观层面上的规则+例外"→"中观层面上的规则+例外"→"微观层面上的规则+例外"。图 2.4 表示了在发现状态空间中空间数据挖掘随认知层次提高而变化的整体过程。可见，"数据→概念→知识（规则+例外）"的挖掘机理揭示了人类由个别到一般，从具体到抽象，既统揽全局又抓住本质，既深入基层又把握重点的认知规律，对于空间数据挖掘具有一般性的理论指导意义。

# 2.4 空间数据挖掘的知识类型

空间知识的基本类型是规则和例外，规则包括空间的特征、区分、关联、分类、聚类、序列、预测和函数依赖等共性或个性规则，例外则指规则以外的偏差，或类别以外的离群。GIS 数据库是空间数据库的主要类型，从中可以发现空间的普遍知识、分布规律、关联规则、聚类规则、特征规则、区分规则、演变规则和偏差等知识（邸凯昌，2001）。知识类型决定空间数据挖掘的任务取向，即能够解决什么问题。当然，各种空间知识之间不是相互孤立的，在解决实际问题时，经常要同时使用多种知识。

### 2.4.1 普遍知识

普遍知识（general knowledge）是指某类目标的数量、大小、形态等普遍特征。可将目标分成点状目标（如独立树、小比例尺地图中的居民点）、线状目标（如河流、道路等）和面状目标（如居民地、湖泊、广场、地块等）三大类。用统计方法可获得各类目标的数量和大小，线状目标的大小用长度、宽度表征，面状目标的大小用面积、周长表征。目标的形态特征是把直观、可视化的图形表示为计算机易懂的定量化特征值，线状目标的形态特征用复杂度、方向等表示，面状目标的形态特征用密集度、边界曲折度、主轴方向等来表示，单独的点状目标没有形态特征，对于聚集在一起的点群，可用类似面状目标的方法计算形态特征。GIS 数据库中一般仅存储图形的长度、面积、周长、几何中心等几何特征，而形态特征要用专门的算法计算。统计空间目标几何特征量的最小值、最大值、均值、方差、众数等，还可获得特征量的直方图，当样本足够时，直方图数据可转换为先验概率使用。在此基础上，可根据背景知识归纳出更高水平的普遍几何知识。面向对象的知识是指某类复杂对象的子类构成及其普遍特征的知识。

## 2.4.2 空间特征规则与空间区分规则

空间特征规则（spatial characteristic rules）用简洁的方式汇总作为目标的某类或几类空间对象的几何和属性的一般共性特征。几何规则指空间对象的分布等规则，属性规则指空间对象的数量、大小和形态等一般特征。空间特征规则汇总了目标类空间数据的一般特性，多为对空间的类或概念的概化描述。足够样本的空间特征的直方图、饼图、条图、曲线、多维数据立方体、多维表数据等都可以转换为先验概率知识。在发现状态空间中，空间特征规则存在于特征空间的不同认知层次。

空间区分规则（spatial discriminate rules）是用规则描述的两类或几类空间对象间的不同空间特征规则的区分，所附的比较度量用以区分目标类和对比类。目标类和对比类由挖掘的目的而定，对应的空间数据通过数据库检索查询即可获得。可以通过把目标类空间对象的空间特征，与一个或多个对比类空间对象的空间特征相对比，得到空间区分规则。其中，空间分布规律是主要的空间区分规则，指空间对象在空间的垂直、水平或垂直-水平的分布规律，如高山植被的垂直分布、公用设施的城乡差异、异域地物在坡度、坡向的分布等规律。

## 2.4.3 空间分类规则与空间回归规则

空间分类规则（spatial classification rules）是同类事物共同性质的特征型知识和不同事物之间的差异型特征知识（Killer et al.，1998）。它根据空间区分规则把空间数据库中的数据映射到某个给定的类上，用于数据预测，是一种分类器。空间回归规则（spatial regression rules）与其相似，也是一种分类器，其差别在于空间分类规则的预测值是离散的，空间回归规则的预测值是连续的。空间分类或回归的规则都是普化知识，实质是对给定数据对象集的抽象和概括，可用宏元组表示。空间分类规则和回归规则主要从空间数据库的数据中挖掘描述并区分数据类或概念的模型，二者的模型，常表现为决策树、谓词逻辑、神经网络或函数等形式。例如，一棵决策树，根据数据值从树根开始搜索，沿着数据满足的分支往上走，走到树叶就能确定类别。空间分类规则和回归规则与空间预测规则紧密相关，它们是空间预测规则据以预测未知类标记的空间对象、空缺（或未知）的空间数据值的模型。

## 2.4.4 空间聚类规则与空间关联规则

空间聚类规则（spatial clustering rules）把特征相近的空间对象数据划分到不同的组中，组间的差别尽可能大，组内的差别尽可能小（Kaufman and Rousseew，1990）。空间对象根据类内相似性最大和类间相似性最小的原则分组或聚类，并据此导出空间规则。

空间聚类规则与分类规则不同，它不顾及已知的类标记，在聚类前并不知道将要划分成几类和什么样的类别，也不知道根据哪些空间区分规则来定义类。空间聚类规则可用于空间对象信息的概括和综合。例如，在分类编制中，根据空间聚类规则可以把观察到的空间数据组织成类分层结构，把类似的空间对象组织在一起。

空间关联规则（spatial association rules）指空间对象间因属性相关而同现的关系规律，主要有相邻、相连、共生和包含等模式，是空间数据挖掘中简单实用的主要知识。包含单维规则（含单个谓词）和多维规则（含两个或两个以上的空间对象或谓词），一般用逻辑语言或类结构化查询语言（structure query language，SQL）描述，用空间知识的测度反映可靠性（详见 2.5.2 小节），例如"is_a（x, road）→close to（x, river）（82%）"是描述承德地区道路与河流关联的规则。发现后的空间关联规则，分为一般关联规则和强关联规则，强关联规则又称广义关联规则，是使用或发生频率较高的关联规则（Koperski et al., 1996）。关联规则具有时效性，要在算法中考虑时态信息，不同的时期应使用不同的关联规则。例如，从多年的黄河水文库中挖掘的关联规则"雨水→水位上涨（春夏）"和"雨水→水位下落（秋冬）"，应分季节支持防汛决策。关联规则具有转移性，要在模型中增加转移条件，合理地预测转移趋势。例如在第一轮选举数据中挖掘的关联规则，在第二轮选举数据中因选民意愿在给定条件下发生转移，挖掘的关联规则可能与第一轮恰恰相反，据此可帮助候选人调整竞选策略。

### 2.4.5　空间依赖规则与空间预测规则

空间依赖规则（spatial dependent rules）发现不同空间对象之间或相同空间对象的不同属性之间的函数依赖关系，数学建模常用空间对象名或属性名为变量。例如，从已有的地球构造、板块运动、重力场等数据中挖掘地质的减灾防灾规律，根据空间对象的位置、面积、分布等空间数据，以及相关的社会经济数据，发现地价的走势，用于指导基准地价和标定地价的评估。

空间预测规则（spatial predictable rules）是根据已知事件的空间数据，事前推测或预先测定未知事件的预期过程与结果的模式。可以外推测算空间未知的数据值、类标记和分布趋势等，常用数学模型描述。预测的用途分经济、技术和需求，时间分短期、中期和长期，质量取决于影响需求的因素。因素随时可能变化，当时间跨度延长时，预测准确度随之下降，短期预测常比长期预测更准确。当根据数据随时间变化的趋势预测将来值时，要充分考虑时间因素的特殊性。只有利用现有数据随时间变化的系列值，才能根据挖掘的结果更好的预测将来的趋势，预测规则在一定范围内有效，对一个用户在一种环境下最好，对新用户在新环境下可能完全不适用。在预测之前，可以使用相关分析识别和排除对预测无用或无关的属性或空间对象。

### 2.4.6　空间序列规则与空间例外

空间序列规则（spatial serial rules）和时间紧密相关，基于时序特征，建模描述空间对象数据随时间变化的规律或趋势。虽然空间序列规则可能包括与时间相关的各种空间规则，但是序列规则挖掘自有特色，如时间序列分析、序列或周期模式匹配等。在空间数据挖掘中，时空数据存有同一地区不同时间的历史空间数据，用户可能不一定对数据库中的所有数据感兴趣，当用户为了得到更精炼的信息，而只挖掘某一时期内空间数据中隐含的空间模式时，也是一种空间序列规则挖掘。带有时间约束的空间序列规则称为空间演变规则（spatial evolution rules），通过时间连接空间数据，判断空间事件是否发生，也揭示事件发生的时间。时间约束用时间窗或相邻序列刻画，采用相邻项目集之间的时间间隔约束，可以将序列模式的发现从单层概念扩展到多层概念，自顶向下逐层递进。在数据库变化不大时，渐进式序列规则挖掘能够利用前次结果加速挖掘过程。

空间例外（spatial exceptions / outliers）是大部分空间对象的共性特征之外的偏差或独立点，是与空间数据的一般行为或通用模型不一致的数据特性（Barnett，1978）。例外是异常的表现，如果排除了人为的原因，那么异常往往是某种灾变的表现，所以可作为空间知识。空间例外是关于类比差异的描述，如标准类中的特例、各类边缘外的孤立点、时序关系上单属性值和集合取值的不同、实际观测值和系统预测值间的显著差别等。有的数据挖掘方法把例外看作噪声或异常而丢弃不理，虽然这样剔除可能利于凸现共性，但是有些罕见的空间例外可能比正常出现的空间对象更具有实用价值（Hawkins，1980）。例外和噪声的特点相似，均远离数据总体分布，可用处理噪声的方法识别（Barnett，1978）。例如，位移明显很大的滑坡监测点，附近可能发生滑坡，是灾害预报的决定性知识。可以通过数据场的势场、统计实验检测或特征偏差识别发现空间例外。偏差检测是一种启发式挖掘，把使数据序列突然发生大幅度波动的数据认作例外（Shekhar et al.，2003）。

## 2.5 空间知识的表达

空间知识的表达是空间数据挖掘中的关键问题。有多种表达方法，常用的有自然语言、语言规则、GIS 关系特征表、谓词逻辑、产生式规则、语义网络、脚本、Petri 网、预测模型、可视化等。在实际空间数据挖掘中，这些方法各有优势和不足，适用于不同情境。例如，广义知识由多个属性历经概念提升获得，用关系表最为直接；分类知识具有因果性，适用产生式规则。对同一知识，一般可以用多种方法表示，它们也可以相互转换。合理的表达思想是，赋有测度的多层次"空间规则+空间例外"。

### 2.5.1 自然语言

在空间数据挖掘中，最好的知识表达方式应该是自然语言，自然语言比数学语言更明确、更直接、更容易理解。用语言方法把握量的规定性，符合人类的认识规律，比精确数学表达更真实，更具备普适性。要求发现的知识越抽象，准确性要求越低，就越是如此。

在知识表达中引入语言方法，是对思维和感知中不精确性的普遍承认。在定量基础上的定性归纳，能深刻地反映事物的本质，能用较少的代价传递足够的信息，对复杂事物作出高效率的判断和推理。如"长江三峡宝塔滑坡在监测期内发生了向南微偏西移动，并伴随少量的向下沉降。"语言值的引入增加了知识的弹性，不但使从数据库中最终获得的知识更加可靠，而且更容易被人理解。可是，怎样反映自然语言中定性概念和定量数据之间的不确定性？怎样用自然语言描述定性知识？云模型就是这样一种定性和定量之间的不确定性转换模型，可作为知识表示的基础（李德毅和杜鹢，2005）。例如，用云模型表示的语言值来表达定性概念，与传统的知识表达方法结合，弥补这些方法在定性知识表示方面的不足。

### 2.5.2 空间知识的测度

空间知识的测度衡量空间数据挖掘的确定性或可信性，反映空间数据支持空间知识的置信水平。可以指导或限制空间数据挖掘的过程，因为并非所有被发现的模式都有意义或有趣，只有测度超过阈值的空间模式才被接受为空间知识。空间知识的测度主要有支持度、置信度、期望置信度、作用度和兴趣度等（Agrawal and Srikant，1994）。这里以空间关联规则为例，分别说明。

给定挖掘任务，设 $D$(data)是与挖掘任务相关的数据集合，$T$(transaction)是 $D$ 中的事务子集（$T \subseteq D$），每个事务有一个标识符 TID。$I = \{i_1, i_2, \cdots, i_n\}$ 是项（item）的集合（$I \subseteq T$）。若有项集 $A$，$B$（$A \subseteq I$，$B \subseteq I$），则关联规则 $A \Rightarrow B$ 可表示为

$$\{(A_1 \wedge A_2 \wedge \cdots \wedge A_m) \Rightarrow (B_1 \wedge B_2 \wedge \cdots \wedge B_n)\} | ([s], [c], [ec], [l], [i]) \quad (2.1)$$

其中，$A_1$，$A_2$，$\cdots$，$A_m$ 和 $B_1$，$B_2$，$\cdots$，$B_n$ 是空间谓词的集合；[···]表示可选的测度；[$s$]，[$c$]，[$ec$]，[$l$]，[$i$]分别表示支持度、置信度、期望置信度、作用度、兴趣度。

1）支持度（Support）

支持度描述项集 $A$ 和项集 $B$ 的并集 $A \cup B$ 出现的概率，是包含 $A \cup B$ 的事务的概率 $P(A \cup B)$，即 Support($A \Rightarrow B$)=$P(A \cup B)$。

支持度衡量关联规则的重要性，说明在所有事务中代表性的大小，支持度越大，表示越重要。

2）置信度（Confidence）

置信度描述项集 $A$ 和项集 $B$ 的交集 $A \cap B$ 出现的概率，即在包含项集 $A$ 的事务中，项集 $B$ 也同时出现的条件概率 $P(B/A)$，即 Confidence($A \Rightarrow B$)=$P(B/A)$。

置信度衡量关联规则的准确度，有些关联规则的置信度虽然很高，但是支持度很小，说明该关联规则出现的机会很小，实用价值不大，也就不重要。

3）期望置信度（Expected Confidence）

期望置信度描述在没有任何条件影响下，含有项集 $B$ 的事务在所有事务中出现的概率 $P(B)$，即 Expected Confidence($B$)=$P(B)$。

4）作用度（Lift）

作用度描述项集 $A$ 的出现对项集 $B$ 的出现的影响程度，是置信度与期望置信度的比值，即 Lift($B/A$)=Confidence($A \Rightarrow B$)/Expected Confidence($B$)。

作用度越大，说明项集 $A$ 对项集 $B$ 的影响越大，即 $A$ 的出现对 $B$ 的出现有促进作用，表示它们之间具有某种程度的相关性。一般地，有用的关联规则的作用度都大于 1，说明置信度大于期望置信度；如果作用度不大于 1，那么该关联规则可能没有意义。

5）兴趣度（Interestingness）

兴趣度描述规则意义的有趣程度。可用支持度和置信度反映规则的有趣度，分别定义一个最小支持度阈值 min_sup 和最小置信度阈值 min_conf，把同时大于 min_sup 和 min_conf 的规则称为有趣的规则，或强规则。阈值一般取经验值，也可以统计得到。合

适的阈值，则需要根据具体的情况设定。

在关联规则挖掘中，根据关联规则的定义，任意两个项集之间都存在关联规则，如果不考虑关联规则的属性值的大小，那么在数据集 $D$ 中可能发现很多规则，但是并不是所有的规则都是有趣的，必须选择恰当的阈值 min_sup、min_conf。如果取值过小，则会发现大量无用的规则，不但影响执行效率、浪费系统资源，而且可能把主要目标淹没；若取值过大，则可能得不到规则，或得到的规则过少，就可能过滤掉想要的有意义规则。

### 2.5.3 空间规则+空间例外

空间数据挖掘是从宏观层的"空间规则+空间例外"，到中观层的"空间规则+空间例外"，再到微观层的"空间规则+空间例外"的认识和发现过程（王树良，2002）。空间知识的实质是揭示不同层次的"空间规则+空间例外"，即"规则性知识"+"非规则性知识"。这些不同层次的空间知识，各有各的用途。不仅在空间分析中识别数据库记录间的联系，为数据库产生摘要，形成预报和分类模型，支撑空间信息专家系统或空间决策支持系统；还支持遥感图像解译中同谱异物、同物异谱现象的约束、辅助和引导，减少分类识别的疑义，提高解译的可靠性、精度和速度。例如，道路和城镇相连、河流和道路的交义处为桥梁、草地和森林经常同时出现等规则，可以依据规则赋予不同类别的不同权重，提高图像分类的精度和更新空间数据库。

## 2.6 空间数据挖掘与相关学科的关系

空间数据挖掘是交义学科，在数据挖掘、人工智能、地学数据分析、空间数据库等多个学科基础上融合发展而来，与各个学科之间既有联系，又存在差别。

### 2.6.1 数据挖掘

空间数据挖掘是数据挖掘的学科分支，但在挖掘的对象、粒度和属性方面又不同于普通的数据挖掘，在发现状态空间中比数据挖掘还多了尺度维。

（1）挖掘的对象。一般数据挖掘的对象是常规的结构化关系数据库（如销售数据库），存储的是事务型数据，挖掘的属性直接取自字段或由简单的数学或逻辑运算派生。而空间数据挖掘的对象是空间数据集，既存储了空间对象的位置和属性等数据（如地图、遥感图像、城市空间规划数据），也拥有空间对象之间的拓扑关系和距离信息。非结构化的空间图形数据兼有矢量和栅格两种，分成多个图层。而且，空间数据库的定义操作和维护，在存储结构、查询方式、数据分析时都有别于常规的事务型数据库。

（2）挖掘的粒度。数据挖掘的粒度是事务型交易数据，而空间数据挖掘的粒度可以是点、线、面、体等空间对象，也可以是图像或栅格的像素（邸凯昌，2001）。空间数据挖掘常互补采用两种空间粒度，采用矢量数据，以空间对象为粒度，可利用空间对象的位置、形态、关联等特征，挖掘空间的分布规律、特征规则、分类规则等知识，直接用于决策分析；采用栅格数据，以像素为粒度，可利用像素的位置、多光谱值、高程、坡度等具体信息，提取图像特征，发现精确的分类规则，用于图像分类。

（3）挖掘的属性。一般数据挖掘的关系数据库的属性，直接取自字段或由简单的数学或逻辑运算派生。而空间数据库中的图形几何特征、空间关系等属性，一般并不直接存储于数据库中，而是隐含在多个图层的图形数据中，需利用矢量或栅格的数据，经过特定的空间运算和空间分析才能得到，如空间对象的高程来自叠置分析、邻接对象来自拓扑分析、对象间距离来自几何计算和缓冲分析，像素的坡度坡向来自数字高程模型等地形分析等。

### 2.6.2 机器学习

机器学习通过学习和训练获得或重现知识，侧重设计新的方法从数据库中提取知识的技术行为，所用的数据是专门为机器学习而准备的数据，这些数据在现实世界中也许毫无意义（Witten and Frank，2000）。而空间数据挖掘是从已经存在于空间数据库中的数据内发现知识的过程，包括对知识发现应用领域及终端用户的目标理解、创建目标数据集、数据预处理、降维和转换、挖掘和知识解译等，其中的数据挖掘预处理具有重要作用。

### 2.6.3 人工智能

人工智能是数据挖掘产生的学科基础，主要研究人类如何获取知识和使用知识，是以演绎为主的正向式认识世界。而空间数据挖掘让机器模拟人的智能从数据中发现知识，用机器再现人类认识的过程，是以归纳为主的逆向式认识世界。基于空间数据挖掘的人工智能，具有类人的认知和思维能力，能够发现新的知识，完成面临的新任务。通过空间数据挖掘来发现知识的过程，就是构造专家系统、生成知识库的过程，可为人工智能和认知科学提供一个新的空间对象模型和实现方法。

### 2.6.4 模式识别

模式识别在一定的理论（统计概率、语音识别和模糊数学）基础上，根据研究对象的特征或属性，利用以计算机为中心的机器系统，运用统计模式识别、句法模式识别等分析算法认定类别，且使分类识别的结果尽可能地符合真实。图像识别为其主要内容，即先提取最能反映识别对象的特征，从中选择模式，然后将待识别图像的测量值与特征值相比较，当二者匹配或接近时，确认为所识别的类型。图像的自动模式识别，又称为图像自动判读与专题分类，是利用计算机，通过一定的数学方法，根据空间对象的图像光谱和几何结构（或称纹理）等特征，基于属性特征识别和分类图像，进而对图像信息相应的专题要素实现分类，得到专题图形的属性。

与模式识别相比，空间数据挖掘更强调在隐含未知情形下对空间数据本身的规律挖掘，比模式识别获取的信息更加概括、精炼。相对而言，空间数据挖掘的出现迟于模式识别，但是内涵和外延都大于模式识别，可用的理论方法多于模式识别，不能简单地把模式识别看成空间数据挖掘。同时，二者的学科基础都和人工智能有关，模式识别可以作为空间数据挖掘的方法之一，空间数据挖掘从空间数据中自动发现的物体形状、大小、色调、背景、阴影及其相互关系等先验知识，可以作为模式识别的分类规则，提高图像自动判读与分类结果的精度与可靠性。二者理论可以交叉使用，集成它们可以促进遥感图像处理的自动化和智能化。

### 2.6.5 推理方法

常见的推理方法主要有三类：演绎、归纳和常识推理。演绎是基于公理和演绎规则进行的，多用于数学科学，如定理证明。归纳是基于从事例或统计的大量事实和归纳规则进行的，多用于自然科学，如物理、化学等方面的归纳结论。常识推理从人所公认的知识出发，推导出有普遍意义的知识，多用于政治、医学、经济等人文科学，也常见于日常生活中，如争论、辩论和讨论等。

空间数据挖掘具有推理方法的原理，也有自身的推理特点。通过空间数据挖掘析取的空间决策规则，是标准的或非标准逻辑中的隐含形式，是数据库中总的或部分的数据之间的相关性。这种隐含式规则既是假言推理的一种演绎推理规则（基于前提为真而推出结论为真）的扩充，也是归纳方法的扩充，其条件部分可被看成归纳的前提，决策部分被理解为归纳结论。不同之处在于，空间数据挖掘强调优化，而归纳不必关心它的优化形式。空间数据挖掘从条件出发提取恰当的或近似的决策知识，而常识推理从区域专家共享的经验知识开始，推导区域中有趣和公认的知识。

### 2.6.6 地学数据分析

在分析数据的效率上，传统的地学数据调查和分析，通常先由需要信息的用户自己负责或委托专门的机构制订技术方案，然后调派大量的调研人员通过抽样或普查获取基础信息，填写表格或输入计算机，其次汇总统计基础信息，最后由专家分析数据得出结果。这种方法耗费的人力、物力和财力巨大，周期长，结果滞后，而且不可避免地受到调查和分析人员主观因素的影响。而空间数据挖掘在一定程度上克服了这些缺点，过去一项需要几个月甚至几年的统计分析工作，现在只需几分钟、几秒钟就能完成。

在探索数据关系时，传统地学数据分析使用基于验证的方法，用户首先对特定的数据关系作出假设，然后使用分析工具去确定或否定这些假设，其有效性受到很多因素的限制，如提出的问题和预先假设是否合适等。而空间数据挖掘重在发现，更强调在隐含未知情形下对空间数据中的规律挖掘，发现的知识要求满足大数据量的统计检验。而且空间知识比现有的 GIS 分析工具获取的信息更加概括、精炼，还可以发现现有 GIS 分析工具无法析取的隐含模式。

应该指出，图像处理、图像分类、空间查询、空间分析等都是为了获得某一专业信息的信息提取过程，而并非空间数据挖掘，却是空间数据挖掘的基础和工具。

### 2.6.7 空间数据库管理系统

空间数据库管理系统把大量的空间数据组织起来，以方便用户进行存取和维护，并对数据的一致性和完整性进行约束，侧重于数据库存储处理的高效方法。数据库定义按照数据模型把相关空间数据组织在一起有效存储，数据库操作提供插入、删除、更新、检索、查询、报表等功能，只是产生简单的检索、汇总和统计的结果，为事实类信息。在研究应用机器学习与数据库技术的过程中，数据库管理系统一般被用来存储数据，机器学习则用来分析数据。

空间数据挖掘侧重于全面深入地分析数据，以得到比数据更高层次的有用模式。它对具体空间数据实施挖掘运算、空间推理和知识表达，提取隐藏在空间数据中的结论性、精炼性、概括性和综合性的规则类知识，是高于数据的理解和概括。这些数据在此之前早已存在，只是其中隐含的规律尚未人知。

空间数据库报表工具也无法比拟空间数据挖掘。数据库报表制作工具抽取数据库中的数据，经过一定数学运算，以特定格式呈现给用户。它可以回答某地区过去一个时期内水土流失严重的区域和河流流域的有关情况，但无法回答下一个时期内水土流失严重的区域将在哪里，河流流域将随之怎样移动。而这是空间数据挖掘的任务所在，能分析空间数据背后隐藏的特征，揭示关于数据的总体特征和发展趋势。

目前，标准的空间数据库管理系统通常不具有推理新事实的能力。空间数据挖掘可以把空间数据库系统和专家系统的空间知识表示和空间推理能力相结合，解决专家系统中苦于无法建立专家知识库的困难。

空间数据挖掘的对象可以是空间数据库，也可以是空间数据仓库，分别适用不同的要求。当组织、存储、查询和分析数据时，数据库常停留在记录级数据，用查询语言查找特定的事实。如果利用空间数据库实施空间数据挖掘，那么需要根据要求对空间数据库进行清理、拆分和重组。空间数据仓库对数据的加工层次高于一般的数据库，较少对记录级的数据感兴趣，而是查看所有的事实，寻找具有某种含义深长的模式或关系，如发展趋势或运行模式等。它遵循一定原则，用多维数据库组织和显示数据，将不同数据库中的数据粗品汇集精炼成为半成品或成品。空间数据仓库不是要替代数据库，而是可以看作空间数据库的数据库。空间数据仓库能被稍加整理或直接用于空间数据挖掘。

# 第3章 空间数据挖掘的数据源

空间数据挖掘建立在观测数据的基础上，如果没有或脱离空间数据，那么空间数据挖掘将成为无源之水、无本之木。空间数据是描述空间对象的符号记录，来源种类多样，采集设备多种，数据建模复杂，组织管理独特，应用范围广泛。给定挖掘任务，按照一定的方法，把空间数据库、空间数据仓库、空间文件系统、网络空间的相关数据组织在一起，构成空间数据挖掘的数据集合。本章首先介绍空间数据及其特性，然后概述空间数据的获取方式，其次分析空间数据结构和空间数据模型，再次介绍空间数据库和空间数据仓库，最后讨论空间数据基础设施和大数据。

## 3.1 空间数据的内容和特性

空间数据在数据世界刻画与空间分布有关的自然或人造的对象，描述其内容、特性、结构、种类、变化等，在空间上离散或连续地分布，因方位的差异而不同，随距离的增减而变化。空间数据包括观测数据、地图、遥感数据与统计数据等，可以分为原始的直接数据或处理后的间接数据。其中，直接数据指直接来自空间对象的视觉数据、触觉数据等，间接数据是经过计算、处理和转换的等高线、居民点注记等，从间接数据中能够进一步地提取更加间接的数据。对于直接来源于摄影测量和地面测量的数据，每一个对象往往具有完整的三维坐标；而若从既有地图数字化获取数据，则只能获取等高线和少量地形点的高程信息。

### 3.1.1 空间对象

空间对象是在计算世界对现实世界中对象的抽象表达，是位置与属性的数据统一体。在空、天、地中研究地球空间信息学时，空间对象包括自然或人工的现象、物体、事件、状态和过程，以及附着其上的属性、关系等。一个地物可直接用一个对象表达，也可划分成几个对象共同表达，含有不确定性。

空间对象的几何特性指地物的大小、形态和位置等属性，物理特性指地物的类型等属性，如道路、河流或房屋。根据空间形态特征，空间对象可分为点、线、面三大类地物。点状地物是地球表面的点，点对象包括单点（如烟囱、控制点）、有向点（如桥、涵洞）、点群（如路灯、散树）等，它仅有空间位置，没有形状和面积，存储一个位置数据。线状地物是地球表面的空间曲线，线对象是相互连接的点串或弧段串，允许有分支和交叉，如河流、道路，它有形状但没有面积，在平面上的投影是一条连续不间断的直线或曲线，存储一组填满整条线的方位数据。面状地物是地球表面的空间曲面，面对象由一个或多个封闭不相交的多边形或环组成，可包含多个岛，如地块、房屋等，它具有形状和面积，在平面上的投影是由边界和边界包围的紧致空间组成。与平面多边形不同，面状地物由周边弧段组成，当地形有起伏时，成为不规则的曲面，连接数字地面模型可以表示地表的物体、地下的断层等。一个数字地面模型用于一个面状地物，或为多个面状地物共用。复杂对象由两个或两个以上的基本对象（点、线、面）或另外的复杂地物组成，并语义表示地物或专题要素之间的相互关系，如学校含道路、房屋、水塔等。空间对象是对实际对象的近似表达，传统的数据处理方法认为空间对象的分布可以用一组离散的点、线、面、体表达，把误差定义为数据的观测值与真实值的差，分开研究属性不确定性和位置不确定性，可是获取大量数据的真值并不容易，研究方法应承认信息采集的不完备性，兼容位置不确定性和属性不确定性（王树良，2002）。

### 3.1.2 空间数据的内容

空间数据的内容很多，此处主要讨论位置、属性、图形、图像、网络、文本和多媒体等数据。

#### 1. 位置数据

位置数据描述空间对象在现实世界的空间坐标，常与方向同在，并称方位数据。一般是利用一定的仪器设备，通过一定的技术方法，观测得到定量的点、线和面的坐标数值。然后根据观测值，用测量平差求出未知参数的估值，并估计其精度。为了减少数据冗余，可用结点和弧段为基础组织数据，即只有结点和弧段才包含坐标，其他空间对象都由这些基本结点和弧段构成。卫星、移动测量等技术设备采集数据的速度越来越快，致使坐标数据越来越多。

#### 2. 属性数据

属性数据刻画空间对象的名称、类型、大小等非空间特性，可由多个属性数据项组成。分为定量数据和定性数据两类，具有离散值或连续值。离散属性可以只是一个集合内的有限个元素，连续属性可以取某一区间内的任何值（史文中和王树良，2002）。在地理学和制图学中，属性是对物质、特性、变量或某地理目标的数量和质量的描述，被视为地球表面关于某一点、点集或特征的事实（Goodchild，1995）。GIS 的属性数据是对点、线、多边形或遥感图像的属性值（或属性类别）的描述。

#### 3. 图形图像

图形图像是指以几何线条、几何符号、图像像素等形象地反映空间对象的物理构造、外在现象，或者物体与物质的各类特征、变化规律、相互关系。"一幅图胜过千言万语"，图形图像是主要的信息源，是视觉常用的基础载体。在数据世界中，图形图像使用点、线、面、字符、符号、像素等基本元素，按照一定的方法组合在一起，刻画空间对象的几何形状、字符编码、地理方位、字符大小、强度颜色、像素分辨率等特征。根据存储的结构，可分为模拟矢量和数字栅格，反映对象的不同特征，如遥感图像中的空间对象，在资源调查时表现为纹理和颜色，在目标监视时表现为形状和结构，在检索时除了提取特征，还综合考虑位置、波段、传感器参数、比例尺等因素与图像内容的关系，以及图像幅面大、细节多而涉及的存储成本和查询效率等问题。

4. 网络数据

网络数据借助网络在数据世界中描述人、机器、物体的特征与言行，以及彼此之间的相互关系。网络因开放性、动态性与异构性，提供了海量的分布式并行数据资源，包括网络设备、接口资源、计算资源、带宽资源、存储资源、网络拓扑等平台，以及以平台为载体的各种日志、文字、声音、图像和软件等数据。空间数据挖掘可以突破数据的局部限制，利用分散异构的数据源，及时挖掘需要的模式、规则或可视化结构等。

5. 文本数据

文本数据是描述空间对象的普通文档或富文档。普通文档无格式，是字符代码的单纯序列，标准通用，可读性强。富文档有格式，带有语言标识、字体大小、颜色和超级链接等格式。在空间数据挖掘中，文本数据是数字形式的可读电子文档，不同于二值形式的整数、实数、图像等。文本数据与空间序列数据的集成，可以整合更有用的数据，提取更有趣的知识。例如，在一个城市的空间分布中，从银行办理处日积月累的经营数据中，可以挖掘金融业的走向；从警察局记录的历年治安数据文档中，可以挖掘社会治安的趋势等。

6. 多媒体数据

多媒体数据把文本、声音、图形、图像、视频等多种不同类型的数据，按照一定的方法集成在相同的场景中，有效完成特定的任务。视频数据指可连续播放的动画帧数据，帧之间用特殊的符号区分，如车载相机（charge coupled device camera，CCDC）数据。用户需要具有输入不同类型数据的能力，以及用直接方式扫描不同类型数据的能力。多媒体空间数据库结合空间数据库和多媒体数据库的特点，综合采用两者的数据存储与处理方法，以空间对象为主框架，将多媒体数据附着于对象上，解决多媒体数据与空间数据之间的整合关系问题。

### 3.1.3 空间数据的特性

空间数据的区域、多维和时序，表现为空间对象的空间、时间和专题等特性。

1. 空间特性

空间特性指位置的识别与空间分布，描述空间对象的空间位置、形状和大小等几何特征，以及相邻物体的拓扑关系。其中，位置和拓扑特征为空间数据所独有。一般地，人类对空间目标的定位不是通过记忆其空间坐标，而更多的是确定某一目标与其他已知目标间的空间位置关系，尤其是拓扑关系。空间位置可以由不同的坐标系统来描述，如经纬度坐标、各种标准的地图投影坐标或任意取定的直角坐标等。给定坐标转换软件，可实现空间数据不同坐标系之间的转换。空间目标之间的拓扑关系有两类：一种是几何元素的结点、弧段和面块之间的关联关系，用来描述和表达几何元素间的拓扑数据结构；另一种是空间地物之间的空间拓扑关系，通过关联关系和位置关系的隐含表达，用相应方法查询。如面—面关系、线—线关系、点—点关系，以及线—面关系、点—线关系、点—面关系等。GIS 应有生成拓扑结构和进行拓扑空间查询的功能。

### 2. 时间特性

时间特性指动态变化的时序性，描述空间对象被采集得到或计算产生数据的时间或时期，以及随时间所发生的各种变化。空间数据随时间变化，具有时效性，变化快慢不一，用常规方法采集十分困难。遥感可以不断地获取空间对象时变的特征数据，时间高分辨率可用于研究空间对象的动态变化规律。例如，利用地球同步气象卫星每隔 30 分钟到 1 小时获取一次数据，可以进行天气预报和海洋风暴潮的预报和监测。在空间信息系统集成中，实时数据采集侧重环境参数的采集、组织和管理。

### 3. 专题特性

专题特性指在同一位置上含多个属性的多维结构，组合多个属性数据描述空间对象的特定主题。图像可以表示面状地物的专题信息，当同一像素位置具有多个专题信息或多个波段的灰度值时，可把像素作为一个空间对象，附属多个属性值。GIS 数据按描述内容可分为基础数据和专题数据，基础数据用于一般处理，专题数据根据不同任务研究不同专题，可以侧重时空演变、数理特征、数据结构等特点。如坡度坡向、降水量、土地肥力、植被类型、人口密度、交通流量、产值产量、人均收入、疾病分布、污染程度、资源分布等，这类特征构成多维属性，在一般数据库系统中均可存储和处理。专题信息可以从遥感图像中人工、半自动或自动地提取，有些仍然需要通过实地调查或从其他专题信息系统和有关统计数据中获得。

必须说明的是，空间数据的上述三种特性是相互关联的。在普通数据库中，很难表示对象之间的空间关系，而空间数据库能详细描述空间对象的长、宽、高，对象之间的距离，对象的边界，对象相邻和包含等，构成独有的特色。例如，一个车辆自动定位与导航系统，能够自动确定、显示和控制汽车在某一区域的位置和运动，其车辆调度、自主导航、实时双向通信、路况特征采集等过程都不同程度地依赖于数字地图，需要及时更新数字地图或向指挥中心交互提供最新的路况数据。

# 3.2 空间数据获取

空间数据可能来自宏观与微观传感器、常规数据采集方法、数据分析过程。在建立可长期运行的实用 GIS 过程中，数据投入占总投入的 50%到 70%，在发达国家更高（龚健雅，1992）。具体包括空间数据的来源、原观测值，以及采集、编辑、存储和利用数据的方法、步骤、格式、转化、日期、时间、地点、人员、环境、传输与历史等。获取空间数据，主要有点、面和移动三种方式。

## 3.2.1 点方式

点方式获取空间数据，按照一个点一个点的方式（或线方式），逐点采集地面点的空间坐标及其属性数据。使用常规的地面测量仪器（经纬仪、水准仪、测距仪），以及全站仪、导航卫星接收机等。

全站仪即全站型电子速测仪（total station）。采集的全部测量数据能自动传输给记录卡、电子手簿或直接用实时通信方式传到室内电子计算机中进行室内成图，或传输到电子平板，在野外现场自动成图。这种方法在高楼林立的城区和要求精度很高的情况下，可作为航空和航天遥感的补充方法，获取和更新空间数据。

导航卫星是一种可以定时和测距的空间交会定点的系统，包括由卫星组成的空间部分、若干地面站组成的控制部分和以接收机为主体的用户部分，具有全球和近地空间的立体覆盖能力。可以静态，也可以动态。用户接收导航卫星发来的无线电导航信号，通过时间测距或多普勒测速获得用户相对于卫星的导航参数，求出在定位瞬间卫星的实时位置坐标，从而确定用户的地理位置坐标和速度矢量分量。目前，世界四大卫星导航系统是中国的北斗导航卫星定位系统、美国的全球定位系统（GPS）、俄罗斯的全球导航卫星系统（GLONASS）、欧洲的伽利略卫星定位系统。中国的北斗系统，除了定位和导航，还有短信报文的功能。

### 3.2.2　面方式

面方式获取空间数据指利用航空航天遥感获取大面积的图像记录，从中提取几何和物理的特性数据。航空航天遥感采用各种图像传感器，以全色或彩色方式进行框幅式或扫描式成像，有极高的几何稳定性和分辨率，图像包含地表物体的高精度的几何信息，以及多光谱、高光谱、多波段的物理信息，能够反映地表的真实现状，是快速地获取大面积空间数据的有效方法。

全数字化摄影测量从数字图像或数字化图像出发，利用计算机对数字图像识别与定位，自动获取地形（点的三维坐标）、图形（专题要素的点、线、面）及属性等基础特征数据。通过数字高程模型（digital elevation model，DEM）提供地形信息，正射图像提供图形信息，图像判读和专题分类提供属性信息。为了提高图像自动判读与分类结果的精度与可靠性，除了图像光谱特征，还应分析纹理特征，并利用邻近景物。

新传感器的空间分辨率（地面分解力）、辐射分辨率（灰度级数目）、光谱分辨率（光谱带数）和时间分辨率（重复周期）的提高，使得遥感图像成为主要空间数据源。为了快速而有效地从遥感图像中获取信息，应建立以图像为基础的 GIS，把遥感图像分析系统与标准的 GIS 融为一体，提升研究地表物体、识别物体类型、鉴别物质成分并进而分析其存在状况、变化动态的能力。

### 3.2.3　移动方式

移动方式获取指在对地观测系统中，集成利用 GPS（全球定位系统）、RS（遥感）和 GIS（地理信息系统）获取、存储、管理、更新、分析和应用空间数据，简称 3S 集成。集成模式主要有四种。①GIS 与 GPS 的集成，利用 GIS 中的电子地图和 GPS 接收机的实时差分定位技术，组成 GPS＋GIS 的各种电子导航系统，也可以直接用 GPS 方法对 GIS 作实时更新。②GIS 和 RS 的集成，由遥感获取和更新 GIS 数据，由 GIS 辅助从遥感图像中自动提取语义和非语义信息，可以分开平行结合（不同的用户界面，不同的工具库和不同的数据库）、表面无缝的结合（同一用户界面，不同的工具库和不同的数据库）和整体的集成（同一个用户界面、工具库和数据库）。③GPS 与 RS 的集成，将遥感图像获取瞬间的空间位置和传感器姿态用 GPS 方法同步记录下来，实时地实现无地面控制的遥感目标定位。④3S 整体集成，不仅自动、实时地采集、处理和更新数据，而且智能地分析和运用数据，为各种应用提供决策咨询，并回答用户可能提出的各种复杂问题。图 3.1 是武汉大学李德仁领导研制的车载"3S"集成系统（LiDAR）。车上前置的 4 个 CCD 相机代表遥感摄像系统，GPS 与 INS 联合使用，互为补偿运动中可能的系统误差。GIS 系统安装在车内。GPS/INS 提供外方位元素，图像处理求出点、线、面地面目标的实时参数，通过与 GIS 中数据比较，实时地监测变化、数据更新和自动导航。但是，这种整体集成系统（LiDAR）价格昂贵，整个系统需 200 万美元以上的成本。

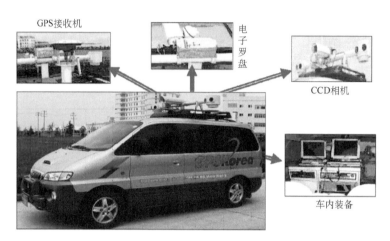

图 3.1　车载"3S"集成系统（LiDAR）

此外，还有 GPS、GIS 与航空摄影测量的集成。利用装在飞机上的一台 GPS 信号接收机和设在地面上的一个或多个基准站上的 GPS 信号接收机，同时并连续地观测 GPS 卫星信号，通过 GPS 载波相位测量差分定位技术的离线数据后处理，获取航摄仪曝光时刻摄站的三维坐标，然后将其视为附加观测值，引入摄影测量区域网平差中，采用统一的数学模型和算法整体确定点位并评定质量。

## 3.3　空间数据结构

空间数据结构主要有矢量结构和栅格结构（图 3.2，表 3.1）。

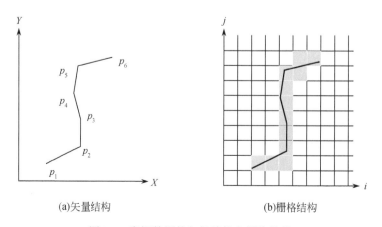

(a)矢量结构　　　　　　　　　　　(b)栅格结构

图 3.2　空间数据的矢量结构和栅格结构

表 3.1 栅格结构和矢量结构的比较

| 比较内容 | 栅格结构 | 矢量结构 |
|---|---|---|
| 数据共享 | 不易实现 | 容易实现 |
| 拓扑关系 | 难以表达拓扑关系，容易实现叠加操作 | 提供有效的拓扑编码，容易实现网络分析 |
| 数据量 | 大 | 小 |
| 图形精度 | 低 | 高 |
| 图形运算 | 简单、低效 | 复杂、高效 |
| 输出显示 | 直观、便宜、线条容易有锯齿 | 抽象、昂贵、比较美观 |

矢量结构以几何空间坐标为基础显式地描述空间对象，通过连续记录样点坐标的方式，用点、线、面等基本要素尽可能精确地表示空间对象，属性用其他数据项表示，可以对复杂数据以最小的数据冗余进行存储。栅格结构把地球空间看作一个在空间上处处有定义的连续整体，通过对投影空间的直接量化，隐式描述空间物体之间的关系，数据结构较为简单。在图 3.2 中，在描述相同的一条曲线时，矢量结构通过一系列带有坐标的样点给出，且能利用相邻两样点的连线而予以再现；栅格结构用沿线走向的一组相邻栅格表示。一般地，矢量结构的显示精度比栅格结构高。

### 3.3.1 矢量结构

矢量结构具有"位置明显，属性隐含"的特点，用坐标对描述空间对象的形态特征。点的位置由坐标对表示，线的位置与形状由其中心轴线上抽样点的坐标串表示，面的位置与范围由范围轮廓线上的抽样点坐标串表示。

矢量结构主要有路径拓扑和网络拓扑两种。路径拓扑常用的有"面条模型""多边形模型""点字典模型""链/点字典模型"。面条模型是一种路径拓扑模型，以坐标串记录各个多边形的边界。由于坐标串与多边形之间不必相互对应，因此难以实现多边形的操作。多边形模型以多边形为单位独立记录边界点的坐标，在数据处理时虽然易于识别与提取多边形，但是相邻多边形公共边的重复记录，增加了数据存储量，容易导致相邻多边形之间产生小"裂片"。点字典模型分别记录各个多边形边界点的编码与坐标值，通过数据字典实现从点编码到点坐标的转换，虽然相同点坐标的唯一性使"裂片"不会产生，但是公共边界上点的编码被记录两次。链/点字典模型首先记录构成多边形的链，然后记录构成每条链的点，最后记录每个点的坐标值。可见，路径拓扑不足以解决数据点、结点和零维地物的识别问题，只能孤立地考察多边形而不能识别多边形间的相邻关系。针对这些不足，网络拓扑模型将多边形中的结点、边和面分别显式描述，并记录其间的关系，反映面与面之间的邻接关系，也反映边与边、点与点之间的连结关系。三维查询与分析直接在三维模型上进行，或将指定的矢量目标或结果叠加在三维模型上显示。

### 3.3.2 栅格结构

栅格结构具有"属性明显、定位隐含"的特点，用网格阵列描述空间对象的形态特征。点状地物用一个栅格表示，线状地物用沿线走向的一组相邻栅格表示，面状地物或区域用具有相同属性的相邻栅格集合表示。

栅格是栅格结构的基本单元，地球表面被划分为大小均匀的规则格网阵列，每个格网为一个栅格，有唯一的行列号标识空间位置，并包含一个代码表示像素的属性类型或与属性记录相联系的指针，行与列的数目取决于栅格的分辨率和空间对象的特征，而栅格数据量按分辨率的平方指数增加。主要有正方形、三角形和六边形三种形状，正方形栅格简单常用，所有格网均具有相同的方向，栅格可以无限循环地细分成相同形状的子格网，而且与矩阵数据形式相近，其坐标记录和计算容易，被广泛用于栅格地图和数字图像中。栅格数据分为平面和曲面两种，可以面向栅格单元、空间对象变量或同质图斑组织。面向栅格单元根据一组变量的同名栅格单元，组织有关属性数据，数据存取简单，但数量较大，处理效率较低。面向空间对象变量类似于数字地形模型的数据结构，每个空间对象变量构成一个栅格数据矩阵，矩阵中的每个要素表示相应变量的属性，坐标隐含，但属性数据的冗余度大，按顺序的空间操作也影响数据处理的效率。面向同质图斑按制图单元组织数据，在每个制图单元内只需存储一个属性值，利于采用各种数据压缩方法，还可以减少数据的存储量和增加数据的处理效率。图像是二维栅格结构，主要表达遥感、航空摄影或扫描地图的数字图像，像素值存于栅格结构的矩阵中，空间特征隐含在栅格矩阵之中。栅格方法整体描述空间，易于实现基于空间位置的多数据源的空间查询和分析。

### 3.3.3 矢栅结构

矢栅数据结构（图3.3）采用填满线状地物路径和充满面状地物空间的方法，兼有矢量结构和栅格结构的特性，实现矢量数据与栅格数据的直接交互。面向目标，通过直接跟随位置描述信息并说明拓扑关系保持矢量特性，通过空间充填建立位置与地物的联系保持栅格特性。每个线状地物记录原始取样点、路径通过的栅格，每个面状地物记录它的多边形周边、中间的面域栅格。例如，在图3.3中，当对一个线状地物数字化采样时，

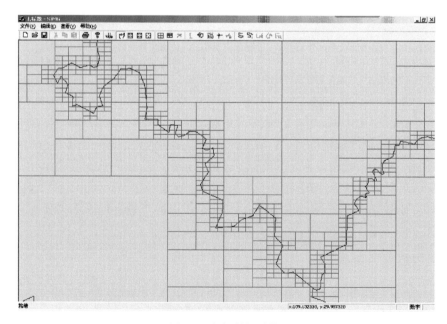

图 3.3 矢栅数据结构

在路径通过的栅格内部也获得取样点，目标跟随所有位置信息，建立路径栅格与地物的拓扑关系，即路径上的任意点都直接与目标建立了联系。

为了提高点状地物、线状地物的表达精度，可以让所有几何位置数据使用线性四叉树地址码为基本数据格式，保证各种几何目标的直接对应；在有点状地物、线状地物通过的基本格网内，再多级细分更细的格网，不存储原始采样的矢量数据而用转换后的数据格式，以保持较好的精度；采用线性四叉树索引方法，提高查询速度。此外，在三维空间中，当测量精度和表达精度要求都非常高时，只用矢量结构，或只用栅格结构，都不能解决空间对象的内部物质不均匀、立体表面不规则等问题。引入矢栅结构，可以根据应用分别导出纯矢量或纯栅格的数据模型。

# 3.4 空间数据模型

空间数据模型是空间数据特征的数学抽象，描述空间对象的静态特征、动态行为和约束条件，衡量数据定义和操作的能力强弱。常见的有层次模型、网络模型、关系模型和面向对象的模型，以及 GIS 数据模型、图像金字塔。

## 3.4.1 传统数据模型

传统的数据模型包括层次模型、网络模型和关系模型，其中关系模型较为常用。

层次模型用树形结构描述空间对象之间的隶属关系，记录之间主从关系明确。在层次模型中，有一个根结点，多个叶结点。除了根结点外的其他结点，均有且仅有一个父结点；除了叶结点外的其他结点，都有若干个子结点。层次模型可以按专题元素快速存取和访问，但不便于改变访问方式。例如，可以把街道名作为关键字快速存取和访问层次结构，可是难以用街道名访问地图上小范围内的所有建筑物。

网络模型用无向图描述空间对象之间的联系，记录之间没有明确的主从关系。在网络模型中，一个结点可以有多个父结点，同时还可能有多个系中的子女，任意一个记录可与其他任意多个记录建立联系，可以节省数据的存储成本。网络模型通用性较好，但在结构上无规律。

关系模型用满足一定条件的二维表描述空间对象及其相互联系，行表示空间对象的记录，列描述属性。它通过实体-联系（entity-relationship）定义空间数据及其联系（一对一、一对多、多对多），通过布尔逻辑和数学运算规则操作数据。关系模型的数据描述具有较强的一致性和独立性，可以处理多种复杂的数据结构（图 3.4）。由于空间数据之间存在错综复杂的关系，不可能用某种固定的层次或网络来描述，而层次模型和网络模型均需要确定不变的数据存取路径，因此比较大型的空间数据库常采用关系模型。

## 3.4.2 面向对象的数据模型

面向对象的数据模型支持记录长度的变化、多对象的嵌套和复杂对象的聚集，主要涉及拓扑关系、对象组合和层次结构。一种空间对象是一个类，这些类之间的关系用概括、联合和聚集表达。每个类对应一个数据结构，一个对象对应结构表中的一条记录。

在同一条记录中，一个属性项可能有多个属性值（变长记录）或多个对象标识，可以根据对象标识直接判断对象的类型。面向对象的数据模型核心是对象，可归结为 13 类空间对象和一个位置坐标，即结点、点状地物、弧段、线状地物、面状地物、数字表面模型、断面、图像像素、体状地物、数字立体模型、体元、柱状地物、复杂地物和空间地物及位置坐标。位置坐标与类不同，类中的对象必须有对象标识，位置坐标不带标识。复杂的对象及其关系，可以表示为嵌套的结构表，如图 3.5 所示。在图 3.6 的面向对象的数据模型中，有点状地物、线状地物、面状地物和注记四类空间对象，每个对象根据属性划分地物类，一个或多个地物类组成一个地物层，一个地物类可能跨越几个地物层，在地物层之上是工作区，可以包含任意区域、任意一层或多层地物，若干个工作区组成一个工程。

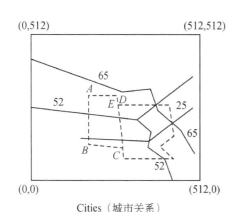

Position（位置关系）

| Frame | $X_{size}$ | $Y_{size}$ | $X_{cen}$ | $Y_{cen}$ | LOC |
|---|---|---|---|---|---|
| 301 | 512 | 512 | 1792 | 256 | /Pix/310 |

Roads（道路关系）

| Frame | RoadID | $X_1$ | $Y_1$ | $X_2$ | $Y_2$ |
|---|---|---|---|---|---|
| 301 | 1 | 0 | 482 | 296 | 294 |
| 301 | 1 | 290 | 294 | 329 | 286 |
| 301 | 1 | … | … | … | … |
| 301 | 1 | … | … | 463 | 172 |
| 301 | 1 | 463 | 172 | 504 | 134 |
| 301 | 2 | | ⋮ | | |
| 301 | 2 | | | | |
| 301 | 2 | | ⋮ | | |
| 301 | 2 | | | | |
| 301 | 2 | | ⋮ | | |
| 301 | 2 | | | | |
| 301 | 3 | 340 | 219 | 402 | 277 |
| 301 | 3 | 402 | 277 | 507 | 310 |
| 301 | 4 | 235 | 191 | 400 | 195 |
| 301 | 4 | 400 | 195 | 508 | 201 |

Cities（城市关系）

| Frame | CityID | $X_1$ | $X_2$ | $Y_1$ | $Y_2$ |
|---|---|---|---|---|---|
| 301 | 1 | 243 | 261 | 260 | 163 |
| 301 | 1 | 260 | 163 | 312 | 180 |
| 301 | 1 | … | … | … | … |
| 301 | 1 | 301 | 302 | 283 | 265 |
| 301 | 1 | 283 | 256 | 243 | 261 |
| 301 | 2 | 301 | 231 | 312 | 183 |
| 301 | 2 | 312 | 183 | 315 | 102 |
| 301 | 2 | | ⋮ | | |
| 301 | 2 | | ⋮ | | |
| 301 | 2 | 423 | 185 | 409 | 238 |
| 301 | 2 | 409 | 238 | 301 | 231 |

RoadName（道路名关系）

| Frame | RoadID | Name |
|---|---|---|
| 301 | 1 | 65 |
| 301 | 2 | 52 |
| 301 | 3 | 26 |
| 301 | 4 | 25 |

CityName（城市名关系）

| Frame | CityID | Name |
|---|---|---|
| 301 | 1 | West Lafayette |
| 301 | 2 | Lafayette |

图 3.4　数字地图及其关系数据库

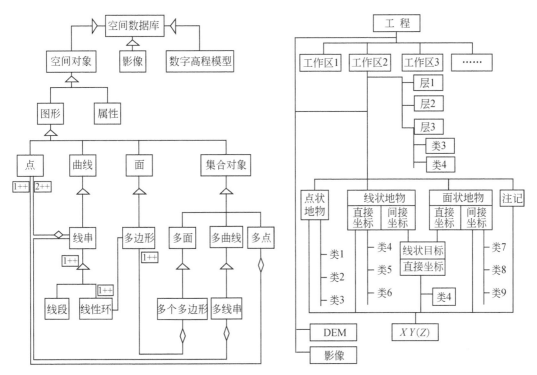

图 3.5　空间数据集成的模型　　　　　　图 3.6　面向对象的数据模型

### 3.4.3　GIS 数据模型

GIS 数据模型是对现实世界的一种近似表达，主要包括目标模型和域模型（Zhang and Goodchild，2002）。目标模型适于能够用地表特征刻画的空间对象，而域模型适合于能够量测其单一定量属性的空间对象。

1．目标模型

目标模型（object model）是一种基于目标的标准空间数据模型，认为空间分布可以用一组离散的点、线和面等基本几何空间对象来表达，并使用点状、线状和面状目标的位置、属性或拓扑关系特性描述空间对象。

在 GIS 中表达地理信息时，对应于矢量数据。目标模型是传统模型，通过在一个绝对定义的参考系统中清楚地描绘点、线、面和体来表示空间对象，刻画在点、线和面（或体）的空间对象属性，与经典的测量平差法几乎相伴发展，应用早、范围广，成果也较为成熟、丰富。虽然在理论上，明确定义的目标位置和属性可以精确测定和获得，但是目标模型的适用性是相对的。

对于目标误差模型，位置不确定性的运用和研究较多。在建立目标误差模型，用位置和属性数据研究有明确定义的空间对象时，其充要条件是位置和属性的真值（即参考数据）。分别用误差椭圆和 $\varepsilon$ 误差带描述点和线的不确定性，使用的度量指标是数值型的均方根差、标准离差、误差带宽等。基于目标的数据库把这些误差指标视为目标的扩展属性，用地学关系数据结构来存储。但是，目标模型割裂二者，重点研究位置的不确定性，并认为数据的采集、录入和编辑不含粗差，属性数据只是位置数据的补充（Shi，2010）。

目标模型较易表达明确定义的空间对象目标及其位置不确定性，但是不容易表达异质专题数据不确定性的空间分布区域内的渐变特性。例如，GIS中的空间目标界址点、道路和宗地，其位置由某个合适的坐标系来描述，相应的误差一般由测量平差的随机模型和误差模型处理。这些空间目标的属性描述它们的某些定性和/或定量特性，可以是界址点使用的时间，道路的宽度，以及宗地的权属、拓扑关系、与相邻宗地的关系等，如来自遥感图像的土地覆盖分类数据。相应的属性不确定性，目标模型则难以完全胜任。

目标模型适用于类似基于遥感图像的明显地物（特征）提取的数据获取过程。然而，自然界的地理属性，并非都是空间匀质分布，而多是界线相互混杂，有的区域不易明确地划分为属性类型（如植被），当GIS利用遥感图像对这样的区域作资源环境调查或专题制图时，目标模型显然不是十分合适。与目标模型相对的是域模型，利用其研究属性不确定性具有不同的特点。

2. 域模型

域模型（field model）通过对每个单位域赋予属性来描述空间对象，而不是通过对目标的抽象或描述它们之间的拓扑关系来实现的，又称为场模型。在GIS中表达地理信息时，域模型对应于栅格数据。域模型认为空间数据可以用定义在连续空间上的若干单值函数来表示（如环境污染、农作物分布），域的空间分布可以描述地理现象的空间差异，对不确定性的表达较为系统。较适于模糊、含混的空间对象，可以用于描述异质数据不确定性的空间分布以及渐变区域的不确定性。如大气污染、人口分布等地理现象通常作为域来研究。遥感图像记录了空间对象域的光谱信息，在利用它调查资源环境或制作专题图时，域模型比目标模型更适合讨论其属性的不确定性。

因函数值与真值一般不吻合，故不确定性存在于域模型。描述域模型的变量有定性类别型（如土壤分类）和定量数值型（如土地价格），它把不确定性的研究归结为所涉及变量的不确定性问题。在度量域模型在多大程度上反映真值时，可分别利用方差（或标准离差）、概率对数值型和类别型变量进行不确定性分析。类别型变量的概率指某一位置上所观测得到的类别为正确的概率，$n$个类别概率域需$n$个图层来存储。在建立域误差模型，生成连续域时，一个属性由随机模拟方法在一个域内建立等概率的空间分布，所产生的一组模型数据即为一个等概率分布的误差"实现"，并遵从数据点位的数值。对于有着明确定义的空间对象，可以用场的概念和模型统一位置不确定性与属性不确定性，把不确定性的研究归结为所涉及变量的不确定性问题。

在表达GIS不确定性的空间分布时，目标模型和域模型常常是互补的。可是，由于备选类别的个数与存储图层的个数成正比，类别域需要为此付出存储和查询的代价。理想的方法应该既最大限度地保留类别原有的信息，又能尽量节省数据存储层。此外，与GIS模型有关的属性不确定性研究还有若干方面的问题值得进一步探讨。例如，在基于目标的模型中，多维GIS模型引出的属性不确定性；目标之间的逻辑不一致性对属性不确定性的影响，属性不确定性的抽样检验方法，建立模型不确定性的描述指标体系等。对于基于域模型的属性不确定性研究，则有属性不确定性的空间分布、域之间属性不确定性的相关性研究、空间分析中域属性不确定性的积累与传递等。这些问题，皆有待进一步探讨。

### 3.4.4 图像金字塔

图像金字塔参照各级地图的比例尺划分，将图像按分辨率分级存储与管理，不同分辨率的图像构成塔式结构。其中，分辨率越低，数据量越小。最底层的分辨率最高，数据量最大。选择不同的比例尺，可以在相应层上实时读取图像，既可通览整体全貌，也可探视局部微细。当比例尺缩小时看到更抽象的图像，当比例尺增大时看到更具体的图像（图3.7）。因为显示设备的分辨率和人眼感官的时差，限制了计算机显示图像的信息容量，当计算复杂度增到一定量时，显示图像的变化将趋于零，所以图像金字塔利于组织、存储与管理多尺度、多源的遥感图像，实现跨分辨率的索引与浏览。

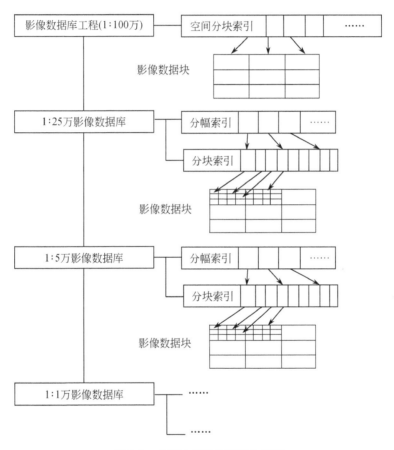

图 3.7　多级比例尺的图像金字塔

图像金字塔将所有相关的图像有效地组织起来，并根据地理分布建立统一的空间索引，按照显示范围的大小，灵活方便地快速调入数据库中任意范围内任意位置的不同层次数据，实现整体与局部交替的无缝漫游操作。当观察整体概貌时，快速调取最上层最低分辨率的数据，而无需从庞大的底层数据库调数据后再抽取。当观察局部细节时，根据区域大小快速存取不同层次不同分辨率的数据。

多尺度 DEM（digital elevation model）的金字塔层次结构对于不同层次的矢量数据，

通过对象标识码识别，不用重复存储；相反，不同层次的 DEM 则分别属于不同的数据库，其中，最底层的 DEM 为基本数据库，属于 GIS 的原始数据，允许具有多重分辨率、多数据源特性；而其余各层次的 DEM 均从基本数据派生而成，通过数据融合，同一尺度的数据层具有一致的空间分辨率。为了提高对不同层次数据进行查询、显示与分析应用的效率，可用金字塔结构组织多尺度数据，并利用分块阵列组织同一层次的数据，在不同层之间建立相互引用机制。例如，广东省省级空间数据基础设施的图像库和矢量数据库均为多比例尺的金字塔结构，可以基于正射图像做土地动态变更调查。

图像金字塔虽有优点，但也存在缺陷。①查询常涉及多幅图或多个不同的专题。例如，一条路如果穿越多幅图，就必须在多幅相邻图和专题间靠地物标识进行空间和逻辑的匹配、关联等操作。②空间对象的完整性和一致性难以维护，同一空间对象分布或穿越多幅图，分块或分段存储有多个编码，存储分散必然导致地物整体一致性维护的复杂和困难的增大。③分幅管理增加了数据共享和空间对象级的安全性管理难度。Intergraph 的 MGE，ESRI 的 ArcInfo 等都能建立无缝 GIS 地理数据库，完成地理数据的几何接边和逻辑接边，但物理上仍然按照图幅的概念进行存储管理，对同一空间对象的多个几何标识进行后台关联处理，对用户不可见，实质为逻辑上的无缝组织。实际上，从逻辑和物理上都应真正实现地理数据无缝组织（李德仁，1999）。

# 3.5  空间数据的组织和管理

空间数据挖掘的效率，在一定程度上取决于空间数据的组织和管理。迫切需要对多数据源、多种特性、多比例尺、多时相的空间数据，进行无缝组织与融合。在集成管理时，可以采用空间数据库、数据仓库。

## 3.5.1  无缝组织与融合

空间数据的组织形式指空间数据的逻辑分类和存储方式。空间数据的组织，要求完整地表达和存储空间关系和事物间的语义。地物入库时，必须进行几何和逻辑（属性数据和语义数据）接边，每一完整地物根据用户或应用的要求，无论大小通常只有唯一的几何对象标识符，以实现逻辑和物理上的无缝组织。在公共地理坐标下，各类空间数据存在着内在联系，在空间数据结构上反映为空间数据的逻辑组织方式，将多尺度或同尺度不同的图像，在逻辑上构成一个无缝的空间数据库系统，跨平台连接与交互，完全控制图像的分发和访问，实现真正意义上的分布式管理、实时查询与漫游。位置网络可以把几何数据、模拟数据与一个语义网络相结合，实现空间和语义相结合的无缝组织。空间数据的 GIS 数据组织形式有专题分层（图 3.8）、专题分层与面向对象相结合（图 3.9）、完全面向对象的组织方式等。

在图 3.8、图 3.9 中，专题分层为 GIS 中经常使用，在理论和实践上比较成熟。专题分层根据地图特征，把空间数据分为建筑、道路、水系、植被、地下管线等专题层，统一各专题层的地理基础是公共的空间坐标系统。所有专题层的叠加，构成一幅完整的地图。因为用户在操作时只涉及特定的专题层，而不是整幅地图，所以系统能对用户的

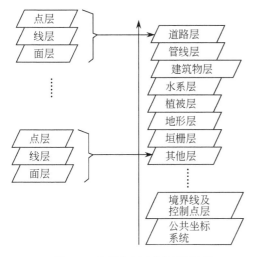
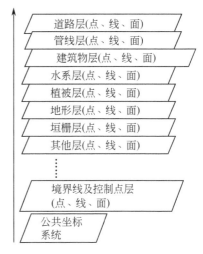

图 3.8　专题分层空间数据组织　　　　图 3.9　对象与分层结合的空间数据组织

要求做出迅速反应。为了在工程中有效地组织和表达空间对象,可以按照地物的大小(地物覆盖的最大范围)对其进行分级抽取,然后对不同大小地物的几何对象标识进行整理、分层,建立空间索引。

图像是复杂的数据类型,大型空间数据库中的图像库无缝组织技术主要有关系型图像库系统、文件系统两种。关系型图像库系统扩展了传统的关系数据库的存取方法,利用现有的扩展关系数据库能支持图像大实体的特点,把图像直接入库进行存储与管理,所有空间地物的属性数据用关系型数据库管理系统在工程中统一管理,属性数据以表的形式进行存储。用户可参照标准对地物统一分类(控制点、道路、居民地、水系、植被等),并指定唯一的地物分类码。任一完整地物通常对应一条属性数据记录,空间地物与相应的属性记录间靠唯一的对象标识进行联结。主要适合于整型、实型、布尔型和字符型,而不能快速地存取访问图像,效率较低。文件系统利用文件系统进行存储与管理,建立文件的索引机制,支持有效的内部数据文件。若以各级比例尺的图幅平均大小为基本图像工作区,以多种分辨率的航天、航空多源遥感图像为数据对象,则可将图像金字塔与多层次结构文件系统相结合,实施对图像几何空间和色调空间的管理,并通过拼接实现无缝特性的空间数据库系统。这种多分辨率无缝空间数据库可跨尺度、跨投影带、跨图像,以实现快捷的空间索引、调度与无缝浏览图像,以及图像产品的分发、图像共享与历史数据的归档管理。

空间数据融合是利用一定的技术识别来自不同传感器或不同方法的空间数据,使其融合为对空间对象的一致描述。空间数据表达的内容和范围的广泛性,使得它的格式化比其他任何数字数据更为复杂。而通常不同的软件平台、不同的数据获取方式、数据表达及转换,因人或组织机构的不同而使它变得更为复杂。多平台、多层面、多传感器、多时相、多光谱、多角度和多分辨率遥感图像的数量快速剧增,在同一地区形成多源的图像金字塔,亟待将同一地区各种特性图像的有用信息聚合在一起。空间数据可分成互补数据和协同数据。互补数据来自多个异质传感器,提供的空间特征彼此独立,反映空间对象的各个不同侧面,在测量精度、范围、输出形式等方面有较大的差异。多传感器数据融合实质为在同一识别框架下,将多个不同数据源分别提供的有关空间对象的空间特征，综合为一致的描述结果，可以减少由于缺少某些对象特征而产生的地物的理解歧义，提高系统描述空间对象的完整性和正确性。协同数据指一种数据的处理必须依赖另一种数据的处理，其融合在很大程度上与不同数据处理所经历的时间或顺序有关。例如，遥感图像融合是解决多源海量数据集成表示的有效途径之一，它将有利于增强多重数据分析和环境动态监测能力，改善遥感数据提取的及时性和可靠性，有效地提高数据的充分利用率，为大规模的遥感应用研究提供一个良好的基础。多源遥感数据融合的方法主要有以像素为基础的加权融合、IHS 变换融合、基于小波理论的特征融合、基于贝叶斯法则的分类融合、以局部直方图匹配滤波技术为基础的图像融合等，为了考察融合图像光谱信息内容的质量，利用融合图像与低分辨率光谱图像辐射值的比较定义评价判据（李德仁和关泽群，2000）。

### 3.5.2 空间数据库

空间数据库比一般的关系数据库要复杂得多，既有图形数据又有属性数据，图形数据中既有矢量数据又有栅格数据，图形数据又分很多图层（Aspinall and Pearson，2000）。空间数据库是面向特定任务的相关空间数据、非空间数据的集合，可分为多种专题数据库。例如，测量数据库是面向测量任务的相关数据集合，包括一般数据库和图像数据库（图 3.10）。

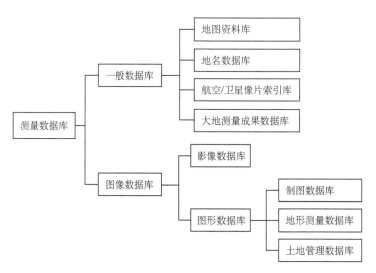

图 3.10 测量数据库的分类

在图 3.10 中，一般数据库属于字母数字数据库，在于存储和检索测量资料和测量成果，可进一步地分为地图资料库、地名数据库、航空/卫星像片索引库、大地测量成果数据库。图像数据库存储的是数字化地图或正射图像，可分成矢量二值的图形数据库和栅格多值的影像数据库。图像数据库可以由野外测量方法、摄影测量与遥感方法，直接借助机控或机助测量系统获得数字地图的数据，亦可将已有地图数字化。正射图像可以由航空或航天图像经数字图像纠正、镶嵌而成，以数字化图像形式建立的图像数据库，正在被广泛用在国家空间数据基础设施中。根据不同的用途，还可以将图形数据库细分为制图数据库、地形测量数据库和土地管理数据库。制图数据库以从数字化的 1∶10 万到

1：100万地图为库存数据，完成编制专题图的任务，服务大范围的自然规划、经济规划、环境科学、生态研究、国土整治、整体国防工程等项目。地形测量数据库以国家基本图（中国为1：10000，德国为1：5000，美国为1：24000）为库存数据，存储地面高程的数字模型和数字化地形图，服务中小范围的土地利用、水利工程、排灌系统、铁路公路、经济规划、环境保护等国民经济各部门的具体规划设计。当比例尺更大时，城市以1：500～1：1000地图服务城镇规划建设和市政管理，农村以1：2000～1：5000地图服务土地整理、农田规划等。

空间数据库系统是面向专业空间数据的集成组织和管理系统，完成数据的输入、存储、管理、处理、检索、输出等功能，包括数据库、数据库管理系统、应用程序、元数据、索引、日志等（图3.11）。

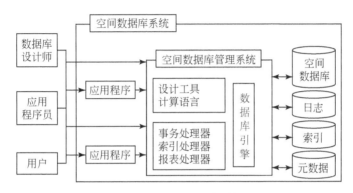

图3.11 空间数据库系统

空间数据库管理系统是以空间数据库为中心的数据库设计器和处理器，通过数据模型等设计工具降低数据存储空间，利用数据查询、事务、报表等处理器操作提高查询速度，采用数据库引擎连接数据库和设计工具、处理器，以保障数据库的正常运行，更好地与各级比例尺地图分幅统一，综合应用图像与矢量数据、DEM等，实现空间数据新产品的分发与共享，促使空间数据库系统在应用中走向标准化。例如面向测量数据库的整体图像数据库系统，就在于采集、管理、处理和使用测绘数据和成果。美国国防测绘局的地图资料库管理现有的各种地图，美国地质调查局的地名数据库可在几十秒内检索出4幅图上的1万多个地名，在中国的大地测量数据库中可以检索不同比例尺的测量成果，制图数据库应用程序中包括投影变换、自动综合、要素提取等功能，地形测量数据库应用程序中包括数字高程模型的生成和输出、地图内容的更新及为各种用户需要的应用程序等。空间数据库系统的查询、可视化等工具可以帮助用户理解数据和结果，但是一种数据库系统又不可能支持所有类型的数据库管理系统（database management system，DBMS），重在挖掘空间知识的空间数据挖掘系统应该充分利用数据库的优点，提供与这些工具集成的简易途径，通过通用的接口连接流行的DBMS，使用SQL语句从DBMS中读取数据。

随着GIS和数据库技术的不断发展，通过对大型商用数据库进行扩展来管理图形、属性和图像是空间数据库发展的一个主要方向。近几年，数据库厂商开始自选开发空间对象关系数据库管理系统，即在原有数据库管理系统之上增加一个专门模型使之能够存储和管理GIS中的图形和属性数据，如Oracle、Ingres、DB2等都推出了空间数据管理模块，这样使 GIS 中的图形数据可以直接交给关系数据库管理系统管理，同时也可以将图像和 DEM 作为二进制数据存储到数据库的变长二进制字段中，解决多用户并发、无缝空间数据库、查询效率的问题，既保证大型 GIS 的稳定性，又保证客户端使用的方便性。

### 3.5.3 空间数据仓库

传统的数据库技术是单一的数据资源，即以数据库为中心，进行事务处理、批处理和决策分析等各种类型的数据处理工作。数据处理有分析型环境与操作型环境（Codd，1995），为了提高分析决策的效率和有效性，应该把分析型数据从操作型事务处理中提取出来，按照空间数据挖掘的需要重新组织，建立单独的分析处理环境。数据仓库技术能够事先把应用中所需的数据从大量的操作数据库中抽取出来，转换成统一的格式，并利用多维分类机制组织大量的操作数据和历史数据，加快查询的速度，利用分散的异构环境数据源及时得到准确的信息，为空间数据的有效管理和大众分发提供有效的工具（Inmon，1996）。数据仓库中的数据来自于各种不同的数据源，分别由它们各自的事务型数据库管理。一般地，事务型数据库存储当前变化的数据，数据仓库存储历史稳定的数据（Codd，1995）。目前，数据仓库的存储有关系数据库和多维数据库两种实现方式。关系数据库采用星型、雪花型或两者的混合模式组织数据，如 Oracle、DB2，而多维数据库采用数据立方体组织数据，如 Pilot、Essbase。

空间数据仓库是面向主题的、集成的、时变的、相对稳定的数据集合，是空间信息方法和空间数据引擎、数据库管理系统等的集成，用于支持空间信息管理中的决策过程（Inmon，1996；Srivastava and Cheng，1999）。空间维和时间维是空间数据仓库反映现实世界动态变化的基础。在体系结构上，空间数据仓库由元数据、源数据、数据变换工具、数据仓库和数据仓库工具等组成。空间数据仓库中的数据经过了选择、清理和集成，为空间数据挖掘提供了良好的数据基础，在数据仓库中挖掘知识往往比在原始的数据库中挖掘知识更有效。空间数据立方体将来自于不同领域的多维信息即地理空间信息和多个不同领域的专题信息，按维的形式组成一个容易理解的数据超立方体，用多维数据描述一个对象，每个维彼此垂直，用户所需的分析结果就发生在维的交叉点上（Inmon，1996）。数据立方体以多维分析为基础，用具有层次结构的多个维来表达和聚集数据，刻画多层面、多角度的决策要求。例如，时间维可以表达为日、周、月、季、年。图 3.12 是一个数据立方体的示意图，描述一个生产厂家的销售收入情况，分成产品、时间、销售地等三个维。每个维包含了其对应属性的具有层次结构的离散属性值，立方体单元（cell）存储了一种总计值，如收入。每个维的末端还有一个本维的总计单元（王树良，2002）。

空间数据仓库和空间数据挖掘密切相连。空间数据仓库遵循一定的原则从空间数据库中汇集日常业务中的详细数据，定时变换精炼成为数据成品，再从中抽取和精炼新的模式。把空间数据挖掘扩充到它的空间数据仓库系统中，作为数据仓库的工具之一，能够增强用户的决策支持能力。从空间数据仓库中挖掘知识时，存在验证驱动和发现驱动等方式。前者由用户假设制导，在较低层次上利用各种工具，通过递归的检索查询，验证或否定自己的假设；后者是机器自动地从大量数据中发现未知的、有用的模式。

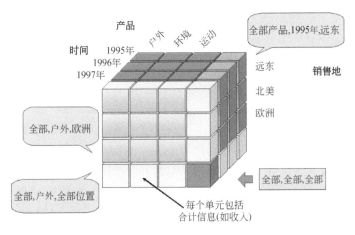

图 3.12 数据立方体示意图

虽然由于空间关系、空间计算和空间分析的复杂性，空间数据仓库的研究和建立皆较为困难，但是它能够满足在数字地球中广泛共享空间信息的要求。在某种意义上，数据挖掘就是为寻找未知的模式或趋势，而在数据仓库的整体数据中进行搜索的过程。

在空间数据仓库中，空间数据挖掘是空间 OLAP 的深化。如果事先在多个运作的数据库中抽取了有关信息并加以汇总存储在数据立方体中，决策就可以从不同的角度、不同的详细程度上直接观察和分析这些汇总过的数据，大大提高数据分析的效率。对数据立方体的下钻、上卷、切分（slice and dice）、数据透视（pivot）等操作，统称为 OLAP，主要通过简单的统计聚集数据，分析多维数据和生成报表，可以看成简单的数据挖掘技术。而归纳、关联、分类、趋势分析等数据挖掘技术是比 OLAP 更强大的分析工具，其概括有着更加丰富的技术手段（Srivastava and Cheng, 1999）。因此，空间数据挖掘与空间 OLAP 相结合可以提高空间数据挖掘的效率。

原则上，空间数据挖掘方法既可用于空间数据库，也可用于空间数据仓库，只是实现细节和效率有所不同。由于本书的重点是研究空间数据挖掘的理论与方法，故在后文中，一般针对空间数据库展开研究。在空间数据仓库中，这些理论和方法可直接应用或稍作改进就可应用。

## 3.6 国家空间数据基础设施

空间数据是表示现实世界的要素，日益成为国家的基础资源。可是，数据成本增加，采集、管理和开发空间数据的人力、工时和经费耗资巨大，而且不断增加；数据重复，给定一个省、市、县或乡的区域，可能有多个部门和个人在采集同一数据；数据难共享，一个部门或一个城市常常采用多种软件系统，来自不同的软件提供商，用户难以彼此共享数据；用途差异，面向特定用途建立的数据库，不易转换为其他应用的数据而共同工作；局部收集的数据，大部分是为解决一个具体问题和满足局部需要而建立，不一定适用于全局的规划决策；在不相关的和很少有组织的数字化产品的海洋地区，公众不易发现偶有价值的地理数据的位置入口；数字化可能不完整或不兼容，缺乏提供给用户的多种数据的足够资料；政府及商业机构对有效使用空间数据的要求越来越高，整合多源数据的需求越来越多；共享数据很麻烦、琐碎、充满错误，甚至完全不可能。为了解决这些问题，需要建立一个全国甚至全球范围内的专业机构，协调空间数据的获取和共享。

国家空间数据基础设施（National Spatial Data Infrastructure，NSDI）在全国范围内协调采集、处理、存储、发布和改进使用空间数据所需要的技术、政策、标准和人力资源，是空间数据挖掘的数据基础平台，主要包括空间数据协调管理与分发体系和机构、空间数据交换网站、空间数据交换标准和空间数据框架等。需要建立国家空间数据交换网站、编制数据采集和交换的标准、建立国家数字化空间数据网络、建立新关系允许来自各个方面的机构和个人共享空间数据等。发展 NSDI 的建议，引起北美、欧洲和亚太国家的公共机构的数据提供者、企业和用户的高度重视，已作用于由传统方法向数据收集、包装和分发程序的转变过程。此外，在 NSDI 建设中，不仅要重视组织协调、设备配置、数据标准化和信息共享政策，还要加强培养 GIS 建设人才，特别是 GIS 应用人才。

### 3.6.1 美国国家空间数据基础设施

美国 12906 号行政令认识到国家改进、建立和共享地理数据的手段的迫切性，建立 NSDI 协调支持地理数据在交通运输、社会发展、农业、紧急救援、环境保护和信息技术等领域内公共和私人的应用。作为国家信息基础设施的一部分，NSDI 通过教育增进认知和实践，面向需求研制通用的空间数据发现、存取和应用的方法，以组织为基础发展和维持关于正确选定要素的空间数据的共同收集，协调各组织之间的关系来支持 NSDI 的连续发展。

美国联邦地理数据委员会（Federal Geographical Data Committee），通过委员会和工作组领导和支持 NSDI 的发展，开发空间数据的国家交换网站，研制分享空间数据的有关标准，创建由基础数据专题构成的国家数字地学空间数据框架，推动在联邦机构外各参加伙伴间的合作投资和成本分担的地学空间数据协议。空间数据转换标准（spatial data transform standard）是在不同类型的计算机系统之间转换空间数据的一种工具，包括概念模型、质量报告规范、转换模式规范、空间特征和属性的定义，规定了数据转换规程、编址格式、结构和内容，对矢量数据和栅格数据都适用，能够灵活方便地共享数据和成本，且不损失信息。国家地学空间数据交换站（National Geospatial Data Clearinghouse）是寻找空间数据、确定数据适用性和尽可能节省地订购数据的方法，是在数据生产者、管理者和用户之间分布的电子连接网络。数字地学空间数据框架（Digital Geospatial Data Framework）是一个基础的、通用的数字地学空间数据集，旨在有效地组织和强化地学空间数据产业的活动，帮助用户减少数据采集和集成的费用，将精力集中在主要业务工作上，简化和加速应用开发，为其他数据产品和服务争取用户，更快更容易从其他单位采集的数据中获益，取得共识。开放式地理信息系统协会（Open GIS Consortium，OGC）原为 1992 年成立于美国的 Open GIS Fund，研究政府和产业地理信息用户所遇到的有关问题及成本，帮助用户共享和分发空间数据，促进采用新的技术和商业模式来提高地理信息处理的互操作性，主要有五类成员：决策者（Strategic Membership）、负责者（Principal Membership）、应用集成者（Application Integration Membership）、技术委员会成员

（Technical Committee Membership）和准成员（Associate Membership），核心标准是开放式 GIS 模型。美国地质调查局（United States Geological Survey）在 NSDI 建设中负责美国的地形和地质测量，系统地进行公共土地分类、地质结构与矿产资源勘察，制作从地球表面到行星与月亮的模拟地图和数字产品。地理信息 4D 数字产品是构成 NSDI 框架数据的基础。

### 3.6.2 英国皇家测量局的国家空间数据框架

英国皇家测量局是英国国家测绘机构，负责英格兰、苏格兰和威尔士的测绘工作，总部在南安普敦。北爱尔兰的皇家测量局，基地在贝尔法斯特，爱尔兰共和国的测量局设在都柏林。三个测量局完全独立，但使用相同的坐标原点。为了避免重复和保证质量与法定性，英国皇家测量局是唯一制作数字地图的单位，主要制作、维护、更新和出售数字地图，满足各种专业 GIS 的需要。

英国重视地理信息的综合应用，1987 年在大范围调查的基础上，出版了地理信息处理的政府报告 *Handling of Geographic Information*: *Report of the Government Committee of Enquiry*。40 多个政府部门是主要的地理信息生产者或使用者，但是数据归部门所有，数据共享的程度很低，缺少统一的国家标准。受美国 NSDI 的推动，英国政府在 1995 年提出了国家空间数据框架（National Spatial Data Framework，NSDF），促进并鼓励地理空间数据在采集、提供和应用的合作，标准的使用和在地理空间数据采集、提供和应用方面的实践，以及对地理空间数据的访问。NSDF 与美国 NSDI 的不同之处，在于 NSDF 并不要求各数据库用同样的公共数据部分，但是在实现时难度很大。

### 3.6.3 德国官方地形和制图信息系统

德国内务部测量局于 1989 年建立全国官方的地形和制图信息系统（Amtliches Topographisch-Kartographisches Informations System，ATKIS），由多个数字景观模型和数字制图模型组成，均有明确的标准和规范。数字景观模型以几何质量描述地面景观，规范包括地物分类目录 ATKIS-OK 和数字景观数据模型。数字制图模型以可视化方式描述地面景观，规范包括地物符号分类目录 ATKIS-SK 和数字制图数据模型。ATKIS 代表了德国的国家基础 GIS，可用于环境保护、土地规划、土地保护、农田整理、地质学、水文学、能源供给、森林经营和统计学等方面。英国和德国的疆域较小，测图任务和更新一直较好，1∶5000 比例尺的基本地形图已经完成，拥有 1∶5000 比例尺的正射图像地图。

类似美国 USGS 的产品，ATKIS 中有地形图的数字栅格数据，而且每个州测量局均有。德国共有 91 幅 1∶5 万（TK50）比例尺地形图，分 7 个目标层。1∶25000（TK25）比例尺地图的数字栅格数据在 1991 年完成，主要用作专题图的背景信息，来构建环境、交通、灾害防范、自然保护等信息系统。它们与数字高程模型、遥感图像等相结合，生成 3D 景观图，并同时提供统计数据。

### 3.6.4 加拿大国家地形数据库

加拿大在 1963 年开发的加拿大地理信息系统（Canadian geographical information system，CGIS），为世界首个 GIS，覆盖面大、数据量大、详细实用，享誉全球 GIS 界，是一个专题 GIS。加拿大有多种 GIS 数据产品，包括街道网文件、数字境界线文件、邮政交换文件以及人口普查图集在内的各种属性文件。其数字产品和数据共享包括数字信息的产生、标准化和数据分发与提供。可是加拿大已经数字化的大部分地图，由于数据的复杂性，数据中仍存在不协调、不统一和不完整的问题，达不到美国由 USGS 生产的 4D 产品的标准化水平，往往难以被有的项目接受。例如，加拿大仅有全国 1：25 万以离散点记录的等高线数据，而不是格网 DEM 数据。

缺少一个可被接受的数据标准，是加拿大缺少统一的数字空间数据的主要原因。为此，加拿大希望通过一个公用数据转换标准实现不同 GIS 数据之间的转换，1988 年成立的加拿大地理协会从国家层次提供数据初期产品，具有广泛的代表性，而且正在开发为国家地理标准。加拿大地理工业学会是一个全国的商业组织，其成员包括 GIS、遥感和测绘单位。加拿大从事 GIS 的单位主要有加拿大测绘研究所、加拿大土地测量者委员会、加拿大土地测量者协会、加拿大水文地理协会、加拿大制图协会、加拿大遥感协会、城市和地区信息系统协会、市政信息系统协会、魁北克市政地理协会、新斯科舍省地理协会。在 20 世纪 90 年代之后，加拿大的空间信息技术明显地走向 RS、GPS 与 GIS 的集成，应用范围不断扩大。

### 3.6.5 澳大利亚土地和地理信息系统

澳大利亚各级政府的最大努力和工作是应用 GIS 支持土地局的土地管理工作。为了协调国家和地区间有关土地的活动，1986 年成立了澳大利亚土地信息委员会（Australian Land Information Council，ALIC），在国家级别上处理土地信息事宜和制定有关政策，支持研制和使用土地信息管理的国家指南和标准，提供一个分享土地信息管理政策的经验和交换信息的论坛，出版澳大利亚土地信息系统发展的年报。同时，ALIC 致力于构建土地信息管理的国家策略，鼓励在整个澳大利亚经济有效地获取土地信息，以提供各级政府和私人组织对社会使用土地时的决策支持，发展和提供一个有效的数据转换机制。

受美国 NSDI 的推动，澳大利亚也采用同样的方式建立空间数据框架，国家级的测量与土地信息组（Australian Surveying and Land Information Group）的数字地图产品有多种，具有 GIS 兼容、国家统一、质量保证、综合文件和定期维护的特点。澳大利亚的数字化产品称为地图数据（mapdata），经过结构改造用在 GIS 中。后来采用 GIS 数据模型重新生产的产品称为地理数据（geodata）。

西澳大利亚州的基础测绘和土地管理由土地管理厅于 20 世纪 70 年代开始进行地形图数字化并建立土地信息系统。为了使该州地学空间数据全社会共享，多家单位参与成立了西澳大利亚州土地信息系统（western Australia land information system）。随着 GIS 和网络技术的发展，它实际上成为一个空间数据仓库与信息分发服务系统。

### 3.6.6 日本地理信息系统

日本的 NSDI 始于日本政府对 1995 年 1 月在神户发生地震后的反应，地震使政府产生了对应急管理服务及其相关数据的需求。这种需求促进日本于 1995 年 9 月成立了一个关于 GIS 的部局联席委员会，其成员由 21 个政府机构的代表组成。在国家制图局和国家土地局协助下，由内阁秘书处内阁委员会办公室负责该委员会。1996 年 12 月联席委员会公布了实施计划，第一阶段包括元数据的标准化工作、明确各级政府及私人公司的作用，以促进 NSDI 的建设。为此，又专门设立了一个 NSDI 促进联合会，以支持这些活动，其成员包括 80 多家私营企业。

### 3.6.7 区域空间数据基础设施

亚太空间数据基础设施（Asian-Pacific Spatial Data Infrastructure，APSDI）是一个分布于各地的数据库网络，这些数据库由不同国家收集和维护，根据共同的标准和协议相互连接和兼容，使亚太地区的用户能够获得满足需要的、完整且统一的空间数据。每一个数据库都将由具有地区各国要求的维护数据库的技术能力和动力、并保证遵守管理权原则的机构予以管理。APSDI 由亚太 GIS 常设委规划，由机构体系、技术标准、基础数据和接口网络四个核心部分组成。它以地区内各国的 NSDI 为基础，并与 21 世纪议程、全球地图、全球空间数据基础设施等其他国际项目紧密联系。建立相关的标准和数据管理政策，提供机构和技术体系，确保达到满足地区需要的统一程度、内容和覆盖面，集中协调各个国家的工作，有助于整个地区在空间数据方面的投资效益最大化，更好地支持经济、社会和环境决策，在地区内建成一个可行的地理信息产业，协助整个地区取得更大成果。亚太 GIS 常设委认为，APSDI 对亚太地区的潜在效益非常大，带来的知识与经验共享、协同作用和效益，将比亚太地区各个国家单独行动所能实现的效果要大得多。

欧洲空间数据基础设施（European Spatial Data Infrastructure，ESDI）以欧洲地理信息伞状组织（EUROGI）为基础，大部分欧盟成员国参与，成立地理信息标准委员会，建立欧洲科研地理信息图书馆网络，通过各种研究、培训、研讨、国际会议和门户网站等形式，推动建设。欧洲宇航局和私营企业承担地理信息领域的成像技术的主要投资，欧盟投资的对地观测中心设在意大利，负责协调来自地理信息和遥感平台上的观测数据。欧盟 EU III/E 理事会、EUROGI 和欧洲 GIS 等相关利益组织联合起草了文件《欧洲地理信息政策框架》，启动了地理信息元数据、政策和基础数据的研究课题，以提高政府工作效率，促进新的空间数据产业的发展。但是，欧洲国与国之间有不同政治、历史及文化，技术、经济和基础设施的发展水平参差不齐，对地理信息的认识存在差异，应用不同的基准和坐标系，导致了大量的地方性问题，例如，国家把地理信息产业的活动局限于国内，缺少国外工作的资金，缺乏兴趣或意识，学科之间难以联系，尚未推选出明确的领导机构协调发展空间数据基础设施，版权及其他法律事宜存在一定的疑惑和困难。

OGC 的北美商业成员在欧洲非常活跃，例如：ESRI、ERDAS、Intergraph、MapInfo；Autodesk、Genasys.PCI；Trimble；Oracle、Informix；Microsoft；Digital、Hewlett Packard.Silicon Graphics、Sun、IBM。这些公司为欧洲各国提供了绝大多数地理信息软件、硬件及数据库技术，欧洲籍职员多达数千人。ESDI 中的互操作方法是自上而下的，EUROGI 中的国家级地理信息组织与欧盟理事会及欧委会发生间接联系，当高级领导层通过了关于 ESDI 的某一项协议之后，有关的标准、命令及协议将通过 EUROGI 向国家级地理信息组织传达，再由国家级地理信息组织向其政府和商业成员传达。本质上，OGC

模式为以商业利益为基础的自下而上方法，由于欧洲人购买的大部分地理信息产品都来自美国卖主，因此无论欧盟或国家政府有何愿望，美国商业界通过的任何互操作性标准和程序，都极有可能成为欧洲方式。这也说明，国际市场地位的力量对空间数据基础设施的成功及目标都具有深远的影响。

因此，欧洲标准及互操作规范不能脱离世界标准，特别是依赖美国的地理信息产业，如果市场力量能推动欧洲用户接受制定的互操作规范，那么欧盟未必会投入大量资金促进欧洲地理信息标准，而会将资金投向 GI2000。欧洲通过 EUROGI、欧洲地理信息商界及欧盟的各项活动，将影响关于互操作性的讨论。鉴于欧洲商业和地理信息利益，欧盟应鼓励欧洲人参与 OGIS。

# 3.7　中国国家空间数据基础设施

中国国家空间数据基础设施（Chinese National Spatial Data Infrastructure，CNSDI）是推动中国经济建设和社会信息化的基础工程。20 世纪 80 年代初，中国就开始进行传统测绘技术体系的数字化改造、国家基础 GIS 的建库试验和编制 GIS 规范等工作。建成了 1∶100 万和 1∶25 万的矢量基础 GIS，为全国其他专业信息系统提供了空间数据支撑，初步实现了从常规测绘体系到数字化测绘体系的转变，形成了中国地理信息产业的基本队伍，取得了一批与地理信息产业有关的技术成果。计算机的内外存容量、运算速度已经能够胜任大容量的数字图像处理，基本解决了海量图像的存储问题，数字摄影测量、数字正射图像的生产技术已进入实用阶段并处于世界领先水平，实施 CNSDI 的条件已经具备（李德仁，1999；陈军，1999）。而且，统筹建设 CNSDI，能够避免重复建设造成的浪费，易于实现基础空间数据共享，形成有效的信息更新机制，保证空间数据的权威性、一致性和安全性，提高中国在全球信息化竞争中的实力。

## 3.7.1　中国国家空间数据基础设施的内容

CNSDI 作为国家"十五"重点工程列入中国信息化基础结构，在中国国家地理数据委员会领导之下，依托国家公共信息通信网建立中国地理空间数据交换网络，制定中国地理空间数据标准，并初步建成了中国地理空间数据框架，向其他"八金工程"及全社会提供地理空间信息技术服务。中国国家地理数据委员会协调地理数据的获取和使用，是"金桥工程"的领导机构。国家地理空间数据交换网络依托于国家公共信息通信网建立，首先实现中央各有关部委之间的电子互联，然后在国家地理空间数据交换网络上使用统一的数据标准化文件。地理空间数据标准在中国国家地理数据委员会下成立中国地理空间数据标准化委员会，负责制定 CNSDI 中所涉及的各种数据压缩、传输和交换的标准，并指导制定各种专业性的 GIS 的数据标准，使之与国家地理空间数据相互一致或兼容。由武汉大学龚健雅牵头，联合有关 19 家单位共同完成，获得了 ISO/TC211 成员资格，加速了中国地理信息标准与国际地理信息标准接轨。鉴于中国国土面积大，东西部发达程度不同，地区自然社会条件不同和中国的国力限制，建议构建点、线、面结合，多级分辨率的国家数字地理空间数据框架，支持中央和省市两级进行人口调查、资源利用、环境保护和灾害防治等各项社会经济可持续发展的多方面要求，也可提供市场需要。

国家规划的 CNSDI 主要包括组织协调机构、国家基础空间数据库、数据交换网络和中国 GIS 标准化等内容。组织协调机构是高层宏观协调机构和工程实施协调机构,分级负责 CNSDI 建设的协调工作。国家基础 GIS 的基本数据库包括地形数据库、地名数据库、大地数据库、重力数据库、栅格图像库和数字高程模型和专题数据库,以及随着技术发展建立的其他数据库(图 3.13)。数据交换网络由国家基础 GIS 内部网络和外部网络组成。中国 GIS 标准化负责协调和组织地理信息技术的制订和修订工作。《中华人民共和国测绘法》规定"测绘应当使用国家规定的测绘基准和测绘标准"。

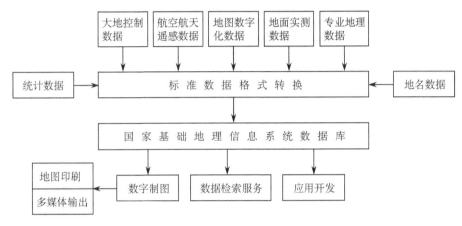

图 3.13  中国国家基础 GIS

1985～1998 年是 CNSDI 建设的前期性研究试验阶段,已完成的主要研究试验项目内容包括数字化测绘生产示范基地建设、全国及区域的国家基础地理信息系统的建库试验、GIS 技术应用试验、数字化测绘技术标准研制。依据实际需要和已有的试验研究成果,中国已制定并发布的地理信息技术标准有 10 个国家标准和 1 个行业标准。

远景目标包括在全国范围内完成和保证具有现势的 1∶100 万、1∶25 万和 1∶5 万矢量式地形数据库、地名数据库、栅格图像库及全国数字高程模型(精度为 1m、5m 和 20m);在中国东部经济发达地区和沿海、沿江、沿铁路线地区建立 1∶1 万数字正射图像库,以从中提取各类专题信息,建成后每年更新一次;在中国主要大城市和经济特区建立 1∶500～1∶2000 的大比例尺空间数据库和 1∶2000 的正射图像库,每年更新 1～2 次;进一步完善 GPS 广域和局域差分网,发展中国的北斗卫星定位系统,实现卫星定位、导航、通信三位一体;发射中国的多级分辨率地理信息卫星,为中国的数字正射图像提供源源不断的数据源;初步建成中国的主要应用 GIS,包括国土调查与利用、资源与环境、主要农作物估产、自然灾害监测与防治等信息系统。

### 3.7.2  中国数字地学空间数据框架

数字地学空间数据框架(Digital Geospatial Data Framework,DGSDF)主要包含数字正射图像、数字高程模型、行政边界、道路、水系、大地控制点和地名数据库,以及用户需要的其他要素,能在短时间内建起省级基础 GIS。生产实验表明,DGSDF 在生产空间数据时,效率比全要素地图矢量化快 5～10 倍。因为全要素地形图的数字化建库费时, 地形图的现势性差, 成图周期长, 无法满足地理信息快速更新的要求。

DGSDF 涉及数字正射图像、数字高程模型和数字线划地图的生产技术和工艺流程。根据不同的数据源、设备和精度要求, 数字高程模型来自全数字自动摄影测量、交互式数字摄影测量、解析摄影测量、扫描矢量化等高线、内插 DEM; 数字正射图像来自全数字摄影测量、单片数字微分纠正、正射图像图扫描、航天高分辨率遥感图像处理; 数字线划图来自数字立体摄影测量、解析或机助数字化测图、地图扫描矢量化或手扶跟踪数字化、基于数字正射图像上的人工半自动提取地物要素。

通过以上各种方法采集的数字正射图像、数字高程模型和多层矢量数据, 构成了 1∶1 万至 1∶15 万的 DGSDF。为了更好地应用和分发地球空间数据, 需要建立矢栅结构的无缝空间数据库, 在整个空间数据库中进行检索、漫游和查询。矢量的图形数据半透明地覆盖在图像之中, 并可用新图像更新老图形数据, 包括修改、补充和删除等编辑工作。实现基于图像金字塔的自适应、多级分辨率显示, 以及图像和 DEM 的 2.5 维显示、查询、漫游和分析等基本功能; 根据用户需要, 所有空间数据能转送到其他 GIS 硬件和软件支撑的信息系统中, 按图幅或按用户给定的范围输出可视化产品, 例如, 武汉大学研制的 GeoStar GIS, 对广州市、珠江流域乃至整个广东省进行了示范研究和建库, 可以实行动态开窗、放大缩小、任意方向漫游。

中国 1∶5 万空间数据基础设施建设。按照《国家基础地理信息系统 1∶5 万数据库工程建设纲要》, 国家基础 GIS 1∶5 万空间数据基础设施包括 1∶5 万的数字栅格地图数据库、数字高程模型数据库、数字正射影像库(数字航空正射影像库、TM 数字影像库、SPOT 数字影像库、控制点影像库)、核心地形要素数据库、地名数据库、土地覆盖数据库和元数据库, 如图 3.14 所示。据初步估算, 覆盖全国陆域 23920 幅 1∶5 万图幅

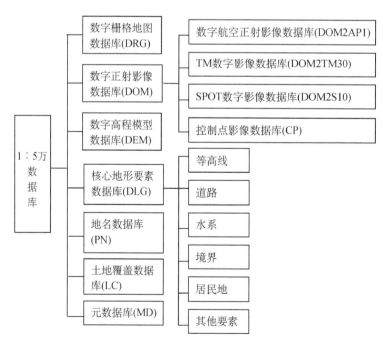

图 3.14　1∶5 万数据库的组成

范围的成果数据和浏览数据一个版本的数据总量就有 11 TB,还不包括历史数据的备份、原始数据和中间成果的数据量。

GeoStar 基于海量空间数据管理组件,将矢量、图像和 DEM 数据全部纳入大型数据库中存储和管理,实现多数据源的高度集成,为传统 GIS 问题提供了全新的解决思路。采用 GeoStar 的海量空间数据库管理组件(GeoImageDB、GeoDem 和 GeoStar)和 ArcInfo 组件,国家基础地理信息中心在一个 1∶100 万的区域范围建立了 1∶5 万的示范数据库,显示了空间数据基础设施的体系结构,如图 3.15 所示。

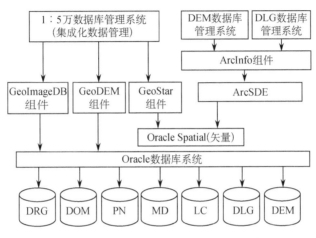

图 3.15　1∶5 万空间数据基础设施的结构

### 3.7.3　中国空间数据交换格式

中国空间数据交换格式的制定,首先需要研究和定义空间数据模型,然后定义相应的数据结构,最后制定相应的物理数据交换格式。空间数据交换格式不可能十全十美,在制定时应遵循完善性、简单性、可伸缩性和可扩展性原则,并参考国内外现有的空间数据交换标准、GIS 软件的数据交换格式。

GIS 是政府部门和企业进行管理的工具,许多部门需要相互共享公用基础空间数据,因而需要制定空间数据的标准,生产符合规范的空间数据,使其他行业部门能够共享。GIS 软件一般不能直接操纵其他 GIS 软件的数据,需要经过数据转换。目前有外部数据交换、空间数据互操作协议和空间数据共享平台三种数据共享方式。

外部数据交换解决不同 GIS 软件之间空间数据的转换问题。每个 GIS 软件商不向用户直接提供读写自己的内部数据格式和数据存储方式,而是定义一种外部数据交换格式与其他软件进行数据转换,如 AutoCAD 的 DXF、MGE 的 ASC Loader、ARC/INFO 的 EOO 等。为了规范定义的内容和表达方式,许多国家和行业部门制定外部数据交换标准,要求在一个国家或一个部门采用公共的数据交换格式,如美国的 DLG 和 STDS 等。外部数据交换并非最佳方案,因为一个软件中的数据转换到另一个软件可能要经过两次转换,耗费人力物力。据统计,发达国家 GIS 空间数据转换的费用已达 30%。不仅如此,外部数据转换难以做到空间数据的实时更新,如不同部门按需要可能购买不同的软件,勘测用 GeoStar 和 MGE,管网用 ARC/INFO,小区规划和建筑报建用 MAP/INFO。

空间数据互操作协议采用 OGIS,研究各方能接受的空间数据操纵函数 API,各厂商提供一个与 API 函数一致的驱动软件，不同的软件就可以操纵对方的数据。例如，Intergraph 的 Geo-Media 可以直接调用 ARC/INFO 的数据。虽然这种方式比外部数据交换方便，但是各软件存储的空间信息不尽相同，为顾全大局定义的 API 函数提供的信息可能是最小的，各软件以自己的系统管理，仍会出现数据不一致和更新慢的问题。

空间数据共享平台采用客户端/服务器的体系结构，一个部门所有的空间数据及各个应用软件模块都共享一个平台，数据都存在服务器上，各个应用软件都是一个客户端程序，通过这个平台向服务器中存取数据。优点是任一个应用程序所作的数据更新都及时地反映在数据库中，避免了数据的不一致性问题，但目前实现起来比较困难。空间数据共享平台可采用通用空间数据管理软件，如 Oracle 的 SDO 等。

中国的空间数据交换格式应可以容纳二维或三维坐标，包含属性数据及其结构，也接受不带属性的空间数据；接受带拓扑关系的数据，或不带拓扑关系的数据；接受 CAD 的圆、椭圆、B 样条、光滑曲线等数据，不是通过内插点进行转换，而是直接记录骨架结构点；采用 ASCII 码文件描述文件，存储点、线、面等多种地物。

## 3.8 从空间数据基础设施到大数据

20 世纪 60 年代，集成测图者建立集中式的"土地信息数据库"，对空间数据进行专题信息登记、叠加和分析，解决土地利用规划和资源调查的问题。80 年代早期，个体组织采取共同方式收集、管理和共享代表公共利益的数据。1982 年，Anne Branscombe 把信息分发媒介、载体和有形的基础设施统称为信息基础设施。1984 年因特网（Internet）出现，催生出一个全球数据资源的集合。1989 年万维网（WWW）的出现则掀起了新经济热潮。1990 年，Neil Anderson 给出信息基础设施的三个重要特征：数据、网络和控制程序标准化，资源和用户网络化，网络开放给第三方存取。90 年代初，空间数据基础设施（Spatial Data Infrastructure，SDI）被提出支持地理信息交换标准，McLaughlin 和 Nichols 认为包括空间数据源、数据库、元数据、数据网络、技术、机构设置、政策标准、最终用户，不同团体表现出全球化的意向，如北约（NATO）国家的全球地理空间信息和服务倡议，国际水道测量组织的电子航线图的全球标准。1993 年，美国宣布建立国家信息基础设施（National Information Infrastructure）。1996 年，萌芽中的 GGDI 第一次会议在德国波恩附近召开，全球制图区域研究会的 Santa Barbara 声明强烈请求加速收集、升级和使用由国家和全球制图计划生产的产品，协调发展 GGDI。1997 年提出了国家空间数据基础设施（NSDI）战略。

1998 年，美国提出数字地球，计划以数字的方式把现实地球装入计算机网络系统。1999 年，物联网（the internet of things）出现，使得人类社会与物理系统的整合变成现实。2008 年，*Nature* 刊登了 *Big Data*（大数据）专辑，2009 年，联合国"全球脉动"项目发布 *Big Data for Development*：*Challenges & Opportunities*（大数据促发展：挑战与机遇），推动数字数据和快速数据收集和分析方式的创新。2010 年，美国发布国家宽带计划（National Broadband Plan）。2011 年，*Science* 刊登了 *Dealing with Data*（处理数据）专辑，并联合 *Science*：*Signaling*、*Science*：*Translational Medicine* 和 *Science*：*Careers*

推出相关专题，讨论数据对科学研究的重要性。2012 年，《华尔街日报》认为大数据、智能生产和无线网络三大技术变革将引领新的经济繁荣，美国在《大数据的研究和发展计划》（*Big Data Research and Development Initiative*）中把大数据的研发应用从以前的商业行为上升到国家战略部署，以提高从庞大而复杂的数据中提取知识的能力。美国国家科学基金会成立了可视化和决策信息中心，汇聚国家科学基金会、工业界、政府机构和大学的力量，集中研究大数据的数据挖掘、决策制定和可视化。2012 年 4 月，*Nature Biotechnology* 在 *Finding correlations in big data* 一文中邀请八位生物学家，对 2011 年 12 月 *Science* 的 *Detecting novel associations in large data sets* 一文进行评价。

在中国，对大数据研究和产业的发展高度重视，2015 年，国务院《促进大数据发展行动纲要》将大数据作为提升政府治理能力的重要手段。2016 年国家发展和改革委员会通知《组织申报大数据领域创新能力建设专项》，建立和完善大数据领域的技术创新平台，构建支撑国家大数据战略实施的创新网络，加快大数据融合技术率先在相关领域的深度应用。2017 年，国务院《"十三五"国家科技创新规划》"科技创新 2030"的大数据重大项目要求"突破大数据共性关键技术，建成全国范围内数据开放共享的标准体系和交换平台，形成面向典型应用的共识性应用模式和技术方案，形成具有全球竞争优势的大数据产业集群"。

在产业界，微软（Microsoft）在 2011 年推出与 Windows 兼容的基于 Hadoop 的大数据解决方案（big data solution）。IBM 给出了 InfoSphere BigInsights，将 DB2 与 NoSQL 数据库有机结合。亚马逊（Amazon）在 2009 年发布的 Elastic MapReduce 采用了托管的 Hadoop 框架，用户利用它可以在进行分布式程序所需的数据密集型工作时，根据自己的需要实时调整所需的负荷。甲骨文（Oracle）把 NoSQL 数据库和 Big Data Appliance 组合，使得客户直接拥有处理非结构化海量数据的能力。Google 用 Bigtable 分布式存储大规模结构化数据，利用 BigQuery SQL 查询大数据。此外，Apple 的 iCloud，Facebook 的 The Open Compute Project，EMC 的 Greenplum HD 等信息产业也致力于提供大数据解决方案和应用。百度从 2007 年开始使用 Hadoop 做离线处理，每天的搜索日志数据处理量为 6TB。腾讯、淘宝和支付宝的数据仓库等也采用了 Hadoop 处理大规模数据。中国移动在云平台上建立了海量分布式系统和结构化海量数据管理系统。华为基于移动终端分析数据，通过云存储平台分析海量数据，获得有价值的信息。阿里巴巴通过大数据技术，进行信用贷款审批。

### 3.8.1 全球地理空间数据基础设施

全球地理空间数据基础设施（Global Geospatial Data Infrastructure，GGDI）旨在全球范围对地理空间数据进行有效地收集、管理、存取、分发、使用所必需的政策、技术、标准和人力资源。

目前，军方、全球科学与环境研究和国际海运界是 GGDI 的三个关键参与团体，也有跨国 GGDI 的计划实例，正在吸引其他的参与团体（特别是进行人或物的定位、跟踪、定向组织）。GGDI 在很大程度上取决于影响当今 GGDI 发展的主要"参与团体"的小集体各自利益、需求和约束，需要认识对世界范围的空间数据用户和生产者所表现出的多样性和相似性、一致和分歧、需求和约束等特性，了解全球范围工作与地方、地区和国家的相应工作特点的不同，掌握"地方到全球的转变"是面向 GGDI 的工程所做出的直接性或指导性的贡献。

GGDI 的实施观点有数据驱动观、技术驱动观、机制驱动观、市场驱动观和应用驱动观。各有各的道理，又相互补充。Kelley 认为空间数据基础设施包括应用范围很广的基础空间相关数据集，支持空间信息成本利用的计划、管理和技术专家支持，允许及时有效地存取基础数据集中的大量空间相关数据的系统、标准、协议。假设在每个国家这四个要素全部应该相同，这在外交上是天真的，在操作上是有问题的，在经济学上是根本不可能的。建立真正的全球基础设施依然是一个长期的目标。

### 3.8.2 数字地球

数字地球（digital earth）是在计算机网络上，对真实地球及其相关现象统一的数字化重现和认识，是以计算机技术、通信技术、多媒体技术和大规模存储技术为基础，以宽带网络为纽带，运用海量地球信息对地球进行多分辨率、多尺度、多时空和多种类的多维描述，并利用它作为工具来支持和改善人类活动和生活的质量，如全球变暖、社会经济可持续发展、精细农业、智能交通和数字化战场等。简言之，数字地球是一个以地球坐标为依据、嵌入海量地理数据、具有多分辨率、能可视化表示的虚拟地球。

实现数字地球，以数字的方式把现实地球装入计算机网络系统，需要诸多技术，特别是地球空间信息技术的支撑，主要包括信息高速公路和计算机宽带高速网、高分辨率卫星图像、空间信息技术与空间数据基础设施、大容量数据存贮及元数据、科学计算、可视化和虚拟现实技术。其中，GPS、GIS 和 RS 技术及其集成，是地球空间信息技术体系的基础技术。

数字地球是全球信息化的必然产物，勾绘了信息时代人类在地球上生存、工作、学习和生活的时代特征，其应用涉及政治、经济、军事、文化、教育、生活和娱乐等领域（Al，1998）。数字地球的研究、建设与发展，衍生了数字地区、数字城市、数字城区、数字企事业单位等多级层次，催生了国际数字地球学会、国际数字地球大会、国际数字地球学报等国内外交流和合作的学术平台，加快了全球信息化的步伐，在很大程度上改变了人们的生活和工作方式。

在地球这个复杂的巨系统中，事件的发生过程多呈非线性特征，时间和空间的跨度变化大小不等。在电子计算机上实现数字地球，需要信息基础设施、高速网络、高分辨率卫星图像、空间信息技术、大容量数据处理与存储技术、科学计算以及可视化和虚拟现实技术诸多技术支撑。数字地球为研究和观察地球提供了最基本的数据集，要求广泛共享空间信息，用其作为基础附加用户数据。空间数据挖掘是关键技术之一，可以认识和分析积聚在数字地球中的海量数据，从中找出规律和知识。

### 3.8.3 智慧地球

数字地球是智慧地球（smart planet）的基础大脑，物联网是智慧地球的神经网络，一个必然的趋势是，全面融合数字地球和物联网，进而构建智慧地球（Wang et al.，2011；王树良等，2012）。智慧地球指把新一代的信息技术、互联网技术充分运用到各行各业，把感应器嵌入、装备到全球的医院、电网、铁路、桥梁、隧道、公路、建筑、供水系统、大坝、油气管道，通过互联形成物联网，再通过超级计算机和云计算，在世界范围内使得人类以更加精细、动态的方式管理生产和生活（IBM，2009）。美国前总统奥巴马把智慧地球誉为新的生产力和解决经济危机的新增长点。

智慧地球中的智慧不是指人类集体的智商，而是系统智慧（IBM，2009）。智慧地球的核心是以一种更智慧的方法通过利用新一代信息技术改变政府、公司和人们相互交互的方式，提高交互的明确性、效率、灵活性和响应速度。智慧地球主要有三个智慧元素：更透彻的感知、更广泛的互联互通和更深入的智能化，三者共同构成一个层次结构。其中，更深入的智能化是利用先进技术获取更智能的洞察并付诸实践，进而创造新的价值。智能化是指深入分析收集到的数据，以获取更加新颖、系统且全面的洞察来解决特定问题。这要求使用先进技术（如数据挖掘和分析工具、科学模型和功能强大的运算系统）来处理复杂的数据分析、汇总和计算，以便整合和分析海量的跨地域、跨行业和职能部门的数据和信息，并将特定的知识应用到特定行业，特定的场景，特定的解决方案中以更好地支持决策和行动。显然，空间数据挖掘在智慧地球中具有不可替代的作用。

### 3.8.4 大数据

大数据是以互联网为核心的信息化建设达到一定规模的自然产物，提供了人类认识和处理复杂系统的新思维、新手段，蕴含着巨大的社会、经济、科研价值，已引起了各个国家、各行各业的高度重视。如果能有效地发展和应用大数据，将对社会经济、科学研究、国家治理等产生巨大的推动作用。

大数据（big data）是体量巨大（volume）、多种多样（variety）、高速变化（velocity）、真实质差（veracity）的复杂数据集合。提供了一个在信息世界中完整地观察现实世界全貌而非局部样本的前所未有的机会。在大数据之前，因为空间数据采集、存储、计算和传输的局限，概率统计只能从现实中随机抽样，通过样本数据归纳全体数据，像盲人摸象一样认识对象局部，仅是窥豹一斑。数据抽样不完备，样本数据不集中，致使难以认识全局的整体规律和异常变化。

现在，在大数据的情况下，数据被大量的创造、复制和积累，样本足够多，克服了由于抽样导致的信息样本不完备，全体数据可能在信息世界内重现了现实世界基本完整的原貌，描述了空间对象的全貌，隐含了一般性的规律和发展趋势，促使人类更加有效地了解世界并预测未来。全球电子行业领先的权威研究机构 IMS Research 认为，2012年全球仅新增的监控设备所需的存储规模就达 3300PB。天津市安装了 60 万高清摄像头，每小时产生 3.6GB 视频监控数据，存储容量需要 4665.6PB，仅存储就需投入 583.2 亿元，快速增长的存储规模和投入成为制约城市监控系统发展的重要因素。近年来，美国利用先进的专业技术和现代信息技术，对灾害可能造成的影响进行及时、准确的预测，并发布警示信息。尤其利用卫星导航定位技术可以对灾害进行精确定位，例如，IKONOS 2 卫星和 QuickBird 卫星拍摄的加勒城市火车站区域的海啸前后高分辨率卫星图像，解译了建筑物的损毁情况。在基于 Google Earth 的降雨灾害监测系统中，用户只需调用 Google Earth 3D 地形图像，再叠加气象局提供的卫星云图、雨量图、单站雨量资料、土壤资料、现场图片等便能展现立体的灾害效果，进行淹没分析等，为决策分析提供依据。ArcGIS 能制作各种专题的灾情地图产品，ArcGIS Mobile 可以满足灾情速报工作的需要，及时采集各种灾情专题信息。

因此，从空间视角认识世界，用空间数据构建世界，挖掘空间数据中隐含的知识，是大数据研究的重要内容。空间数据挖掘是凸现大数据价值、盘活大数据资产和有效利用大数据的基础技术。可以用于从数据中提取信息，从信息中挖掘知识，在知识中萃取数据智能。进一步地，推动大数据与云计算、物联网、人工智能等新一代信息技术融合发展，提高自学习、自反馈和自适应的能力，实现人机智慧。

# 第4章　空间数据清理

空间数据清理是数据挖掘预处理必不可少的内容。因为空间数据挖掘需要涉及来自多个数据源的大量实际数据，其中大部分数据是有污染的，存在或多或少的病态，出现的错误和异常多种多样，如同矿石开采中会夹杂废料和各种污质一样。而且，空间知识通常被大量复杂的数据隐藏，有些数据是冗余的，有些数据是完全无关的，它们的存在可能影响到有价值空间规则的发现。本章研究空间数据清理的必要性和概念，给出清理空间观测数据、遥感图像的基本技术。

## 4.1　空间数据的污染问题

现实世界复杂多变，事物、概念、空间对象或现象等基本同时具备多种不确定性。空间对象多相互混杂，界限有时不很分明，无论采用何种方式获取的空间数据，均存在一些不可避免的问题或错误。记录中的空间数据可能不完整或失效，也极有可能含有重复、错误和异常等质量问题（Koperski，1999），并受粗差、系统误差和偶然误差的单独或综合影响。如果空间数据质量得不到保障，又没有检查清理，那么空间数据挖掘可能难以提供可靠的空间知识（Dasu，2003）。

### 4.1.1　不准确的空间数据

不准确的空间数据指与现实的空间对象属性相比不正确的值、空间数据未及时更新的过时数据、不正确的计算或聚集产生的数据、错误类型导致的难以或无法解释的空间数据，以及伪值、多用途域、古怪格式、密码数据（Smets，1996）。空间数据的精度多与相应的数据类型有关，并受到数据处理方法、分类算法、位置精度、属性特征的时间变化、图像分辨率和光谱特性等很多因素的影响。地形特征可通过高精度量测得到，而森林或土壤的边界由于线的识别误差和测量误差的影响，可能含有很低的精度。如果属性精度高，那么分类的结果应该和空间世界一致。除非通过实地踏勘等直接方法获取数据，否则很难保证一个分类的完全正确性，制图综合可能把多个不同的属性类别归为同一类别。由于准确性低，大量空间数据并没有得到最好的利用。一般空间数据库在构造时都是为了支持某个特定应用或业务，而很少全局考虑空间数据。因为管理不统一，各自为政，也可能造成数据孤岛。空间对象的不确定性，主要决定于空间对象的特性，以及获取、分析和表达数据的方法。

在空间数据中，有些空间对象的属性因为无法获取真实的数据，而用定性语言描述的，如"距离城市中心很远""面积很大"等。但是因为空间数据挖掘的全域覆盖性，又不能抛弃这部分定性属性。同时，有些定量的空间数据也需要转换为定性的空间数据，例如，某滑坡监测的质量属性，99%的空间数据为定性的"优""良""中""差"，只有 1%的为定量的空间数据"监测点平面点位误差最大值、最小值分别仅为±3.4mm、±1.0mm",那么有必要把 1%的定量数据转化为定性数据,因为把前者转化为后者的工作量（1%）远小于把后者转化为前者的工作量（99%）,而且 99%的空间定性数据对应的空间定量数据也难以准确转化。

### 4.1.2 不完整的空间数据

在现实世界中,点有大小,线有粗细,面有厚薄。在经典数学中却截然相反,它常常假设空间对象的属性是连续平滑的,能够使用一个抽象的平滑数学函数描述,以至于在抽象数学模型中描述的空间对象,远比具体现实世界中的空间对象简单,丢失了很多信息。

造成空间数据缺失或不完整的原因有很多。首先,获取的信息在存储和分析中被部分舍弃或删除（如制图综合）。在数据库中,某些个别记录的属性域可能存在空值现象,对一个挖掘任务还可能完全不存在必需的记录域。其次,因省略等带来的不完整缺陷（Smithson, 1989）,例如,所需要的空间数据的域或记录在设计时未被记入空间数据库,采集和编辑空间数据的决策规则没有考虑空间对象的各种变量和影响因素,进入空间数据库的数据不能充分描述物体所有可能的属性和变量特征,所有可能的目标没有全部被包含在空间数据库中。再次,测量技术标准中的所有特征没有被全部按照准则、定义和规则采集,留作识别空间目标的重要特征因为评估技术标准而被融合掉,例如,宗地界址点不能被省略,否则数据不完整。最后,缺失历程元素导致空间数据不完整,因为历程有助于保证数据利用分析的连续性、编辑系统文档和空间信息系统的现在或将来的发展。此外,懒惰的录入习惯或不同的业务部门对某空间数据值是否存在不同的需求,也导致源系统中应有的域或记录缺失。

如果不能保证空间数据的完整性,那么后面的空间数据挖掘将可能失去应有的意义。而数据完整性提高百分之四,有可能给企业带来巨额的利润（Inmon, 1996）。

### 4.1.3 重复的空间数据

数据库中同一信息有时存储在多个地方。属性值相同的记录被认为是重复记录。由于可能的错误和表达,如拼写错误,不同缩写等,不完全匹配的记录也有可能重复。在多源空间数据挖掘中,重复记录较为常见。各个数据源提供的空间数据通常包含标识符或字符串空间数据,它们在不同的空间数据源中有所不同或由于各种原因（如印刷或录入时的错误,或别名等）而造成错误,因此两个值的相等与否不是一个简单的算术谓词,而需一组定义等价的规则或模糊匹配技术。

### 4.1.4 不一致的空间数据

不一致性是空间数据中常见的问题,较为复杂,根据上下文可以分为相关冲突和无关冲突。上下文相关冲突,是由于系统和应用造成不同的空间数据类型、格式、粒度、同义词、编码方式等,从多源集成的数据可能引发不一致,带来语义冲突,即计算机化的空间对象不能完全满足空间对象之间的拓扑一致性、数据结构的内部一致性、数据规范的逻辑一致性。例如,在判别土壤类型时,如果没有考虑有森林和无森林地区的土壤类型的辐射信号的不同，就可能产生错误的分类。上下文无关冲突，是由于偶然因素造成的错误输入、硬件或软件故障、不及时更新、外部因素造成的空间数据库状态改变，同一系统的空间数据因位置、单位及时间不同而产生不一致等。由输入不规范造成的表达不一致、内容不一致，一般难于找到转换函数。

此外，还有数据结构不同，投影体系不同，类型格式不尽统一，度量单位不同，比例尺不统一，数字化数据与使用格式不一致，图幅数据不匹配，坐标系不同，地图变形，结点代码或区域属性码拓扑不一致等原因。相同数据，在不同应用场合采用不同的单位或格式，如果更新不及时，就可能导致不一致数据甚至错误的出现。

### 4.1.5 非完备的空间数据

空间世界时刻变化，描述空间世界的数据也在一刻不停地变化，而且大量空间对象并非都匀质分布。在认识和改造自然的过程中，人们常常不易明确地将空间对象分类，不得不从中抽取重要的特性，表达确定或不确定的现实空间对象（如目标模型的空间点、线、面抽象）。数据的不确定性源于数据采集过程中的量测、人为判断和假设等（Burrough and Frank，1996）。然而，使用确定的模型（Burrough and Frank，1996）描述空间对象，所获取的数据不可能穷尽现实世界的全部。而且，观测数据是对其所属母体数据的抽样，样本中的观测数据对于认识母体是非完备的，如在滑坡监测中，不可能对滑坡体上的所有点都进行监测，而是从中选择有限的典型地质点作为样本，这样根据典型样本点的观测数据对滑坡位移母体的监测，就是非完备的。

### 4.1.6 空间数据的误差

空间数据的误差与所使用的数据、算法和数据结构皆有关，主要来自属性的定义、数据源、数据建模和分析过程中引入的不确定性等。

从产生误差的原因看，数据获取过程中带来的系统误差是由某种物理的、机械的、技术的、仪器的或作业员的原因而造成的。通常它具有一定的规律，或者有规则地变动着。例如，对于解析摄影测量加密而言，从航空摄影开始，直至获得像片或模型坐标的整个信息获取过程，都会带来系统误差。熟知的系统误差有摄影系统的畸变差、摄影材料的系统变形、软片的压平误差、地球曲率和大气折光、量测仪器的标准系统误差以及观测员的系统观测误差等。

更为突出的是，在测量信息获取过程中的粗差问题，粗差是在数据获取、数据传送和数据加工过程中，由于不规则的差错而造成的，而且它不再可能作为可接受的观测值为所假定或所估计的误差模型采用。例如，数字化过程中人为地引入错误，主要包括丢失与重复输入空间点或线、漏输区域中心识别码、输入线段过长或过短，数据的手工录入以及主观选取数据等引起的错误数据。随着现代测量方法和数字记录方法的发展，面对所获得的庞大信息，老的、人工的、经验的分析和挑粗差的方法变得愈来愈无能为力。以摄影测量区域网平差为例，利用人工方法挑错的作业方法中，一个区域网完全取决于作业人员的经验和理论水平，往往很难说不存在未被发现的粗差参与了平差。就像原联邦德国有名的上施瓦本试验场，用自动粗差定位方法还找出了当年有经验的专家未曾发现的粗差仍留在区域网之中。

显然，如果粗差或系统误差不能在平差中正确地被发现、消除，势必会损害平差的结果，使人们所预期的理论精度无法实现。至于偶然误差，它也是由观测条件引起的，但是它与系统误差不同，在大小和符号上没有规律性，只有大量误差的总体才具有一定的统计规律。

如果平差的数学模型产生偏差，那么平差结果会受到怎样的影响？可能存在三种情况：①当描述观测值期望的函数模型中未知参数选择得太少时，观测值的估计值存在偏差，未知数的协方差阵偏小，单位权方差估值变大。②当描述观测值期望的函数模型中未知参数选择得过多时，观测值的估计值不存在偏差，未知数的协方差阵变大，单位权方差估值无偏。③当采用一个错误的权矩阵时，观测值的估计值仍然不存在偏差；若观测值的权给小了，则未知数协因数阵变大；若观测值的权给大了，则未知数协因数阵变小；若模型中观测值的权有误差时，则单位权方差的估值有偏。

### 4.1.7 图形图像的变形

空间图形图像可能来自不同的时间或传感器，具有多源性。空间对象在成像过程中可能发生几何形变和光谱辐射形变。图形图像的几何形变，主要是图像之间的相对位移视差或图形变化。辐射形变的影响因素主要有太阳辐射的光谱分布特性，大气传输特性、太阳的高度角和方位角、地物的波谱特性、传感器的高度和位置、传感器的性能和记录方式等。

（1）传感器的辐射度。每种传感器的制造元器件不同，光谱灵敏度和能量转换灵敏度等性能也不同，因传感器的检测器阵列的各检测元件的增益和漂移具有不均匀性，且在工作时可能发生变化。缺少校准数据或校准数据不可靠。另外，传感器内部，接收到的信号在传输过程中，容易产生暗电流，从而使信号的信噪比下降。传感器的灵敏度特性、响应特性、方位、高度、姿态等也影响空间图形图像的质量。

（2）大气散射。大气通过对电磁波的吸收、散射和大气波动造成的频率低通滤波效应，影响和改变卫星遥感图像的辐射性质，以大气散射影响为主。散射是大气中的分子和颗粒对电磁波多次作用的结果，散射作用所增加的亮度值不含有任何目标物的信息，但却降低了图像的反差比，导致了图像分辨率的降低，对图像的辐射性质将产生三种严重后果：损失某些短波段的地面有效信息，产生邻近像素之间辐射性质的干扰，与云层反射一起形成天空光。

（3）光照条件。摄影时的光照条件也影响图像的质量。太阳的高度角和方位角，与水平面上的辐射照度和光程长度有关，并影响方向反射率的大小。在太阳高度角为25°～30°时，摄影得到的图像能形成立体感最强的阴影，但这在实际摄影时很难保证。

### 4.1.8 空间数据的噪声

在遥感成像时，时间和背景可能存在差异，传感器特性的差别、干扰、故障等原因引起不正常的条纹（常以扫描带为周期）和斑点，使得数据带有不同程度的噪声。带噪声的数据不仅造成直接引用的错误信息，而且会影响最终抽取的模式的准确性，造成不好的效果。

（1）周期性噪声。可能是光栅扫描和数字采样机中的周期信号耦合到电子光学扫描器的电子信号中，或者能量消耗的变化，在电子扫描器中或磁带记录器中的机械震荡。具有变化的幅度、频率和相位的周期性干扰图形与原始景物相叠加，被记录在图像，形成周期性噪声。

（2）条带噪声。由设备产生，如传感器的探测器的增益和漂移的变化，数据中断，以及磁带记录遗失等，在图像上明显呈现水平状条纹。

（3）孤立噪声。由数据传输过程中的误码问题，或者模拟电路中的温度扰动造成，在数字上偏离周围数据的像素。

（4）随机噪声。附加在图像上，数值大小和出现位置不定，如图像底片的颗粒噪声等。

此外，还有空间数据的冗余、稀疏的问题。冗余信息可能导致发现的知识无用甚至错误，数据库的实际数据密度可能非常稀疏。

因此，当多源异种数据汇集一处时，研究有效的空间数据清理算法，检测并纠正空间数据的异常，具有现实意义。可是，空间数据的整洁性尚未给予足够的重视。数据清理远远滞后于数据挖掘的发展，空间数据清理更是严重滞后。

### 4.1.9 滞后的空间数据清理

1988 年，美国国家科学基金会资助成立了美国地理信息与分析国家中心。在中心的 12 个专题中，第一专题把 GIS 的精度定为最优先研究的主题，第十二专题则把误差问题列在 6 个研究问题的首位。同在 1988 年，美国国家数字制图数据标准委员会颁布了历程、位置精度、属性精度、一致性和完整性等五项空间数据标准（Bonin，1998）。后来又出现了现势性和主题精度，使得在五项标准的基础上，还应加入表达时间的时域精度。因历程描述数据的获取和处理等过程，故空间数据精度应包括空间精度、时域精度、属性精度、拓扑一致性和完整性五个方面。

空间数据的访问、查询和整洁是空间数据处理中的三个重要问题。长期以来，人们都主要着力解决前两个问题，而很少顾及第三个问题。专用的空间数据库系统、空间数据仓库系统，可以解决空间数据访问的问题。在查询空间数据时，有各种查询工具、报表书写器和应用开发环境，以及用户工具等供选择。目前，解决空间数据整洁性的基础理论研究和应用开发都还很少。国际学术性期刊 *Data Mining and Knowledge Discovery* 迄今只有少数数据清理的文章（Hernàndez and Stolfo，1998）。同时，可用于解决空间数据整洁性的工具也很少，主要是工作量大且价格昂贵。现有的产品仅仅可以提供有限的空间数据清理功能，远没有访问和查询空间数据的工具丰富齐全。而且都是针对西文的空间数据清理，实用性的中文非结构化空间数据清理研究几乎很难见到。这种结果可能是没有充分认识到有污染空间数据的影响和空间数据清理本身的特点造成的。2002 年 12 月，在日本前桥召开了国际会议"ICDM-02 First International Workshop on Data Cleaning and Preprocessing"，空间数据清理的内容占了 3 个主题，国际学术期刊（*Applied Artificial Intelligence*）为此出版专刊，会议认为，数据清理和预处理将是知识发现的研究热点（Wang et al.，2002）。

# 4.2 空间数据清理的基本内容

空间数据清理（spatial data cleaning），又称空间数据净化（spatial data cleansing）、空间数据清洗（spatial data scrubbing）等，是多源空间数据挖掘，以及异种空间数据集成无法回避的问题（Fayyad et al., 1996）。

## 4.2.1 空间数据清理的概念

在广义上，凡是有助于提高空间数据质量的过程都是空间数据清理。在狭义上，空间数据清理指了解空间数据库中字段的含义及其与其他字段的关系，检查空间数据的完整性和一致性，根据实际的任务确定清理规则，利用查询工具、统计方法和人工智能工具等填补丢失的空间数据，处理其中的噪声数据，校正空间数据，提高空间数据的准确性和整体的可用性，以保证空间数据整洁性，使其适于后续的空间数据处理（王树良，2002）。

## 4.2.2 空间数据清理的特点

空间数据清理不是简单地将记录更新为正确的空间数据，严肃的空间数据清理过程包括对空间数据的解析和重新装配。空间数据清理解决的是多空间数据源之间以及单空间数据源内部的空间数据重复及空间数据本身内容上的不一致性，而不只是形式上的不一致性，如模式的不一致和代码表示的不一致等清理工作，可以结合空间数据抽取，在抽取过程中完成模式及代码表示的转换，相对较简单机械。

空间数据清理的内容主要包括确认输入空间数据、消除错误的空值、保证空间数据值落入定义的范围、消除冗余空间数据、解决空间数据中的冲突、保证空间数据值的合理定义和使用、建立并采用标准。正确地选择空间目标数据，也是空间数据清理的必要内容。

空间数据挖掘的一个重要特点是具体空间问题具体分析。对于一个给定的具体任务，并非空间数据库中空间对象的所有属性都对其有作用，即使存在作用，不同属性的作用大小也不同。有必要根据待挖掘的任务，把空间数据挖掘视为一个系统工程，选取空间目标数据，并确定不同属性的空间目标数据对给定任务的作用权重。例如，土地的点状、线状和面状等属性因素，就不同程度地影响土地价值。

空间数据清理数学建模困难，清理方法与空间数据样本有关，难于归纳一般步骤和方法，相同方法在不同应用环境中的实验结果往往差异较大。现有工具主要有三类：①空间数据迁移（spatial data migration）允许指定简单的转换规则；②空间数据清洗（spatial data scrubbing）使用领域特有的知识对空间数据作清洗，采用语法分析和模糊匹配技术完成对多源空间数据的清理，指明数据源的"相对清洁程度"；③空间数据审计（spatial data auditing）通过统计分析空间数据，发现规律和联系。

## 4.2.3 空间数据清理的基本方法

根据 4.1 节所述，原始空间数据中存在多种问题。此处，主要研究不完整、不准确、重复记录、不一致的空间数据的基本清理技术。

## 1. 不完整数据的清理

完整性反映空间对象对数据欲得概括和抽象的程度。在大多数情况下,缺失的值必须手工填入,某些缺失值也可以从本数据源或其他数据源推导出来。处理由未知属性值造成的数据噪声的方法(Kim et al.,2003)主要有:①忽略法,把具有未知属性值的记录忽略掉;②附加值法,把属性的未知值看成该属性的另外取值;③似然值法,用该属性的最可能取值代替未知属性值;④贝叶斯法,把属性值看作数据集合的函数分布,选择使贝叶斯概率最大的属性值代替未知属性值;⑤决策树法,把数据集合中属性值已知的对象组成一个子集,在子集中,把属性与原来类别属性的地位对换,原来类别看作另一属性,属性视为类别属性,属性的值变为要确定的类,构造决策树,用来对子集中的每个对象分类,并且将结果去代替属性的未知值;⑥粗集法,把具有未知属性值的决策表变换成属性值已知的新的不相容的决策表,从不相容的决策表中导出规则,判断未知属性的值;⑦二元模型法,用属性值向量表示数据,利用转移概率表达属性之间的相互依赖性,较多利用上下文信息,适于符号型属性。此外,在多空间数据库查询中还出现过用平均值、最大值、最小值或更为复杂的概率估计等代替缺失值的方法,却不一定完全适用于空间数据挖掘。

## 2. 不准确数据的清理

空间数据准确性衡量观测数据和其真值的差异,或测量信息和实际信息的接近程度,有定量和定性两种精度。清理不准确数据的基本方法有用统计分析的方法识别可能的错误值或异常值(如偏差分析、识别不遵守分布或回归方程的值),用简单规则库检查空间数据值,用不同属性间的约束,用外部空间数据,空间数据重组等。空间数据重组是根据一定目的,将空间数据从分离的空间数据源中抽取出来,放入目标空间数据库的过程,主要包括分析原始空间数据、把空间数据转化成更有意义的集成信息和将空间数据映射到目标空间数据库。另外,在不同环境中要解决统计中的异常值检测,文档处理中的拼写检查等问题。

## 3. 重复记录数据的清理

重复记录指在一个空间数据源内部有关同一个现实空间对象的信息有重复,或在多个系统中有关同一个空间对象的信息有重复。识别出实际指向同一个对象的两条或两条以上的记录,消除冗余记录,不仅节省存储和计算资源,而且可以提高基于空间数据挖掘的决策速度和有效性。

合并或清除(merge or purge)是清理重复记录数据的基本方法,又称为记录连接(record linkage)、语义集成(semantic integration)、实例识别(instance identification)、数据净化(data cleansing)、匹配或合并(match or merge)等,是在集成异种信息表示的空间数据源时,检测与消除重复的信息(Hernàndez and Stolfo,1998)。目前,主要是利用记录的多个属性,由用户定义记录之间是否对应于同一个空间对象等价的规则,由计算机根据这些规则自动匹配有可能对应于同一个空间对象的记录,目前较为流行的是序邻算法和模糊匹配算法。序邻算法按照用户定义的码对整个空间数据集进行排序,将可能匹配的记录排列在一起。多次排序可以提高匹配结果的准确性。模糊匹配算法对各个属性的空间数据作规范化处理后, 再将所有记录两两比较, 最后合并两两比较的结果。

### 4. 不一致数据的清理

空间数据值的不一致性存在于空间数据源内部及空间数据源之间。在 GIS 等空间信息系统中, 应该避免使用不符合逻辑的空间数据库信息, 并在用户使用数据不当时, 给出警告信息。在多空间数据库系统中, 识别空间对象和解决语义冲突。检测和解决空间数据不一致性的前提是集成模式, 识别空间对象的属性不一致性, 主要的工作是识别语义上相同的或相关的属性, 识别并去除涉及上下文无关冲突的记录, 发现涉及上下文相关冲突数据间的量化关系, 确定空间数据转换规则。检测和解决空间数据不一致性的目标是把来自不同空间数据源的空间数据合并, 检测语义冲突, 确定转换规则, 检测出可能的异常值 (错误值)。尽可能地在没有或尽量少用户干预的情况下, 用尽量少的用户先验知识, 分析空间数据, 发现联系, 制订可用于解决冲突的策略。相关问题有模式集成、空间对象识别、数据值冲突的解决、异常值检测。可定义完整性约束检测不一致性, 通过分析空间数据发现联系。

此外, 发现和表示噪声常用概率的方法。为避免冗余, 需要知道数据库中固有的依赖关系。对于数字化错误, 首先, 在编辑器中目视检查显著性错误, 然后, 通过机器检验数据拓扑关系一致性, 最后, 利用透光桌或放大图形的方法详细检查原始地图和数字化输出的图形。需要进行数字化坐标数据比例尺的变换、变形误差的消除、投影类型转换、坐标旋转与平移等处理。

# 4.3 空间观测数据的清理

空间观测数据的清理主要是处理观测误差。传统观测误差一般指测量值或计算值与真实数据或假定真实数据间的差值 (Mikhail and Ackermann, 1976)。从所要研究的全体数据中取得一组观测值, 据此估计表征该全体数据的有关未知参数, 这在数理统计学中称为参数估计, 在测量学中则称为平差。由测量平差知, 观测误差分为三类: 偶然误差、系统误差和粗差。经典的大地测量和摄影测量平差是从观测值仅包含偶然误差出发的, 发展趋势是在平差中更好地考虑可能存在的粗差和系统误差, 以便有效地确保平差结果的精度和可靠性。

## 4.3.1 观测误差

在测量学领域, 长期以来, 人们按照误差的大小、特性及产生误差的原因将它分成粗差、系统误差和偶然误差。但是从统计理论的观点出发, 并不存在一个普遍而又明确的定义。

$$\varepsilon = \varepsilon_G + \varepsilon_s + \varepsilon_n \tag{4.1}$$

式中, $\varepsilon$ 是总的观测误差, $\varepsilon_G$ 是粗差, $\varepsilon_s$ 是系统误差, $\varepsilon_n$ 是偶然误差。三种类型误差, 只能从不同侧面来分析和分类。

首先, 这三种误差均可视为模型误差, 并用下列的数学模型描述它们:

$$\varepsilon_s = H_s S \qquad S \sim M(s_0, C_{ss}) \qquad (4.2a)$$

$$\varepsilon_G = H_G \Delta l \qquad \Delta l \sim M(\Delta \hat{\imath}, C_{GG}) \qquad (4.2b)$$

$$\varepsilon_n = E_n \varepsilon_n \qquad \varepsilon_n \sim M(0, C_{nn}) \qquad (4.2c)$$

式中，$M(\boldsymbol{\mu}, \boldsymbol{C})$ 表示期望为 $\boldsymbol{\mu}$，方差-协方差矩阵为 $\boldsymbol{C}$ 的任一分布，而矩阵 $\boldsymbol{H}_s$、$\boldsymbol{H}_G$ 和 $\boldsymbol{E}_n$ 决定系统误差、粗差和偶然误差对观测值的影响。这三个系数矩阵的特性各不相同（图 4.1）。

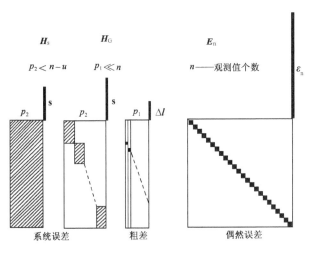

图 4.1　不同类型观测误差的系数矩阵

（1）系统误差的系数矩阵元素是完全被占有或一组组地完全占有。系数矩阵中的元素通常是位置和时间的函数。例如，当附加参数视为区域不变量时，则系数矩阵 $\boldsymbol{H}_s$ 被全部占有；当附加参数处理成航带不变量时，则系数矩阵成组被占有，而像片系统误差为像点坐标（$x$，$y$）的函数。

（2）粗差的系数矩阵 $\boldsymbol{H}_G$ 为稀疏占有，通常每一列只有一个或少数几个非零元素。对于 $p_1$ 个数量不同的粗差，有

$$H_G = [e_{i+1} \quad e_{i+2} \quad \cdots \quad e_{i+p_1}] \qquad (4.3)$$

式中，$e_i = [0\ 0\ \cdots\ 0\ 1\ 0\ \cdots 0]$（仅第 $i$ 个元素为 1）。

（3）偶然误差是一个对角线矩阵（通常为单位矩阵）。

现在再来看它们的方差-协方差矩阵。首先对于偶然误差，$C_{nn}$ 为非零矩阵。系统误差可以仅视为函数模型的误差（$s=s_0$，$C_{ss}=0$）或仅视为随机模型的误差（$s=0$，$C_{ss} \neq 0$），当然也可以同时作为随机模型和函数模型的误差处理 [见式（4.2a）]。粗差在判断可靠性时总是被作为函数模型的误差考虑（$\Delta l \neq 0$，$C_{ss}=0$），而在粗差定位时，则最好被作为随机模型的误差考虑，有利于粗差的有效发现和改正。

就摄影测量平差而言，顾及粗差 $\varepsilon_G$、系统误差 $\varepsilon_s$、偶然误差 $\varepsilon_n$ 等不同类型的观测误差，平差数学模型的发展可分为四个阶段（李德仁和袁修孝，2002）。第一阶段大约从 1957 年到 20 世纪 70 年代初期。第二阶段和第三阶段的发展大约并行始于 1967 年，第四阶段始于 20 世纪 80 年代，三者发展延续至今。

第一阶段，$\varepsilon_s = 0$，$\varepsilon_G = 0$，$\varepsilon_n \neq 0$。以此为出发点，平差的任务在于：①寻找最严密的解，即寻找最广泛的严格的函数模型，并且编制计算机实用程序。例如，空中三角测量中采用光束法和独立模型法的严格数学模型，摄影测量与非摄影测量数据的联合平差等。②研究平差结果的理论精度，从而为网的设计给出有价值的建议。③估计观测值的精度特性，如方差-协方差分量估计。对于解析摄影测量，在此阶段中，粗差必须通过对观测值的必要的细心，并对作业员在量测仪器使用和量测方法操作方面进行有目的的培训而避免。在平差中则通过一些简单的方法进行检核，利用人工的方法挑出粗差。这种方法除了作业上的困难外，平差结果往往取决于作业员的认真程度和理论知识水平，而且用简单的检验方法不可能发现观测值中的小粗差。为了补偿系统误差，人们只能通过预先检校仪器来提供系统误差改正的有关参数或者编排一些特殊的量测顺序和量测方法来消除系统误差的影响。

第二阶段，$\varepsilon_s \neq 0$，$\varepsilon_G = 0$，$\varepsilon_n \neq 0$。平差中同时处理偶然误差和系统误差。摄影测量平差首先考虑未知的像片系统误差，处理的方法是将它们作为附加的未知参数引入平差中，在解求未知数的同时，解求特征系统误差的附加参数。当然也可以使用滤波配置和推估的方法。通过带附加参数的自检校平差，完全可以有效地补偿像片系统误差的影响，从而使解析空中三角测量达到单位权中误差为 $3 \sim 5$ μm 的高精度水平。PAT-B、WuCAPS 就是这类带附加参数的光束法区域网平差程序。

第三阶段，$\varepsilon_s = 0$，$\varepsilon_G \neq 0$，$\varepsilon_n \neq 0$。平差中同时处理偶然误差和粗差。在此阶段，理论方面是研究平差系统的可靠性——发现粗差的能力和不可发现的粗差对平差结果的影响，实用方面是寻找有效地、自动地进行粗差定位的方法。通过对平差系统可靠性理论的研究，已经可以为测区的最优化设计提出许多有益的要求和建议；通过自动粗差定位的探索，已经在一些实用程序中开始采用自动粗差定位方法，并已取得了人工挑错无法获得的成效。

第四阶段，$\varepsilon_s \neq 0$，$\varepsilon_G \neq 0$，$\varepsilon_n \neq 0$。在平差过程中同时处理所有可能出现的观测误差，因为在实践中这三类误差往往就是同时存在的。必须从理论上提出区分不同模型误差的可区分性理论。两类不同的模型误差可以是不同的粗差、不同的系统误差或粗差和系统误差。利用可区分性理论，研究平差系统的理论可区分性，同样也可以为测区最优化设计提供必要的信息。实际上，这一阶段应寻找同时处理不同模型误差的平差方法，例如在解析空中三角测量和 LiDAR 的数据处理中，应寻找同时补偿系统误差和消除粗差的方法。然而，这仍是一个有待研究解决的课题。

### 4.3.2 平差的数学模型

首先需要建立一个反映观测值和待求未知参数之间关系的数学模型。观测值向量作为一组随机变量，可以用它的一阶矩（期望）和二阶中心矩（方差-协方差）描述。其中，描述观测值期望的模型称为函数模型，而描述观测值精度特性的模型称为随机模型，两者的结合则称为平差的数学模型。对于满秩的 Gauss-Markov 线性（或线性化）模型有如下的定义：

假设 $A$ 为已知的 $n \times u$ 维系数矩阵（通常称之为一级设计矩阵），$x$ 为 $u \times 1$ 维未知参数向量，$L$ 为 $n \times 1$ 维随机观测值向量，其方差-协方差矩阵为 $D(L) = \sigma^2 P^{-1}$（$\sigma^2$ 为单位权方差），而且假设设计矩阵 $A$ 为列满秩，即 $\mathrm{rg}(A)=u$，权矩阵 $P$ 为正定矩阵，于是存在下列满秩的 Gauss-Markov 线性模型：

$$E(L) = A\tilde{x}, \quad D(L) = \sigma_0^2 P^{-1} \tag{4.4}$$

式中，观测值的期望表示为一组未知参数的线性（或线性化）函数，而观测值的权矩阵是已知的。该数学模型在国外之所以称为 Gauss-Markov 模型，是因为：高斯（Gauss）于 1809 年利用似然函数由此模型导出最小二乘法，并随后（1823 年）指出它为最佳估值；马尔可夫（Markov）于 1912 年利用最佳线性无偏估计估求该模型的参数。实际上，这就是测量平差中的间接观测平差（平差标准问题Ⅱ）。平差的目的是由这一组观测值来求出未知参数的估值，并估计其精度。

### 4.3.3 模型误差与假设检验

从统计学意义讲，模型误差可定义为所建立的模型（包括函数模型和随机模型）与客观现实之间的差异，用公式表示则为

$$F_1 = M_0 - W \tag{4.5}$$

式中，$F_1$ 是真模型误差，$M_0$ 是所利用的数学模型，$W$ 是未知的客观现实，且 $M_0 \neq W$。

如果从数理统计的检验理论把一个数学模型视为相对于客观现实的一个假设（零假设），那么在模型确定时，人们的出发点是使模型误差（既对于观测值的期望，也对于观测值的方差）为零。对零假设的检验，需要定义一个或多个备选假设。这样的备选假设通常总是企图使所建立的模型扩展得更加精确，从而减小模型误差。

由于客观现实 $W$ 是未知的，只好用一个尽可能扩展和精化的数学模型来代替它。于是，将所利用的模型 $M_0$ 与该扩展精化了的模型 $M$ 之间的差异定义为似真模型误差，对实际研究是有意义的。

$$F_2 = M_0 - M \tag{4.6}$$

可以将数学模型 $M$ 尽可能地扩展和精化，使它与客观现实的差异变得很小（$M-W \to 0$）。例如，对于自检校光束法平差，Schroth 在博士学位论文中就提出了一个函数模型和随机模型均经过扩展了的数学模型。在这种前提下便得到

$$F_2 = M_0 - M = (M_0 - W) - (M - W) \approx M_0 - W \tag{4.7}$$

于是，可以从这样定义的模型误差出发进行其他的讨论。在假设检验中所要统计检验的是：所利用的模型 $M_0$（零假设 $\mathrm{H}_0$）和一个扩展了的模型 $M_1$（备选假设 $\mathrm{H}_a$）之间的差异是否显著（图 4.2）。如果 $M_1 = M_0$，则该模型是不可检验的。

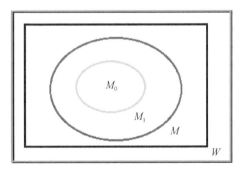

图 4.2 单个备选假设下原假设与备选假设之关系

当从两个备选假设中进行选择时，所要统计区分的是：相对于原模型 $M_0$ 提出的两个扩展了的模型 $M_1$ 和 $M_2$ 是否可以区分。此时 $M_1$ 和 $M_2$ 将作为备选假设相对于零假设 $M_0$ 而提出。如果两个模型 $M_1$ 和 $M_2$ 完全相同，或者一个模型为另一个模型所包含，那么它们是不可区分的（图 4.3）。

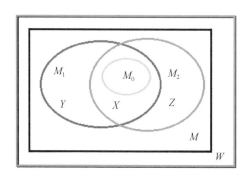

图 4.3　两个备选假设下原假设与备选假设之关系

### 4.3.4　系统误差处理方法

系统误差应当理解为由于某种客观原因造成的可再现的误差，通常可按一定规律来描述它。例如，像片系统误差一般可用像素位置的某种函数关系来表示和包罗。至于系统误差中的变化部分可作为时间序列在平差随机模型中顾及之，或把它们简单地视为偶然误差的一部分。

如果能获得系统误差的有关参数（如通过实验室检校等），就可以在测量平差之前，预先消除这些系统误差的影响。然而，平差的结果表明，即使引入系统误差的预改正，平差后的结果仍然存在一定的系统误差，从而使严密的平差方法（如光束法）不能获得最精确的结果，实际的精度与理论预期的精度之间仍存在一定的差异。这表明静态的实验室检定并不能完全代表实际动态的摄影测量系统的特性，必定还存在着某些难于估计和测定的系统误差。

在 1970～1980 年的 10 年中，各国摄影测量工作者曾对此问题进行了大量的研究，国际摄影测量学会第Ⅲ委员会曾专设工作组来组织国际间对此专题的合作试验研究，并提出了一些补偿系统误差的方法。通过这些方法可以较好地补偿系统误差，使区域网平差达到或接近预期的理论精度。 在 1980 年的汉堡国际摄影测量大会上，Ackermann 和 Kilpelä 曾对系统误差的补偿问题作出总结。随后，对此问题的研究集中于补偿系统误差的附加参数的自动选择；过度参数化的克服；附加参数测定的内外部可靠性以及相关的、非常数的系统误差的补偿等方面。

系统误差可通过适当的观测方法加以削弱，或作为附加参数，纳入平差解算，从而有效地补偿。补偿系统误差的方法，原则上分为直接补偿法和间接补偿法两种。

#### 1. 直接补偿法

试验场检校法是由 Kupfer 提出的一种直接补偿法。考虑到常规的实验室检校并不能完全代表获取像片数据的实际过程，Kupfer 提出利用真实摄影飞行条件下的试验场检校来获得补偿系统误差的参数值。在保证摄影测量条件（即摄影机、摄影期、大气条件、摄影材料、摄影处理条件、量测仪器及观测员）基本不变的情况下，在区域网平差中用这组参数来补偿实际的系统误差。由于这种方法的模拟性，它的优点是能够比较准确可靠地改正系统误差，而基本不增加区域网平差的计算工作量。缺点是增加了周期地进行试验场检校，并且要求在每个周期内摄影测量系统保持不变。

还有一种简单的直接补偿法是自抵消法。它通过对同一测区进行相互垂直的两次航向、旁向重叠均为 60% 的航空摄影，而获得同一测区的四组摄影测量数据（即四次覆盖测区）并将这四组数据同时进行区域网平差。尽管在每组数据内部，像片系统变形规律相似，但各组数据之间系统变形则呈随机性。因此，四组数据同时平差就可以自行抵消或减弱某些像片系统误差。试验表明，它确实也能较好地消除系统误差的影响。这种方法的缺点是摄影和测量工作量成倍地增加。因此，一般只在小面积高精度加密时才考虑采用它，而且往往还配合其他补偿方法。

2. 间接补偿法

间接补偿法中又有两种不同类型的方法，而且往往还配合其他补偿方法。

自检校法又称为利用附加参数的同时整体平差。它选用一个由若干参数组成的系统误差模型，将这些附加参数作为未知数（或处理成带权观测值）与区域网的其他参数一起解求，从而在平差过程中自检定并自消除系统误差的影响。这种方法的优点是不增加任何实际的摄影、测量工作量，而且可以免除某些不便的实验室检定工作。补偿是在平差过程中自行解决的，处理得当的话能够明显地提高精度。缺点是只能补偿在可利用的连接点和控制点上所反映出来的系统误差；附加参数的选择是人为的或经验的，选择得不同，结果会有差异；存在着由于附加参数自身的强相关及它与其他未知参数的强相关而恶化计算结果的可能性；而且计算工作量明显地增加。由于这种方法之优缺点均很突出，所以对此方法研究的人最多。

另一种间接补偿法为验后补偿法，最先由 Masson D'Autume 提出。这种方法不改变原有的平差程序，而是在经过若干次迭代计算后，对像点（或模型点）上的残差进行分析处理，求出像片（或模型）上若干子块内结点的系统误差改正值，然后用二维的插值方法求出所有像点（或模型点）的系统误差改正值，经过改正后再进行下一次平差计算。这种反复分析残差而取得系统误差改正值的验后法，能使结果获得可靠的改善，而且便于加入到现有的各类平差程序中去。这种验后补偿法是对原始的像片或模型坐标观测值的残差进行的。如果根据地面控制点在平差后的坐标残差进行最小二乘滤波和推估，则称之为后处理。广义地讲，这也属于验后补偿法。这种后处理要求有一定密度的地面控制，主要消除地面控制网中产生的"应力"，使摄影测量坐标更好地纳入大地坐标系统。

上述各种方法还可组合使用。如在自检校区域网平差后用验后补偿法，在重复摄影的区域用自检校平差，也可将试验场检校与自检校和验后补偿法组合。通过这些组合可得到策略最佳的结果，使精度尽可能地提高，不过相应的工作量增大了。

## 4.3.5 偶然误差处理模型

经典偶然误差处理模型有间接平差、条件平差、附有条件的间接平差、附有参数的条件平差、以及附有条件的条件平差（概括模型）。这些模型都是将参数看作非随机变量。当对参数有一些先验信息时，若考虑这些先验信息，则有最小二乘配置模型、最小二乘滤波推估模型和贝叶斯估计。王新洲（2002）将上述所有模型用广义线性模型加以概括，其基本原理如下。

1. 函数模型

广义线性概括模型的函数模型定义为

$$\begin{cases} \boldsymbol{L} = \boldsymbol{BX} + \boldsymbol{AY} + \boldsymbol{\Delta} \\ \boldsymbol{CX} + \boldsymbol{C}_0 = \boldsymbol{0} \end{cases} \tag{4.8}$$

式中，$\boldsymbol{L}$ 为 $n \times 1$ 的观测值向量；$\boldsymbol{A}$ 为 $n \times m$ 的已知系数矩阵，其中 $\boldsymbol{A} = (\boldsymbol{A}_1 \quad \boldsymbol{0})$，$\boldsymbol{A}_1$ 为 $n \times m_1$ 的已知系数矩阵，$\boldsymbol{0}$ 为 $n \times m_2$ 的已知系数矩阵；$\boldsymbol{B}$ 为 $n \times u$ 的已知系数矩阵；$\boldsymbol{C}$ 为 $d \times u$ 的已知系数矩阵；$\boldsymbol{C}_0$ 为 $d \times 1$ 的常数向量；$\boldsymbol{X}$ 为 $u \times 1$ 的非随机参数向量；$\boldsymbol{Y}$ 为 $m \times 1$ 的随机参数向量，且 $\boldsymbol{Y} = \begin{pmatrix} \boldsymbol{S} \\ \boldsymbol{S}^{\mathrm{w}} \end{pmatrix}$；$\boldsymbol{S}$ 为 $m_1 \times 1$ 的已测点随机参数；$\boldsymbol{S}^{\mathrm{w}}$ 为 $m_2 \times 1$ 的未测点随机参数；$\boldsymbol{\Delta}$ 为 $n \times 1$ 的观测误差向量；$n$ 为观测值的个数；$u$ 为非随机参数的个数，$t$ 为独立非随机参数的个数，$u \geqslant t$；$m$ 为随机参数的个数，且 $m_1 + m_2 = m$；$d = u - t$ 为不独立的非随机参数的个数。

2. 随机模型

取单位权方差 $\sigma^2 = 1$，则

$$E(\boldsymbol{\Delta}) = \boldsymbol{0}, \quad E(\boldsymbol{Y}) = \begin{pmatrix} E(\boldsymbol{S}) \\ E(\boldsymbol{S}^{\mathrm{w}}) \end{pmatrix} = \begin{pmatrix} \boldsymbol{\mu}_S \\ \boldsymbol{\mu}_{S^{\mathrm{w}}} \end{pmatrix}, \quad \mathrm{Var}(\boldsymbol{\Delta}) = \boldsymbol{Q}_{\Delta\Delta} = \boldsymbol{P}_{\Delta}^{-1}$$

$$\mathrm{Var}(\boldsymbol{Y}) = \boldsymbol{Q}_{yy} = \begin{pmatrix} \boldsymbol{Q}_{SS} & \boldsymbol{Q}_{SS^{\mathrm{w}}} \\ \boldsymbol{Q}_{S^{\mathrm{w}}S} & \boldsymbol{Q}_{S^{\mathrm{w}}S^{\mathrm{w}}} \end{pmatrix} = \boldsymbol{P}_y^{-1}$$

$$\mathrm{Var}(\boldsymbol{L}) = \boldsymbol{Q}_{LL} = \boldsymbol{P}^{-1} = (\boldsymbol{Q}_{\Delta\Delta} + \boldsymbol{B}_1 \boldsymbol{Q}_{SS} \boldsymbol{B}_1')$$

$$\mathrm{Cov}(\boldsymbol{\Delta}, \boldsymbol{Y}) = \boldsymbol{0}, \quad \mathrm{Cov}(\boldsymbol{Y}, \boldsymbol{\Delta}) = \boldsymbol{0}$$

3. 估计公式

令

$$Ly = \begin{pmatrix} L_S \\ L_{S^{\mathrm{w}}} \end{pmatrix} = E(\boldsymbol{Y}) = \begin{pmatrix} \boldsymbol{\mu}_S \\ \boldsymbol{\mu}_{S^{\mathrm{w}}} \end{pmatrix} \tag{4.9}$$

则虚拟观测方程为

$$\boldsymbol{L}_y = \boldsymbol{Y} + \boldsymbol{\Delta}_y = \begin{pmatrix} \boldsymbol{S} \\ \boldsymbol{S}^{\mathrm{w}} \end{pmatrix} + \begin{pmatrix} \boldsymbol{\Delta}_S \\ \boldsymbol{\Delta}_{S^{\mathrm{w}}} \end{pmatrix} \tag{4.10}$$

则由式（4.8）和式（4.10）可得误差方程和条件方程：

$$\begin{cases} \boldsymbol{V}_y = \hat{\boldsymbol{Y}} - \boldsymbol{L}_y \\ \boldsymbol{V} = \boldsymbol{B}\hat{\boldsymbol{X}} + \boldsymbol{A}\hat{\boldsymbol{Y}} - \boldsymbol{L} \\ \boldsymbol{C}\hat{\boldsymbol{X}} + \boldsymbol{C}_0 = \boldsymbol{0} \end{cases} \tag{4.11}$$

再令

$$\overline{L} = \begin{pmatrix} L_y \\ L \end{pmatrix}, \ \overline{V} = \begin{pmatrix} V_y \\ V \end{pmatrix}, \ \hat{Z} = \begin{pmatrix} \hat{X} \\ \hat{Y} \end{pmatrix} = \begin{pmatrix} \hat{X} \\ \hat{S} \\ \hat{S}^w \end{pmatrix},$$

$$\overline{\Delta} = \begin{pmatrix} \Delta_y \\ \Delta \end{pmatrix}, \ \overline{B} = \begin{pmatrix} 0 & E \\ B & A \end{pmatrix}, \ \overline{C} = \begin{pmatrix} C & 0 \end{pmatrix}$$

则有

$$\mathrm{Var}(\overline{\Delta}) = \begin{pmatrix} Q_{yy} & 0 \\ 0 & Q_{\Delta\Delta} \end{pmatrix}, \ \overline{P} = \begin{pmatrix} Q_{yy}^{-1} & 0 \\ 0 & Q_{\Delta\Delta}^{-1} \end{pmatrix} = \begin{pmatrix} P_y & 0 \\ 0 & P_\Delta \end{pmatrix} \tag{4.12}$$

$$\begin{cases} \overline{V} = \overline{B}\hat{Z} - \overline{L} \\ \overline{C}\hat{Z} + C_0 = 0 \end{cases} \tag{4.13}$$

为了根据广义最小二乘原理：

$$\overline{V}'\,\overline{P}\,\overline{V} = V'P_\Delta V + V_y'\,P_y V_y = \min \tag{4.14}$$

求解参数 $\hat{Z}$，组成函数：

$$\Phi = \overline{V}'\,\overline{P}\,\overline{V} + 2K'(\overline{C}\hat{Z} + C_0) \tag{4.15}$$

式中，$K'$ 为 $d \times 1$ 的联系数向量。

利用式（4.15）对 $\hat{Z}$ 求偏导数，并令其为零。转置后，得

$$\overline{B}'\overline{P}\,\overline{V} + \overline{C}'K = 0 \tag{4.16}$$

由式（4.13）和式（4.15）可得法方程：

$$\begin{cases} \overline{B}'\overline{P}\,\overline{B}\hat{Z} + \overline{C}'K - \overline{B}'\overline{P}\,\overline{L} = 0 \\ \overline{C}\hat{Z} + C_0 = 0 \end{cases} \tag{4.17}$$

令

$$\overline{N} = \overline{B}'\overline{P}\,\overline{B}, \ \overline{U} = \overline{B}'\overline{P}\,\overline{L} = \begin{pmatrix} B'P_\Delta L \\ P_y L_y + A'P_\Delta L \end{pmatrix}$$

则有

$$\begin{pmatrix} \overline{N} & \overline{C}' \\ \overline{C} & 0 \end{pmatrix}\begin{pmatrix} \hat{Z} \\ K \end{pmatrix} - \begin{pmatrix} \overline{U} \\ -C_0 \end{pmatrix} = 0 \tag{4.18}$$

令

$$\overline{B}'\overline{P}\,\overline{B} = \begin{pmatrix} N_{11} & N_{12} \\ N_{21} & N_{22} \end{pmatrix} = \begin{pmatrix} B'P_\Delta B & B'P_\Delta A \\ B'P_\Delta A & P_y + A'P_\Delta A \end{pmatrix}$$

则式（4.18）可记为

$$\begin{pmatrix} N_{11} & N_{12} & C' \\ N_{21} & N_{22} & 0 \\ \overline{C} & 0 & 0 \end{pmatrix}\begin{pmatrix} \hat{X} \\ \hat{Y} \\ K \end{pmatrix} = \begin{pmatrix} B'P_\Delta L \\ P_y L_y + A'P_\Delta L \\ -C_0 \end{pmatrix} \tag{4.19}$$

**4. 各种特殊情况**

**1）最小二乘配置**

当 $u=t$ 时，即当式（4.8）中的非随机参数仅为 $t$ 个独立的非随机参数时，有 $d=u-t=0$，

$u=t$。此时 $C=0$，$C_0=0$。于是式（4.8）变为

$$L = BX + AY + \Delta \tag{4.20}$$

式（4.20）就是最小二乘配置的函数模型。

因为 $C=0$，$C_0=0$，所以式（4.19）变为

$$\begin{pmatrix} N_{11} & N_{12} \\ N_{21} & N_{22} \end{pmatrix} \begin{pmatrix} \hat{X} \\ \hat{Y} \end{pmatrix} = \begin{pmatrix} B'P_\Delta L \\ P_y L_y + A'P_\Delta L \end{pmatrix} \tag{4.21}$$

由 $u=t$ 知系数矩阵 $B$ 列满秩。于是式（4.21）的解为

$$\begin{pmatrix} \hat{X} \\ \hat{Y} \end{pmatrix} = \begin{pmatrix} N_{11}^{-1} + N_{11}^{-1} N_{12} R^{-1} N_{21} N_{11}^{-1} & -N_{11}^{-1} N_{12} R^{-1} \\ -R^{-1} N_{21} N_{11}^{-1} & R^{-1} \end{pmatrix} \begin{pmatrix} B'P_\Delta L \\ A'P_\Delta L + P_y L_y \end{pmatrix} \tag{4.22}$$

其中，$R = P_y + A'P_\Delta A - A'P_\Delta B(B'P_\Delta B)^{-1} B'P_\Delta A$，即（王新洲，2002）

$$\begin{cases} \hat{X} = [B'(Q_{\Delta\Delta} + A_1 Q_{SS} A_1')^{-1} B]^{-1} B'(Q_{\Delta\Delta} + A_1 Q_{SS} A_1')^{-1}(L - A_1 \mu_S) \\ \hat{Y} = L_Y + Q_{YY} A'(Q_{\Delta\Delta} + A Q_{YY} A')^{-1}(L - B\hat{X} - A L_Y) \end{cases} \tag{4.23}$$

顾及

$$A = (A_1 \quad 0), \quad \hat{Y} = \begin{pmatrix} \hat{S} \\ \hat{S}^w \end{pmatrix}, \quad Q_{YY} = \begin{pmatrix} Q_{SS} & Q_{SS^w} \\ Q_{S^wS} & Q_{S^wS^w} \end{pmatrix}, \quad L_Y = \begin{pmatrix} \mu_S \\ \mu_{S^w} \end{pmatrix}$$

可得

$$\begin{cases} \hat{S} = \mu_S + Q_{SS} A_1'(Q_{\Delta\Delta} + A_1 Q_{SS} A_1')^{-1}(L - B\hat{X} - A_1 \mu_S) \\ \hat{S}^w = \mu_{S^w} + Q_{S^wS} A_1'(Q_{\Delta\Delta} + A_1 Q_{SS} A_1')^{-1}(L - B\hat{X} - A_1 \mu_S) \end{cases} \tag{4.24}$$

2）最小二乘滤波和推估

当 $u=0$，即当式（4.8）中不含非随机参数时，有 $B=0$，$C=0$，$C_0=0$。此时式（4.8）变为

$$L = AY + \Delta \tag{4.25}$$

因 $Y$ 为随机参数，故式（4.25）就是最小二乘滤波和推估模型（王新洲，2002）。将 $B=0$ 代入式（4.12）和式（4.13），得

$$\begin{cases} \hat{Y} = L_Y + Q_{YY} A'(Q_{\Delta\Delta} + A Q_{YY} A')^{-1}(L - A L_Y) \\ \hat{S} = \mu_S + Q_{SS} A_1'(Q_{\Delta\Delta} + A_1 Q_{SS} A_1')^{-1}(L - A_1 \mu_S) \\ \hat{S}^w = \mu_{S^w} + Q_{S^wS} A_1'(Q_{\Delta\Delta} + A_1 D_{SS} A_1^T)^{-1}(L - A_1 \mu_S) \end{cases} \tag{4.26}$$

由式（4.26）的第三式知，虽然 $S^w$ 为未测点上的随机参数，且与观测值之间无函数关系，但只要已知 $S^w$ 和 $S$ 的协因数矩阵 $Q_{S^wS}$，就可以估计 $S^w$。这说明事先了解各量之间的统计相关性是非常有用的。

3）贝叶斯估计

在式（4.19）中，当 $B=0$，$C=0$，$C_0=0$ 时，有

$$N_{11}=0, \quad N_{12}=0, \quad N_{21}=0$$

顾及 $N_{22} = P_Y + A'P_{\Delta}A$ ，则式（4.19）变为

$$(A'P_{\Delta}A + P_y)\hat{Y} = (A'P_{\Delta}L + P_yL_y) \tag{4.27}$$

于是，有

$$\hat{Y} = (A'P_{\Delta}A + P_y)^{-1}(A'P_{\Delta}L + P_yL_y) \tag{4.28}$$

式（4.28）就是贝叶斯估计。可见，贝叶斯估计是广义线性概括模型参数估计的特例。

4）带线性约束的线性模型

当 $m=0$，即当式（4.8）中不含随机参数时，有 $A = 0$，此时式（4.8）变为

$$\begin{cases} L = BX + \Delta \\ CX + C_0 = 0 \end{cases} \tag{4.29}$$

式（4.29）就是带线性约束的线性模型。相应的误差方程和条件方程为

$$\begin{cases} V = B\hat{X} - L \\ C\hat{X} + C_0 = 0 \end{cases}$$

因为 $m=0$，所以 $P_y = 0, A = 0, P_{\Delta} = P_L = P$。于是式（4.19）变为

$$\begin{pmatrix} B'PB & C' \\ C & 0 \end{pmatrix} \begin{pmatrix} \hat{X} \\ K \end{pmatrix} = \begin{pmatrix} B'PL \\ -C_0 \end{pmatrix}$$

其解为

$$\begin{pmatrix} \hat{X} \\ K \end{pmatrix} = \begin{pmatrix} B'PB & C' \\ C & 0 \end{pmatrix}^{-1} \begin{pmatrix} B'PL \\ -C_0 \end{pmatrix}$$

可见，带线性约束的线性模型也是广义线性概括模型的特例。

5）一般的线性模型

当 $m=0$，即当式（4.8）中不含随机参数 $A=0$，且 $u=t$ 时，即当仅含 $t$ 个独立的参数时，有 $d = u - t = 0$，$u=t$。故 $C = 0$，$C_0 = 0$。于是式（4.8）变为

$$L = BX + \Delta$$

这就是一般线性模型，其解为

$$\hat{X}_{LS} = (B'PB)^{-1}B'PL$$

由以上推导知，式（4.8）的模型是包含最小二乘配置、最小二乘滤波和推估、贝叶斯估计、带线性约束的线性模型和一般线性模型的广义线性概括模型。对于更为复杂的非线性模型参数估计理论及其应用，可参见文献（王新洲，2002）。

### 4.3.6 粗差处理模型

可靠性给出平差系统发现粗差的能力和不可发现的粗差对平差结果的影响，以及检测和发现粗差的统计检验量。内可靠性表示可检测观测值中粗差的能力，常用可检测出粗差的最小值或可检测出粗差的下限值来衡量，下限值越小，可靠性越好。因为能检测出的粗差有一定限度，低于限值的粗差不能被检测出来，所以外可靠性被用来表示不可检测的粗差对平差结果或平差结果函数的影响，若不可检测的粗差对结果的影响小，表明外可靠性好。其中，多余观测值是粗差检测的关键，无论内可靠性还是外可靠性，都

是多余观测值越多越好。

寻找粗差定位的可行方法是可靠性研究的另一要求。粗差定位是如何在平差过程中自动地发现粗差的存在，并正确地指出粗差的位置，从而将它从平差中剔除。它不仅仅是个理论问题，而更主要的是算法上的问题，它要针对不同平差系统和可能出现的不同类型的粗差，进行由程序控制的自动探测过程。剔除粗差，在测量上有专门的方法，一般可把这些方法归纳为两类：①均值漂移模型，即从 Baarda 的可靠性理论出发，用数据探测法或由此出发的分步探测法，把粗差归入函数模型去发现和消除粗差；②方差膨胀模型，即将粗差归于随机模型，利用选择权函数法，在逐次迭代平差中赋予粗差观测值很小的权，从而实现粗差的自动剔除。

1. 平差系统的可靠性

可靠性研究有两大主要任务。第一，从理论上研究平差系统发现、区分不同模型误差的能力以及不可发现、不可区分的模型误差对平差结果的影响。第二，从实际上寻求在平差过程中自动发现和区分模型误差以及确定模型误差位置的方法。前者应用于系统的可靠性分析和最优化设计，可集精确性、可靠性与经济性三要素于一体，设计出符合所需要求的最佳测区图形。后者可完善现有的各种平差程序，使平差计算达到更高的自动化程度。这样，提供给国民经济各部门使用的测量成果，除了点的大地坐标外，还有它们的精度数值和可靠性数值。

可靠性研究是建立在数理统计的假设检验基础上的。经典的假设检验理论是 1993 年由莱曼和皮尔逊提出的。在测量平差范畴内，可靠性研究理论是由荷兰 Baarda 教授在 1967～1968 年提出的。Baarda 的可靠性理论是从单个一维备选假设出发，研究平差系统发现单个模型误差的能力和不可发现的模型误差对平差结果的影响。前者称为内部可靠性，后者则称为外部可靠性。这里的模型误差包括粗差和系统误差。此外，从已知单位权方差出发，Baarda 还导出了检验粗差的数据探测法（data snooping），即以服从于正态分布的标准化残差作为统计检验量。随后，由 Förstner 和 Koch 等将该理论推广至单个多维备选假设，研究系统发现多个模型误差的能力。

在单个粗差检测的统计量方面，Förstner 和 Koch 等又导出了未知方差因子的检验量，Pope、Koch 等导出了 $\tau$ 检验量。在多个粗差检验中，则有 Förstner、Koch 导出的 $F$ 检验量。1983 年，Förstner 第一次提出模型误差的区分可能性，并从两个一维备选假设出发，导出了区分可能性本质上取决于检验量之间相关系数的结论。李德仁在原联邦德国所完成的博士学位论文，则从 Gauss-Markov 模型含两个多维备选假设出发，提出了平差系统的可区分性和可靠性理论，把 Baarda 的理论从一维推广到多维，统一了最小二乘法和稳健估计（李德仁和袁修孝，2002）。表 4.1 总结了平差系统的可靠性研究方法。

表 4.1　平差系统的可靠性研究方法

| 研究者 | 备选假设个数 | 备选假设维数 | 功能指标 | 粗差检验量 |
| --- | --- | --- | --- | --- |
| Baarda | 1 | 1 维 | 单个误差可发现性 | 单个不相关观测值粗差 |
| Koch | 1 | 多维 | 多个误差可发现性 | 单个粗差向量 |
| Förstner | 2 | 1 维 | 单个误差可发现性和可区分性 | 单个粗差向量 |
| 李德仁 | 2 | 多维 | 多个误差可发现性和可区分性 | 多个粗差 |

李德仁提出的可区分性和可靠性理论，研究系统发现并区分不同模型误差的能力，

以及不可能与其他模型区分的模型误差对平差结果的影响，为模型误差的区分和定位提供了基本理论和定量尺度。若把未知参数向量 $\nabla_s$ 分解为表征方向的单位矢量部分 $S$ 和表征大小的标量部分 $\nabla(S)$，即 $\nabla_s = S\nabla(S)$，并设非中心化参数与方向无关，即 $\delta_0(S) = \delta_0$，则研究一个测量平差系统可靠性的方法（李德仁和袁修孝，2002）如下：

（1）给出基本的设计矩阵 $B$ 和观测值权矩阵 $P = Q_{ll}^{-1}$；

（2）给出所要研究的模型误差 $H\nabla_s$ 及其系数矩阵 $H$；

（3）计算 $Q_{vv} = P^{-1} - B(B^{\mathrm{T}}PB)^{-1}B^{\mathrm{T}}$；

（4）计算 $\underline{P}_{ss} = H^{\mathrm{T}}PH$，$P_{ss} = H^{\mathrm{T}}PQ_{vv}PH$；

（5）计算内可靠性，求特征值及其特征向量：

$$\nabla_0 S = \frac{\sigma_0 \delta_0 S}{\sqrt{S^{\mathrm{T}} P_{ss} S}} \qquad (4.30)$$

（6）计算外可靠性，求广义特征值及其特征向量：

$$(\underline{P}_{ss} - P_{ss})t = \left[\underline{\delta}_0^2(s) / \delta_0^2\right] P_{ss}t \qquad (4.31)$$

从而评价不同方向的影响向量长度 $\underline{\delta}_0(s)$。

王之卓院士在《摄影测量原理续编》一书中指出："扩展到在两个备选假设下的可靠性理论，亦即可区分性理论。在这方面，德国的 Förstner 和中国的李德仁进行了有效的研究"，并在第四章第七节专门介绍了李德仁的选权迭代法，且命名为"李德仁方法"。

在 1986 年国际大地测量学会（International Association of Geodesy，IAG）和国际摄影测量与遥感学会（International Society for photogrammetry and Remote Sensing，ISPRS）联合工作组讨论会上，Fritsch 教授对李德仁可靠性理论的评价是"多个假设检验的重要问题由李德仁作了处理""李德仁给出了对经典数据探测的扩展""讨论了用各种不同的方法来进行粗差定位和系统误差补偿"。

2. 数据探测法

Baarda 提出的数据探测法，根据平差结果用观测值的改正数 $v_i$ 构造标准正态统计量 $w_i$，即

$$w_i = \frac{v_i}{\sigma_{vi}} = \frac{v_i}{\sigma_0 \sqrt{q_{ii} - B_i (B^{\mathrm{T}}PB)^{-1} B_i^{\mathrm{T}}}} \backsim N(0，1)$$

其中，$v_i$ 为第 $i$ 个观测值的改正数，由误差方程式求出；$\sigma_{vi}$ 为 $v_i$ 的中误差；$\sigma_0$ 为单位权中误差；$q_{ii}$ 为观测值权倒数矩阵 $P^{-1}$ 主对角线上的第 $i$ 个元素；$B_i$ 为误差方程式矩阵的第 $i$ 行，$B^{\mathrm{T}}PB$ 是法方程系数矩阵。

对于判断粗差的统计量 $w_i$，较为公认的 Baarda 的显著性水平 $\alpha = 0.001$，由正态分布表可查得 $w_i = 3.3$。

以 $N(0，1)$ 作为零假设，若 $|v_i| < 3.3\sigma_{vi}$，则接受零假设，在该显著水平下不存在粗差；若 $|v_i| \geqslant 3.3\sigma_{vi}$，则拒绝零假设，在该显著水平下存在粗差。

3. 选权迭代法

从前一节的讨论中可以看出，将粗差归入函数模型后实施粗差定位，尤其是多个粗

差的定位，实际上往往比较困难。如果把含粗差观测值视为取自同期望异常大方差全体的子样，则可以导出粗差定位的选择权迭代法。

选权迭代法的基本思想是：由于粗差未知，平差仍从惯常的最小二乘法开始，但在每次平差后，根据其残差和有关其他参数，按所选择的权函数，计算每个观测值在下步迭代平差中的权，纳入平差计算。如果权函数选择得当，且粗差可定位，那么含粗差观测值的权将愈来愈小，直到趋近于零。迭代中止时，相应的残差将直接指出粗差的值，而平差的结果将不受粗差的影响。这样便实现了粗差的自动定位和改正。选权迭代法可用来研究任一平差系统中模型误差（粗差、系统误差或变形）的可发现性和可测定性，并可导出不可测定的模型误差对平差结果的影响。

该方法从最小条件出发：$\sum p_i v_i^2 \to \min$，其中权函数 $p_i^{(v+1)} = f(v^{(v)}_i, \cdots)$（$v=1$，2，3，$\cdots$）。已见到的一些权函数有 $L_q$ 迭代法（最小范数迭代法）、丹麦法、带权数据探测法、从稳健原理出发的选择权迭代法和从验后方差估计原理导出的选择权迭代法。对于目前已提出的各种函数，可按其内容区分为残差的函数、标准化残差的函数和方差估值的函数。若按其形式，则可区分为幂函数和指数函数。

为了有效地进行粗差定位，权函数的选择应满足下列条件：①通过迭代，含粗差观测值的权应逐步趋近于零，亦即其多余观测分量应逐步趋近于 1。②不含粗差观测值的权，在迭代中止时应等于该组观测值的权（验前给定或验后方差估求的）。当仅含一组等精度观测值时，其权就为 1。对于不含粗差的系统，平差采用通常的最小二乘平差法。③权函数的选择应保证迭代过程能以较快的速度收敛。对于选择权迭代法，以各观测值的验后方差作为权函数的基本成分，并取指数函数形式，是较为理想的定位粗差的权函数。

### 4. 从稳健原理出发的选权迭代法

稳健估计属于极大似然估计中的一种特殊估计方法，它能保证所估的参数不受或少受模型误差（首先指粗差）的影响。这种方法主要用来发现粗差和定位粗差，因能抗拒外来粗差的干扰，故得名稳健法（robust 法）。通常的最小二乘估计法，它虽然也属于极大似然估计，但由于它有更好的配赋误差的能力，所以它所估的参数受到粗差的影响，而不能抗拒外来粗差的干扰，因此一般的最小二乘法不是 robust 法。

稳健估计的误差方程式可简单描述如下（王新洲，2002）：

$$V = B\hat{X}_R - L = \begin{pmatrix} \boldsymbol{b}_1 \\ \boldsymbol{b}_2 \\ \vdots \\ \boldsymbol{b}_n \end{pmatrix} \hat{X}_R - \begin{pmatrix} \boldsymbol{L}_1 \\ \boldsymbol{L}_2 \\ \vdots \\ \boldsymbol{L}_n \end{pmatrix} \quad (4.32)$$

式中，$\boldsymbol{b}_i$ 为设计矩阵 $\boldsymbol{B}$ 的第 $i$ 行；$\hat{\boldsymbol{X}}_R$ 为未知参数 $\boldsymbol{X}$ 的稳健估计。设第 $i$ 个观测值的权为 $p_i$，则按 M 估计原理，未知参数 $\boldsymbol{X}$ 的稳健估计就是求解优化问题：

$$\sum_{i=1}^n p_i \rho(v_i) = \sum_{i=1}^n p_i \rho(\boldsymbol{b}_i \hat{\boldsymbol{X}}_R - L_i) = \min \quad (4.33)$$

在式（4.33）对 $\hat{\boldsymbol{X}}_R$ 求导数，并令其为零，同时记 $\phi(\boldsymbol{v}_i) = \partial \rho / \partial \boldsymbol{v}_i$，则有

$$\sum_{i=1}^n p_i \phi(\boldsymbol{v}_i) \boldsymbol{b}_i = \boldsymbol{0} \quad (4.34)$$

令

$$\phi(\upsilon_i)/\upsilon_i = W_i, \quad \overline{P}_{ii} = P_i W_i \tag{4.35}$$

式中，$W_i$ 称为权因子，$\overline{P}_{ii}$ 称为等价权。于是式（4.33）可记为

$$B'\overline{P}V = 0 \tag{4.36}$$

将式（4.31）代入式（4.35），得

$$B'\,\overline{P}B\,\hat{X}_{\mathrm{R}} - B'\,\overline{P}L = 0 \tag{4.37}$$

由此可得

$$\hat{X}_{\mathrm{R}} = (B'\overline{P}B)^{-1}B'\overline{P}L \tag{4.38}$$

由于等价权 $\overline{P}$ 的引入，使得式（4.38）既能抵抗粗差的污染，又保留了最小二乘估计的形式。所以周江文称式（4.37）为抗差最小二乘估计。

由式（4.35）可以看出，权因子 $W_i$ 是残差 $\upsilon_i$ 的非线性函数。为了使等价权更切合实际，需要通过迭代计算，改善权因子。一个极大似然估计可以通过下列措施使之稳健化（图 4.4）：

（1）粗差对平差结果的影响必须有一个上限；

（2）小的误差对平差结果的影响，不应当一下子达到上限值，而应当是随着误差的增大而逐步增大，即影响函数（指一个附加的观测值对所估结果的影响大小）的提高率应有一个上限；

（3）大于某个限值的粗差应当对平差结果不产生影响，即应设立一个影响值为 0 的误差界；

（4）误差小的变动不应引起结果大的变动，即影响函数的下跌不能太突然；

（5）为了保证估值的稳定，影响函数的提高率也应有一个下限，才能保证解算中的快速收敛。

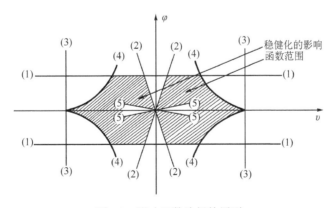

图 4.4　影响函数选择的原则

由此五条原则，得到图 4.4 中晕线所示的可供选择的稳健化的影响函数的范围。如果影响函数选在此范围内，则称该估计为稳估计。

必须指出的是，以上五原则是对粗差（即真误差）规定的。而在实际中，人们只能用观测值的残差（或改正数）来衡量，并不得不将影响函数及权函数选择成改正数的函

数，这正是稳健估计的一个致命不足之处。经典的最小二乘平差法中的影响函数仅满足稳健化的（2）、（5）条件，而不满足其抗拒粗差的基本要求，所以它不是稳健化的平差方法。采用最小二乘平差法，其平差结果将严重地、成正比地受到粗差的影响。最小范数法中的影响函数，对于小的幂指数，能基本满足条件（1）和（2），所以它只能得到部分的稳健化特性。Huber 法中的影响函数对稳健化最主要的条件（1）、（2）和（5）已满足，但大的粗差对平差结果总还存在一定的影响。Hampel 法所有五个条件均满足，仅其中条件（4）为近似满足。丹麦法（Krarup 提出的一种方法），除条件（3）外，差不多全部条件均能满足。斯图加特方法满足稳健化的五个条件，在迭代开始时，由于存在多个粗差或较大的粗差，因此不轻易弃去残差大的观测值；在迭代结束时，则严格地剔除哪怕是较小的粗差。

### 5. 从验后方差估计原理导出的选权迭代法

上面所提及的权函数多为经验法选取的，而且权表示成改正数 $v$ 的函数。由于改正数仅是真误差的可见部分，所以上述权函数（斯图加特方法除外）均未顾及平差的几何条件。事实上，粗差可视为来自期望为零、方差很大的正态全体之子样。通过最小二乘法的验后方差估计，可求出观测值的验后方差，再利用方差检验可找出方差异常大（即含粗差）的观测值。然后根据经典的权与观测值方差成反比的定义给予它一个相应小的权进行下步迭代平差，便可逐步地进行粗差定位。这种方法由李德仁在 1983 年提出。

大地测量和摄影测量平差往往包含多组观测值，每组内的观测值具有相同的精度。若假定观测值互不相关，则可按 Förstner 的方法估求各组观测值的验后方差：

$$\hat{\sigma}_i^2 = \frac{V_i^\mathrm{T} V_i}{r_i} \quad (i=1,\ 2,\ \cdots,\ k\ 为组号) \tag{4.39}$$

式中，$r_i = \mathrm{tr}(\boldsymbol{Q}_{VV}\boldsymbol{P})_i$，于是在下步迭代中各组观测值的权为

$$p_i^{(v+1)} = \left(\frac{\hat{\sigma}_0^2}{\hat{\sigma}_i^2}\right)^{(v)} \tag{4.40}$$

式中，$\hat{\sigma}_0^2 = \dfrac{V^\mathrm{T} P V}{r}$。

为了发现每组观测值内的粗差，对第 $i$ 组内任一观测值 $l_{i,j}$ 求其方差估值 $\hat{\sigma}_{i,j}^2$ 和相应的多余观测分量 $r_{i,j}$。由式（4.39）可得到

$$\hat{\sigma}_{i,j}^2 = \frac{v_{i,j}^2}{r_{i,j}},\ \ r_{i,j} = q_{v_i,jj} p_{i,j} \tag{4.41}$$

于是，可建立下列统计量来检验该方差是否异常，即相应的观测值是否包含粗差：

H_0 假设：$E(\hat{\sigma}_{i,j}^2) = E(\hat{\sigma}_i^2)$

统计量：$T_{i,j} = \dfrac{\hat{\sigma}_{i,j}^2}{\hat{\sigma}_i^2}$

或更一般地写成：

$$T_{i,j} = \frac{v_{i,j}^2 p_i}{\hat{\sigma}_0^2 r_{i,j}} = \frac{v_{i,j}^2 p_i}{\hat{\sigma}_0^2 q_{v_{i,jj}} p_{i,j}} \tag{4.42}$$

此处的 $p_i$ 可理解为第 $i$ 组观测值之验后权或验前权。

假设观测值 $l_{i,j}$ 不含粗差，即 $H_0$ 假设成立，则统计量 $T_{i,j}$ 近似为自由度为 1 和 $r_i$ 的中心 F 分布。若 $T_{i,j} > F_{a,1,r_i}$，则表明该观测值方差与该组观测值方差有显著差异，它很可能包含粗差。于是按下列权函数计算下次迭代平差中观测值的权：

$$p_i^{(v+1)} = \begin{cases} \dfrac{\hat{\sigma}_0^2}{\hat{\sigma}_i^2}, & T_{i,j} < F_{a,1,r_i} \\[3mm] \dfrac{\hat{\sigma}_0^2 r_{i,j}}{v_{i,j}^2}, & T_{i,j} \geqslant F_{a,1,r_i} \end{cases}$$

对于仅含一组等精度观测值之平差，其统计量和权函数相应为

$$\text{统计量：} \quad T_i = \frac{v_i^2}{\hat{\sigma}_0^2 q_{v_{ii}} p_i}$$

$$\text{权函数：} \quad p_i^{(v+1)} = \begin{cases} 1, & T_i < F_{a,1,r} \\[3mm] \dfrac{\hat{\sigma}_0^2 r_i}{v_i^2}, & T_i \geqslant F_{a,1,r} \end{cases}$$

为了与 Baarda 的数据探测法相比较，取一般式的统计量（4.42），在第一次迭代有 $p_i = p_{i,j}$，于是得

$$T_i^{\frac{1}{2}} = \frac{v_i}{\hat{\sigma}_0 \sqrt{q_{v_{ii}}}} = \tau_i \tag{4.43}$$

这正是在未知单位权方差时进行数据探测法的 $\tau$ 变量。

由此可见，数据探测法相当于本方法的第一次迭代。由于在第一次迭代中，含粗差观测值的权是不正确的，所有的残差和 $\hat{\sigma}_0$ 均受其影响，此时的估计是有偏的。而利用验后方差估计在迭代过程中不断变化观测值权的方法，将使含粗差观测值的权逐步减小，直至接近于零，最终它将不影响平差结果，而使估计从有偏走向无偏。

### 4.3.7 灵敏度分析

传统误差传播分析是先假设输入信息中的误差已知，然后讨论输出信息中误差的过程，可是确定理论上与输入信息有关的误差非常困难。为了研究输入输出误差间的函数变化关系，理论误差被模拟引入，即为灵敏度分析。

灵敏度分析（sensitivity analysis）通过在空间数据挖掘的输入中添加模拟理论干扰变量，研究所加输入对输出成果的作用（Lodwick et al.，1990）。灵敏度分析只考虑人为影响，可视为理论上的误差传播分析。它需要大量数据，主要用于讨论不确定性对 GIS 成果的影响规律，分析不能用数学模型表达的不确定性，检查和划定分类产品的等级。

在灵敏度分析中，加入干扰前的数据为参考数据，不同的干扰变量输入得到不同的分析成果输出，含有不同的误差。不确定性有三个灵敏度分析的基本参数：不足率（真实存在而属性没有）、过量率（真实没有而属性出现）和紊乱率（属性拥有与真实不符的错误值）（Bonin，1998）。为了观察和分析误差对最后成果的作用，有时把误差强加于真实数据造成数据误分类和划错等级。对于空间不确定性的灵敏度分析的理论和应用，Lodwick 等（1990）作了较为系统的回顾，定义了属性、位置、地图删除、多边形和面积五个统计灵敏度分析指标，提出了利用灵敏度指标确定输出属性值置信域的两种算法，以道路属性的不确定性为例，研究了不确定性在矢量 GIS 中的传播，后来又提出了一个估计矢量 GIS 中确定性的噪声概率模型。把灵敏度分析方法应用于栅格数据和地图叠置，发现包括连续和离散变量在内的许多问题并不呈现各向同性，符号语义对结果有各种等级的影像（Fisher，1991）。灵敏度分析对不确定性的研究，尚需进一步深化。如不确定性估计本身的理论误差、衡量参数不确定性的不确定指标、属性灵敏度强弱的不确定性度量等。

# 4.4　遥感图像的清理

遥感理论建立在地物波谱特征之上，不同类型的地物有不同的物质成分和物质结构，具有不同的电磁波谱特征，相同类型的地物具有相似的电磁波谱特征。有必要对遥感图像的辐射形变和几何形变校正清理，作滤波、增强、配准，补充数据。

### 4.4.1　辐射形变的校正

传感器的输出与目标物的光谱辐射亮度的关系密切，对辐射形变的清理，主要针对影响遥感图像质量的辐射因素实行辐射校正。

　1. 传感器的辐射度校正

主要改正传感器的系统误差，以及在数据获取和传输中的数据丢失。传感器的制造元器件不同，致使系统误差的校正方法也各不相同。例如，MSS 传感器的系统误差是因传感器的检测器阵列的各检测元件的增益和漂移具有不均匀性，且在工作时可能发生变化所造成的，可以根据卫星上产生的校准灰楔或图像的统计分析，对 MSS 传感器辐射测量值上的噪声进行补偿，得到校准参数后再通过计算解求电压值的漂移和增益，按每条扫描线逐个像素进行校正。当缺少校准数据或校准数据不可靠时，可以采用统计分析的校准方法，利用扫描范围内的空间对象数据，对每一检测元件计算全部样本的总和及平方总和，并依据对样本数据本身的合理假设，来确定在每一波段上各检测元件的增益和漂移，然后用于数据的校正。

　2. 大气散射校正

校正的方法有：①辐射方程法，将大气数据代入辐射方程，求解出与大气散射相当的灰度值，作为大气近似校正值。在实际中很少使用。②实地光谱测量法，借助测量地物的波谱数据与图像对应亮度值作回归分析，计算散射改正值。③多波段图像对比法，基于散射影响主要在短波段而对红外波段几乎无影响，把红外图像当作没有影响的标准图像，在特定区域，采用直方图法和回归分析法，将其他波段图像与它比较，其差值便是需校正的散射值。

### 3. 光照条件的校正

光照条件的变化主要指太阳高度角的变化，成像时的太阳高度角可以由成像时间、季节和地理位置来确定，通过这些参数来进行校正。光照条件的校正是通过调整一幅图像内的平均亮度来实现的。由已知的成像季节和地理位置确定相应的太阳高度角，计算出校正常数，再把校正常数与每一个像素的值相乘，便得到校正的结果。太阳光点与边缘减光等都可以用推算阴影曲面（在图像的明暗变化范围内，由太阳光点及边缘减光引起的畸变）的方法进行校正，常用傅里叶分析等提取图像中平稳变化的成分作为阴影曲面。

### 4. 噪声的清除

主要包括：①周期噪声，在二维图像上的周期噪声沿着扫描线周期性出现，同扫描线垂直分布，因能够在二维傅里叶谱上表现出来，故可采用傅里叶变换在频率域采用带通或陷波滤波器清除。②条带噪声，一般利用相邻、平行于条带的直线上的平均密度与条带的平均密度比较，再选一个增益因子校正，也可以采用与周期性噪声类似的清除方法。③孤立噪声，采用中位值滤波或噪声清扫算法处理。④随机噪声，可以对同一带变化场景连续摄影的若干图像取平均来有效抑制。此外，还有双向反射订正、发射率订正、地形订正、遥感物理量的反演等方法。

## 4.4.2 几何形变的改正

几何形变的清理主要针对图像之间的相对位移或图形变化，实行图像匹配改正，主要指图像的 $x$ 方向位移视差和 $y$ 方向位移视差。若左右图像均按核线进行重采样，则同名核线上不存在上下视差。如果再假设辐射畸变已被校正，那么一个像素的几何变形就主要是 $x$ 方向的位移 $p$，左、右图像的灰度函数 $g_1(x, y)$、$g_2(x, y)$ 应满足：

$$g_1(x, y) + n_1(x, y) = g_2(x+p, y) + n_2(x, y)$$

式中，$n_1(x, y)$ 与 $n_2(x, y)$ 分别为左右图像中的随机噪声，其误差方程为

$$v(x, y) = g_2(x', y') - g_1(x, y) = g_2(x+p, y) - g_1(x, y) \tag{4.44}$$

对落在第 $i$ 列，第 $j$ 行的视差格网 $(i, j)$ 中的任意点 $P(x_0, y_0)$，按双线性有限元内插法，$P$ 的视差值 $p_0$ 可用其所在格网的 4 个顶点 $P(x_i, y_j)$，$P(x_{i+1}, y_j)$，$P(x_i, y_{j+1})$，$P(x_{i+1}, y_{j+1})$ 的视差 $p_{ij}$，$p_{i+1, j}$，$p_{i, j+1}$，$p_{i+1, j+1}$ 作双线性内插求得，即

$$p_0 = \frac{p_{ij}(x_{i+1}-x_0)(y_{j+1}-y_0) + p_{i+1,j}(x_0-x_i)(y_{j+1}-y_0) + p_{i,j+1}(x_{i+1}-x_0)(y_0-y_j) + p_{i+1,j+1}(x_0-x_i)(y_0-y_j)}{(x_{i+1}-x_i)(y_{j+1}-y_j)}$$

$$\tag{4.45}$$

式中，$x_i \leqslant x_0 \leqslant x_{i+1}$；$y_j \leqslant y_0 \leqslant y_{j+1}$。将式（4.45）代入误差方程（4.44）并线性化，解之即得规则格网点 $P(i, j)$ 上的视差值，从而建立视差格网，改正几何形变。

## 4.4.3 遥感图像的滤波和增强

遥感图像是对客观真实世界的一种近似，处理过程是对客观世界信息特性的高度归纳和综合，存在不确定性（巫兆聪，2004）：

（1）同物异谱，同类地物由于个体与个体之间物质成分和结构存在变幅，加上生物、地形、气候、时相等环境背景的差异，呈现不同的波谱特性；

（2）同谱异物，不同类型地物的波谱带之间重叠现象和环境背景的差异影响，造成相近的波谱特性但实际是不同的地物类型或地理现象；

（3）混合像素，空间分辨率的缘故，图像上的单个像素，在实际中可能是多种地物共同作用的结果；

（4）时相变化，随着时间的变化，同一地理位置的遥感图像，因气候差异、条件变化、人为作用等原因所表现的信息变化，带来复杂性和不确定性；

（5）关系复杂，遥感地物单元在空间分布上相互交错，不是简单的数学关系。

根据粗集，遥感图像可以看成一个信息表的知识表达系统 $U = (I, R, V, f)$，其中，$U$ 是对象的集合；$I$ 是组成图像的对象集合，如像素、图斑；$R$ 是由对象属性形成的等价关系，如像素纹理特征值构成的纹理同构关系；$V$ 是属性 $r \in R$ 的值域；$f$ 是信息函数，指定 $U$ 中每个对象的属性值。$I$ 和 $R$ 构成图像的近似空间。在噪声像素的上近似分类中，为了最大可能滤除噪声，噪声像素的选择采用上近似，定义像素 $p_i$ 的统计参数 $f(i)$ 为条件属性，构成噪声类等价关系 $R_n$：

$$R_n(p_i) = \{p_i \mid f(j) - f(i) \rhd Q\}$$

式中，$j$ 为 $i$ 像素的邻域像素。根据实际选取噪声像素的统计参数和等价关系。

基于粗集的保护边缘均值滤波。边缘保持不变，对于非边缘，选择与像素具有最小非统计方差的模板像素，用该模板均值代替像素的灰度值。图 4.5 分别为原图像（ERS-2 SAR）、常规均值滤波结果和基于粗集的均值滤波结果。

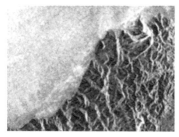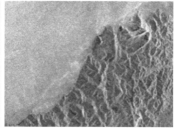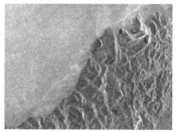

(a) 原图像(ERS-2 SAR)　　　　(b) 常规均值滤波　　　　(c) 基于粗集的均值滤波

图 4.5　基于粗集的均值滤波结果

为了在图像增强时抑制噪声，定义像素的噪声属性 $C_2 = \{0, 1\}$，0 代表噪声像素，1 代表非噪声像素，定义噪声等价关系 $R_n$ 为：子块 $S_{ij}$ 与相邻子块的平均灰度值 $m(s)$ 之差的绝对值取整均大于某阈值 $Q$，即

$$R_n(S) = \bigcup_i \bigcup_j \{S_{ij} \mid m(S_{ij}) - m(S_{i\pm1, j\pm1}) \rhd Q\}$$

式中，$R_n(S)$ 为所有噪声像素的集合；$S_{i\pm1, j\pm1}$ 为 $S_{ij}$ 的相邻子块，子块 $S_{ij}$ 与相邻子块构成宏块。合并上述划分的子图，得到

$$A_1 = R_t(x) - R_n(s), \quad A_2 = \overline{R_t(x)} - R_n(s) \tag{4.46}$$

式中，在剔除噪声后的所有像素集合中，$A_1$ 为梯度较大的像素集合；$A_2$ 为梯度较小的像

素集合，也就是需要增强的像素集合。针对各自特性，结合人眼视觉特性和粗集，采用不同方法增强图像。将 $A_1$ 子图补全时，梯度较小的像素用 $L/2$（$L$ 为灰度等级）的灰度值补全，噪声像素用噪声宏块灰度均值填充，构成 $A_1'$，增强算法是对 $A_1$ 实行指数变换，拉伸灰度值改变图像的动态范围，使图像边缘两边的过调更大些，此时噪声被加大，但人的视觉感觉不明显。将 $A_2$ 子图补全时，梯度较大的像素用 $L/2$ 灰度值补全，噪声像素用宏块灰度均值填充，构成 $A_2'$，增强算法是对 $A_2$ 实行直方图均衡变换，边缘两边的过调小些，合并频率小的噪声像素，噪声被削弱。图 4.6 为人眼视觉特性和粗集相结合的增强结果。从图 4.6 中看出，人眼视觉特性和粗集相结合的增强结果［图 4.6（c）］优于常规直方图正定化的增强结果［图 4.6（b）］。

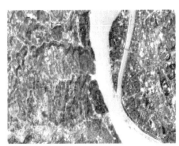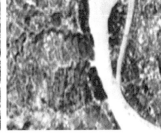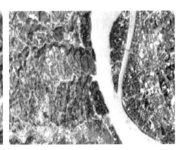

(a) 原始图像(TM)　　　　　(b) 常规直方图增强　　　　　(c) 人眼和粗集结合的增强

图 4.6　人眼视觉特性和粗集相结合的增强结果

### 4.4.4　多时相遥感图像的配准

配准误差是变化检测主要的误差源之一。在变化检测中，由于成像条件及配准精度的影响，对比的同一区域不是由两幅图像中对应像点所表达，即使正射校正算法相当精确，也不能保证消除两幅图像间所有像素的配准误差。图像配准采用的特征基元包含点特征、线特征和面特征，点特征有角点、高曲率点等，常用角点检测算法提取，却不易精确定位，含信息有限，匹配困难；线特征和面特征含较多信息，更为稳定。基于分割的图像配准方法依赖于分割结果，现有分割算法只适用某些图像而不是任意图像，若把单次分割的目标特征作为配准基元，往往导致配准失败。在多次分割与配准时，如果对多时相遥感图像用不同的分割算法，那么参数调节复杂又困难，而且实际分割后的目标会出现断裂、连接、多对多的现象，无法利用形状相似性或 SIFT 特征进行描述和匹配。为了解决分割目标的这些问题，这里从面特征出发，基于分割的多时相遥感图像稳健配准，提出迭代反馈的图像分割和配准一体化方法（图 4.7），基于全局约束三角网优化配准。

1. **基于迭代反馈的水平集分割与 SIFT 配准方法**

SIFT 算法基于图像局部邻域的梯度信息描述局部特征，具有尺度和旋转不变性，但对图像间的灰度差异较为敏感。改进匹配精确度的方法有双向匹配、全局马哈拉诺比斯距离（简称马氏距离）剔除纹理特征点误匹配、旋转模板匹配二次筛选等（眭海刚，2002）。用随机采样一致性（random sample consensus，RANSAC）方法剔除外点的效果较好，但在点数较少时不适合，且随机找基准点的可靠性不高。提高 SIFT 算法的匹配精度，应全面分析造成误匹配的原因。因为光学图像与 SAR 图像有明显的几何形变，

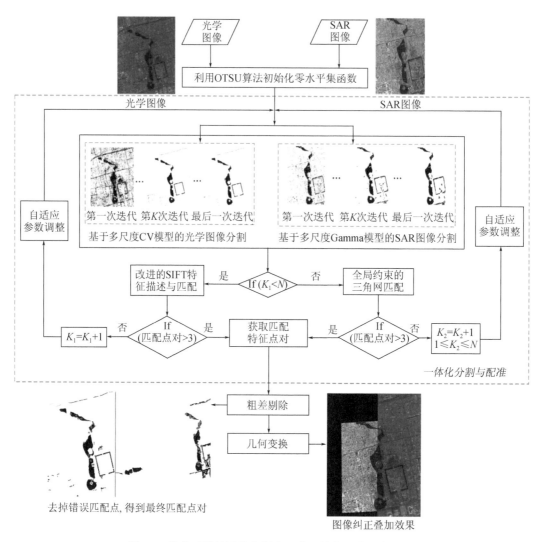

图 4.7 迭代反馈的图像分割和配准一体化方法基本原理

还存在较大的灰度差异，所以可以利用分割的结果图像进行 SIFT 特征描述与配准，减少光学图像与 SAR 图像的特征差异，在特征一致的情况下获得更多、更精确的匹配点对。

1）去除重复匹配和多对一匹配

为了提高特征点匹配的鲁棒性，在计算 SIFT 关键点方向时，为一个特征点同时提取一个主方向和满足条件的一个或多个辅方向。一个有多个方向的特征点，根据不同方向被视为不同的特征点，在特征点集之间穷尽搜索匹配时，待配图像中的一个特征点被视作多个特征点，匹配参考图像中的多个不同特征点，待配图像中的多个不同特征点也可能匹配参考图像中被视为多个特征点的一个特征点，反之亦然。这可能产生一对多的重复匹配或多对一的冗余匹配现象，即全部或部分特征点正确匹配却实为同一点，或多个不同特征点与一个特征点的距离最近，必须予以去除，才能提高后续特征点匹配的精度。可以在得到初始的 SIFT 匹配点后，对待配图像匹配后特征点集中的所有特征点两两比较，若两个点的坐标相同，则去除其中一个特征点，并同时去除该点对参考图像匹配特征点集的特征点，反之亦然。经过这样处理后，匹配的特征点都是各不相同的一对一的映射。

2）建立双向匹配

SIFT 特征向量匹配算法是单向匹配映射关系，在参考图像内寻找待配图像各特征点的对应点。策略是取待配图像中某个特征点，计算其与参考图像中欧几里得距离最近的前两个特征点，若最近距离除以次近距离小于匹配阈值，则表示待配图像中特征点与参考图像中距离最近的特征点匹配。方法简便，但易产生误匹配。为了降低误匹配的概率，提出 SIFT 特征向量的双向匹配算法，通过正向匹配（从待配图像向参考图像的单向匹配）和逆向匹配（从参考图像向待配图像的单向匹配）满足匹配唯一性，匹配结果是正向匹配的点对集合与逆向匹配的点对集合的交集。首先，采用 SIFT 特征向量提取待匹配的两幅图像各自的特征向量；其次，根据 SIFT 特征向量匹配方法，计算两个单方向的匹配点对集合，即正向匹配和逆向匹配；再次，在得到的匹配点对集合内，计算正向匹配中匹配点对与相应的逆向匹配中匹配点对的坐标是否对应相等，如果相等，那么双向匹配成功，保留匹配对；如果不相等，那么删除匹配对。

3）改进 RANSAC 算法

在去除重复匹配以及多对一匹配，建立双向匹配后，得到的匹配对中去除了大量的虚假匹配和错误匹配，但是匹配结果中可能还存在着误差较大的误匹配，降低了整体的图像匹配的精度。为了去除这些误匹配，改进 RANSAC 算法如下。

（1）从匹配的点对中依次取出 3 组对应点对组成一个样本，并计算两幅图像的变换矩阵 $M$；计算其他匹配对应点在矩阵 $M$ 下的距离 $d$；通过与距离阈值比较，将 $d$ 在阈值范围内的点作为内点，其他点则为外点。

（2）选取包含内点数目最多的一个点集（三组对应点），内点数目相等时，选择标准方差最小的点集，用这三组对应点计算变换矩阵和对应的内点，去除外点，取内点为正确匹配的点。

（3）为了增加匹配点的个数，将初匹配中判断为误匹配的点依次代入变换矩阵检验，找出正确的匹配点，增加正确匹配对数。

通过改进 RANSAC 算法，不仅去除了大部分的误匹配点，还可找出初始匹配中错误判断的点，加到正确匹配点中，在很大程度上提高匹配的精度。

自适应参数调整与迭代策略。利用零水平集初始化方法对水平集函数初始化，即利用 OTSU 算法获得的最优分割阈值控制水平集函数的分割结果，假设光学图像 $I_O(x, y)$ 与 SAR 图像 $I_S(x, y)$ 对应的尺度阈值分别为 $t_O$ 和 $t_S$，是对分割结果影响最大的参数，图像的零水平集函数表示为

$$\phi_O(0, x, y)=I_O(x, y)-t_O, \quad \phi_S(0, x, y)=I_S(x, y)-t_S \tag{4.47}$$

一般地，当 $t_O$ 和 $t_S$ 一样时，分割出的地物特征可能并不相同，不能利用同一阈值初始化零水平集函数，应自适应分别调节 $t_O$ 和 $t_S$，满足光学与 SAR 图像的准确配准。

**2. 三角网优化配准方法**

分割后的目标存在多对多关系、缺失或连接等不完备情况，但仍有可以匹配的目标，且目标的几何位置关系稳定。利用分割后目标的质心构建三角形，通过对质心点集几何位置关系的判断进行匹配，在得到第一个可靠的匹配三角形后，以此三角形为种子点，

构建剩下的三角形，直到检测出最优的匹配三角网。

假设光学图像为 $I_O$，分割后有 $N_O$ 个目标，SAR 图像为 $I_S$，分割后有 $N_S$ 个目标。

1）单个目标形状相似性的初步筛选

图像配准的实质，是利用一种相似性度量从集合 $R_O$ 中找到一个子集，与 $R_S$ 中找到的子集建立一一对应关系，得到同名对象集合。分别统计 $N_O$ 个目标、$N_S$ 个目标的面积和紧凑度等特征，排除一些绝不可能的匹配。

一般情况下，空间对象的面积表示对象内部所有像素个数的和。如果要求对象对应到实地的面积，那么再乘以每个像素对应的实地面积 $\Delta^2$。

$$S = \sum_{i=1}^{M} \sum_{j=1}^{N} p_{ij} \times \Delta^2 \qquad (4.48)$$

式中，$p_{ij}$ 表示对象内部位于图像的第 $i$ 行 $j$ 列的像素。下文同此述。

紧凑度度量区域形状，针对圆形的也称为圆度：$C_1 = 4\pi$［面积/(周长)$^2$］，区域越接近于圆形，$C_1$ 越近于 1；区域形状越细长，$C_1$ 越小。针对正方形的紧凑度：$C_1$=周长／4SQR（面积）。在初步排除时，使待配对象之间形状紧凑度之差不大于阈值：

$$|C_{1A} - C_{1B}| \leqslant T_{C_1}, \quad |C_{2A} - C_{2B}| \leqslant T_{C_2} \qquad (4.49)$$

式中，$C_{1A}$、$C_{2A}$ 为对象 $A$ 的两个圆度值；$C_{1B}$、$C_{2B}$ 为对象 $B$ 的两个圆度值；$T_{C_1}$ 和 $T_{C_2}$ 为对象之间形状紧凑度之差的阈值。

经过上述初步筛选，采用穷举法计算 $I_O$ 和 $I_S$ 中可能相似的区域，构成候选配准组。相似目标区域的计算采用形状曲线相似性度量，阈值选择经验值 0.5，如式(4.50)。

$$\begin{cases} \text{pCor\_shape}(A, B) \geqslant T_S, & \text{保留该匹配对} \\ \text{pCor\_shape}(A, B) < T_S, & \text{剔除该匹配对} \end{cases} \qquad (4.50)$$

对于 $I_O$ 中的 $N_O$ 个目标对象，计算每个区域目标与 $I_S$ 相似的区域目标，记录在集合 $\Omega$ 中，允许存在多对多的映射。

2）虚拟三角形相似性的第二步判断

从 $\Omega$ 中任意选择三对匹配目标，利用三对目标的质心点分别构建虚拟三角形（图4.8），并判断两个虚拟三角形的相似性。假设三对目标的质心点在 $I_O$ 上是 $p_O^1, p_O^2, p_O^3$，在 $I_S$ 上是 $p_S^1, p_S^2, p_S^3$，构成的虚拟三角形分别为 $\triangle p_O^1 p_O^2 p_O^3$ 和 $\triangle p_S^1 p_S^2 p_S^3$，对应三条边的长度分别为 $l_O^{ij}, l_S^{ij}$（$i, j$=1，2，3）表示点 $p_O^i$ 到 $p_O^j$ 的距离和点 $p_S^i$ 到 $p_S^j$ 的距离。如果两个三角形完全相同，那么应满足 $\dfrac{l_O^{12}}{l_S^{12}} = \dfrac{l_O^{13}}{l_S^{13}} = \dfrac{l_O^{23}}{l_S^{23}} = 1$，但在实际情况下，得到的虚拟三角形不可能完全相等，因此改为 $\dfrac{l_O^{12}}{l_S^{12}} \approx \dfrac{l_O^{13}}{l_S^{13}} \approx \dfrac{l_O^{23}}{l_S^{23}} \approx 1$，用三角形全等测度判定两个三角形是否相似：

$$Q = 1 - \left[ \left( 1 - \frac{l_O^{12}}{l_s^{12}} \right)^2 + \left( 1 - \frac{l_O^{13}}{l_s^{13}} \right)^2 + \left( 1 - \frac{l_O^{23}}{l_s^{23}} \right)^2 \right] \qquad (4.51)$$

$Q$ 越大，两个三角形的全等性越好，取测度值为经验值 0.8。

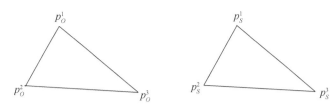

图 4.8　光学与 SAR 图像上的虚拟三角形

如果经过上述判断，选择的三对可能匹配点构成的虚拟三角形不相似，那么需要重新选择三对可能匹配点构成新的虚拟三角形。选择初始的三对匹配点的原则，是按照像素的横、纵坐标大小依次选取。

3）三角形生长配准算法

在得到一组配准的三角形（称为基准三角形）后，还需要加入其周围的质心点构建三角网，计算全局的空间关系，称为"三角形生长"。同时，定义新加入的质心点为距离上述配准的三角形最近的质心点，且两个质心点对应的面对象具有全局统一的相似性。假设光学与 SAR 图像中新加入的质心点分别为 $p_O^4$ 和 $p_S^4$，与上一步中配准的三角形之间构成三对新的三角形，光学图像上记为 $\Delta p_O^1 p_O^2 p_O^4$，$\Delta p_O^1 p_O^3 p_O^4$ 和 $\Delta p_O^2 p_O^3 p_O^4$，SAR 图像上记为 $\Delta p_S^1 p_S^2 p_S^4$，$\Delta p_S^1 p_S^3 p_S^4$ 和 $\Delta p_S^2 p_S^3 p_S^4$。分别判断这三对新的三角形是否满足式（4.51）的条件，若满足相似条件，那么认为新加入的目标对是正确配准对，否则为错误配准。新加入质心点 $p_O^4$ 和 $p_S^4$ 如果为正确的匹配点对，那么连接该点和上述基准三角形中离它最近的两点构成新的基准三角形。图 4.9 是三角形生长配准的示意图。

在图 4.9 中，假设 $p_O^1$，$p_O^2$，$p_O^3$ 表示光学图像上基准三角形的三个顶点（从 $\Omega$ 中任意选择的三对匹配目标的质心点），$p_S^1$，$p_S^2$，$p_S^3$ 表示 SAR 图像上基准三角形的三个顶点，基准三角形用阴影表示。$p_O^4$，$p_O^5$，$p_O^6$ 和 $p_S^4$，$p_S^5$，$p_S^6$ 表示光学与 SAR 图像上待配准的质心点。$p_O^4$，$p_S^4$ 离基准三角形较近，在第一次生长时，它与基准三角形构成新的三个三角形，经过判断，这三个三角形都相似。因此，$p_O^4$，$p_S^4$ 是一对正确的同名匹配点。待配准质心点用红色表示，当前配准质心点用绿色表示。此时，$p_O^1$、$p_O^3$、$p_O^4$，和 $p_S^1$、$p_S^3$、$p_S^4$ 将组成新的基准三角形，$p_O^5$ 和 $p_S^5$ 为新的待配准点，通过三角形相似性判断，$p_O^5$ 和 $p_S^5$ 为错误的匹配，则删除此点，此时 $p_O^6$ 和 $p_S^6$ 为新的待配准点，按照上述生长准则一直到添加完所有质心点为止，所构成的三角网为最优匹配三角网。

3. 误差剔除

通过计算同名点的残差和均方根误差（root mean square error，RMSE），迭代地剔除残差较大的同名点，直到 RMSE 的值小于 1 个像素。

$$\text{RMSE} = \left\{ \frac{1}{m} \sum_{i=1}^{m} \left[ (x_i - X_i)^2 + (y_i - Y_i)^2 \right] \right\}^{\frac{1}{2}} \tag{4.52}$$

式中，$m$ 为点数；$(x_i, y_i)$ 为待配图像上点的坐标；$(X_i, Y_i)$ 为对应点的参考图像坐标。

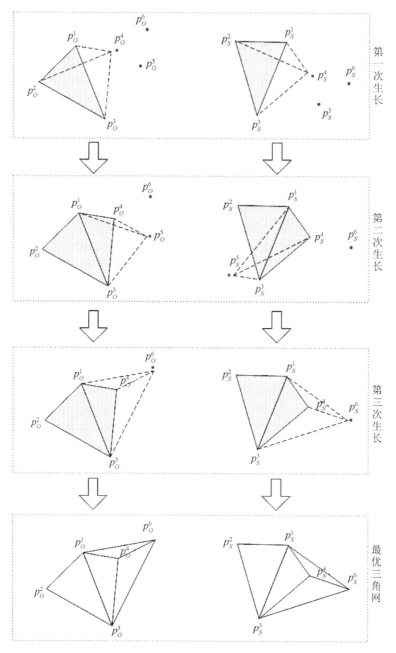

图 4.9　基于三角形生长的配准算法

多项式模型能更好地拟合光学图像与 SAR 图像之间的非刚性变换，被用来拟合同名点，且同名匹配点数需要大于 3 对。若同名匹配点数大于 3 且小于 6，则利用一次多项式模型；若同名匹配点数大于 6 且小于 12，则利用二次多项式模型；若同名匹配点数大于 12，则使用三次多项式模型。例如，选取 4 组具有不同分辨率、不同场景、不同时间及传感器的光学与 SAR 图像作为实验数据。图 4.10 所示为所有的实验数据，左侧表示光学图像，右侧表示 SAR 图像。表 4.2 为实验数据的详细描述。

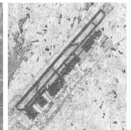

(a) 实验数据1 (左: 光学图像, 右: SAR图像)　　(b) 实验数据2 (左: 光学图像, 右: SAR图像)

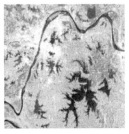

(c) 实验数据3 (左: 光学图像, 右: SAR图像)　　(d) 实验数据 (左: 光学图像, 右: SAR图像)

图 4.10　实验数据

表 4.2　实验数据描述说明

| 实验数据 | 数据描述 | | |
| --- | --- | --- | --- |
| | 光学图像 | SAR 图像 | 图像描述 |
| 1 | 传感器：SPOT5 全色波段<br>分辨率：2.5m<br>日期：2010 年 9 月<br>大小：4467×5419 | 传感器：Radarsat-2<br>分辨率：3m<br>日期：2010 年 12 月<br>大小：4885×5074 | 位于北京市，是一组卫星高分辨率图像，灰度差异明显，尺度差异 1.2 倍 |
| 2 | 传感器：QuickBird<br>分辨率：0.6m<br>日期：2012 年 11 月<br>大小：3002×3203 | 传感器：HJ-1 C<br>分辨率：5m<br>日期：2012 年 12 月<br>大小：646×684 | 位于武汉市，是一组卫星高分辨率图像，灰度差异明显，尺度差异 8 倍 |
| 3 | 传感器：TM 波段 5<br>分辨率：75m<br>日期：2003 年 5 月<br>大小：2214×2304 | 传感器：Envisat<br>分辨率：30m<br>日期：2008 年 2 月<br>大小：1172×1008 | 位于武汉市，是一组卫星中低分辨率图像数据，尺度差异 2.5 倍 |
| 4 | 传感器：SPOT5 全色波段<br>分辨率：2.5m<br>日期：2011 年 3 月<br>大小：527×563 | 传感器：VV 极化的 TerraSAR-X<br>分辨率：1m<br>日期：2012 年 8 月<br>大小：710×725 | 位于武汉市，是一组卫星高分辨率图像，灰度差异明显，尺度差异 2.5 倍，有大量农田存在，两幅图像有季节差异；SAR 图像噪声严重 |

　　为了验证本方法的有效性，与主流的 SCM-SIFT、SIFT-Segment 等配准方法进行比较。SCM-SIFT 是考虑空间关系的 SIFT 点匹配方法，用于光学与 SAR 图像配准，在匹配特征点集时有空间一致性约束，减少局外点的干扰。SIFT-Segment 是结合分割与 SIFT 的配准方法，用 OTSU 算法分割图像，在分割后图像上用 SIFT 算子描述和匹配特征。

对于实验数据 1，光学与 SAR 图像的分辨率较高，SAR 图像含有强烈的斑点噪声，且光学与 SAR 图像的灰度差异明显。因此，直接采用 SCM-SIFT 方法配准失败，无同名点可以获取。采用 SIFT-Segment 方法获取的 6 对同名匹配点，但没有 1 对是正确的匹配 [图 4.11（a）]。采用一体化分割与配准方法，可以得到 19 对同名点 [图 4.11（b）]，小图中的左 A，右 A，左 B，右 B 表示对应紫色矩形框中的同名点对；调整 3 次参数（即迭代 3 次）得到配准结果，叠加显示见图 4.11（c）。

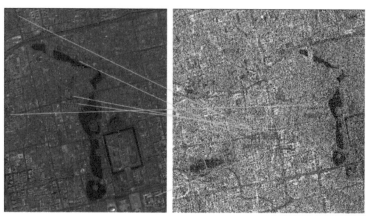

(a) SIFT-Segment方法的同名匹配点

(b) 一体化方法分割结果及同名匹配点

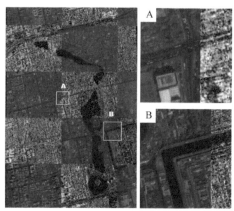

(c) 一体化方法配准结果棋盘格叠加显示

图 4.11　实验数据 1：各方法配准结果与比较

对于实验数据 2，SCM-SIFT 方法和 SIFT-Segment 方法都配准失败，无同名点可以获取。采用一体化分割与配准方法，可以得到 21 对同名匹配点 [图 4.12（a）]，即光学图像（左）与 SAR 图像（右）分割结果及查到的同名匹配点；迭代 5 次的配准结果如图 4.12（b）所示。

对于实验数据 3，光学与 SAR 图像的分辨率都比较低，且噪声影响较小，采用 SCM-SIFT 方法可获得 47 个匹配点，对应的配准结果如图 4.13（a）所示，配准结果存在较大的位移，不够精确。采用 SIFT-Segment 方法可以获得 86 个同名匹配点，对应的配准结果如图 4.13（b）所示，由图像目视观察，配准结果比较精确，仅存在少量的位移，如 A，B 区域所示。一体化方法可以获得 102 个同名匹配点，无须迭代，仅通过一次分割和配准即可得到准确的同名点对，对应的配准结果如图 4.13（c）所示，配准结果精确，无位移现象。

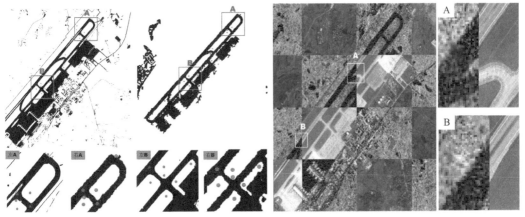

(a) 光学与SAR图像分割结果及同名匹配点    (b) 一体化方法配准结果棋盘格叠加显示

图 4.12    实验数据 2：一体化方法配准结果

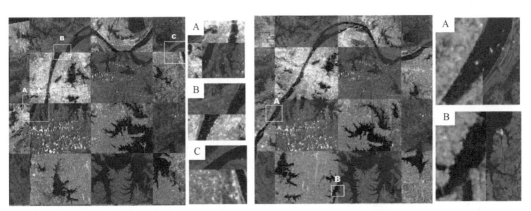

(a) SCM-SIFT配准结果棋盘格叠加显示    (b) SIFT-Segment配准结果棋盘格叠加显示

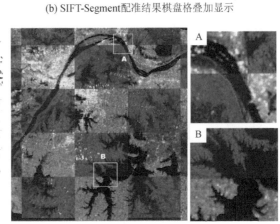

(c) 一体化方法分割结果及同名匹配点    (d) 一体化方法配准结果棋盘格叠加显示

图 4.13    实验数据 3：各方法配准结果与比较

对于实验数据 4，一体化分割与配准方法失效，无法找到正确匹配点，如图 4.14 所示。因为本组实验数据是包含大量农田的区域，成块分布，每块的形状和灰度基本一致，特征存在多对多的映射，容易找到错误的匹配点。因此，转为全局约束的三角网配准方法，图 4.14（b）所示为找到的第一组匹配质心点对以及构成的虚拟三角形，图 4.14（c）所示为找到的所有的质心匹配点对，以及最终构成的三角网。图 4.14（d）表示 SAR 图像配准的结果与光学图像叠加后的效果，A，B，C 区域是局部放大显示。目视判断，光学与 SAR 图像位置基本吻合，配准结果精确，C 区域内出现的道路错位不是由配准不精确造成的，而是此处光学图像上显示的是田埂的边缘，SAR 图像上显示的是田埂旁的道路。

(a) 分割与配准结果　　　　　　　　　　　　　(b) 初始匹配质心点对及第一组基准三角形

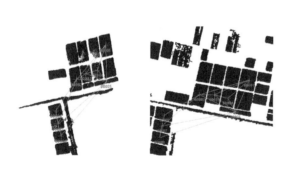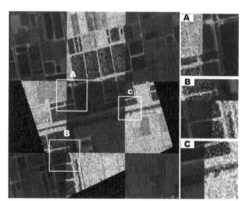

(c) 最终匹配质心点对以及构建的三角网　　　　(d) 三角网优化配准结果棋盘格叠加显示

图 4.14　实验数据 4：一体化方法配准结果与比较

### 4.4.5　遥感图像的训练数据扩充

在利用深度卷积神经网络提取遥感图像内容特征时，需用遥感图像训练深度卷积神经网络模型。为了获得稳健的模型，使提取的内容特征表达能力更强，应对训练数据作扩充和预处理。例如，在目标不超过图像边界时，平移图像。在确保噪声强度低于预设值时，为训练数据加噪，获取有不同程度噪声的扩充图像。因同一地点拍摄的图像可能有不同的亮度，故利用像素对比度信息通过非线性变换增强数据。遥感图像的内容随着物体和传感器之间相对姿态的变化而变化，例如，在同一机场中停放的同类飞机，可能存在多个不同方向，使得飞机特性不同，可赋予不同角度值，在不同方向上旋转图像扩充数据，以学习更为稳健的特征。

# 4.5 基于 DHP 法的空间数据选择

正确地选择用于空间数据挖掘的目标数据，遵循三个原则：主导数据原则，选择对目标影响较大的、对挖掘任务起决定和控制作用的数据；实用性原则，选择的数据应该覆盖面广，能够满足挖掘任务；数据范畴的差异原则，选择的数据应该属于不同的空间对象属性范畴，具有显著的差异性。目前，主要有指数法、Delphi 法（德尔菲法）、层次分析法（analytic hierarchy process，AHP）、灰色评估法、ADC 法（availability + dependability + capability）、SEA 法（system effective analysis）、MCES 法（modular command and control evaluation structure）等。可是，指数法仅考虑数据的精确计算和对比，忽视不确定性。灰色系统信息的运动规定苛刻，计算复杂。ADC 法对要素矩阵运算得到的最终度量值，没有对应的物理意义。SEA 法认为系统的运行轨迹和挖掘任务要求的轨迹相重的比例反映为一个概率值，但难以表示轨迹。Delphi 法汇总专家经验和信息得出结论，适于解决客观偶然性大且缺少确切数据的问题，受限于专家们的主观判断和认识，以中位数处理数据排斥了偏离中位数的少数专家意见，工作量大，调查时间长，过于强调定性分析，定量计算不足。AHP 法系统分析问题，层层控制一致性，适于分析多目标、多准则的复杂系统，难以建立层次结构和构造一致性判断矩阵，偏重定量计算。而且，这些方法都没有考虑空间数据的特点，没有定性定量相互转换模型，难以用于空间数据挖掘。

## 4.5.1 DHP 法基本原理

DHP（Delphi hierarchy process）法是在量化众多专家对空间对象于概念挖掘任务的基础上，使用云模型可视化复杂数据对象的启发式层次寻优，清理选择因素并测定其权重。首先用 Delphi 法选择属性和计算其初步的层次与权重，然后用 AHP 法层次化因素并确定最终的权重。采用逆向云发生器求取样本的数字特征（期望表示专家评价的平均水平，熵表示专家评价的离散程度，超熵表示专家思维偏离正常思维的程度），借助正向云发生器生成评价云图，逐级可视化控制专家经验的收敛速度和质量（云模型详见第 7 章）。

DHP 法在使用 Delphi 法选择属性因素、确定层次和初步权重时，分别以层次号、数值作为专家针对 $X$ 的空间因素对于空间数据挖掘的概念 $T$ 的某种经验的层次测度、权重测度量化值。开始阶段，专家经验十分发散，工作量大，需要多次重复，采用较为简单的均值法逆向云发生器算法生成云模型的数字特征，再由正向云发生器产生云图，可视化控制最终结果的质量。

确定因素层次：

$$\mathrm{Ex}_l = \mathrm{mean}(l_i), \quad \mathrm{En}_l = \mathrm{stdev}(l_i), \quad \mathrm{En}_l' = \sqrt{\frac{-(l_i - \mathrm{Ex}_l)^2}{2\ln\left(\dfrac{l_i - \min(l_i)}{\max(l_i) - \min(l_i)}\right)}}, \quad \mathrm{He}_l = \mathrm{stdev}(\mathrm{En}_l') \quad (4.53)$$

确定因素权重：

$$\text{Ex}_w = \text{mean}(w_i); \ \text{En}_w = \text{stdev}(w_i), \ \text{En}'_w = \sqrt{\frac{-(w_i - \text{Ex}_w)^2}{2\ln\left(\frac{w_i - \min(w_i)}{\max(w_i) - \min(w_i)}\right)}}, \ \text{He}_w = \text{stdev}(\text{En}'_w) \quad (4.54)$$

式中，$\text{Ex}_l$、$\text{En}_l$、$\text{He}_l$、$l_i$分别为确定因素层次的总体评估结果的数字特征、层次序号（$i =1$，2，$\cdots$，$n$）；$\text{Ex}_w$、$\text{En}_w$、$\text{He}_w$、$w_i$分别为确定因素权重的总体评估结果的数字特征、权重值，$\text{mean}(\cdot)$、$\text{stdev}(\cdot)$、$\max(\cdot)$、$\min(\cdot)$分别为求取均值、方差、最大值、最小值的函数。第一轮专家意见征询的是因素的完备性，旨在穷尽因素的种类，熵和超熵都较大，每个数值隶属于相应语言值的隶属度的随机性变化也较大。利用这时的期望、熵、超熵，通过正向云发生器得到的云滴的离散度比较大，云图整体呈现雾状，表明专家对此还难以形成统一认识，概念也尚未形成（图4.15）。

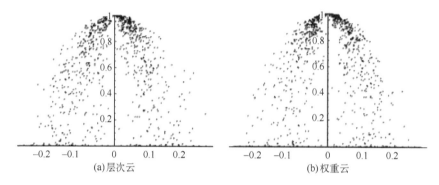

图4.15　第一轮专家意见征询的云图

在第二轮征询时，专家收到的是经过筛选分类和归纳整理的用技术语言表述的第一轮征询的因素表，他们开始按自己的经验给出因素层次总数、因素层次和权重，熵和超熵开始减小，利用这时的数字特征，通过正向云发生器得到的云图由雾状开始向云凝聚，表示概念开始形成（图4.16）。

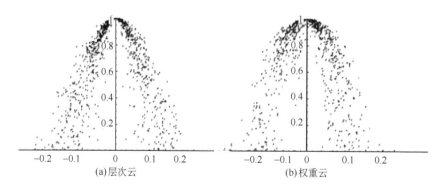

图4.16　第二轮专家意见征询的云图

第三轮专家意见征询的目的在于利用量化后的专家意见的数理统计结果指导专家评定因素，即求同，熵和超熵再次减小，利用这时的数字特征通过正向云发生器得到的云图凝聚性再次增强，表示概念基本形成（图4.17）。在第三轮的结尾，因素层次总数和各个因素所处的层次基本已经确定，当 Delphi 法的层次、权重的数理统计结果满足云模型的 3En 规则时，开始引入 AHP 法和逆向云发生器。

在开始 AHP 法之前，还要根据 $X$ 的空间因素于隶属概念 $T$ 的系统化原则，对 AHP 法结果的各个因素间相互联系的有序层次的逻辑制约关系作检核，修正明显的因素层次误差。例如，"通电"为父因素"基础设施完备度"的子因素，而不是父因素"商服繁华度"的子因素。每一个因素层次中的所有因素两两比较，在 AHP 法阶段得到的因素 $i$ 的权重 $w_i$ 和因素 $j$ 的权重 $w_j$ 的比较记作 $p_{ij} = w_i / w_j$，并据此构造该因素层次对于其父因素的判断矩阵 $\boldsymbol{P}=(p_{ij})_{k \times k}$。可以看出，判断矩阵 $\boldsymbol{P}$ 为一对角阵，所以只是计算 $\boldsymbol{P}$ 的上半部分或下半部分即可。

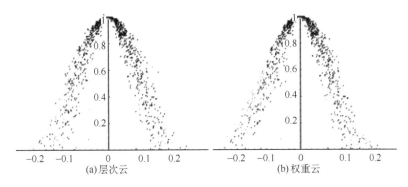

图 4.17　第三轮专家意见征询的云图

因素层次单排序。父层次 $H$ 上父因素 $H_q$ 的所有子因素 $B_s$（$i=1$，$2$，$\cdots$，$s$）的重要性权重 $t_1$，$t_1$，$\cdots$，$t_k$ 可以根据方程组 $\boldsymbol{PT} =\lambda \boldsymbol{T}$ 解判断矩阵 $\boldsymbol{P}$ 的最大特征值 $\lambda_{max}$ 而得。假设 $\boldsymbol{T}=(t_1$，$t_1$，$\cdots$，$t_k)^{\mathrm{T}}$ 为判断矩阵 $P$ 对应于唯一最大特征值 $\lambda_{max}$ 的正规化特征向量，则在求得 $\lambda_{max}$ 后，就可以由 $\boldsymbol{PT}=\lambda_{max}\boldsymbol{T}$ 解得正规化特征向量 $\boldsymbol{T}$。$\boldsymbol{T}$ 的分量即为相应因素单排序的权重。特征值和特征向量的计算有几何平均法、算术平均法和逐次逼近法（王树良，2002）。当判断矩阵 $P$ 满足完全一致性条件 $p_{ij} = p_{ig} / p_{jg}$ 时，由 $\boldsymbol{PT} =\lambda \boldsymbol{T}$ 得到 $\lambda = \lambda_{max}$。但是，$\boldsymbol{P}$ 一般不满足完全一致性条件，当 $\lambda$ 越接近于 $\lambda_{max}$，得到的解就越接近正确的因素单排序的权重，专家的判断也就越可靠。为了测试判断的一致性或可靠性，建立指标 $CI=(\lambda_{max}-n) / (n-1)$，以检查专家经验的一致性。当判断矩阵 $\boldsymbol{P}$ 满足完全一致性条件时，$CI=0$，当 $n>2$ 时，CI 与平均一致性指标 RI（王树良，2002）的比值 $CR=CI/CR$ 称为随机一致性比例。当 $CR<0.10$ 时，一般认为判断矩阵具有满意的一致性，否则就应把判断矩阵反馈给专家重新调整。

图 4.18 为土地评价因素"基础设施完备度"权重满足一致性条件后，采用逆向云发生器求取样本的数字特征，再借助正向云发生器生成云图 [图 4.18（a）]。从图 4.18（b）可以看出，熵和超熵都远小于 Delphi 法阶段，专家经验对概念的认识已经相当清晰。

因素层次总排序。利用层次单排序的结果计算各个层次的组合权值，对于最高层因素下的第二层，其因素层次单排序的结果是总排序。假设父层次 $H$ 上父因素 $H_1, H_2, \cdots,$ $H_r$ 对应的组合权值分别为 $h_1, h_2, \cdots, h_r$，它的子层次 $B$ 上所有子因素 $B_s$（$i=1$，$2$，$\cdots$，$s$）的重要性权重分别为 $b_{1j}$，$b_{2j}$，$\cdots$，$b_{sj}$，那么子层次 $B$ 中各因素在父层次 $H$ 中的父

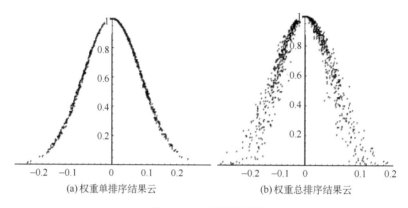

| (a) 权重单排序结果云 | (b) 权重总排序结果云 |

图 4.18　权重排序结果云

因素 $H_q$ 的组合权值为 $B_i = \sum_{j=1}^{r} h_j b_{ij}$，显然 $B_{ij} = \sum_{i=1}^{s} \sum_{j=1}^{r} h_j b_{ij}$，各因素层次的总排序结果需

要检验一致性，当 $\mathrm{CR} = \dfrac{\sum\limits_{j=1}^{m} h_j \mathrm{CI}_j}{\sum\limits_{j=1}^{m} h_j \mathrm{RI}_j} < 0.10$ 时，才可以接受。其中，$\mathrm{CI}_j$，$\mathrm{RI}_j$ 分别为与 $h_j$ 对

应的子层次 $B$ 中判断矩阵的一致性指标和平均一致性指标。在因素层次按照权重总排序的结果满足一致性后，再次采用逆向云发生器求取样本的期望、熵和超熵，并根据期望、熵和超熵借助正向云发生器生成如图 4.18（b）所示的云图。从图 4.18（b）可以看出，熵和超熵都远小于 Delphi 法阶段，但高于图 4.18（a）的 AHP 法单排序结果，因为概念的爬升降低了专家经验认识概念的清晰度。

可见，DHP 法集成简化了 Delphi 法和 AHP 法，在评估数据和筛选样本时，令分散、抽象、难操作的专家经验建模变得具体可操作，接近人的思维，实现了空间对象的启发式层次规则寻优。

### 4.5.2　DHP 法的专家选择

一般地，专家个人对空间对象 $X$ 的因素评判难以摆脱主观性。所以，为了消除或减弱个人的主观片面性，DHP 法选择专家要有广泛代表性、较高权威性和合适的人数。假设空间对象 $X$ 具有因素集 $U = \{u_1, u_2, \cdots, u_m\}$，对于 $A \subseteq X$，都对应针对概念 $T$ 的一个重要性实数 $P(A) \in [0, 1]$，是 $X$ 凭借 $A$ 中因素所能获得的最高限额。因 $X$ 具有 $m$ 个因素，且 $P(A)=1$，$P(\varnothing)=0$，$A \subseteq B \subseteq X \Rightarrow P(A) \leqslant P(B)$，故 $P(X)$ 为一种量化众多专家针对 $X$ 对于概念 $T$ 的某种经验的测度（Wang and Klir, 1992）。同时，空间对象 $X$ 的因素 $u_i$ 都有指标 $C_T(u_i) \in [0, 1]$，$i = 1, 2, \cdots, m\}$，专家对空间对象 $X$ 的理想评判应是可测函数 $C_T(X)$ 关于测度 $P$ 的（S）模糊积分值 $\tilde{E} = \int_X C_T(X) \mathrm{d}P$。假设选取 $n$ 个专家选择 $X$ 的因素并确定其层次和权重，每个专家各自独立地对 $X$ 的各项因素 $u_i$ 同时作出评判 $f_j(u_i)$，$i = 1, 2, \cdots, m$；$j = 1, 2, \cdots, n$，则第 $j$ 个专家对因素 $u_i$ 的（S）模糊积分值为

$\tilde{E} = \max \sum_{i=1}^{m} \left[ f^i \cdot C_T(A^i) \right]$，其中，$f^i$，$A^i = \{u^1, u^2, \cdots, u^i\}$分别是$\{f_j(u_k)\}_{k=1}^{m}$，$\{u_k\}_{k=1}^{m}$按从大到小重排后的第$i$个、前$i$个。若固定某个$i$，则所有专家对$X$的因素$u_i$的无数次评判是具有数学期望$C_T(X)_i$的全体$\Omega_i$，而$n$个专家对$u_i$的某次评判$\{f_1(u_i), f_2(u_i), \cdots, f_n(u_i)\}$则是全体$\Omega_i$的一个容量为$m$的简单随机子样。由Kolmogorov强大数定律可知，在概率 1 下有$\lim_{n \to \infty} \frac{1}{n} \sum_{j=1}^{n} f_j(u_i) = C_T(X)_i, i = 1, 2, \cdots, m$，再由（S）模糊积分的收敛定理得

$$\lim_{n \to \infty} (H) \int_X \left( \frac{1}{n} \sum_{j=1}^{n} f_j \right) \mathrm{d}P = (H) \int_X C_T(X) \mathrm{d}P = \tilde{E} \text{ 按概率 1 成立，因此 } \lim_{n \to \infty} (S) \int_X \left( \frac{1}{n} \sum_{j=1}^{n} f_j \right) \mathrm{d}P = \tilde{E}$$

按概率 1 也成立，即只要$n$充分大，近似评判值$\hat{E} = (S) \int_X \left( \frac{1}{n} \sum_{j=1}^{n} f_j \right) \mathrm{d}P$一般很接近客观评判值$\tilde{E}$。

在空间数据挖掘的过程中，在收集完毕各空间对象利用 DHP 法确定的特性因素范围内的空间数据后，如果指标量纲和数量级彼此不同，那么当某指标的数量级特别大时，可能降低甚至排斥低数量级的指标；当某指标的量纲与众不同时，可能难以归纳出知识，那么就要规范化各指标，统一在共同的数值范围。

# 第 5 章　空间数据挖掘可用的理论方法

　　空间数据挖掘所用理论方法的好坏将直接影响到所发现知识的优劣。可用于空间数据挖掘的理论方法很多，主要包括确定集合论、扩展集合论、仿生学方法、知识图谱、可视化等。这些理论方法在实际应用中并非孤立，常常要综合使用，才能发现实用和可靠的知识。本章将分别总结它们的基本原理及其代表成果。

## 5.1　确定集合论

　　基于确定集合论，概率论（Arthurs，1965）和空间统计学（Cressie，1991）研究含随机性的空间数据挖掘。证据理论是概率论的一个扩展（Shafer，1976）。规则归纳、聚类分析和空间分析是空间统计学的延伸（Murray and Estivill-castro，1998；Pitt and Reinke，1988）。聚类算法主要基于分割（k-mean、k-moids）、层次（概念聚类、基于密度算法）或位置（基于格网算法）等（Kaufman and Rousseew，1990），根据类别信息需要与否，可分为监督法和非监督法（Tung et al.，2001）。规则归纳在一定的知识背景下，对空间数据进行概括和综合，得到以概念树形式给出的高层次的模式或特征。与规则归类不同的是，聚类算法无需背景知识，能根据空间对象的特征直接从空间数据库中发现有意义的空间聚类结构。空间分析包括拓扑结构分析、叠置分析、图像分析、模式识别、空间缓冲区和距离分析等。

### 5.1.1　概率论

　　概率论（probability theory）根据大量统计实验的概率，确定随机事件发生与否的可能性大小，挖掘含有随机性的空间数据，发现的知识被表示成给定条件下、某一假设为真的条件概率（Arthurs，1965），常用作背景知识。

　　概率论在获得大量的观测值后，把不确定性表示成给定条件下、某一假设为真的条件概率。在分析空间数据挖掘的不确定性时，概率密度函数较为常用，并辅以计算机模拟误差分布。当使用高斯概率密度函数分析点位误差时，如果误差分布不遵从高斯密度函数，那么更一般的概率密度函数可以通过点位坐标值的反复量测而得到。在得知某一点的误差椭圆参数后，可以根据误差椭圆概率密度函数，利用计算机模拟该误差分布的若干"实现"。这些不同的"实现"作为样本输入到某一空间过程，可用来探求点的位置误差在该空间过程中的传播以及该误差对某一派生数据产品的影响。线的位置误差较为复杂。虽然 ε 误差带量位置误差直观、简易，但仅由带宽参数还不足以获得线目标的不同"实现"。现有的误差模型多为某种形式的概率密度函数解析式，如包含一线段两端点的正态分布函数。为了建立某个空间运算（过程）的误差特性，模拟线段的不同"实现"，可能更为有效地产生反映该过程的统计量，以据此模拟数据。在用误差矩阵描述遥感分类结果的不确定性时，可以用这种背景知识表示的置信度。Lenarcik 和 Piasta 把概率论和粗集相结合，在系统 ProbRough（probabilistic rough classifiers generation）中利用条件属性推理决策知识（Polkowski and Skowron，1998b）。利用基于决策树的概率图模型，概率场认为类别型变量的概率指某一位置上所观测得到的类别为正确的概率（Zhang and Goodchild，2002）。利用基于决策树的概率图模型，Frasconi 等（1999）对带有图形属性的数据库进行挖掘，发现的知识被用于指导机器学习。区域土壤属性的空间分析常通过概率样本来实现，对于无概率样本的区域，Brus（2000）设计了利用概率样本内插回归的方法，估求其土壤属性的一般模式。根据栅格的结构化土地覆盖分类模型，Canters（1997）在评价输入数据的不确定性对输出结果的影响时，提出的基于概率的图像隶属矢量认为，一个像素矢量中的所有元素共同影响和决定该像素的类别。Sester（2000）利用有导师的机器学习技术，从给定样本空间数据库中获取了指导空间数据自动解译的知识。此外，还有对随机图像的不确定性研究（Journel，1996）。

在概率统计的框架下，以下问题值得进一步探讨：①空间目标描述的可靠性；②空间分析中不确定性的积累；③对不确定性的统计检验，其中，抽样方法是一个值得研究的领域。而且，概率统计因为始终没有脱离其数理统计的数学基础，属于"硬计算"的范畴，难以被用于研究定性概念的模糊性。后来出现的证据理论、空间统计学、概率矢量等，都是概率统计在不同应用环境中的学科扩展，也没有脱离该局限性。如果统计样本的全体具有强烈的群体型模糊性，那么将不可能指望通过增加抽样来减少其模糊性。因为样本的参量之间可能事实上就不存在有价值的统计规律，而只存在少许可供参考的模糊关系。而且，现实世界的所有事件是否都是随机发生的？随机发生的事件是否都没有模糊性、甚至不受事件模糊性的作用？如果存在作用，作用的强度又如何度量？在这些问题面前，概率统计显然有些无奈。

### 5.1.2　证据理论

证据理论（evidence theory，又称 Dempster-Shafer 理论）是由可信函数和可能函数所确定的一个区间（Shafer，1976）。其中，可信函数度量已有的证据对假设支持的最低程度，而可能函数衡量根据已有的证据不能否定假设的最高程度。证据理论是对概率论的一个扩展，当证据未支持部分为空时，证据理论就褪变等同于经典概率论。应用基本概率分配函数的正交和，可以将来自各方面的证据合成为一个综合的证据。

证据理论将空间对象分为确定部分和不确定部分，对应信任测度和似然测度两种非可加测度，可以用于顾及不确定性的空间数据挖掘和空间决策分析。利用证据理论的结合规则，可以从多个带有不确定性的属性数据中挖掘空间决策知识，两两比较法也用于顾及属性不确定性的知识发现（Chrisman，1997）。基于证据理论的数据挖掘把知识发现的过程统一地表现为对数据和规则 mass 函数的运算，根据任务选择不同的算法，可以从关系数据库发现强规则，从金星表面图像中识别火山（Yang et al.，1994）；处理空属性值或丢失属性值，在知识发现过程中引入领域知识。可是，证据理论发展了更一般性的概率论，却不能解决矛盾证据或微弱假设支持等问题。

### 5.1.3 空间统计学

空间统计学（spatial statistics）依靠有序的模型描述无序事件，根据有限信息分析、评价和预测数值型空间数据（Cressie，1991）。它基于足够多的样本给出空间现象的现实模型，运用空间自协方差结构、变异函数或与其相关的自协变量或局部变量值的相似程度，在统计空间对象的几何特征量的最小值、最大值、均值、方差、众数或直方图的基础上，得到空间对象特征的先验概率，进而根据领域知识作多元统计分析（主成分分析、因子分析、相关分析、多元回归分析等），发现共性的几何知识。空间统计学能够改善空间数据挖掘对随机过程的处理，估计模拟决策分析的不确定性范围，分析空间模型的误差传播规律，综合处理数值型空间数据，分析空间过程，预计前景，分析连续域的空间相关性。

空间统计学用随机模型将区域化变量和随机性联系在一起，认为区域化变量是某个随机函数的实现，把图像看作区域化变量，用数学模型描述纹理，设置不同的纹理模型参数，借助变差函数分析其结构，可以获得期望的纹理。例如图像有损压缩、缺失数据的替代、图像信噪比估计、分类、遥感图像纠正、火车车轮异常识别、图像序列编码、半参数模型非线性预测、主动空间数据挖掘（Collins and Woodcock，1999；Smith and Curren，1999；Addink and Stein，1999；Atkinson and Lewis，2000；Costa et al.，2000；Wang et al.，2000；马洪超，2002）。应用空间统计学的克吕格方法，可以从图像上获取类别变量在任一位置观测到的分类概率知识（Van，1994）。

但是，空间统计学的数据不相关假设，首先，在空间数据库或空间数据仓库中常常难以得到满足。其次，它能够有效地处理数值型数据，却难以分析字符型数据。再次，如果一个区域的数据受到其相邻区域特征的影响，统计者可能会采用回归模型分析独立变量的滞后形式。第四，在应用空间统计学时，需要同时具备空间领域知识和统计学知识。第五，空间统计分析的计算量也过大。同时，当知道非匀质空间对象的什么属性可能发生与否，可却不知道也难以构建其概率分布模型时，空间统计学和其他方法（如模糊集）结合，更利于发现隐藏在这种不确定性中的知识。

### 5.1.4 规则归纳

规则归纳（rules induction）是在一定的知识背景下，概括和综合大量的经验数据，提炼为以前不知道的一般规律。背景知识可以由用户提供，也可以作为空间数据挖掘的任务之一自动提取。

在推理方法中，归纳不同于基于公理和规则的演绎，以及基于公认知识的常识推理，是根据事例或统计的大量事实和归纳规则进行（Clark and Niblet，1987）。决策规则是数据库中全部或部分数据之间的相关性，是归纳方法的扩充，其条件为归纳的前提，结果为归纳的结论，包括关联规则（买了牛奶的顾客，55%也购买其他乳制品，且42%同时也购买面包）、顺序规则（出现过故障A的某类设备，65%在一个月内也出现故障B）、相似时间序列（股票A与股票B在某一季节内有类似的波动规律）、If-Then规则（如果A、B和C同时发生，则D发生的概率为75%）等。

面向属性归纳（attribute oriented induction），亦称概念提升，适于数据分类（Han

et al., 1993）。当数据之间的规律无法用关联规则描述时，可用状态转移概率描述此时期到下时期的转移规则，下时期的状态取决于前期的状态和转移概率。

示例归纳学习（learning from examples）事先将训练示例分类，是有监督学习（supervised learning）。背景知识由空间数据挖掘的用户提供，示例特征集的选择直接影响学习效率、结果表达和可理解性等效果。与其相对的是事先不知道训练示例分类的无监督学习（unsupervised learning），通过观察与发现学习，其背景知识可作为空间数据挖掘的任务之一自动提取。

此外，在使用基于知识规则挖掘的分类方法处理信息时，如果没有背景知识，那么空间数据挖掘应该考虑聚类分析。

### 5.1.5　聚类分析

聚类分析（clustering analysis）主要根据空间对象的特征将描述个体的数据集划分成一系列相互区分的组，使得属于同一类别的个体之间的差异尽可能地小，而不同类别的个体之间的差异尽可能地大，或者说，类间相似性尽量小，而类内相似性尽量大（Kaufman and Rousseew，1990；Murray and Shyy，2000）。与规则归纳不同的是，聚类算法无需背景知识，能直接从空间数据库中发现有意义的空间聚类结构。

聚类算法用特征表示空间对象，一个空间对象为特征空间的一个点（Murray and Estivill-Castro，1998）。空间数据库中的聚类是对目标的图形直接聚类，空间目标有点状、线状、面状等多种类型，有时聚类形状复杂，同时数据量庞大，这就使空间数据挖掘对聚类算法提出了更高的要求：能处理任意形状的聚类；适用于点、线、面等任意形状的对象聚类；处理大型空间数据库时效率较高；算法需要的参数能自动确定或用户容易确定。在数据挖掘中，聚类按一定的距离或相似性测度在空间数据集中标识聚类或稠密分布的区域，以期从中发现数据集的整个空间分布规律和典型模式，它不仅是知识发现任务的一个重要组成部分，也是数据挖掘系统中发现分类知识、广义知识、关联知识等共性知识和离群知识的先决条件。聚类的质量主要体现在紧凑性（compactness）和可区分性（separation）。紧凑性反映每个聚类的紧凑或密集程度，而可区分性反映不同聚类之间的差异或距离。

根据相似性度量和聚类评价准则等的不同，常用的聚类方法包括分割方法（partitioning methods）、层次方法（hierarchical methods）、密度方法（density methods）和格网方法（grid methods）等（Kaufman and Rousseew，1990；Agrawal and Srikant，1994；Zhang et al.，1996；Guha et al.，1998；Hinneburg and Keim，1999；Grabmeier and Rudolph，2002；淦文燕，2003）。

分割方法根据目标到聚类中心的距离迭代聚类，对于给定的聚类个数和某个基于距离的目标准则函数划分数据，使目标准则函数在此划分下达到最优。典型算法包括 K-means、K-mediods、PAM（partitioning around medoids）、CLARA（clustering large application）和 CLARANS（clustering large application based upon randomized search）等。这些分割算法都采用了距离平方和准则及基于单代表点（类均值或者类中心）的类原型表示方法，都面临共同的球形偏见问题。针对任意形状的聚类发现，一种有效的解决方法，是采用连续光滑的非线性映射，将数据空间中的对象映射到高维特征空间中，使之具有较好的线性可分性，然后在特征空间中实现聚类划分。代表算法有 Mercer-Kernel clustering、SVC（support vector clustering）、DBCLASD（distribution based clustering of large spatial databases）等。概念聚类是分割算法的一种延伸，它用描述对象的一组概念取值将数据划分为不同的类，而不是基于几何距离来实现数据对象之间的相似性度量。概念聚类能够输出不同类，确定其属性特征的覆盖，并对聚类结果给予解释。

层次方法递归地对数据进行合并或分裂，将数据集划分为嵌套的类层次结构或类谱系图，可分为凝聚式和分裂式。一般地，分裂式层次方法的运算量比凝聚式层次方法更大，应用也不如后者广泛。凝聚式层次聚类算法，结合自下而上聚类生成策略与循环重定位技术，实现数据集的分层聚集，如 Single-Link、Complete-Link、Group Average 和 Centroid 等，它们采用链式距离衡量类间相似性，聚类结果存在球形偏见，且算法的时间复杂度很高。改进的层次聚类算法通过有机地集成分割方法、层次方法、随机抽样等多种聚类方法，来提高聚类结果的质量和改善聚类算法的性能，代表算法包括 BIRCH（balanced iterative reducing and clustering using hierarchies）、CURE（clustering using representatives）、Chameleon 和 CLIQUE（clustering in quest），聚类结果严重依赖于用户参数的合理设置。

密度方法针对复杂形状的聚类而提出，每个类簇对应数据分布的一个相对密集区，通过将空间划分为若干由低密度区域（对应噪声或离群数据）所分割的连通高密度区域来实现聚类分析。典型算法包括 DBSCAN（density based spatial clustering of applications with noise）、OPTICS（ordering points to identify the clustering structure）和 DENCLUE（density based clustering）等。聚类质量严重依赖于算法参数的仔细选择。

格网方法通过空间划分实现聚类分析，将空间划分为有限数目的格网单元从而形成格网结构，所有聚类操作都在格网结构上进行。典型算法有 STING（statistical information grid-based method）、STING+、WaveCluster、CLIQUE 和 OptiGrid 等。算法的处理时间与对象个数无关，具有良好的效率和可扩展性，但聚类结果的质量依赖于格网划分的量化尺度。

根据数据挖掘中聚类算法的典型性能要求，如算法的可扩展性、发现任意形状聚类的能力、对用户输入参数的依赖性、处理噪声或异常数据的能力、处理高维数据的能力、对数据输入顺序的不敏感性，等等，对上述常用聚类算法的效率和有效性进行了分析，比较结果如表 5.1 所示（淦文燕，2003）。

表 5.1　常用聚类算法的效率和有效性比较

| 算法名称 | 算法的时间复杂度 | 高维聚类能力 | 发现任意形状聚类能力 | 抗噪能力 | 用户参数 | 数据输入顺序敏感否 |
|---|---|---|---|---|---|---|
| $K$-means | $O(tkn)$ | 一般 | 大小相等的球形聚类 | 差 | $k$（聚类个数） | 敏感 |
| $K$-mediods | $O(tk(n{-}k)^2)$ | 一般 | 大小相等的球形聚类 | 差 | $k$ | 敏感 |
| CLARA | $O(ks^2+k(n{-}k))$ | 差 | 大小相等的球形聚类 | 差 | $k$，$s$（抽样个数） | 敏感 |
| CLARANS | $O(k \cdot n^2)$ | 差 | 球形聚类 | 差 | $k$，MaxNeighbors（最大邻居数目） | 不敏感 |
| BIRCH | $O(n)$ | 差 | 球形聚类 | 较好 | $B$（分支系数）；$T$（阈值） | 不敏感 |

| 算法名称 | 算法的时间复杂度 | 高维聚类能力 | 发现任意形状聚类能力 | 抗噪能力 | 用户参数 | 数据输入顺序敏感否 |
|---|---|---|---|---|---|---|
| CURE | $O(n^2\lg(n))$ | 差 | 任意形状 | 较好 | $k$；$\alpha$（收缩因子）；$c$（聚类代表点个数） | 不敏感 |
| ROCK | $O(n^2\lg(n))$ | 差 | 任意形状 | 好 | $k$；$\theta$（相似度阈值） | 不敏感 |
| Chameleon | $O(n^2)$ | 差 | 任意形状 | 好 | $k$；$k$-NN（最邻近个数）；MinSize（最小子图结点数） | 不敏感 |
| DBSCAN | $O(n \cdot \lg(n))$ | 差 | 任意形状 | 好 | $\varepsilon$（邻域半径）；Minpts（最小邻域对象个数） | 不敏感 |
| OPTICS | $O(n \cdot \lg(n))$ | 差 | 任意形状 | 好 | $\varepsilon$；Minpts | 不敏感 |
| DENCLUE | $O(n \cdot \lg(n))$ | 较好 | 任意形状 | 好 | $\sigma$（核函数窗宽）；$\xi$（噪声阈值） | 不敏感 |
| STING | $O(n)$ | 差 | 垂直和水平的聚类边界 | 较好 | resolution（格网分辨率）；$m$（格网单元中的对象个数） | 不敏感 |
| WaveCluster | $O(n)$ | 差 | 任意形状 | 好 | resolution（格网分辨率）；$\tau$（信号阈值） | 不敏感 |
| CLIQUE | $O(n)$ | 好 | 任意形状 | 较好 | resolution；threshold（密集格网单元阈值） | 不敏感 |

从表5.1可以发现，分割方法的聚类质量比较差，仅适于发现大小相等的球形聚类，抗噪声能力弱，对数据的输入顺序很敏感，需要用户预先确定聚类个数；改进的层次方法具有相对较好的聚类质量，但算法的时间复杂度比较高；密度方法和格网方法具有良好的聚类质量和算法性能，能够发现任意形状的聚类，能够有效处理噪声数据，对数据输入顺序不敏感，但是聚类结果的质量都依赖于多个算法参数的合适选取；此外，除了DENCLUE和CLIQUE等少数算法以外，大多数聚类算法都不能有效处理高维数据。

此外，还有数据场聚类、模型聚类、图聚类、模糊聚类、神经网络聚类、数学形态学聚类等（邸凯昌，2001）。Knorr和Ng（1996）分析了空间数据挖掘中的聚类和特征关系，提出了发现聚合亲近关系和公共特征的算法。Ester等（1996）使用聚类方法研究了在大型空间数据库中挖掘类别判读知识的技术。Tung等（2001）提出了一种在空间数据挖掘中实行空间聚类时，处理河流、高速公路等阻隔的算法。Murray和Shyy（2000）提出了一种探测性空间数据聚类方法。

Wang等（2011）发现当高斯势的香农熵最小时，聚类的不确定性最小。如果利用高斯势函数作为数据场内对象间相互作用的衰减函数，那么最小化高斯势的香农熵能够减少聚类的不确定性，可描述数据挖掘中知识的抽象、简化和细化能力。使用等势线嵌套，能够实现大规模数据的自组织聚簇与简化归纳，呈现数据内在的本质和价值，成功解决了文献［*Science*，2014，344（6191）：1492-1496］中的"快速聚类算法"阈值生成问题。

### 5.1.6 空间分析

空间分析（spatial analysis）是利用空间的拓扑、叠置、缓冲和距离等进行分析的方法的总称（Haining，2003），目的在于发现有用的空间模式。探测性的数据分析（exploratory data analysis）采用动态统计图形和动态链接技术显示数据及其统计特征，发现数据中非直观的数据特征和异常数据（Clark and Niblet，1987）。把探测性的数据分析与空间分析相结合，构成探测性的空间分析（exploratory spatial analysis）（Muggleton，1990），再次与面向属性的归纳结合，则形成探测性的归纳学习（exploratory inductive learning），它们能在空间数据挖掘中聚焦数据，初步发现隐含在数据中的某些特征和规律。图像分析可直接揭示空间数据库中大量图形图像中的知识，或作为其他知识发现方法的预处理手段。Reinartz（1999）给出了现实世界区域的数据挖掘方案及其实验结果。高光谱成像获取的地表图像包含了丰富的空间、辐射和光谱三重信息，王晋年等（1999）分析了以地物识别与分类为目标的高光谱数据挖掘技术。马建文和马超飞（1999）通过对 TM 卫星数据的挖掘说明了基于空间角度算法在处理多波段遥感数据时的数学能力。Ester 等（2000）以空间的点为基本单位，研究了多空间物体的相邻关系的处理技术，集成了空间数据挖掘算法和空间数据库管理系统，同时利用相邻图形和路径以及小型的初始数据库操作挖掘空间模式，使用相邻索引来提高初始数据库的处理效率。Mouzon 等（2000）在空间可能因果关系的属性异常诊断索引中，使用一致和诱导的算法挖掘了属性不确定性对异常诊断影响的知识。

### 5.1.7　决策树

决策树（decision tree）根据不同的特征，以树型结构表示分类或决策集合，产生规则和发现规律（Quinlan，1993）。在空间数据挖掘中，决策树首先利用训练空间对象集生成测试函数，其次根据不同取值建立树的分枝，在每个分枝子集中重复建立下层结点和分枝，形成决策树，然后对决策树进行剪枝处理，把决策树转化为据以对新空间对象进行分类的规则。ID3（interactive dichotomizer 3）方法根据信息论原理建立决策树，它计算数据库中各字段的信息量，寻找具有最大信息增益量的字段，建立决策树的一个结点，再根据字段的不同取值建立树的分枝，在每个分枝子集中重复建树的下层结点和分枝，叶结点为正例或反例。顾及决策树邻近对象的非空间聚合值，基于分类对象的非空间属性、描述被分类对象和邻近特征的空间关系的属性、谓词和函数，Koperski（1999）提出了空间数据的两步决策分类法。在查找样本对象的粗略描述后，利用机器学习的Relief 算法提取空间谓词，合并空间谓词和非空间谓词为分类决策知识。Marsala 和 Bigolin（1998）利用模糊决策树在面向目标的空间数据库中挖掘区域分类规则。POSS系统（Fayyad et al.，1996）使用决策树方法对天空图像中的星体对象进行分类，并通过分辨率、背景等级或平均强度等属性参数对图像进行规范化，以提高分类准确性。C4.5系统也是基于决策树研制，使用信息增益率建树（Quinlan，1993）。

## 5.2　扩展集合论

空间数据挖掘与人脑思维具有相似性。人脑思维把握事物确定性的功能，导致了确定集合的产生。精确数学基于确定集合，通过定量计算发现知识，每一个空间对象都与单一的属性说明有关，属性之间被表示为清晰的边界，这和复杂多变的现实世界是不一致的。同时，人脑思维可以把握事物的不确定性，在定量基础上定性归纳，用较少的代价传递足够的信息，对复杂事物作出高效率的判断和推理，深刻地反映问题的本质。因此，在空间数据挖掘中，确定集合理论需要扩展，用于研究不能精确描述的空间对象，实现定量和定性的相互转换。

基于传统的确定集合理论，每一个空间对象都与单一的属性说明有关，属性之间被强制表示为清晰的"硬边界"。确定的集合具有精确定义的界线，元素对集合的隶属关系为 0、1 二值逻辑，给定一个元素，要么完全属于集合，要么完全不属于。在确定集合理论向不确定性理论的扩展中，出现了模糊集、粗集、地学粗空间和云模型。Zadeh 创立的模糊集，把经典集合的值域从{0，1}扩充为[0，1]、将特征函数发展为模糊隶属函数。在空间数据挖掘中，模糊集的属性自变量集和类别因变量集之间是一一映射关系，因变量的值是介于 0 和 1 之间的唯一模糊隶属度，它把对经典集合中元素的计算转换为对模糊集中模糊隶属度的运算，解决了"似是而非"的模糊性问题（Zadeh，1965）。Pawlak 提出的粗集，使用一对精确的上、下近似集来研究不完备性，通过已知背景知识近似逼近未知不确定性（Pawlak，1991）。粗集偏重在不完备的属性信息，属性自变量集和类别因变量集之间是一对区域关系，因变量的值是介于最大隶属（上近似集）和最小隶属（下近似集）之间的隶属区域。可是，二者却都不能处理事件发生的随机性问题。李德毅创建的云模型，兼容了模糊性和随机性，可以研究具有模糊性、随机性或兼有模糊性和随机性的空间属性的特征，把集合论的扩展再次推向深处（李德毅和杜鹢，2005）。这里，主要讨论模糊集和粗集。

### 5.2.1 模糊集

模糊集（fuzzy sets）用隶属函数确定的隶属度描述不精确的空间数据，重在处理空间数据挖掘中不精确的隶属度（Zadeh，1965）。模糊性是客观存在，系统的复杂性愈高，模糊性就愈强。模糊集把确定集合中的特征隶属关系转换为模糊集合中的模糊隶属关系，用数学方法研究定性概念中的模糊现象，如模糊评判、模糊决策、模糊模式识别、模糊聚类等。在空间数据挖掘中，如果把空间对象对备选类制论域的连续隶属度区间设为[0，1]，类别、空间对象分别视为模糊集合、集合元素，那么每个空间对象对应一组备选类别的模糊隶属度，描述属于类别的程度。具有类型混合、居间或渐变不确定性的空间对象可用隶属度描述，模糊隶属度为 0 表示不属于一个类别，越接近于 1 就越属于，1 表示完全属于。如一块含有土壤和植被的土地，可以由两个隶属度表示。因反映空间非匀质分布的概率是可变的，类别变量的不确定性主要源自定性数据所固有的主观臆断性、易混淆性和模糊性，故没有明确定义的界线的模糊集合论，较传统集合论更适于研究非匀质分布和模糊类别，客观地表述地理现象之间的属性不确定性。Burrough 和 Frank（1996）讨论了不确定性数据的模糊布尔逻辑模型。Canters（1997）评价了从模糊土地覆盖分类中估计面积的不确定性规律。王树良（2002）提出了融模糊综合评判和模糊聚类分析为一体的模糊综合法，用于挖掘土地的地价和级别属性不确定性。对于遥感图像分类，模糊隶属度知识也用于表达遥感图像中的不确定相邻边界的像素类别，模糊类别域的生成可籍所使用的分类器不同而输出不同的中间结果，如统计分类器中像素属于备选类别的似然值，神经元网络分类器中的类别激活水平值（Zhang and Goodchild，2002）。

然而，模糊集并没有从根本上很好地解决模糊不确定性，并且其理论还存在很多不彻底性。第一，最突出的问题是，作为模糊集理论基石的模糊隶属函数的实质以及具体确定方法始终没有定论。确定隶属函数还停滞在靠经验判断、从实践中找反馈、不断校正以达到预定目标的阶段，如例证法、专家经验法、统计法、滤波函数法、二元对比排序法、多维向量表法等（Huang，1997）。但是，这些方法都没有脱离主观经验，都只是向真值的逼近。虽然吸收了人脑的优点，但缺乏理论化的判别原则，带有很大的盲目性。而且，模糊隶属度一旦确定，模糊集合的后续数值计算实际上已经把不确定性抛开，并没有继续向前传送至结果。第二，用一个唯一的精确数值表示元素对模糊集合的隶属程度，不符合人们对自然语言中的概念的理解。隶属函数一旦通过人为假定，"硬化"成精确数值表达后，就被强行纳入精确计算，随后概念的定义、定理的叙述及证明等数学思维环节中，就不再有丝毫的模糊性了。第三，模糊逻辑计算的最大最小等方法，虽然计算简便，但是 0.7999 与 0.8000 两个隶属度的差别并非很大，这样导致了很多信息的丢失，而在丢失的信息中，就可能包含人们所真正关心的问题。例如，模糊综合评判顾及了模糊性，但在根据最大隶属度原则对综合评判矩阵确定定级结果时，不仅难以区分 0.7999 和 0.8000 之间的等级类别，还丢失了各评价空间对象之间的相关信息，易造成与实际不符的定级结果。第四，模糊聚类的阈值一般由人来确定，具有很大的主观性，尤其是凭经验取值，不仅有先在思想上按主观愿望分类，再去凑阈值之嫌，而且分类不唯一。同时，什么是适当的阈值？始终是一个经验值。不同的人可能给出不同的阈值，不同的阈值也可能得到不同的结果。不但没有解决不确定性，反而增大了不确定性。王树良（2002）对此曾有详细的总结，并提出了基于模糊概率的模糊综合法，变阈值的主观确定为模糊统计的客观确定。第五，在研究同时含有模糊性和随机性的不确定性时，模糊集只能丢弃随机性，是不合适的。同时，在空间分析中，例如，GIS 的叠置（overlap）分析，应用模糊集讨论属性不确定性的传播与积累，是一个值得进一步深入研究的问题。此外，基于模糊集的不确定性的空间分布描述也值得进一步探讨。

那么，是否真的存在一个固定的值来表示某一特定元素满足论域的程度？如何建立、度量、判断隶属函数的形状？不确定性在推理中如何得以传播和继承？传播和继承中的误差累积如何度量？等等。这些问题，都是来自模糊集的不彻底性。

### 5.2.2 粗集

粗集（rough sets）面向不完备信息，以精确概念定义不精确范畴，以一对精确概念（上近似集、下近似集）取代任意不精确概念（Pawlak，1991）。基本单位为等价类，类似于栅格数据的栅格、矢量数据的点或图像的像素。等价类划分越细，粗集描述空间对象越精确，但存储空间和计算时间也越大（Ahlqvist et al.，2000）。根据利用统计信息与否，现存的粗集模型及其延伸可以分为代数型和概率型两大类（Yao et al.，1997）。Polkowski 等（2000）总结了粗集在数据挖掘中的理论和技术。粗集从初始的偏重定性分析（如上、下近似集的描述，最小决策集的生成）发展到定性定量并重（如粗概率、粗函数和粗微积分的表示与计算），并且与模糊集、概率论和证据理论等互相交叉，形成粗模糊集、粗概率集和粗证据理论等。粗集被应用在全国农业数据的概化和发现最小决策知识（邸凯昌，2001），描述属性 ROSE 不确定模型（Schneider，1997），银行粗选址（邸凯昌，2001），定性定量语言值的粗转化，遥感图像粗分类、粗邻域和粗属性精度（Ahlqvist et al.，2000）、粗空间规划的知识（Lin and Cercone，1997）等。通过粗集软计算简化决策表中的属性值，删去冗余规则，分别用计算基于统计或专家经验带可信度的产生式规则、基于粗集带粗算子的决策规则，开发同一个系统，后者比前者更加实用。基于粗集的数据挖掘系统有 GROBIAN，RSDM，KDD-R 等（Polkowski and Skowron，1998a，1998b）。

可是，应用也暴露了粗集的局限和不足。

首先，粗集浪费计算和存储空间。一般地，空间现实世界中的空间对象及其属性，确定的占绝大部分，不确定的只是少数。粗集的下近似集是上近似集的子集，下近似集中的空间对象及其属性是确定的，占用空间最多，却被定义和计算了两次，粗集的等价类划分越细，需要的存储和计算成本也越大，这种浪费也就越大。

其次，粗集的符号混乱。符号的表示具有本理论的特征，并能够与其他理论的符号区别开即可，没有必要在不同的时间、不同的应用领域采用形态各异的符号。可是，粗集在不同的场景创造了形态各异的表示符号，即使创始人 Z.Pawlak 也几乎在不同的论文中使用不同的符号。Pawlak 曾注意到符号问题的严重性，并在 "Rough set elements" 一文中试图给予统一（Pawlak，1998）。遗憾的是，他在统一中又创造了新的符号系统，在随后研究中也并不遵守。

再次，粗集的等价类和等价关系缺乏数学基础。粗集的"等价关系"的名称不符合等价关系的数学定义，据此建立的"等价类"缺乏数学严密性。二值关系 $R$（$R \subset X \times X$，$x$，$y \in X$）当且仅当满足自反性（reflexive）、对称性（symmetric）和传递性（transitive），称为等价关系。一般地，现实世界中的关系，容易满足自反性和对称性的条件，而传递性不容易满足。正如模糊数学中的模糊关系矩阵，通常都满足自反性和对称性的条件，只有当通过传递闭包生成了满足传递性的模糊矩阵，才能称为模糊等价矩阵。粗集在没有证明的情况下，把不可辨别关系直接称为"等价关系"，并据此得到"等价类"，缺乏数学基础。例如，在粗集的近似空间中存在上近似集和下近似集分别相等的三个宗地 $x$，$y$ 和 $z$，即 $x$，$y$ 和 $z$ 都是确定的，$y$ 把 $x$ 和 $z$ 分开，$y$ 和 $x$、$y$ 和 $z$ 都满足空间关系 $R$ = "touch"，$x$ 和 $z$ 不满足 $R$。显然，宗地 $x$，$y$ 和 $z$ 都满足：①自反性（$x R x$，$y R y$，$z R z$）；②对称性（若 $x R y$，则 $yRx$；若 $xRz$，则 $yRz$；若 $yRz$，则 $zRy$）；但是，传递性并不成立，因为从 $xRy$ 且 $yRz$，推导不出 $xRz$ 成立。因此，粗集的"等价类""等价关系"最多只能称为满足自反性和对称性的粗集类、粗集关系，而不是具有严格数学定义的等价类、等价关系。

此外，粗集不是研究地球空间信息学的专门方法，把随机性和模糊性等不确定性丢进边界中笼统考虑，并没有在数学分析上作进一步的研究。也就是说，粗集只是用边界集表达了不确定性。但是，边界内的元素具体如何呢？粗集难以回答。而且，粗集给出了概念定义的衍生拓扑关系，却没有充分考虑空间的关系、分布、粒度、测度等特性，空间分析的工具（如空间关系、多个图层的叠置）也尚未具备。

这些，已在一定程度上阻碍了粗集的应用和发展。同时，计算模型是对现实世界的近似表达，有必要在空间数据挖掘内，延拓粗集更为广义的外延，研究逼近空间对象的现实存在形式的方法。为了弥补这些不足，地学粗空间进行了尝试。

# 5.3 仿生学方法

神经网络（Miller et al.，1990）和遗传算法（Buckless and Petry，1994）是空间数据挖掘的仿生学方法。神经网络是由大量神经元通过极其丰富和完善的连接而构成的自适应非线性动态系统。遗传算法是模拟生物进化过程，在空间数据挖掘中利用复制、交叉和变异三个基本算子优化求解的技术。

## 5.3.1 人工神经网络

20 世纪 80 年代，在感知器的基础上更进一步，人们提出了多层感知器（multilayer perceptron）的概念，它具有多个隐含层结构，使用 sigmoid 或 tanh 等非线性函数模拟神经元对激励的影响，并通过反向传播（back propagation，BP）算法进行相关参数的训练。多层感知器的多个隐含层结构使其能够更好地刻画现实世界中的复杂情形，有效缓解了单层感知器面对复杂问题时无能为力的困境，这种多层感知器就是人工神经网络模型。

人工神经网络（artificial neural network）在结构上模拟人类神经网络，由输入层、中间层和输出层组成，多个非常简单的处理单元（神经元）按某种方式相互连接而形成，靠网络状态对外部输入信息的动态响应来处理信息。人工神经网络"具体问题具体分析"，具有自适应、非线性、分布存储、联想记忆、大规模并行处理、自学习、自组织的特点（Gallant，1993），其信息分布式存储于连结权系数中，使网络具有很强的容错性和鲁棒性，可有效地减少或消除模式识别问题中噪声的干扰。人工神经网络被称为联结主义方法，可分为三类：①用于预测、模式识别等的前馈式网络，如感知机（perceptron）、反向传播模型、函数型网络和模糊神经网络等；②用于联想记忆和优化计算的反馈式网络，如 Hopfield 的离散模型和连续模型等；③用于聚类的自组织网络，如 ART 模型和 Koholen 模型等。但是，人工神经网络长于表达，却短于解释，由于神经网络分类方法获取的知识隐含在网络结构中，而不是显式地表达为规则，不容易被人们理解和解释。而且，其收敛性、稳定性、局部最小值以及参数调整等问题尚待更深的研究，尤其对于输入变量多、系统复杂、非线性程度大等情况（Lu et al.，1996）。

人工神经网络在空间数据挖掘中适于从环境信息复杂、背景知识模糊、推理规则不明确的非线性系统中挖掘分类、聚类、预测等知识（Miller et al.，1990）。同样地，知识的获取是通过对训练数据进行学习实现的，大量神经元集体通过示例训练来学习待分析数据中的模式，形成描述复杂非线性系统的非线性函数，得到客观规律的定量描述。这些知识隐含在网络结构中。若是作为中间处理结果，这些知识直接提供计算机算法使用，则一般不必转换为更加精炼的规则，此时，网络结构本身可以看成是一种知识表达方式。若是作为最终数据挖掘和知识发现结果提供给人理解和决策，则可借鉴 NeuroRule 的方法把隐含在网络结构中的知识转换为显式的精炼的规则，这样一方面便于人分析和理解，更重要的是可以根据显式规则从大型空间数据库中查询某类对象作更深入的分析。同决策树等符号主义分类方法相比，其优点是分类精度高（错分率低）、对噪声具有鲁棒性。在一些商用遥感图像处理软件中已有神经网络分类的模块。Lee（2000）在空间统计学中用模糊神经网络估计了处理空间分布异常的规则。采用逐步添加训练数据和隐节点避开局部极小点，可在数据挖掘中改进前向人工神经网络算法。此外，神经网络与遗传算法结合，也能优化网络连接强度和网络参数。为了克服神经网络获取的知识不易理解的缺点，Lu 等（1996）用神经网络获取分类规则的 NeuroRule 算法采用三层 BP 网络，经过网络训练、网络剪枝和规则提取精炼规则。

可是，在人工神经网络被用于数据挖掘时，获取分类知识要多次扫描训练数据，训练速度慢，学习时间长，有可能陷入局部最小。在学习时不易利用领域知识，难以从网络结构中提取分类规则，难以融合已有的应用领域知识，难以确定网络参数（如中间层神经元的个数）和训练参数（如学习率、误差阈值等）。

### 5.3.2　卷积神经网络

卷积神经网络（convolutional neural network，CNN）在人工神经网络的基础上，采用前向传播计算输出值，并利用反向传播调整模型参数，但它的前几个隐含层之间的神经元并不全连接，只是部分连接，即某个神经元的感知区域仅来自上一层的部分区域，而不是全部区域，这种层级结构被称为卷积层（LeCun et al.，1998）。卷积神经网络解决了人工神经网络求解过程中模型参数过多的问题，有三个改进。

（1）局部感知：普通的人工神经网络中，隐含层节点会全连接到上一层输出的每个像素上，而在卷积神经网络中，隐含层节点只连接到上一层输出的某个局部区域，从而大大减少需要训练的权值参数。卷积神经网络的局部感知就好比人的眼睛，目光只聚焦整体中的局部区域，这种局部感知能够发现数据的某些局部特征，如图像中的某个边缘，它们是构成动物视觉的基础。

（2）权值共享：由于局部感知仅连接上一层输出的某个局部区域，为了获取全部的特征信息，就需要对上一层的输出进行扫描，这样神经元的数量便大大增加了，所要训练的权值参数仍然非常多。为了解决这个问题，在卷积神经网络中，每一层的所有神经元共用一个卷积核，这就是权值共享，它大大减少了所要训练的权值参数，这就好比人的某个神经中枢中的神经细胞，它们的结构和功能都是相同的。

（3）池化：在卷积神经网络中，没有必要在每一个隐含层直接对上一层的输出作处理，可以通过某种压缩方法，在保证特征损失很小的前提下，精简上一层的输出结果，减小运算量，这就是池化，它通过对上一层的输出进行卷积操作，大大减小了数据的规模。

卷积神经网络的这些特点，使其对输入数据在空间上和时间上的变化有很强的鲁棒性，从而能对变形和扭曲的图像进行识别。它采用卷积层与采样层交替放置的设计，不断对图像特征进行抽象，最后再跟上一些全连接层对特征作进一步处理，其具体结构形式多种多样，造成这种多样性的原因，是网络结构设计方式的不同以及模型优化方法上的区别。

最早成功应用卷积神经网络的是 LeNet，在 2012 年的 ILSVRC 大赛中，由 Alex 提出的 AlexNet 远超第二名的神经网络，引发了深度学习的浪潮（Alom et al.，2018）。

### 5.3.3　深度卷积神经网络

深度卷积神经网络（deep convolutional neural network，DCNN），顾名思义，它的网络结构比一般的卷积神经网络要深，即神经网络的层数更多。深度卷积神经网络主要包含卷积层、降采样层、全连接层三种类型的层结构，具有代表性的深度卷积神经网络模型 LeNet-5 的基本结构如图 5.1 所示。卷积层主要进行特征提取，通过对输入图像进行卷积计算，得到相应的输出特征图。深度卷积神经网络可以直接输入二维矩阵，其中卷积层的卷积核个数代表特征的种类，同一个卷积核中的权值一样，即卷积核内共享权值。第一层卷积层主要学习输入图像的底层特征，随着层数的增加，学习得到的特征的抽象程度会加深，底层特征逐渐向高层特征转化。降采样层主要对卷积层提取的特征进行概括和抽象，通过对给定邻域范围内的像素进行池化操作，减少卷积层输出特征图的空间分辨率，达到特征概括的作用，同时减少了网络模型的参数。降采样层的池化计算主要包括两种：求均值和求最大值，通常求最大值的效果会优于求均值的计算。降采样层的特有计算方式，使得深度卷积神经网络模型学习到的特征具有一定程度的平移不变性。全连接层将前面卷积层和降采样层提取的特征采用非线性映射的方式转换为一维向量，作为输出层的全连接层的连接节点等于训练样本的类别个数，其他全连接层的连接节点的数量可以任意设定。输出层作为网络的分类器，获得输入数据的类别结果。

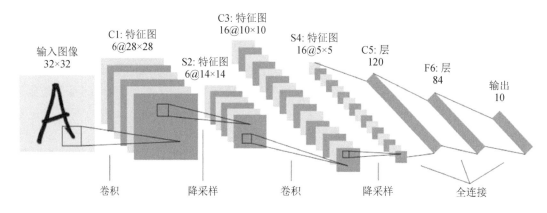

图 5.1　经典的卷积神经网络模型 LeNet-5（LeCun et al.，1998）

作为一种创新的机器学习模型，深度卷积神经网络具有极强的泛化能力，它的权值共享结构网络与生物神经网络非常类似。鉴于深度卷积神经网络在自然图像的目标识别、目标分类、场景标注中的应用，将其应用于遥感图像内容特征提取中，能够获得具有更强遥感图像内容表达能力的特征，并用于遥感图像分类和内容检索。

### 5.3.4　深度学习

深度学习是机器学习中一种基于数据表征学习的方法，通过组合低层特征形成更加抽象的高层属性类别或特征，以发现数据的分布式特征表示。在不同学习框架下建立的学习模型也不同，如卷积神经网络（CNN）是监督机器学习模型，而深度置信网（deep belief nets，DBN）是无监督机器学习模型。

最初 CNN 不具备目标定位功能，但是在实际场景中，一张图像内往往包含多个对象。Ross Girshick 在 CNN 的基础上，在原始图层上引入选择搜索算法，提出 RCNN（region with CNN），通过在特征图上选择搜索，大幅度减少了 CNN 的计算耗时。Faster-RCN 用 RPN（region proposal net）代替原本的选择搜索算法，使用机器学习通过 Attention 机制与 Bounding Box 回归，解决了定位问题（Ren et al.，2015）。

近年来，深度学习在语音识别、目标检测与识别、自然语言处理（Alom et al.，2018）等诸多领域取得成功。随着类脑科学和信息技术的发展，以深度神经网络学习为代表的人工智能基本理论和方法取得了重大突破，在对策博弈、机器视觉、图像识别等领域示范应用也取得了一系列令人振奋的成功。江碧涛等围绕解决目标特征表达和提取这一遥感信息目标智能化识别的难点问题，吸纳"大数据、云计算、即插即用"等技术理念，基于深度学习模型，构建有效规划、开放可定制、协同应用的目标智能化解译框架；根据卫星数据、航空载荷数据、互联网数据海量、多源的特点，提出基于深度网络模型和稀疏学习的目标特征表达和提取方法，获取各类目标的多尺度、多层次稀疏特征，为基于多源信息的智能化目标检测识别提供鉴别性特征，为大幅提高海量天基数据的利用效能和融合应用水平提供技术支撑。

自 2006 年以来，深度学习在学术界持续升温，成为人工智能领域的研究热点。深度学习正在取得重大进展，解决了人工智能界尽最大努力很多年仍没有进展的问题。它擅长发现高维数据中的复杂结构，因此它能够被应用于科学、商业和政府等领域。在过去几十年模式识别的各种应用中，手工设计的特征处于统治地位。它主要依靠设计者的先验知识，很难利用大数据的优势。由于依赖手工调参数，特征的设计中只允许出现少量的参数。深度学习通过构建具有很多隐层的机器学习模型和海量的训练数据，来学习更有用的特征，从而最终提升分类或预测的准确性。2010 年，美国国防部 DARPA 计划首次资助深度学习项目，参与方有斯坦福大学、纽约大学和 NEC 美国研究院。支持深度学习的一个重要依据，就是脑神经系统的确具有丰富的层次结构。除了仿生学的角度，目前深度学习的理论研究还基本处于起步阶段，但在应用领域已显现出巨大能量。2011年以来，微软研究院和 Google 的语音识别研究人员先后采用 DNN 技术降低语音识别错误率 20%~30%，是语音识别领域十多年来最大的突破性进展。2012 年，DNN 技术在图像识别领域取得惊人的效果，在 ImageNet 评测上将错误率从 26%降低到 15%。这一年，DNN 还被应用于制药公司的 Druge Activity 预测问题，并获得世界最好成绩，这一重要成果被《纽约时报》报道。

深度学习在自然语言处理和自然图像识别领域取得巨大成功后，很多研究者将其应用于遥感信息处理。在遥感信息智能化识别领域，应用较多的深度学习方法是 CNN 和 DBN 技术，具体应用方向包括目标检测、目标识别、目标分类和目标变化检测等，应用的数据对象包括光学遥感图像、SAR 遥感图像和互联网公开数据等。基于深度学习技术提取高层次特征的方法也在高分辨率遥感图像内容检索任务中得到广泛应用（Zhou et al.，2016）。研究表明，相对传统的图像内容特征提取方法，深度卷积神经网络不但具有更好的应用效果，而且能够处理更复杂的问题。深度学习在遥感信息智能化识别方面的性能，明显优于基于手工设计的特征的传统方法。可以预见，深度学习在遥感信息智能化识别领域的应用将越来越广泛并将取得更多的成果，无疑是当前研究热点，非常有必要大力开展相关研究。

### 5.3.5 生成式对抗网络

在深度学习领域，各种将特征向量映射到对应标签的分类器（上文的神经网络就是其中之一）取得了显著的成就，这是由于其反向传播算法的线形分段单元具有良好的梯度，可以利用梯度下降法对模型不断优化。但是在最大似然估计中,很多概率计算的问题十分棘手,难以使用梯度下降法逼近,这直接导致深度生成模型难以取得良好的效果。2014 年,Ian Goodfellow 提出了生成式对抗网络(generative adversarial nets,GAN),解决了以上困难。

在生成对抗模型架构的训练过程中,生成模型会与判别模型进行对抗竞争。生成器与判别器的训练过程恰如一场博弈,这场博弈驱使参与对抗的双方不断提高自己的能力,直到生成器可以完美拟合原始概率分布。生成器和判别器可以是任意一种模型,但是鉴于多层神经网络的强拟合能力,一般使用多层神经网作为生成器与判别器的原型,并将这种使用多层感知机的生成对抗模型称为生成式对抗网络。使用多层神经网络作为生成器和判别器的另一个重要原因是可以使用相对成熟的反向传播算法及 dropout 算法,最后通过神经网络的前馈网络生成样本。

2017 年,Martin Arjovsky 在 *Wasserstein GAN* 一文中论证了原始 GAN 的目标函数在训练初期不能为目标函数提供良好的梯度,并且会导致梯度消失问题,原因是使用的 KL 散度虽然表示了两个概率分布的差异,但是 KL 散度值本身不代表两个概率分布的距离,这与梯度下降法的概念矛盾。Wasserstein 距离不但提供了稳定的梯度,还能指示整个网络的训练进程,Wasserstein 的值越低,说明整个网络训练得越好。

### 5.3.6 遗传算法

遗传算法(genetic algorithms,GA)由 John Holland 于 1975 年提出,利用复制(选择)、交叉(重组)和变异(突变)三个基本算子仿效生物的进化过程,是一种解决最优化问题的方法(Buckless and Petry,1994)。它以严密而抽象的科学方法解释自然界中"物竞天择,适者生存"的演化过程,将生物界中基因演化的重要机制用计算机软件模拟,使空间数据挖掘从初始解一步步地逼近最优解。

复制是从一个旧种群(父代)选出生命力强的个体,产生新种群(后代)的过程;交叉是两个不同个体(染色体)的部分(基因)进行交换,形成新个体;变异(突变)对某些个体的某些基因进行变异(1 变 0、0 变 1)。遗传算法应用演化算法的适应函数来决定搜寻的方向。当实施遗传算法时,首先要对求解的问题进行编码,构造染色体,产生初始群体,然后计算个体的适应度,再进行染色体的复制、交换、突变等操作,产生新的个体。重复以上操作直至求得最佳个体。

遗传算法可起到产生优良后代的作用。这些后代需满足适应值,经过若干代的遗传,将得到满足要求的后代(问题的解)。遗传算法具有鲁棒性(robustness)与求值空间的独立性(domain independence),以及智能式搜索,渐进式优化,易获得全局最优解,黑箱式结构,适于并行计算和通用性强等优点。鲁棒性使问题的限制条件降到最低,并大幅提高系统的容错能力;而求值空间的独立性则使遗传算法的设计单一化,且适用多种不同性质、领域的问题。近年来,信息科技的长足进步,在更快更稳定的系统支援下,遗传算法被机器学习、图像处理、模式识别、自动控制和社会科学等领域广泛应用。目前,遗传算法已在优化计算、自我学习机制、分类机器学习方面发挥了显著作用。

在空间数据挖掘中,把数据挖掘任务表达为一种搜索问题,利用遗传算法的空间搜索能力,经过若干代遗传,能求得满足适应值的最优解规则。可以在巨量数据中快速搜寻、比对、演化出最佳点,并且具有学习机制。分类、聚类、预测等问题,可以表达或转换成最优化问题,进而用遗传算法求解。

# 5.4 知 识 图 谱

知识图谱技术能够将海量空间数据中的信息、数据以及关联关系汇聚为知识网络，采用数据挖掘、信息分析等方法，利用图谱的形式将复杂的知识展现出来，为人们提供了组织、管理和理解海量信息的能力，为用户进行智能化检索与空间数据应用提供基础。江碧涛等提出通过构建天基信息知识图谱的方法，解决天基数据的数据量大、种类多、结构多样、关系复杂等难题，实现海量多源异构天基数据深度挖掘、关系关联及应用服务，从而提高天基数据利用的时效性和准确率。

知识图谱概念由 Google 首先提出，主要针对智能语义检索，目前已经十分完备；FaceBook 在之后利用知识图谱技术构建兴趣图谱（interest graph），用来连接人、分享的信息等，并基于此构建了 graph search，使检索推荐更加智能化；微软的 Probase 也将知识图谱应用于智能问答方面；IBM 成立了 Watson group，对各种行业进行认知攻破，如登月计划（moon shot），通过整合大量医疗文献和书籍，以及各种 EMR（电子病历）来获取海量高质量的医疗知识，并基于这些知识面对医护人员提供辅助临床决策和用药安全等方面的应用，取得了巨大成功；Amdocs 是美国最大的第三方账单审计和客服中心，Amdocs 利用一个统一的图谱进行客户管理，通过各种数据源进行数据的整合，形成统一的知识，并配合业务规则和贝叶斯网络来形成决策引擎，从而对用户的信用和各种行为结果预测起到作用，进行客户关系维护管理。

国内对知识图谱研究起步较晚，但是目前也已经在许多行业取得重大进展。搜狗的知立方、百度的知心都是基于知识图谱构建的下一代智能搜索引擎，在语义搜索、智能问答等方面发挥出色；阿里巴巴也利用知识图谱构建了自己的知识库为平台服务；科大讯飞目前将知识图谱应用于大规模音乐知识库构建和自动客服系统；明略数据公司将公安的数据和业务系统利用知识图谱作了整合，通过海量数据找到犯罪嫌疑人的藏身之处，为民警办案提供巨大帮助。

# 5.5 可 视 化

空间数据挖掘涉及海量数据、复杂的数学方法和信息技术，可视化是空间数据的视觉表达与分析，能够通过研制计算机工具、技术和系统，把实验或数值计算获得的大量空间抽象数据（如信息模式、数据的关联或趋势等）转换为人的视觉可以直接感受的具体计算机图形图像（Maceachren et al.，1999），呈现给用户，以供其交互分析和利用数据关系（Slocum，1999）。

可视化是一个从计算机表达到感性表达、选择编码技术到最大的人们理解和通信的地图处理过程，数据可视化的基本目标就是通过图形、图像、表格等手段来表示洞察信息空间，其功能是从复杂的多维数据集中生成可视化的图形和图像。数据挖掘中的可视化不仅仅是对发现结果采用其他形式的表示（树结构、直方图、表格、投影、伪彩色、序列动态图、等值线、等值面、TIN、Voronoi、动画、空间多媒体等），还应从用户出发使得发现结果可视、易理解（Soukup and Davidson，2002）。

空间数据挖掘中的数据立方法、多维数据库或OLAP也是可视化技术的一种。地理可视化系统中的不同物理位置直至地理表示都与数据仓库中的数据相关，根据地理环境比较相同产品在不同地域的差异，或相同地域不同产品的差异，可分析数据仓库中数据的关系。空间数据挖掘涉及复杂的数学方法和信息技术，可视化是空间数据的视觉表达与分析，借助图形、图像、动画等可视化手段形象地指导操作、定位重要的数据、引导挖掘、表达结果和评价模式的质量等，具有现实意义。可视化拓宽了传统的图表功能，使用户对数据的剖析更清楚，有助于减少建模的复杂性，决策者则可通过可视化技术交互分析数据关系。

空间数据挖掘可视化分为二维、三维和多维，如果分别对它们按时间序列实时处理，就可以形成较全面地反映数据挖掘过程和知识的动画。在空间数据挖掘中，定性和定量数据的相互转换内容较多，也较为抽象，较适合把可视化作为研究工具。建立在可视化基础之上的SDM可视化理论和技术，将对空间信息可视表达、分析的研究与实践产生更大的影响。Ankerst等（1999）分析了空间目标的形状属性，利用3D形状的直方图表示空间数据库中的相似搜寻和分类。集成地理可视化的空间数据挖掘，从结构化的多元时空数据集中发现了知识（Maceachren et al., 1999）。

# 5.6 空间数据挖掘系统

空间数据主要有GIS数据、遥感图像两类数据，所用理论方法有差异，研制空间数据挖掘系统的策略也不同，据此还可以构建遥感图像智能检索系统。

## 5.6.1 系统的研制策略

空间数据挖掘系统的研制，一般遵循软件工程的思想，历经需求分析、系统设计、编码实现、系统测试和系统维护等阶段，满足挖掘任务的需求，在大数据时代支持空间数据的价值实现（Li et al., 2016）。其原型系统的开发，可以明确系统的目的和要求，为进一步推动空间数据挖掘的实用化奠定一定基础。

空间数据挖掘系统应该能够选择正确的数据项和转换数据值，提供多类空间规则和同类规则的不同挖掘算法，采用多种方法校验评估发现的空间规则，可视化挖掘的过程和结果，提供与其他相关产品无缝集成的接口，具有扩展性（Howard, 2001）。解决多源数据融合、多算法集成、计算性能优化、人机交互、可视化，以及与GIS、空间数据仓库、空间决策支持系统和遥感解译专家系统的集成等问题。一般功能包括数据预处理、关联规则、聚类规则、分类规则、序列规则、偏差、可视化显示、知识库管理以及知识应用等。空间数据挖掘系统的性能，取决于空间数据的特性。

空间数据挖掘系统需要重点考虑系统的开发策略、功能触发和数据管理方法等。

（1）开发策略存在独立式、嵌入式、依附式、自动式和交互并存式等多种，可以直接开发或二次开发。直接开发是从底层按需设计和开发所有功能，灵活自主，可是研制工作量大；二次开发是在GIS或遥感图像处理系统已有的图形显示、空间分析、图像增强、图像纠正等功能的基础上，扩展新的功能，聚焦实现空间数据挖掘算法，缩短了开发时间，可是过分依赖原有系统，不够灵活。目前，基于关系数据库的数据挖掘软件相对成熟，有的已经成功嵌入商业的数据库系统，可将发现的空间知识用到已存在或新增加的数据上，也可把空间规则导入软件或数据库中。

（2）功能触发方式可以自动，也可以人机交互。系统自发的挖掘可能得到大量不感兴趣的模式，获得知识的效率低，适于专业的知识发现系统；用户定义的挖掘根据用户命令执行，引导模式抽取快速满足特定的要求，获得知识的效率高，一般应采用界面友好的交互方式。

（3）数据管理的方法主要指系统的 DBMS 是自带还是外连。系统自带空间数据库或数据仓库的 DBMS 功能，整体运行效率高，但系统开发工作量大，不易更新。系统连接 GIS 等数据库系统，利用外部 DBMS 功能，系统开发工作量小，易于及时吸收数据库新技术，通用性好，但整体运行效率低。

### 5.6.2 空间数据挖掘系统 SDMSystem

空间数据挖掘系统 SDMSystem（图 5.2）由李德仁领导的空间数据挖掘团队研发，主要包括基于 GIS 数据挖掘的 GISDBMiner 和基于遥感图像挖掘的 RSImageMine。

GISDBMiner 的主要功能包括数据预处理、关联规则发现、聚类分析、分类分析、序列分析、偏差分析、可视化、空间知识库等。关联规则使用 Apriori 算法和基于概念格的算法，聚类分析使用 $K$ 均值聚类算法和概念聚类算法，分类使用决策树法和神经网络。算法可自动地执行，有较强的人机交互能力，用户可定义感兴趣的数据子集，提供背景知识，给定阈值，选择知识表达方式等。若不提供所需参数，则自动地按缺省参数执行。RSImageMiner 的主要功能包括图像管理、光谱（颜色）特征挖掘、纹理特征挖掘、形状特征挖掘、空间分布规律挖掘、图像知识的存储与管理，以及图像知识的应用，即基于知识的图像分类、图像检索、目标识别，以及图像纹理分析等功能。

此外，还有与 GISDBMiner 和 RSImageMiner 相似的典型系统：①SKICAT（sky image cataloging and analysis tool），由美国喷气推进试验室的 Fayyad 领导研发，自动产生决策

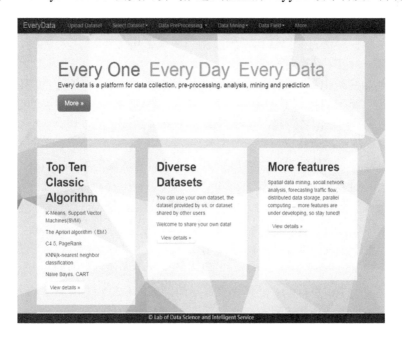

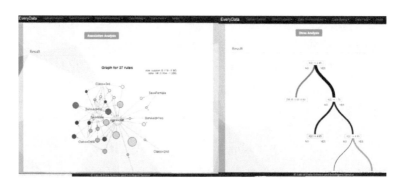

图 5.2　空间数据挖掘系统 SDMSystem

树，根据决策树产生分类规则，对天文图像中的对象进行分类。②ADaM（algorithm development and mining system），由美国亚拉巴马州立大学亨茨维尔分校研发，主要从气象卫星图像中挖掘知识，支持气象预报中的预测飓风、识别气旋、检测积云、检测闪电等（Ramachandran et al.，1999）。③GeoMiner 和 MultiMediaMiner，由加拿大西蒙弗雷泽大学研发。GeoMiner 在 DBMiner 的基础上加入空间数据挖掘技术，基于关系型数据库或数据仓库，有多维数据库结构、面向属性的归纳、多层关联分析、统计数据分析、机器学习等功能，从空间数据中析取空间规则；MultiMediaMiner 加入 C-BIRD（基于内容的图像检索系统）功能，挖掘空间的概化、对比、分类、关联和聚类等知识（Zaïane et al.，1998）。

### 5.6.3　遥感图像智能检索系统

大规模遥感图像智能检索系统需要满足用户对地理内容的检索要求，结果精准且响应及时（Samal et al.，2009）。在天地图 Web API 的基础上，集成了多种图像检索和目标检测方法，能够接入各类专业图像检索应用，提供各类专业图像检索服务，为专业用户提供在天地图等图像数据库中进行多样化检索服务。系统建立在 B/S 架构上，由服务器端、检索服务端和浏览器端三个部分组成（图 5.3）。

服务器端是整个系统的核心，基于整个服务器架构，完成图像数据加载、索引数据加载，以及运行、管理图像检索和目标检测等多项工作（眭海刚，2002），整个系统的服务器端可划分为以下几个部分。

（1）数据服务。图像是遥感图像智能检索系统的基本元素，所有的图像检索和目标检测算法都将作用于图像。数据服务的目的是为检索系统提供各种类型的遥感图像支持，基于该服务，用户能够方便快捷地获取各类遥感图像集的接口，大大地降低用户进行算法实验时采集数据的难度。

（2）索引服务。在进行遥感图像检索时，除了需要依赖图像本身，还需要使用这些遥感图像所对应的索引信息。图像索引的建立方式多种多样，如树形索引、倒排索引、动态阈值哈希索引和局部敏感哈希索引。索引数据的组织方式一般包括文件索引和数据库索引。

（3）运行服务。运行服务的本质内容是图像检索和目标检测算法，它是控制图像检索系统中实际检索过程的关键因素。每当用户发送一条图像检索任务，相应地，运行服务将提供对应的图像检索算法，并执行该算法所规定的检索过程，最终得到合理的检索结果，并将该结果返回用户。

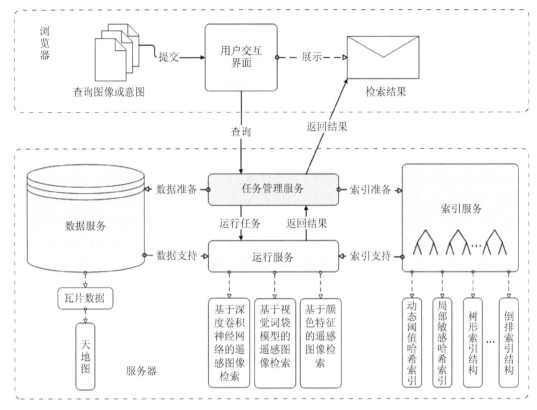

图 5.3    大规模遥感图像智能检索系统

（4）任务管理服务。对于整个检索系统而言，总是需要接受大量的检索请求并要求能够及时处理。如何管理各种各样的图像检索和目标检测任务是系统设计的难点之一。任务管理服务就是为了解决这一问题，通过该服务，不但能够方便地管理系统中检索任务的启动、暂停、重置、删除、查看参数和结果预览，而且能够根据实际情况，自动调整多个任务同时执行时的优先级别，从而保证能够大大降低系统用户的等待时间，提升用户体验。

检索服务端提供遥感图像智能检索和目标检测的具体算法服务。包括基于显著性点目标和线目标的相似遥感图像检索，机场检测、舰船检测和飞机检测等目标检测以及基于遥感图像的自然灾害检测等各种检索服务。

浏览器端进行用户和系统之间的交互，用户通过浏览器端向系统发送各种检索和检测命令，由服务器端相应处理后将检索和检测结果返回用户。为了使系统用户方便地使用检索系统，并深刻地理解系统的各项功能，需要设计合适的用户交互界面。通过用户交互界面，系统用户能够发起并控制各种检索任务，同时还能实时查看图像检索和目标检测的效果。

遥感图像智能检索系统以服务用户为主，一方面集成多种遥感图像检索和地物目标检测服务，实现各种常见背景下基本遥感图像的检索以及机场、舰船和飞机等地物目标的自动检测。同时，还为用户提供检索平台服务，专业用户可以上传自有的检索算法，在平台的索引服务、数据服务等支持下实现针对特定专业的检索功能。

# 第6章 数 据 场

空间数据挖掘面对的首先是空间观测数据，然后才形成概念；先有连续的数据量，然后才有离散的符号量。同时，观测只是对全体的抽样，这些空间观测数据也不是空间数据的分布全体的全貌，而是全体的不完备样本。虽然，相对于分布在规则的笛卡儿格网点上的数据，散乱数据的分布规律比较难以发现。但是，样本空间中的每个观测数据都不是独立的，都对数域空间中的每个点具有影响力，数据的作用可以遵循距离衰减的原则辐射，从样本空间辐射到全体空间。本章研究数据场，刻画每个空间数据对知识发现任务的不同作用，把处于规则或散乱状态的所有数据的能量都扩展到规则的笛卡儿格网点上，既考虑了空间数据不确定性，又使得空间数据挖掘易于操作。

## 6.1 数 据 辐 射

样本中的观测数据对于认识全体常常是非完备的。例如，在滑坡监测中，不可能对滑坡体上的所有点都进行监测，而是从中选择有限的典型地质点作为样本，这样根据典型样本地质点的观测数据对滑坡位移形变全体的监测，就是非完备的。此时，为了利用有限的样本较好地认识全体，样本空间中的每个观测数据都需要把自己的样本作用向整个全体的数域空间辐射，如同发光体、发电体、发热体等向周围空间发散能量一样，这种可以辐射的数据的样本作用，叫作数据能量。

### 6.1.1 非完备的观测数据

假设对空间对象多次观测得到的多个观测数据，组成一个观测向量，即观测向量为给定的来自全体的样本的观测值，观测数据的个数为样本容量。在地球空间信息学中，数域空间内的每个观测数据都是描述空间对象的属性或特征的一个数值。这些有限的数据具有不同于随机性的群体型模糊特性，一般难以穷尽空间对象的全部，不是分布全体的全部，而只是全体的样本，其分布规律也多数未知，而且在不同观测条件下得到的观测向量很可能服从不同的分布规律。小样本事实上就意味着数据不充分，而大样本也并不一定就意味着数据充分。例如，对于连续的总体分布，无论把样本容量取作多大，只要有限，那么数据都是不充分的。若由观测向量不能完全精确地认识数据全体的规律时，则观测向量对应的样本对全体而言并非完备。

根据非完备样本的有限多个观测数据对全体的认识，概率统计的区间估计、假设检验、可靠性判别等方法，只是承认了信息不全可能带来的误差，力求分析清楚这种误差，而并没有涉及和无法描述数据本身的信息结构。同时，基于最小二乘估计或抗差估计的参数估计方法（王新洲，2002），因观测向量的分布规律未知，当观测向量不服从正态分布时，最小二乘估计的结果可能并非最优，甚至面目全非；而当观测向量服从正态分布时，抗差估计的结果可能不如最小二乘估计。尽管根据专业知识、实际经验和假设检验，可使风险的概率减小，但却不可能做到没有风险。这两种估计都含有很大的风险。而且，在关系国计民生的滑坡稳态监测中，显然不能满足于度量数据之不完备，考虑是否让滑坡灾害再重新发生一次，而应积极地把握已有数据的信息结构，作适当的清理和推理，努力从中挖掘这些数据本身所带的抗灾预防信息结构。为了避免风险，黄崇福把三角模糊集扩展到一般模糊集，相应地，也把信息分配扩展到信息扩散，使得扩散估计比非扩散估计更逼近真实关系，并被应用在砂土震动液化势评价、滑坡预报、富裕病发病率、人寿保险精算、抵御粗差参数估计、交通工程水准网平差、Gauss-Markov 模型参数估计等领域（Huang，1997）。可是，他们都没有在空间数据挖掘的前提下，揭示样本数据本身隐含的信息结构，以及数据辐射能量填充全体的原因、形式、特征及其物理意义。

### 6.1.2　从样本到全体的辐射

虽然观测数据是非完备的，但是当增加观测次数，增大样本容量，使观测向量对应的样本趋于或达到完备时，根据观测向量却可以更为精确地认识空间对象，对全体的认识也会趋于或达到清晰。即样本从非完备到完备，具有一种过渡逼近趋势。这种趋势表现在非完备样本的每个样本点观测数据上，就是每个观测数据都有发展成多个观测数据的趋势，使每个观测数据都充当"周围"未出现之观测数据的代表。

不确定的"周围"的边界使每个观测数据所提供的包括周围影响在内的能量总体是一个不确定信息，与观测向量对应的非完备样本的过渡逼近趋势导致了其不确定性。这种不确定性具体体现在，每个样本点的观测数据都具有一定的影响域，以显示其非完备性。这意味着一个观测数据的出现不再仅仅是提供它的观测值那一点上的数据能量，它还具有一定的数据辐射域，同时提供了关于"该观测数据周围"情况的数据能量，即观测所得数据的数据能量有辐射的趋势。当然，该观测数据对自己本身所提供的数据能量大于它对"该观测数据周围"所提供的数据能量，若它对样本点上所提供的数据能量为1，则它对"周围"点上所提供的数据能量小于1（图6.1）。周围各点所分享到的数据能量与其属于"该观测数据周围"的程度有关。越靠近这个观测数据的点，属于概念"该观测数据周围"的程度越高，从该观测数据分享到的数据能量就越多；反之，越远离该观测数据的点，属于"该观测数据周围"的程度就越低，从该观测数据分享的数据能量也就越少。

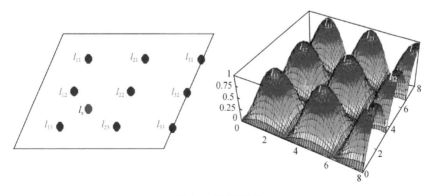

图 6.1　数据辐射

从一个观测数据所分享到的数据能量，称为从这个观测数据辐射来的数据能量。观测数据的数据能量从样本空间辐射到整个全体空间，而被周围点分享的过程，叫作数据辐射。在数据辐射中，数据能量所承载的，是每个观测数据对给定概念任务的确定度，称作数据的辐射亮度。一个数据的辐射亮度为其数据能量的最大值。通过数据辐射，样本数据就利用其辐射的数据能量填充了全体空间中的样本点之间的空隙，实现了从非完备性向完备性的物理过渡。例如，滑坡样本地质点的观测数据，通过数据辐射，就把样本监测点的数据能量，从离散的监测点辐射到连续的滑坡体上，部分改进对滑坡位移形变全体的监测。

### 6.1.3 辐射介质变化的影响

数据在辐射能量时，将受到辐射介质的影响，如同物理辐射中，同位素放射源在特制的器皿中对人的伤害小，而直接和人体接触对人的伤害很大一样。例如，已经获得了城市若干样点的噪声观测值，要通过空间数据挖掘，对城市噪声作结论性研究，就有许多制约条件，如房屋建筑、地形等对噪声传播的影响。这些制约条件，实际就是辐射介质的变化造成的，从公路、车站等辐射介质变化为房屋建筑、地形等辐射介质，噪声数据辐射的数据能量被部分或全部吸收。两种不同辐射介质，将导致从噪声数据中挖掘得到的空间知识出现差异，进而影响对城市噪声研究的最后结论。这样的情形在土地级别知识发现中更为显著，河流、道路等阻隔（Tung et al., 2001），造成影响土地质量的商服中心等数据，在辐射数据能量的过程中随辐射介质的变化而变化，进而导致河流两岸土地质量的不同和地价的差异。这可以通过辐射介质系数进行校正。数据辐射介质系数顺应场合而定，其取值主要与数据辐射经过的辐射介质变化有关。是否进行辐射介质系数校正，则主要由具体的空间数据挖掘任务决定。

### 6.1.4 数据辐射和物理辐射

数据辐射和物理学中的发光体、发电体、发热体和发能体等对象的辐射具有相似性，都向周围空间辐射能量，并且都从高能量点向低能量点辐射能量。但是，数据辐射在本质上不同于物理学中的辐射。

物理学中的核辐射等辐射发出的是具体的能量，实实在在地存在于空间世界，辐射后，辐射源的能量可能因此减少（Giachetta et al., 2009）。可是，数据辐射只是将观测数据携带的数据能量从离散的观测点辐射到连续面上的任意一点，辐射的是数据本身所携带的数据能量，并非数据本身。数据能量并非具体的物理能量，也不实实在在地存在于空间世界。或者说，数据能量以人的意志为转移，使用时数据能量出现，不用时数据能量消失。同时，数据能量在辐射共享后，其周围的未观测点获得数据能量，而观测数据辐射源点的数据能量并没有减少。

### 6.1.5 数据辐射和最小二乘配置的区别

在数据辐射和最小二乘配置之间，也存在相似之处，都根据已知观测数据点的信息，通过一定的方法，求未知观测数据点的信息。但是，二者各有优点，难以相互取代，在数据分析上，数据辐射并不等同于最小二乘配置。

最小二乘配置是当观测数据含有信号和噪声两部分，根据某些数据点上的观测值推估未观测点上的值，并使信号估值的残差平方和最小，它综合了最小二乘平差（确定系统部分的非随机未知参数估值）、滤波（确定观测点上的信号的估值）和推估（确定非观测点上的信号的估值）（王新洲，2002）。最小二乘配置起源于根据已知点重力异常推估（内插或外推）未知点重力异常的最小二乘推值法，Krarup 把它发展为用不同类型的观测值（重力异常等）来推估重力场中的元素，如扰动位和大地水准面高等，Moritz 在此基础上提出了带非随机参数的最小二乘配置法。Krarup 在数学上把最小二乘配置法看作带核函数的希尔波特空间中的最小二乘平差，又因为滤波、推估实是范数极小的平差，所以最小二乘配置也称为广义最小二乘平差。

然而，系统的复杂性与分析它所能达到的精度服从一个粗略的反比关系，空间数据中含有大量的不确定性，而且宏观精确的观测数据在微观环境中可能变得不确定。追加苛刻的条件，片面追求精确，不仅可能令本来复杂的空间数据挖掘更加复杂，甚至还可能陷入"计算海量、知识无求"的困境。数据辐射把每个观测数据对空间数据挖掘任务的不同贡献，在其周围的未观测点分享，是纯粹为了空间数据挖掘的目的，而对每个数据作用的一种虚拟描述，这种思想方法，把每个空间数据在空间数据挖掘中的不同作用抽象为人们熟悉的数据能量，使空间数据挖掘变得具体化。而且，空间数据挖掘面对的是海量数据，计算量巨大，而空间知识的数量及其增长速度，已经远远落后于空间数据。这种"数据过量而知识贫乏"的情况，决定了空间数据挖掘只能以发现任务和解决问题为己任。数据辐射并没有要求观测数据的信号和噪声的期望，以及两者的协方差都为零的苛刻条件，这无疑会使空间数据挖掘变得计算简单化，增强可操作性。

# 6.2 数据场的概念和性质

在数域空间中，每个数据都对整个数域空间辐射其数据能量，以显示自己在空间数据挖掘任务中的存在和作用，从而形成数据场。数据场因数据辐射而起，是数据辐射的一种空间描述形式，是对数据辐射过程的数学抽象和假定。数据场具有场的一般特征，但是又不同于一般的地球空间信息学中的场模型、电磁学中的电场或磁场等。数据场的存在，必须满足独立性、就近性、遍历性、叠加性、衰减性和各向同性等条件。

## 6.2.1 基本概念

数据通过数据辐射将其数据能量从样本空间辐射到整个全体空间，接受数据能量并被数据辐射所覆盖的空间，叫作数据场。数据场可视为一个充满数据能量的空间，数据通过自己的数据场，对场中的另一数据发射能量，将一个位于无穷远处的数据点移至数据场中需要消耗能量。在空间数据挖掘的过程中，空间数据场描述了空间数据库或空间数据仓库中的每个空间数据对所挖掘的空间知识的不同贡献。

如果数据辐射的能量具有方向性，那么数据场就为矢量场，否则为标量场。梯度是描述标量场变化特性的矢量函数，它可以将一个标量场转换为矢量场，也可以通过引入一个辅助标量函数来分析简化矢量场。散度和旋度描述矢量场的源密度和旋涡密度两个固有物理特性。在最一般的情况下，一个矢量场总可以被看作由一个有源场和一个旋涡场叠合组成，如电磁场。因此一个含义不明的矢量场只有当弄清它的两个分量各自的贡献和物理本质后，即已知它的散度和旋度后才算明确。根据它们，还可以扩展得到数据辐射的梯度场、散度场和旋度场等（图6.2）。

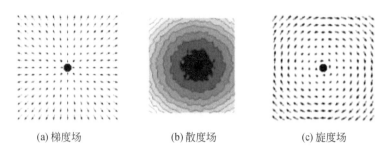

(a) 梯度场　　　　　　　(b) 散度场　　　　　　　(c) 旋度场

图 6.2　数据辐射的梯度场、散度场和旋度场

### 6.2.2　独立性和就近性

数据场要求独立性。每个数据在辐射数据能量的过程中，都以自己为中心，向外独立辐射能量，其特性不因其他数据的存在而有所改变。不同数据辐射出的数据能量可以同时存在于同一个数域空间中。若样本观测数据在辐射数据能量时，遇到障碍物前后的辐射介质变化很大，甚至无法逾越（如 $X$ 条件云和 $Y$ 条件云的阈值条件等），则数据场在全体空间中的分布就会发生突变，可能出现类似波的衍射的现象。当无法逾越时（如数据低于阈值条件），数据辐射就不得不停止；如果障碍物上存有小孔（如数据高于阈值条件），数据辐射就可能如同电磁波一样越过小孔继续传递数据能量，这种现象可称为类衍射（图 6.3）。类衍射在时间序列的空间数据挖掘过程中较为常见，例如，当把 $T_1$ 时间段的数据能量传向 $T_3$ 时间段时，若二者中间的 $T_2$ 时间段有足够的数据（$T_2$ 的数据量大于或等于 $T_1$、$T_3$ 的数据量），则可以把 $T_1$ 时间段的数据能量顺利传送到 $T_3$ 时间段。可是，如果 $T_2$ 没有数据或没有足够的数据，则可能阻碍或限制传送，导致类衍射。

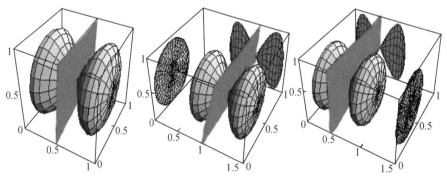

图 6.3　数据场的类衍射

数据场要求就近性。在数域空间中，每个观测数据所处的点，既向外辐射数据能量，也接受来自所有其他样本数据的数据能量，为数据辐射主动点；非观测数据所处的点，只是接受所有样本数据的数据能量，为数据辐射被动点。基于就近性，所有数据辐射主

动点的数据能量，都大于全部的数据辐射被动点。例如，在滑坡监测中，设置有监测点的滑坡区，数据能量来自于定期观测，肯定大于没有监测点的滑坡区（图6.1、图6.4）。

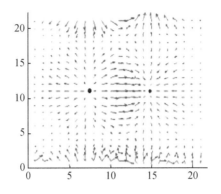

图 6.4 数据场的就近性和衰减性

### 6.2.3 遍历性和叠加性

数据辐射在数据场中要求遍历性。数据辐射将数据能量从样本空间辐射到整个全体空间，实行全域覆盖，构成了数据场。在数据场中，全体数域空间的每个未观测点，都接受来自该数据的数据能量。若把全体空间划分为规则的笛卡儿格网（图6.5），则可以把所有杂乱无章的数据置放其中辐射能量，每个笛卡儿格网点就都会收到来自所有数据的辐射能量，只是大小不同而已。数据辐射的遍历性必然导致数据能量的叠加，而数据能量的叠加性则依赖数据辐射的遍历性。在数据系（视数据辐射为系统）中，当几个数据同时向这个未观测点发生数据辐射并彼此相遇时，这个未观测点的数据能量，等于各个数据独立辐射数据能量时在该点所引起的数据能量之叠加合成量（图6.1）。

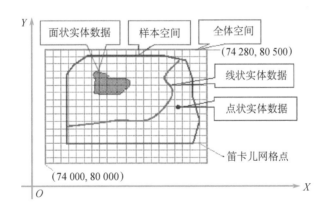

图 6.5 全体空间的笛卡儿网格划分

在数据辐射叠加时，如果考虑数据辐射的方向，那么每个空间数据辐射的数据能量在全体空间相遇后，同向辐射能量叠加增强，异向辐射能量抵消减弱，这种叠加合成将遵守矢量合成的平行四边形法则［图6.6（a）、（b）］。若所有样本空间中的观测数据的特性全部相同，则在全体空间中可能发生类似波的干涉的现象。即某些点的数据能量得到加强而具有较大的恒定能量，形成能量峰，另一些点的数据能量减弱而具有较小的恒定能量，形成能量谷，这种现象称为类干涉［图 6.6（c）］。类干涉是数据场的势场存在的理论基础，可以从空间对象的概念空间顺利地过渡到特征空间，形成自然的特征拓扑结构。

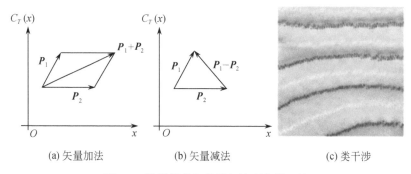

(a) 矢量加法       (b) 矢量减法       (c) 类干涉

图 6.6    数据场的矢量叠加法则和类干涉

从数据辐射的类衍射（图 6.3）和类干涉［图 6.6（c）］可以看出，数据辐射符合物质的波粒二象性（Giachetta et al.，2009），辐射后形成的数据场只是依具体条件之不同，或主要通过类衍射显示其类粒子性，或主要借助类干涉体现其类波动性。

### 6.2.4    衰减性和各向同性

数据场要求，数据辐射在全体空间中具有随距离增加而衰减的特性。衰减性建立在数据场的遍历性和就近性基础之上。观测数据样本点附近得到的数据能量强于远离样本的位置。距离样本点越近，隶属概念越确定，样本的数据能量越强，样本本身的数据能量为最强，完全隶属于概念，确定度最高，对应概念的期望值；距离样本点越远，样本数据辐射出的能量越弱，隶属概念的程度越低，也越不确定。在数据辐射中，若观测数据对样本点上所提供的数据能量为 1，则它通过数据辐射对"周围"点上所提供的数据能量就全部小于 1。数据辐射随距离衰减的速度很快，当超过一定的距离时，样本辐射的数据能量就微弱到甚至可以省略的程度（图 6.1、图 6.4）。

数据场要求各向同性。对一个空间对象的所有观测数据样本组成一个观测向量，当观测向量对应的样本非完备时，它的观测数据只是"周围"没有出现数据的代表，数据辐射就是观测向量在每个观测数据点提供的数据能量都向邻域辐射，并为"周围"所分享。每个观测数据点在其周围的各个方向上均匀辐射的，都是数据本身所具备的数据能量，数据能量代表了这个数据对某个空间数据挖掘任务的贡献，都具有相同的性质（图 6.1、图 6.4）。辐射介质变化的影响，是外界因素，并非数据场本身性质在不同方向的差异。

### 6.2.5    数据场的可视化

可视化是空间数据挖掘的重要内容，空间数据挖掘涉及海量数据、复杂的数学方法和信息技术，如果没有可视化的空间数据挖掘方法，人们将看不到从数据中提炼知识的过程，就很难理解发现知识的真实性和可信性。而且，可视化空间数据挖掘拓宽了一般的知识发现图表功能，使用户对数据的剖析更清楚，有助于减少建模的复杂性，决策者则可通过可视化技术交互分析数据关系。故可视化对基于数据场的空间数据挖掘更有其现实意义。

（1）等势面法：用等势面的密集和稀疏表示数据场的强和弱，如图 6.1 所示。

（2）等势线法：用等势线的密集和稀疏表示数据场的强和弱。虽然等势线是等势面和平面相截处的曲线，但是该方法相对较为常用，如图 6.1 所示。

（3）$N+1$ 维法：$N$ 维空间的点表示笛卡儿格网点在数域空间的位置，另一维表示该点数据场的强弱，如图 6.1 所示。

（4）色度法：把势值对应到色度空间中，使用不同的颜色（或灰度）表示不同的势值，借以表达数据场的强弱，如图 6.6 所示。

（5）射线段法：用射线段的方向和长短分别表示数据场的方向和大小。主要用于矢量数据场，如图 6.5 所示。

上述数据场的可视化方法并非相互孤立，而是可以相互转化的。例如，将等势面和平面相截，可以使等势面转化为等势线（图 6.6）；把 $N+1$ 维的图形根据一系列的势值向某个平面投影，可以把 $N+1$ 维法转变为等势线法（图 6.1），将不同的势值用不同的颜色或灰度表示，则为色度法（图 6.6）。单个孤立数据场的可视化，对空间数据挖掘没有多大意义，因为空间数据挖掘的目的是从大量空间数据中发现一般性的规则。所以，分析数据场的可视化，在空间数据挖掘中研究更多的是数据辐射势场的可视化。

因此，数据辐射把有限的样本观测数据对空间数据挖掘的作用抽象为数据能量，从样本空间向全体空间辐射，并填充了全体空间中的样本点之间的空隙，形成数据场。那么，怎样为空间数据挖掘描述空间数据辐射形成的数据场呢？

# 6.3　数据场的场强和势

数据通过辐射形成的数据场，是一种描述和计算每一个数据对整个数域空间的作用的虚拟空间场，可用场强函数描述数据在空间辐射能量的规律。场强函数描述数据辐射能量的分布规律，度量在数据场中不同位置的场强。数据发射其能量的形式和特性的不同，导致描述数据场的场强函数的差异。因此，在数据辐射中，数据场是数据的内在本质，势场为其外在现象。数据场的特性决定了势场的特性，而势场的形态特征则反映了数据场的空间特征，故可以透过势场，发现和把握数据场的规律。数据场主要受数据辐射半径、数据辐射亮度、辐射的影响因子和数据数量，以及这些因素的综合作用。影响因子的取值决定了数据场的势函数的光滑程度和势的大小，若太小，则各个数据点之间的影响基本没有体现，不呈现抱团特性；若太大，则数据场中的势相差很小，势心很少，不利于空间数据的局部分类。

## 6.3.1　场强函数

在空间数据挖掘中，不同的人，在不同的知识背景环境中，站在不同的角度观看和研究数据，以数据辐射的观点来看，实质就是选取数据场的具体描述形式及其场强函数。场强函数决定了基于数据场的空间数据挖掘的结果，为了得到较为可靠和有用的知识，场强函数的选取应该充分考虑空间数据本身的特点、空间数据辐射的特性、场强函数形态的确定准则、空间数据场的应用目的或应用领域等。那么，什么样的场强函数才是适合于空间数据的？怎样选取适合于空间数据挖掘的场强函数呢？显然，这是利用数据场进行空间数据挖掘的瓶颈。

在求取数据场的场强函数时，较为简单直观的做法是，直接借用物理学中现有的场强函数，称为衍生场强函数。具体而言，就是把引力场、电场、磁场、辐射场和热场等物理场的场强函数，直接引入由数据辐射生成的数据场中，并结合空间数据辐射的特点，衍生得到相应的数据场的场强函数（王树良，2002）。

从空间数据场的特点可知，数据辐射是以数据场为媒介向全体空间的每个点发射数据能量，无须与其直接接触。空间观测数据的辐射亮度（即空间数据本身对概念的确定度）决定了其对全体空间的辐射能量，能量的大小随场点位置而异，具有空间分布的性质，而且随距离衰减得很快。因此，在空间数据场中，场强与数据辐射亮度成正比，和距离数据的位置成剧烈反比，场强分布函数是数据辐射亮度和空间位置的标量函数。这些在衍生场强函数中已经得到体现。核物理认为，核子之间、核子与介子之间，通过夸克间交换胶子实现强相互作用，都是力程甚短的核力，这使得核辐射随距离衰减得快。相对而言，核辐射衍生场就最为符合数据辐射的基本性质。虽然它和数据辐射的物理意义有所不同，但是它们的辐射方法都是从高能量区向低能量区发射，具有相似性，而且其函数形式也和空间数据处理的最小二乘配置的协方差函数相似。故空间数据的场强函数可在核辐射衍生场的基础上发展而来。

把空间数据通过数据辐射向数域空间发射数据能量看作扩展的广义核辐射作用，考虑正态分布的普适性及其概率密度分布函数，以及数据辐射的距离衰减快速性，可以得到拟核辐射的空间数据的场强分布函数。对于空间图像，可以其灰度值作为数据辐射亮度，最小的灰度值 0 对应数据辐射亮度 0，最大的灰度值 255 对应数据辐射亮度 1，其他图像的数据辐射亮度为其灰度值和 255 的比值。值得注意的是，为了便于计算数据场的场强和势，此处全体空间的划分根据是规则的笛卡儿格网，辐射半径是某个规则的笛卡儿格网点和数据的距离，"在数据场的不同位置的场强和势"实质是"在数据场的不同笛卡儿格网点上数据场的场强和势"。如描述点状、线状和面状的空间对象的数据场的全体空间划分（图 6.5）。

可见，场强函数是定义在数域空间上的连续光滑函数，随距离呈非线性。场强函数是场点到场源距离的单值单调下降函数。当距离为 0 时，势值最大，但不是无穷大；当距离趋于无穷大时，势值趋于 0，非负。这也是确定场强函数形态的准则。

空间数据场的场强函数是在核辐射衍生场的基础上，参考最小二乘配置的协方差函数导出的。可是，这并不意味着空间数据的场强函数必须选择这一函数，还可以根据空间数据挖掘的实际任务，具体情况具体分析，择优选取。当然，衍生场强函数也在备选范围之内。也就是说，数据场的场强函数给出的更偏重于一种描述空间数据对空间数据挖掘任务的不同贡献的思想方法，在数据定量计算中渗透了概念的定性思维，和人类智能的跳跃性吻合，具有很大的灵活性，计算简便。这和空间数据挖掘的初衷是一致的。最小二乘配置的数学模型可描述为：误差部分 = 系统部分+信号部分+ 随机观测误差，由外界条件引起的信号部分包含观测点信号和待推估信号，求待推估信号估值的关键，就是事先知道观测点信号和待推估信号的协方差矩阵。如何确定协方差矩阵的元素呢？Moritz 给出的协方差函数，是基于高斯函数的一种，是否最优呢？目前只能说具有一定的实用性。在这一点上，空间数据的场强函数和最小二乘配置的协方差函数的探索途径相同。可是，根据作者的对比实验，数据场不但计算量小于最小二乘配置，而且更适于空间数据挖掘，尤其是描述属性空间和特征空间、不同层次自然聚类、形成聚类谱系（王树良，2002）。

### 6.3.2 势函数

数据场的场强函数描述的是单个数据的数据场分布规律，中心是讨论单个数据对概念的确定度随距离的变化。可是，空间数据挖掘研究的是大量空间数据，更为关心多个空间对象在一个或一个以上的属性数据值中所体现出来的空间特征。同时，一个样本数据对全体空间中的任何一个点都有贡献，每点的数据场都是它接受的所有数据的数据场的叠加，任何一点的数据场的场强都是这些数据场在该点的代数和。因此，有必要根据数据场的特性，进一步研究多个数据的数据场的分布和作用规律。

各个数据都独立向外辐射数据能量时，在数域空间中任意点引起的数据能量之和，称为该点数据场的势（potential）。数据场的势度量数据场中某点所受数据辐射能量总和的强弱，既是全部数据的数据场在该点的数据能量强度之和，也是此点所接受的全部数据辐射来的数据能量之和，可认为是数据场在此点处的单位做功能力。

**定义 6.1** 设数据空间 $\Omega \subseteq \mathbf{R}^P$ 中，数据集合 $D = \{x_1, x_2, \cdots, x_n\}$ 中的各数据对象 $x_i$（$i = 1, 2, \cdots, n$）均是具有一定辐射亮度的场源点，且按照类核场辐射的方式向空间中其他位置 $x$（$x \in \Omega$）辐射能量，则数据场中该处的势值为所有场源点的作用之和，表示为

$$\varphi(x) = \sum_{i=1}^{n} m_i \times \frac{1}{\sigma} K\left(\frac{x - X_i}{\sigma}\right) \tag{6.1}$$

式中，$K(x)$ 为单位势函数，服从物理场做功的原理，即 $\int K(x)\mathrm{d}x = 1$，$\int x K(x)\mathrm{d}x = 0$；$\sigma$ 为影响因子，决定对象间相互作用的有效范围；$m_i$（$m_i \geqslant 0$）为对象 $X_i$ 的质量，满足归一化条件 $\sum_{i=1}^{n} m_i = 1$。在多数普通数据集合中，数据对象的质量相同，即它们在能量辐射上的地位等同，势场的分布是空间位置的标量函数，由此简化势函数得到

$$\varphi(x) = \frac{1}{n\sigma} \sum_{i=1}^{n} K\left(\frac{x - X_i}{\sigma}\right) \tag{6.2}$$

### 6.3.3 势函数的性质评估

为了能从数学定义和推导的角度判定数据场势函数选择的优劣，先利用相应的数学量和评估准则来对数据场势函数式（6.2）作性质评估。

**定理 6.1** 在定义式（6.2）中，$m_i \geqslant 0$ 为对象 $X_i$ 的质量。若 $m_i$ 满足 $\sum_{i=1}^{n} m_i = 1$，$\lim\limits_{n \to \infty} n \sup\limits_{1 \leqslant i \leqslant n} \{m_i\} = 1$，则 $\lim\limits_{n \to \infty} n \sum_{i=1}^{n} m_i^2 = 1$。

**证明** 由 $\lim\limits_{n \to \infty} n \sup\limits_{1 \leqslant i \leqslant n} \{m_i\} = 1$ 可知，$\forall \varepsilon > 0$，$\exists N$，当 $n > N$ 时，$\frac{1}{n} - \frac{\varepsilon}{n} < m_i < \frac{1}{n} + \frac{\varepsilon}{n}$。

由此可知，

$$\left(\frac{1}{n}-\frac{\varepsilon}{n}\right)^2 < m_i^2 < \left(\frac{1}{n}+\frac{\varepsilon}{n}\right)^2$$

$$n^2\left(\frac{1}{n}-\frac{\varepsilon}{n}\right)^2 < n\left(\sum_{i=1}^{n} m_i^2\right) < n^2\left(\frac{1}{n}+\frac{\varepsilon}{n}\right)^2$$

$$(1-\varepsilon)^2 < n\left(\sum_{i=1}^{n} m_i^2\right) < (1+\varepsilon)^2$$

令 $\varepsilon \to 0$，得 $\lim\limits_{n\to\infty} n\sum\limits_{i=1}^{n} m_i^2 = 1$。证毕。

此时，若 $\sigma$ 取值非常小，则对象间的相互作用的有效范围很小，力程很短，$\varphi(x)$ 中各数据对象仅对自身周围极小区域内的点有能量辐射，其值等价于 $n$ 个以场源点为中心的尖峰函数的叠加，极端情况下，场源点所处位置的势值近似等于 $\frac{1}{n}$，而其余点处的势值则直接衰减至 0。反之，当 $\sigma$ 取一个非常大的值时，对象间的相互作用类似于长程力，$\varphi(x)$ 成为 $n$ 个随距离而缓慢变化的基函数的叠加，每个对象对周围一定范围内都有较强的能量辐射，极端情况下，各场源点所处位置的势值近似相等，且随距离的增加衰减较慢。因此，$\varphi(x)$ 对影响因子 $\sigma$ 的取值极为敏感，$\sigma$ 将极大程度上决定势函数是否能正确模拟空间数据对象之间由相互作用而产生的能量辐射分布。应根据合理的方法估算出 $\sigma$ 的值并作相应的评估，使其能让势函数的取值与源数据的能量特性相吻合，特别是要避免上述两种破坏数据场势值分布特征的极端情况出现。

令 $\hat{\varphi}(x)$ 为给定影响因子 $\sigma$ 时数据场势函数 $\varphi(x)$ 的估计量。$\hat{\varphi}(x)$ 作为整个支撑区域上 $\varphi(x)$ 的估计量，应用积分平方误差评价其好坏，定义如下：

$$\text{ISE}(\sigma) = \int_{-\infty}^{\infty} \left[\hat{\varphi}(x) - \varphi(x)\right]^2 \mathrm{d}x \tag{6.3}$$

在排除特殊观测样本的影响的前提下，可以在所有可能观测样本上对 $\text{ISE}(\sigma)$ 进行平均。积分均方误差 $\text{MISE}(\sigma) = E\{\text{ISE}(\sigma)\}$。定义

$$R(f) = \int f^2(x)\mathrm{d}x, \quad \sigma_K^2 = \int x^2 K(x)\mathrm{d}x > 0$$

则积分均方误差可改写为

$$\text{MISE}(\sigma) = E\left(\int_{-\infty}^{+\infty} \frac{\varphi(X)}{\sigma} - f(x)\right)^2 \mathrm{d}x \tag{6.4}$$

通过计算可得渐近积分均方误差为

$$\text{AMISE}(\sigma) = \frac{\sum_{i=1}^{n} m_i^2 \times R(K)}{\sigma} + \frac{\sigma^4 \sigma_k^4 R(\varphi'')}{4} = \frac{\int K^2(x)\mathrm{d}x}{n\sigma} + \frac{\sigma^4 \sigma_K^4 R(K)}{4} \tag{6.5}$$

关于 $\sigma$ 最小化可得

$$\sigma_{\mathrm{opt}} = \left( \frac{\sum\limits_{i=1}^{n} m_i^2 R(K)}{\sigma_K^4 R(\varphi'')} \right)^{1/5} \quad \text{或} \quad \sigma_{\mathrm{opt}} = \left( \frac{R(K)}{n\sigma_K^4 R(f'')} \right)^{1/5} \tag{6.6}$$

其中，$R(f'')$ 是未知的。

**定理 6.2** 依据定义式（6.3）～式（6.6），假定 $\varphi''$ 为绝对连续且 $\int [\varphi''(x)]^2 \mathrm{d}x < \infty$，

$K(x)$ 满 足 $\int K(x)\mathrm{d}x = 1$ ， $\int xK(x)\mathrm{d}x = 0$ ， $\sigma_k^2 = \int x^2 K(x)\mathrm{d}x > 0$ 。 $\sum\limits_{i=1}^{n} m_i = 1$ 且

$\lim\limits_{n\to\infty} n \sup\limits_{1\le i\le n} \{m_i\} = 1$ ，定义 $R(K) = \int K^2(x)\mathrm{d}x$ ，那么当 $n \to \infty$ 时， $n\sigma \to \infty$ ， $\sigma \to 0$ ，且

$\lim\limits_{n\to\infty} n \sum\limits_{i=1}^{n} m_i^2 = 1$ ，则 $\mathrm{MISE}(\sigma) = O(n^{-4/5}) \to 0$ ，误差为 $O(n^{-1} + \sigma^5)$ ，且

$$\mathrm{MISE}(\sigma) = \frac{\sum\limits_{i=1}^{n} m_i^2 R(K)}{\sigma} + \frac{\sigma^4 \sigma_K^4 R(\varphi'')}{4} + O\left( \frac{1}{n\sigma} + \sigma^4 \right) \tag{6.7}$$

渐近均方积分误差

$$\mathrm{AMISE}(\sigma) = \frac{\sum\limits_{i=1}^{n} m_i^2 R(K)}{\sigma} + \frac{\sigma^4 \sigma_K^4 R(\varphi'')}{4}$$

最优影响因子是

$$\sigma_{\mathrm{opt}} = \left( \frac{\sum\limits_{i=1}^{n} m_i^2 R(K)}{\sigma_K^4 R(\varphi'')} \right)^{1/5} \tag{6.8}$$

**证明** 由期望和积分的可交换性，$\mathrm{MISE}(\sigma) = \int \mathrm{MSE}_\sigma[\hat{\varphi}(x)]\mathrm{d}x$ ，其中，$\int \mathrm{MSE}_\sigma[\hat{\varphi}(x)] =$

$\int E\left\{ [\hat{\varphi}(x) - \varphi(x)]^2 \right\} = \int \mathrm{var}\{\hat{\varphi}(x)\} + \int (\mathrm{bias}\{\hat{\varphi}(x)\})^2$ ，且 $\mathrm{bias}\{\hat{\varphi}(x)\} = E\{\hat{\varphi}(x)\} - \varphi(x)$ ，而

$$E\{\hat{\varphi}(x)\} = E\left\{ \sum_{i=1}^{n} m_i \times K\left( \frac{x - X_i}{\sigma} \right) \right\} = \sum_{i=1}^{n} m_i \times E\left\{ K\left( \frac{x - X_i}{\sigma} \right) \right\}$$

$$= \frac{1}{\sigma} \int K\left( \frac{x - u}{\sigma} \right) \varphi(u)\mathrm{d}u = \int K(t)\varphi(x + \sigma t)\mathrm{d}t$$

用 Taylor 级数展开，$\varphi(x + \sigma t) = \varphi(x) + \sigma t \varphi'(x) + \sigma^2 t^2 \varphi''(x)/2 + O(\sigma^2)$ 。

替换并注意到 $K$ 关于零点对称，可得

$$E\{\hat{\varphi}(x)\} = \varphi(x) + \sigma^2 \sigma_K^2 \varphi''(x)/2 + O(\sigma^2)$$

其中，$O(\sigma^2)$ 是一个变量，当 $\sigma \to 0$ 时，$O(\sigma^2)$ 比 $\sigma^2$ 趋向零的速度更快。因此

$$\left(\text{bias}\{\hat{\varphi}(x)\}\right)^2 = \sigma^4 \sigma_K^4 \left[\varphi''(x)\right]^2 \Big/ 4 + O\left(\sigma^4\right)$$

该表达式对 $x$ 积分，可得

$$\int\left(\text{bias}\{\hat{\varphi}(x)\}\right)^2 \mathrm{d}x = \sigma^4 \sigma_K^4 R(\varphi'') \Big/ 4 + O\left(\sigma^4\right)$$

计算方差采用类似的方法：

$$\text{var}\{\hat{\varphi}(x)\} = \text{var}\left\{\sum_{i=1}^{n} m_i \times \frac{1}{\sigma} K\left(\frac{x-X_i}{\sigma}\right)\right\}$$

$$= \sum_{i=1}^{n} m_i^2 \times \text{var}\left\{\frac{1}{\sigma} K\left(\frac{x-X_i}{\sigma}\right)\right\}$$

$$= \sum_{i=1}^{n} m_i^2 \times \left\{E\left\{\frac{1}{\sigma} K\left(\frac{x-X_i}{\sigma}\right)\right\}^2 - \left[E\left\{\frac{1}{\sigma} K\left(\frac{x-X_i}{\sigma}\right)\right\}\right]^2\right\}$$

$$= \sum_{i=1}^{n} m_i^2 \times \left\{\frac{1}{\sigma}\int\frac{1}{\sigma} K^2\left(\frac{x-u}{\sigma}\right)\varphi(u)\mathrm{d}u - \left(\int\frac{1}{\sigma} K\left(\frac{x-u}{\sigma}\right)\varphi(u)\mathrm{d}u\right)^2\right\}$$

$$= \sum_{i=1}^{n} m_i^2 \times \left\{\frac{1}{\sigma}\int K(t)^2 \varphi(x+\sigma t)\mathrm{d}t - \left[\varphi(x)+O(1)\right]^2\right\}$$

$$= \sum_{i=1}^{n} m_i^2 \times \left\{\frac{1}{\sigma}\int K(t)^2 \left[\varphi(x)+O(1)\right]\mathrm{d}t - \left[\varphi(x)+O(1)\right]^2\right\}$$

将其对 $x$ 积分，得

$$\int\text{var}\{\hat{\varphi}(x)\}\mathrm{d}x = \sum_{i=1}^{n} m_i^2 \times \frac{R(K)}{\sigma} + O\left(\frac{1}{n\sigma}\right)$$

因此，

$$\text{MISE}(\sigma) = \frac{\sum_{i=1}^{n} m_i^2 \times R(K)}{\sigma} + \frac{\sigma^4 \sigma_K^4 R(\varphi'')}{4} + O\left(\frac{1}{n\sigma}+\sigma^4\right)$$

渐近均方积分误差

$$\text{AMISE}(\sigma) = \frac{\sum_{i=1}^{n} m_i^2 \times R(K)}{\sigma} + \frac{\sigma^4 \sigma_k^4 R(\varphi'')}{4}$$

如果当 $n \to \infty$ 时 $n\sigma \to \infty$，$\sigma \to 0$，$\lim\limits_{n \to \infty} n\sum_{i=1}^{n} m_i^2 = 1$，那么 AMISE（$\sigma$）$\to 0$。由式（6.7）知，误差项等于 $O\left(n^{-1}+\sigma^5\right)$。

关于 $\sigma$ 最小化 AMISE($\sigma$)，即对 AMISE($\sigma$)关于 $\sigma$ 求微分，并且等于零，得到最优影响因子是 $\sigma_{\text{opt}} = \left(\dfrac{\sum_{i=1}^{n} m_i^2 R(K)}{\sigma_K^4 R(\varphi'')}\right)^{1/5}$。

最优影响因子有 $\sigma = O\left(n^{-1/5}\right)$，代入式（6.7）得 $\mathrm{MISE} = O\left(n^{-4/5}\right)$。证毕。

同理求得式（6.8）中的最优影响因子为 $\sigma_f = \left(\dfrac{R(K)}{n\sigma_K^4 R(\varphi'')}\right)^{1/5}$。

则 $\sigma_{\mathrm{opt}} = \left(\displaystyle\sum_{i=1}^{n} nm_i^2\right)^{1/5}\sigma_f$。证毕。

### 6.3.4 等势线

在数域空间中，把数据场的势相等的每个笛卡儿格网点，分别用平滑的曲线连接在一起，形成的嵌套的等值线，叫作数据场的等势线（isopotential）。根据给定的势值，沿着与辐射方向成正交的方向围绕数据作等势超截面，可以得到等势面。每给定一个势值就有一个等势线（面），选定一组势值，就可以用一系列的等势线（面）来表示势函数在多维空间的分布。在数据场中，越靠近数据，数据辐射亮度越大，等势线（面）越密集，反之，等势线（面）则越稀疏（图6.1、图6.7）。

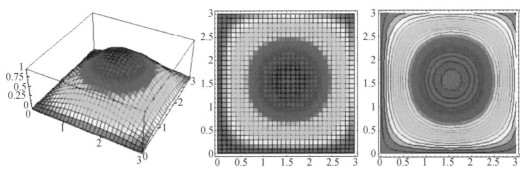

图 6.7　数据场的等势线（面）

因此，等势线（面）是全部数据场叠加后形成的嵌套形式，形象地表示了数据场的分布，是一种自然的拓扑结构（图6.8）。实际上，对于一定数据场的势值，式（6.2）所示的函数在数学上便是一个曲面方程，表达着一个特定的空间曲面，也就是等势面。就不同的势值而言，可以得到一组特定的等势面簇，其形状表达了场源数据的分布情况，描绘出这组等势面簇，也就形象地显示了数据场的分布，在平面上所画出的等势线，只是等势面和平面相截处的曲线。

全部等势线（面）根据数据场也构成了对数域空间的另一次重新覆盖，叫作势场。势场基于场强函数，通过势函数叠加而得到，是数据场的外在表现方式之一。它把数据场的抽象度强弱，直观地可视化为具体的等势线（面）的稠密和稀疏，体现了数据样本辐射能量后的整体特征。在势场中，观测数据附近的辐射亮度较大，数据场也较强，表现为等势线（面）密集；距离数据越远，辐射亮度越小，数据场也越弱，表现为等势线（面）越来越稀疏（图6.7，图6.8）。图6.7就是根据式（6.1）计算，单位势函数 $K(x)$ 取核辐射函数（王树良，2002）。

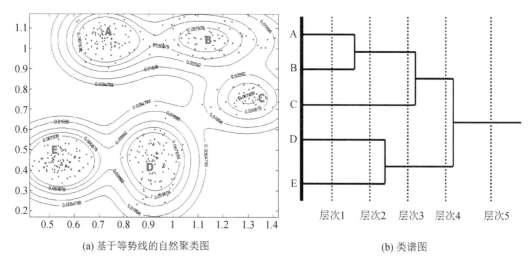

(a) 基于等势线的自然聚类图　　　　　　(b) 类谱图

图 6.8　基于数据场的势场的自然聚类和类谱图

　　在势场中，由等势线（面）围绕所形成的不同中心，称为势心。势心是多个空间对象在一个或一个以上的属性数据值中所体现出来的空间特征，势场中的所有势心构成空间对象的特征空间。在单独数据的数据场形成的势场中，势心就是数据本身所在的位置。两个或两个以上的数据的辐射场形成的势场，势心偏向于辐射亮度较大的数据，且一般位于同类数据簇的重心位置。

# 第7章 云 模 型

云模型（cloud model）是定性概念与其定量数据表示之间的不确定性转换模型，集成反映客观世界中概念的模糊性和随机性，构成定性和定量相互间的映射，反映事物在量的确定性上的差异（李德毅和杜鹢，2005）。本章在空间数据挖掘的背景下研究随机性和模糊性，以及云模型的概念、类型、云发生器、云变换和不确定推理。

## 7.1 随机性和模糊性

随机性和模糊性是不确定性的主要内容，经常同时出现，随机发生的事件含有模糊性，也受随机性的作用。例如自然语言既有模糊性又有随机性，具有模糊的边界，难以给出很精确的定义；语言本身包含随机性，不同的人对于相同的语言可能有不同的理解。模糊性指已经出现但难以精确定义的事件中包含的不确定性，或定性概念的亦此亦彼性，或由于人类的需要或阶段认识能力不足而只能进行宏观描述，或不能确切认识的客观事物具有的群体型不确定性。这来自于宏观等级简化，多数因对某因素不加深究或未知而含混。随机性是有明确定义但不一定每次都会出现的事件中包含的不确定性，事件可能发生也可能不发生，或元素对定性概念隶属度的不稳定性。随机性源于大量未知因素的共同作用，每个因素又都不是决定性的影响。

概率统计通过概率来考察随机事件发生的随机可能性，模糊集采用隶属度来描述元素对概念的隶属程度模糊性。尽管二者的出发点和应用领域不同，但它们具有明显的相似之处。两者都结合了集合论与谓词公式的基本方法，将不确定性映射为[0, 1]区间上的数值来抽象逼近，却皆非客观原型中的实在。那么，是如传统的经典数学一样同时抛弃随机性和模糊性？还是像概率统计一样仅仅考虑随机性，而抛弃模糊性？还是如模糊集仅仅考虑模糊性，而抛弃随机性（王树良，2002）？

实际上，一个系统的复杂性与分析它所能达到的精度，相互之间服从一个粗略的反比关系，片面追求精确，可能陷入困境。在一定条件下，确定性和不确定性可以相互转换，宏观精确的空间对象在微观环境中可能变得不确定，在一定程度上还不确定的空间对象，如果有关认识已经足够满足决策等需要，那么原有的认识就已达到一定的精确性。同时，不确定性也是难以避免的，理性的不确定性可以救人类于数据的海洋之中，而仅让需要的数据进入决策思维，升华为知识。仅使用确定性或不确定性的一种，来完全取代所有不确定性，难以全面研究空间对象。

为了解决上述瓶颈问题，处理定性概念中广泛存在的随机性和模糊性，李德毅提出了云模型，把模糊性和随机性集成在一起，突破了概率统计的"硬计算"局限性，解决了作为模糊集理论基石的隶属函数的固有缺陷（李德毅和杜鹢，2005）。

# 7.2　云模型的概念

云模型是定性概念及其定量表示之间的不确定性转换模型，把模糊性和随机性完全集成在一起，构成定性和定量相互间的映射。

## 7.2.1　云模型的定义

**定义 7.1**　设 $U$ 是一个用精确数值表示的定量论域，$X \subseteq U$，$T$ 是 $U$ 空间上的定性概念，若元素 $x$（$x \in X$）对 $T$ 的隶属的确定度 $C_T(x) \in [0, 1]$ 是一有稳定倾向的随机数［式（7.1）］，则概念 $T$ 从论域 $U$ 到区间[0，1]的映射在数域空间的分布，称为云（cloud）。

$$C_T(x): U \rightarrow [0, 1] \qquad \forall x \in X(X \subseteq U)x \rightarrow C_T(x) \tag{7.1}$$

这个定义还可以推广到 $N$ 维云，即若 $U$ 是 $N$ 维论域，$X \subseteq U$，则 $N$ 维元素 $x = (x_1, x_2, \cdots, x_n)$（$x \in X$）对 $T$ 的隶属的确定度 $C_T(x) \in [0, 1]$ 也是一有稳定倾向的随机数［式（7.1）］。由此，如果在给定论域的数域空间中，$x$ 为（$x_1, x_2, \cdots, x_n$），那么一个云滴的严格表达，应为一个由自变量的论域空间坐标及其对概念确定度的数值对，即

$$\text{CloudConcept}_{\text{Term}} [\text{Ex}(x)，\text{En}(x)，\text{He}(x)] |_x U（论域空间坐标，确定度） \tag{7.2}$$

在数域空间中，云模型具有宏观精确，微观模糊；宏观可控，微观不可控的特点。云模型既不是一个确定的概率密度函数，也不是一条明晰的隶属曲线，而是一朵可伸缩、无边沿、有弹性、近似无边、远观像云的一对多的数学映射图像，与自然现象中的云有着相似的不确定特点。云具有以下性质：①论域 $U$ 可以是一维的，也可以是多维的。②定义中提及的随机实现，是概率意义下的实现；定义中提及的确定度，是模糊集意义下的隶属度，同时又具有概率意义下的分布。所有这些都体现了模糊性和随机性的关联性。③对于任意一个 $x \in U$，$x$ 到区间[0，1]上的映射是一对多的变换，$x$ 对 $C$ 的确定度是一个概率分布，而不是一个固定的数值。④云由云滴组成，云滴之间无次序性，一个云滴是定性概念在数量上的一次实现，云滴越多，越能反映这个定性概念的整体特征。⑤云滴出现的概率大，云滴的确定度大，则云滴对概念的贡献大（李德毅和杜鹢，2005）。

云是用语言值表示的某个定性概念与其定量表示之间的不确定性转换模型，用以反映自然语言中概念的不确定性，不但可以从经典的随机理论和模糊集理论给出解释，而且反映了随机性和模糊性的关联性，构成定性和定量间的映射。例如，"滑坡体向南位移 20mm 左右"是一个空间概念，而"滑坡体向南位移 20mm"就是一个空间数据，是该定性概念在论域中的一次具体定量实现，经过云映射，这个云滴代表该定性概念的确定程度是 1。可是，这种实现也可能是"滑坡体向南位移 19mm"等数据，代表该定性概念的确定程度也可能是 0.9 等。所有的这些实现积累到一定数量，经过云映射，在论域空间中就形成一朵云，表达"滑坡体向南位移 20mm 左右"这个概念。因此，云把模糊性和随机性有效地集成在一起，使得有可能从定性概念中获得定量数据的分布规律，也有可能把精确数据转换为恰当的定性概念。

## 7.2.2　云模型的数字特征

云模型用期望、熵和超熵三个数字特征来表征一个概念，反映概念的整体特性。图 7.1 以高斯云模型为例，用期望、熵和超熵描述了概念"10m 左右"的整体特性。

（1）期望 Ex（expected value）：云滴在论域空间分布的期望。通俗地说，就是最能够代表定性概念的点，或者说是这个概念量化的最典型样本。

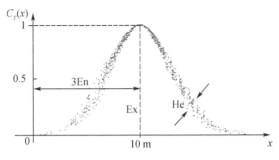

图 7.1　云模型的数字特征

（2）熵 En（entropy）：综合度量定性概念的模糊度和概率，反映定性概念的不确定性。在数域空间中，首先，熵度量定性概念的亦此亦彼性，反映可以被语言值接受的云滴群的范围，即模糊度；其次，熵表示代表定性概念的云滴出现的随机性，反映云滴群能够代表这个语言值的概率密度；再次，熵揭示模糊性和随机性的关联性。熵越大，概念越宏观，模糊性和随机性也越大。

（3）超熵 He（hyper entropy）：度量熵的不确定，即熵的熵，反映在数域空间云滴的凝聚度。超熵的大小间接地表示了云的离散程度和厚度。

一般地，概念的不确定性可以用多个数字特征表示。可是，概率理论中的期望、方差和高阶矩是反映随机性的多个数字特征，但没有触及模糊性；隶属度是模糊性的一次精确性方法，却没有考虑随机性；粗集用基于精确知识背景下的两个精确集合来度量不确定性，却忽略了背景知识的随机性。在云模型中，除了期望、熵、超熵外，还可以用更高阶的熵去刻画概念的不确定性，理论上可以是无限深追的。

通常，人是借助于语言进行思维的，并不涉及过多的数学运算，用这 3 个数字特征足以反映一般情况下概念的不确定性深度，过多的数字特征反而违背了人类使用自然语言思维的本质。云的数字特征的独特之处在于仅仅用三个数值就可以勾画出由成千上万的云滴构成的整个云，把模糊性和随机性完全集成到一起。图 7.2 显示了具有不同数字特征的云模型。在图 7.2 中，（a）和（b）的期望不同，（a）和（c）的熵不同，（a）和（d）的超熵不同。而且，一朵云在计算机中存储的只是三个数字特征，能够极大地节省存储资源和计算资源。如果只是考虑数据的整体规律，而不顾及具体的单一数据，那么就可以利用云模型压缩数据。

### 7.2.3　云的可视化

可视化将抽象的云模型利用一定的技术表示为人眼可以直接感知的图形图像，有助于云模型借助几何形状理解定性和定量之间的转换。图 7.3 以二维平面上"坐标原点附近"的基本概念为例，说明云图的 3 种可视化方法。

（1）灰度表示法：给出云滴在二维论域中的位置，用一个点表示一个云滴，同时，用该点的灰度表示这个云滴能够代表概念的确定度，见图 7.3（a）。

（2）圆圈表示法：用数域里的一个圆圈表示一个云滴，显示云滴在数域的位置，同时圆圈的大小表示这个云滴能够代表概念的确定度，见图 7.3（b）。

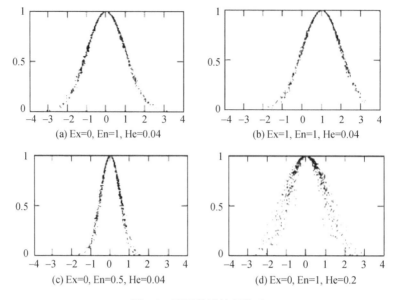

(a) Ex=0, En=1, He=0.04      (b) Ex=1, En=1, He=0.04

(c) Ex=0, En=0.5, He=0.04      (d) Ex=0, En=1, He=0.2

图 7.2　不同数字特征的云

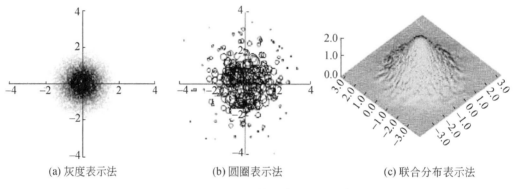

(a) 灰度表示法　　　　　(b) 圆圈表示法　　　　　(c) 联合分布表示法

图 7.3　云图的三种可视化方法

（3）联合分布表示法：是云滴与确定度的联合分布 $C[x, C_T(x)]$，其中，$x$ 是二维论域空间中云滴的位置，$C_T(x)$ 是云滴能够代表概念 $C$ 的确定度，见图 7.3（c）。

### 7.2.4　云的数学外延

在属性自变量集和类别因变量集之间，云模型是一对多云滴关系，云滴根据隶属度在空间随机离散分布，由三个数字特征共同描述，当这些云滴聚集到一定程度，概念空间就成为一朵没有边界的条件云。使用云模型的每个空间对象都与多个属性说明相连，属性之间是和现实世界类似的过渡性"软边界"，同时研究随机性和模糊性。若一定要给出云的上、下边界，则云就可以表示粗集；若用云的期望曲线代表隶属函数，则云就可以表示亦此亦彼的模糊集；若云的期望曲线为概率密度函数，则云就可以表示概率；极端地，如果熵和超熵都等于 0，则{Ex, 0, 0}表示的概念就是一个确定集合的精确数。可以从不同角度理解云模型（图 7.4）。

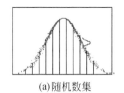 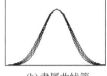 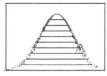

(a)随机数集　　　　　　(b)隶属曲线簇　　　　　　(c)α截集

图 7.4　对云的不同理解（以正态云为例）

（1）随机数集：对于任意元素，其隶属度都是遵循某一分布规律的随机数。云模型是符合该分布的随机数的集合。且云的厚度不均匀，顶端及两端尾部最窄，腰部最厚[图 7.4（a）]。

（2）隶属曲线簇：对于任意模糊子集，每个人都会给出对应的隶属函数，所有这些隶属函数曲线构成一个曲线簇。每条曲线的超熵是随机的，但整个曲线簇显现出一定的整体规律性，即腰部最发散，而顶部和底部则相对集中。因而这一曲线簇可看作云的一个近似，当曲线数目趋向无穷时，即形成云[图 7.4（b）]。

（3）α截集：沿用模糊集中的 α 截集概念。α 截集的宽度反映了模糊集的 α 水平截集所覆盖的论域中的元素集合的大小。对于云而言，其 α 截集的宽度不固定，具有随机性，宽度的随机变化表示超熵符合某一随机分布规律[图 7.4（c）]。

可见，云模型克服了常用定性定量转换中和人类的认知过程相悖的夹心饼干式的强硬规定性和确定性的弊端，把概念的模糊性和随机性有机地结合在一起，在数域空间中灵活伸缩，使得定性概念和定量数据之间的转换变得清晰、具体和可操作，同时又反映了转换过程的不确定性。云模型拥有自己的理论基础，是十分严格的数学方法，它不是"随机+模糊"，也不是"模糊+随机"，更不是"二次模糊"。

# 7.3　云模型的类型

云模型的最小单位是基本云模型，对应于自然语言中最基本的语言值——语言原子。图 7.5 给出了基本云模型的基本形态。

## 7.3.1　正态云模型

正态云模型是基本的云模型，是表征语言原子的有力工具之一。在论域空间中，正态分布具有普适性，正态云模型的某一点的隶属度分布符合统计学意义上的正态分布规律，以云的稳定倾向——云期望曲线上的点为期望值。由期望和熵便可确定具有正态分布形式的云期望曲线方程 $C_T(x) = \mathrm{e}^{-\frac{(x-\mathrm{Ex})^2}{2\mathrm{En}^2}}$，显然为一个正态曲线。正态云模型包括完整云、左半云和右半云。完整云表示具有完备特征的定性概念，而半云模型则主要表示具有单侧特征的定性概念，例如，完整云表示"距离"，右半云表示"很小"，左半云表示"很大"，如图 7.5（a）所示。

## 7.3.2　衍生云模型

衍生云模型是在正态云模型的基础上，增加某个或某些参数，根据不同用途生成的不同形态的云模型。首先，尽管正态云模型具有广泛的适用性，但是由于自然语言和现

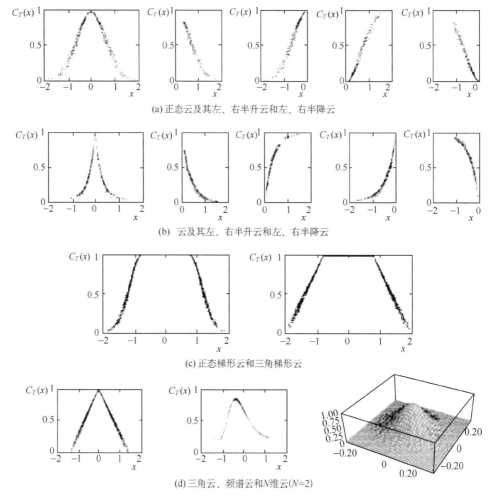

(a) 正态云及其左、右半升云和左、右半降云

(b) 云及其左、右半升云和左、右半降云

(c) 正态梯形云和三角梯形云

(d) 三角云、频谱云和N维云(N=2)

图 7.5　概念"原点附近"的各种云模型

实空间世界具有多样性，它并不能满足所有的情况。例如，许多概念的云是不对称的，且其云中心不是一个单一的值，而是包含论域中的部分元素。为此，有必要生成实现 Γ 云、三角形云、梯形云等多种衍生云模型，如图 7.5（b），（c），（d）所示。

其次，现实世界中的许多概念并不只是由单个因素决定的，而是与两个甚至多个因素相关，它们构成 N 维（N≥2）的论域空间。例如，一个距离是远，亦或近，在一般意义上应该从水平方向和垂直方向两方面来衡量。在这种情况下，可以用 N 维（N≥2）云模型，或由 N 个一维基本云生成综合云的方法来描述论域中的定性语言值。此时，云模型就被扩充到整个自然数（N =1, 2, 3, ···, n）的数域空间中，N 维云的数字特征为期望（$Ex_1$, $Ex_2$, ···, $Ex_n$）、熵（$En_1$, $En_2$, ···, $En_n$）和超熵（$He_1$, $He_2$, ···, $He_n$）。图 7.5（d）为一个 N 维（N=2）正态云的模型示意图。

### 7.3.3　浮动云

浮动云（floating cloud）是在已知两朵云的数字特征的前提下，根据线性缺省假设生成的一朵给定期望值的新云。浮动云的期望值是用户根据具体要求事先指定的，具有一定的灵活性，熵和超熵可由两朵已知云的数字特征计算求得。

假设在论域空间中存在两朵基云 $T_1$（$Ex_1$，$En_1$，$He_1$）和 $T_2$（$Ex_2$，$En_2$，$He_2$），且 $Ex_1 \leqslant Ex_2$，则位于论域中（$Ex_1$，$Ex_2$）区间内任意位置 $Ex=u$ 的浮动云的数字特征可以定义为两朵基云的数字特征的距离加权和，如下式。

$$
\begin{cases}
Ex = u \\
En = \dfrac{Ex_2 - u}{Ex_2 - Ex_1} \times En_1 + \dfrac{u - Ex_1}{Ex_2 - Ex_1} \times En_2 \\
He = \dfrac{Ex_2 - u}{Ex_2 - Ex_1} \times He_1 + \dfrac{u - Ex_1}{Ex_2 - Ex_1} \times He_2
\end{cases}
\tag{7.3}
$$

从定义公式可以看出，浮动云越靠近 $T_1$，受 $T_1$ 的影响越大，受 $T_2$ 的影响越小，反之亦然。图 7.6 为利用式（7.3）生成的浮动云的示意图。浮动云在论域空间中主要解决概念或规则的稀疏问题。利用浮动云，可以在未被给定语言值覆盖的空白区域自动生成虚拟语言值，用于知识表达和归纳；在未被给定规则覆盖的区域生成虚拟规则，进行缺省推理。

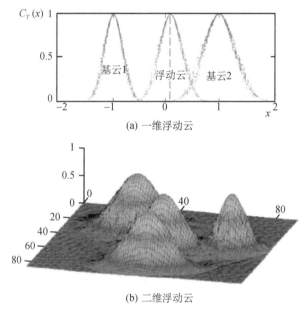

(a) 一维浮动云

(b) 二维浮动云

图 7.6　浮动云示意图

### 7.3.4　综合云

综合云（synthesized cloud）用于将两朵或多朵相同类型的子云进行综合，生成一朵新的高层概念的父云。其本质为提升概念，将两个或两个以上的同类型语言值综合为一个更广义的概念语言值。一般地，综合云的熵大于基云的熵，覆盖了论域空间的更大范围，综合云对应的语言变量表示更一般性的概念，适用于概念数的概念层次爬升。在实际应用中，两朵基云不能相距太远，否则就失去了综合的意义。

作为父云的综合云，其数字特征可以根据所有子云的数字特征计算求得。假设在论域中存在 $n$ 个同类型的基云 $\{T_1$（$Ex_1$，$En_1$，$He_1$），$T_2$（$Ex_2$，$En_2$，$He_2$），$\cdots$，$T_n$（$Ex_n$，$En_n$，$He_n$）$\}$，则由 $T_1$，$T_2$，$\cdots$，$T_n$ 可以生成一个同类型的综合云 $T$，$T$ 覆盖了 $T_1$，$T_2$，$\cdots$，

$T_n$ 所覆盖的所有范围。这里以 $n=2$ 为例具体讨论。设 $\mathrm{Ex}_1 \leqslant \mathrm{Ex}_2$，$\mathrm{En}_1'$ 和 $\mathrm{En}_2'$、$C_{T1}(x)$ 和 $C_{T2}(x)$、$C_{T1}'(x)$ 和 $C_{T2}'(x)$ 分别是 $T_1$ 和 $T_2$ 的截断熵、数学期望曲线、数学期望曲线的不重叠部分，则由 $T_1$、$T_2$ 构造的综合云 $T$ 的数字特征（Ex，En，He）定义为式（7.4）。图 7.7 为利用式（7.4）生成的综合云的示意图。

$$\begin{cases} \mathrm{Ex} = \dfrac{\mathrm{Ex}_1 \times \mathrm{En}_1' + \mathrm{Ex}_2 \times \mathrm{En}_2'}{\mathrm{En}_1' + \mathrm{En}_2'} \\[3mm] \mathrm{En} = \mathrm{En}_1' + \mathrm{En}_2' \\[3mm] \mathrm{He} = \dfrac{\mathrm{He}_1 \times \mathrm{En}_1' + \mathrm{He}_2 \times \mathrm{En}_2'}{\mathrm{En}_1' + \mathrm{En}_2'} \end{cases} \qquad (7.4)$$

若 $\quad C_{T1}'(x) = \begin{cases} C_{T1}(x), & C_{T1}(x) \geqslant C_{T2}(x) \\ 0, & \text{其他} \end{cases}$，$C_{T2}'(x) = \begin{cases} C_{T2}(x), & C_{T2}(x) \geqslant C_{T1}(x) \\ 0, & \text{其他} \end{cases}$，则 $\quad \mathrm{En}_1' = $

$\dfrac{1}{\sqrt{2\pi}} \int C_{T1}'(x) \mathrm{d}x$，$\mathrm{En}_2' = \dfrac{1}{\sqrt{2\pi}} \int C_{T2}'(x) \mathrm{d}x$。

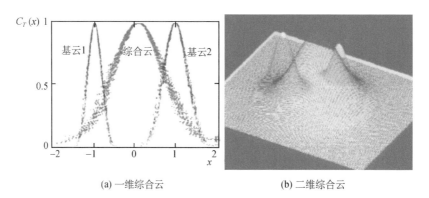

(a) 一维综合云　　　　　　　　　　(b) 二维综合云

图 7.7　综合云示意图

### 7.3.5　几何云

几何云（geometric cloud）根据云模型的已知局部特性，采用几何数学拟合法生成一个完整的新云（邸凯昌，2001），如图 7.8 所示。它和逆向云发生器的区别在于，几何云只是根据局部特性生成虚拟云，对云滴的数目、分布和精度要求都不高；而逆向云发生器是由某参数未知的云模型的云滴来估计其数字特征，需要较多的、精度较高的云滴。如果仅仅已知两个云滴 $[x_1, C_T(x_1)]$ 和 $[x_2, C_T(x_2)]$，则用下面的公式直接计算几何云的数字特征：

$$\mathrm{Ex} = \frac{x_1 \sqrt{-2\ln\left[C_T(x_2)\right]} + x_2 \sqrt{-2\ln\left[C_T(x_1)\right]}}{\sqrt{-2\ln\left[C_T(x_1)\right]} + \sqrt{-2\ln\left[C_T(x_2)\right]}},$$

$$\mathrm{En} = \frac{x_2 - x_1}{\sqrt{-2\ln\left[C_T(x_1)\right]} + \sqrt{-2\ln\left[C_T(x_2)\right]}}$$

$$\mathrm{He} = 0$$

如果有多个云滴 $[x_1, C_T(x_1)]$，$[x_2, C_T(x_2)]$，$\cdots$，$[x_n, C_T(x_n)]$，则采用最小二乘法拟

合期望曲线，即令 $\sum_{i=1}^{n}\left(C_T(x_i) - \mathrm{e}^{\frac{-(x_i-\mathrm{Ex})^2}{2\mathrm{En}^2}}\right)^2 = \min$，求得 Ex 和 En，然后再通过逆向云发生器生成 He。

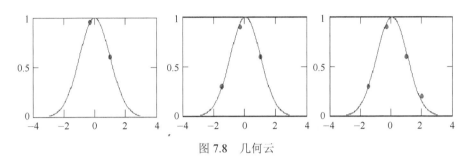

图 7.8　几何云

# 7.4　云　发　生　器

云发生器（cloud generator，CG）指用计算机实现云模型的一种特定算法，也可以用固化的集成电路实现。因为正态分布是概率论中用均值和方差表示的普适分布之一，高斯隶属函数是模糊集中使用最多的隶属函数，所以高斯云模型是在二者基础上发展起来的全新模型，又称为正态云模型。此处主要研究高斯云发生器，包括正向云发生器、逆向云发生器、$X$ 条件云发生器和 $Y$ 条件云发生器（图 7.9）。

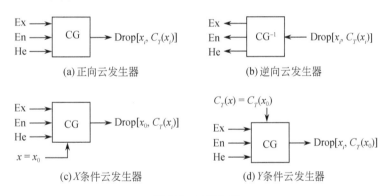

图 7.9　云发生器

## 7.4.1　正向云发生器

正向云发生器（forward cloud generator）是从定性到定量的映射，它根据云的数字特征（Ex，En，He）产生云滴［图 7.9（a）］。正向高斯云的定义如下。

**定义 7.2**　设 $U$ 是一个用精确数值表示的定量论域，$C$ 是 $U$ 上的定性概念，定量值 $x \in U$，且 $x$ 是定性概念 $C$ 的一次随机实现，若 $x$ 满足：$x \sim N(\mathrm{Ex}, \mathrm{En'}^2)$，其中，$\mathrm{En'} \sim N(\mathrm{En}, \mathrm{He}^2)$，且 $x$ 对 $C$ 的确定度满足

$$C_T(x) = \mathrm{e}^{-\frac{(x-\mathrm{Ex})^2}{2(\mathrm{En'})^2}}$$

则 $x$ 在论域 $U$ 上的分布称为高斯云。在论域 $U$ 内，$X$ 中的任一小区间上的元素 $\Delta x$ 对定性概念 $T$ 的贡献 $\Delta C$ 为 $\Delta C \approx \dfrac{C_T(x) \times \Delta x}{\sqrt{2\pi}En}$。显然，论域上所有元素对概念 $T$ 的总贡献 $C$ 为

$$C = \frac{\int_{-\infty}^{+\infty} C_T(x)\mathrm{d}x}{\sqrt{2\pi}En} = \frac{\int_{-\infty}^{+\infty} e^{-(x-Ex)^2/2En^2}\mathrm{d}x}{\sqrt{2\pi}En} = 1$$

因 $C = \dfrac{1}{\sqrt{2\pi}En}\displaystyle\int_{Ex-3En}^{Ex+3En} C_T(x)\mathrm{d}x = 99.74\%$，故对于论域中 $X$ 的定性概念 $T$ 有贡献的定量值，主要落在区间[Ex－3En，Ex+3En]。例如，正态云的数学期望曲线由期望和熵便可确定 $C_T(x) = e^{-\frac{(x-Ex)^2}{2En^2}}$，令 $x' = Ex + 3En$，则有 $C_T(x') = e^{-\frac{(x'-Ex)^2}{2En^2}} = e^{-\frac{(3Ex)^2}{2En^2}} 0.011 \approx 0$。可以看出，对于某一定性概念，其相应的云对象中位于[Ex－3En，Ex+3En]之外的云滴元素是小概率事件，一般可忽略（图 7.10）。

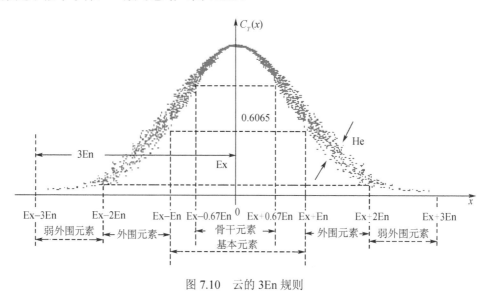

图 7.10　云的 3En 规则

根据计算得到：位于区间[Ex–0.67En，Ex+0.67En]的那些云滴，占全部定量值的22.33%，它们对定性概念的贡献占总贡献的 50%，这部分云滴可称为"骨干元素"；位于区间[Ex–En，Ex+En]的那些云滴，占全部元素的 33.33%，它们对定性概念的贡献占总贡献的 68.26%，这部分元素称为"基本元素"；位于区间[Ex–2En，Ex–En]和[Ex+En，Ex+2En]的那些云滴，占全部元素的 33.33%，它们的贡献占总贡献的 27.18%，这部分元素称为"外围元素"；位于区间[Ex–3En，Ex–2En]和[Ex+2En，Ex+3En]的那些云滴，占全部元素的 33.33%，它们的贡献占总贡献的 4.3%，这部分云滴称为"弱外围元素"。而且，在实际运用中，常常可以找到类似 $x'$ 的元素并得到 En＝（$x'$－Ex）/3，从而节省计算量。

算法 7.1 两次用到高斯随机数的生成，而且一次随机数是另一次随机数的基础，是复用关系，这是算法的关键。算法 7.1 既适用于论域空间为一维的情况，也适用于论域空间为二维或高维的情况。例如，给定二维高斯云的数字特征：期望值（Ex，Ey）、熵（Enx，Eny）和超熵（Hex，Hey），假设论域的两维不具有相关性，生成算法 7.2。

**算法 7.1** 正向高斯云发生器 CG（Ex，En，He，$n$）

输入：数字特征（Ex，En，He），生成云滴的个数 $n$。

输出：$n$ 个云滴 $x$ 及其确定度 $C_T(x)$（也可表示为 Drop（$x_i$，$C_T(x_i)$），$i=1$，2，$\cdots$，$n$）。

步骤：

步骤（1）：生成以 En 为期望值，$He^2$ 为方差的一个高斯随机数 $En'_i = NORM(En，He^2)$；

步骤（2）：生成以 Ex 为期望值，$En'^2_i$ 为方差的一个高斯随机数 $x_i = NORM(Ex，En'^2_i)$；

步骤（3）：计算 $C_T(x_i) = e^{-\frac{(x_i - Ex)^2}{2En'^2_i}}$；

步骤（4）：具有确定度 $C_T(x_i)$ 的 $x_i$ 成为数域中的一个云滴；

步骤（5）：重复步骤（1）到步骤（4），直至产生 $n$ 个云滴为止。

**算法 7.2** 二维正向高斯云发生器 CG(Ex，En，He，$n$)

输入：期望（Ex，Ey）、熵（Enx，Eny）、超熵（Hex，Hey）、云滴数 $n$。

输出：$n$ 个云滴（$x_i$，$y_i$）及其确定度 $C_T(x_i)$，$i=1$，2，$\cdots$，$n$。

步骤：

步骤（1）：产生一个期望值为（Enx，Eny）、方差为（$Hex^2$，$Hey^2$）的二维正态随机数（Enx'，Eny'）；

步骤（2）：产生一个期望值为（Ex，Ey）、方差为（$Enx_i'^2$，$Eny_i'^2$）的二维正态随机数（$x_i$，$y_i$）；

步骤（3）：计算 $C_T(x_i) = e^{-\left[\frac{(x_i - Ex)^2}{2Enx_i'^2} + \frac{(y_i - Ey)^2}{2Eny_i'^2}\right]}$；

步骤（4）：令（$x_i$，$y_i$，$C_T(x_i)$）为一个云滴，重复步骤（1）～（3），直到产生 $n$ 个云滴为止。

通常在生成高斯随机数时，方差不允许等于 0，因此在云发生器算法中通常要求 En 和 He 都大于 0。极端地说，如果 He=0，算法步骤（1）总是生成一个确定的值 En，$x$ 就成为高斯分布。更极端地说，如果 He=0，En=0，那么算法生成的 $x$ 就为同一个精确值 Ex，且 $C_T(x)$ 恒等于 1。从这个意义上说，确定性是不确定性的特例。

高斯随机数的生成方法是整个算法实现的基础。几乎所有的编程语言中都会有生成 [0，1] 间均匀随机数的函数，由均匀随机数生成高斯随机数时，每次生成的随机数是否相同，由均匀随机函数的种子决定。

为了说明正向云发生器如何实现精确数据点（云滴）和概念之间的转换，这里以二维平面上"原点附近"这一基本概念为例具体研究。令此概念的期望值 Ex = {0，0}，熵 En = {0.1，0.1}，超熵 He = {0.01，0.01}，并假设要求产生 1000 个代表"原点附近"基本概念的云滴。用三维坐标系描述该正向云发生器的结果的整个云图，平面表示云滴在数域的位置，竖轴表示这个云滴能够代表"原点附近"概念的确定度，显然，离坐标原点越近，确定度越大。如图 7.9（d）中的 $N$ 维云（$N=2$）。该图是根据正向正态云发生器生成的每个云滴的精确数据绘出的，尽管算法本身带有不确定性，但丝毫不影响每次产生的云滴位置的精确性。

## 7.4.2  逆向云发生器

逆向云发生器（backward cloud generator）是实现从定量值到定性概念之间的转换模型，将一定数量的精确数据转换为以数字特征（Ex，En，He）表示的定性概念，如图 7.9（b）所示。

逆向高斯云发生器的基本算法是基于统计原理的，由于在实际情况中，给定的只有样本数据，而没有每个数据属于定性概念的确定度信息，因此在没有确定度信息下的逆向云发生器就显得尤为重要。

输入：样本点 $x_i$，其中 $i=1, 2, \cdots, n$。

输出：反映定性概念的数字特征（Ex，En，He）。

步骤：

步骤（1）：根据 $x_i$ 计算这组数据的样本均值 $\overline{X}=\dfrac{1}{n}\sum\limits_{i=1}^{n}x_i$，一阶样本绝对中心矩 $\dfrac{1}{n}\sum\limits_{i=1}^{n}\left|x_i-\overline{X}\right|$，样本方差

$S=\dfrac{1}{n-1}\sum\limits_{i=1}^{n}(x_i-\overline{X})^2$；

步骤（2）：$\mathrm{Ex}=\overline{X}$；

步骤（3）：$\mathrm{En}=\sqrt{\dfrac{\pi}{2}}\times\dfrac{1}{n}\sum\limits_{i=1}^{n}\left|x_i-\mathrm{Ex}\right|$；

步骤（4）：$\mathrm{He}=\sqrt{S-\mathrm{En}^2}$。

算法的正确性证明如下。

用随机变量 $X$ 来表示云{Ex，En，He}产生的云滴。

因为 $X$ 的期望为 Ex，所以可以用样本均值 $\overline{X}$ 作为 Ex 的估计，即得到算法的步骤（2）。下面计算 $X$ 的一阶绝对中心矩 $E|X-\mathrm{Ex}|$。由高斯云模型的统计性质知，$X$ 的概率密度为

$$f(x)=\frac{1}{2\pi\mathrm{He}}\int_{-\infty}^{+\infty}\frac{1}{y}\exp\left[-\frac{(x-\mathrm{Ex})^2}{2y^2}-\frac{(y-\mathrm{En})^2}{2\mathrm{He}^2}\right]\mathrm{d}y$$

所以

$$E|X-\mathrm{Ex}|=\int_{-\infty}^{+\infty}|x-\mathrm{Ex}|f(x)\mathrm{d}x=\frac{1}{2\pi\mathrm{He}}\int_{-\infty}^{+\infty}\int_{-\infty}^{+\infty}|x-\mathrm{Ex}|\frac{1}{y}\exp\left[-\frac{(x-\mathrm{Ex})^2}{2y^2}-\frac{(y-\mathrm{En})^2}{2\mathrm{He}^2}\right]\mathrm{d}y\mathrm{d}x$$

$$=\frac{1}{2\pi\mathrm{He}}\int_{-\infty}^{+\infty}\exp\left[-\frac{(y-\mathrm{En})^2}{2\mathrm{He}^2}\right]\mathrm{d}y\int_{-\infty}^{+\infty}\frac{|x-\mathrm{Ex}|}{y}\exp\left[-\frac{(x-\mathrm{Ex})^2}{2y^2}\right]\mathrm{d}x$$

而

$$\int_{-\infty}^{+\infty}\frac{|x-\mathrm{Ex}|}{y}\exp\left[-\frac{(x-\mathrm{Ex})^2}{2y^2}\right]\mathrm{d}x=\int_{-\infty}^{\mathrm{Ex}}\frac{\mathrm{Ex}-x}{y}\exp\left[-\frac{(x-\mathrm{Ex})^2}{2y^2}\right]\mathrm{d}x+$$

$$\int_{\mathrm{Ex}}^{+\infty}\frac{x-\mathrm{Ex}}{y}\exp\left[-\frac{(x-\mathrm{Ex})^2}{2y^2}\right]\mathrm{d}x=\int_{+\infty}^{0}-te^{-\frac{1}{2}t^2}y\mathrm{d}t+\int_{0}^{+\infty}te^{-\frac{1}{2}t^2}y\mathrm{d}t=2\int_{0}^{+\infty}ye^{-\frac{1}{2}t^2}\mathrm{d}\left(\frac{1}{2}t^2\right)=2y$$

故

$$E|x-\mathrm{Ex}|=\frac{1}{\pi\mathrm{He}}\int_{-\infty}^{+\infty}ye^{-\frac{(y-\mathrm{En})^2}{2\mathrm{He}^2}}\mathrm{d}y=\sqrt{\frac{2}{\pi}}\times\frac{1}{\sqrt{2\pi}\mathrm{He}}\int_{-\infty}^{+\infty}ye^{-\frac{(y-\mathrm{En})^2}{2\mathrm{He}^2}}\mathrm{d}y=\sqrt{\frac{2}{\pi}}\mathrm{En}$$

则当样本云滴数为 $n$ 时，$\mathrm{En}=\sqrt{\dfrac{\pi}{2}}\times\dfrac{1}{n}\sum\limits_{i=1}^{n}\left|x_i-\overline{X}\right|$，即算法步骤（3）得证。

### 7.4.3　条件云发生器

条件云发生器包括 $X$ 条件云发生器和 $Y$ 条件云发生器。在给定论域的数域空间中，当已知云的三个数字特征（Ex，En，He）后，如果还有特定的 $x=x_0$ 条件，那么正向云发生器称为 $X$ 条件云发生器[图 7.9（c）]；如果特定的条件不是 $x=x_0$，而是 $C_T(x)=C_T(x_0)$，

那么正向云发生器叫作 $Y$ 条件云发生器或隶属度条件云发生器 [图 7.9 (d)]。由于空间坐标系的纵轴一般称为 $Y$ 轴，而隶属度 $C_T(x_0)$ 又常常用纵轴表示，因此隶属度条件云发生器更多地被称作 $Y$ 条件云发生器。$X$ 条件云发生器和 $Y$ 条件云发生器是利用云模型进行不确定性推理的基础，如将 $X$ 条件云和 $Y$ 条件云相连接，就构成了一个单条件规则发生器。

$X$ 条件云发生器和 $Y$ 条件云发生器的输出结果都是云带，$X$ 条件云发生器为一条，$Y$ 条件云发生器为以云的数学期望为对称中心的两条。云带的云滴密集度具有离心衰减的特点，即云带中心对概念的隶属确定度大，云滴密集，越偏离云带中心，对概念的确定度越小，云滴越稀疏（图 7.10）。

$X$ 条件云发生器产生的云滴 Drop $[x_0, C_T(x_i)]$ 都呈概率分布在直线 $x = x_0$ 上，是规则前件表示的基础。其中，$C_T(x_i)$ 是 $N$ 个隶属度数值的集合，而不是一个数值。图 7.11 (a) 显示了云模型在给定的输入值 $x_0$ 条件下，其 $X$ 条件云发生器的输出结果。

$Y$ 条件云发生器产生的云滴 Drop $[x_i, C_T(x_0)]$ 都呈概率分布在直线 $C_T(x)=C_T(x_0)$ 上，分别处于期望值 Ex 的两侧，被期望值 Ex 分为左右对称的两部分。$Y$ 条件云发生器是规则后件表示的基础。图 7.11 (b) 显示了云模型在给定的输入值 $C_T(x)=C_T(x_0)$ 条件下，其 $Y$ 条件云发生器的输出结果。

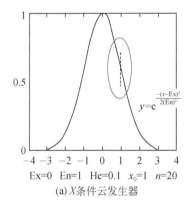 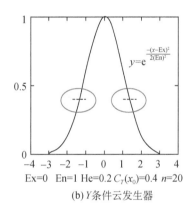

(a) $X$ 条件云发生器　　　　　　　　　(b) $Y$ 条件云发生器

图 7.11　条件云发生器的输出结果

### 7.4.4　不确定推理器

不确定推理器由多个云发生器按照一定的规律，有机地集成一起构成。在空间数据挖掘中，知识不单单是概念，而是多个概念的因果逻辑关系，常用规则表示。知识的应用过程实质上是一个推理过程，这个过程既可能是确定的，也可能是不确定的，既可能是一对一的，也可能是多对一的，甚至是多对多的。因此，基于云模型的不确定推理器就主要有单条件单规则、单条件多规则、多条件单规则和多条件多规则等四种（图 7.12～图 7.15）。

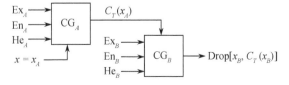

图 7.12　单条件单规则不确定推理器

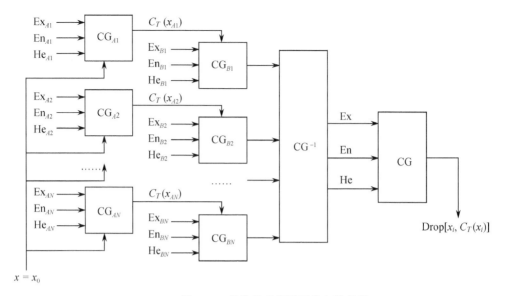

图 7.13　单条件多规则不确定推理器

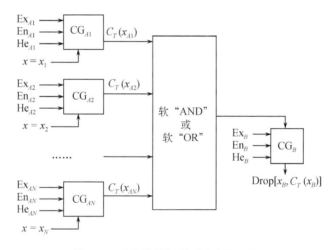

图 7.14　多条件单规则不确定推理器

这里以图 7.12 的单条件单规则不确定推理器为例说明其基本原理，其他可以类推。$CG_A$ 表示 $A$ 的 $X$ 条件云发生器，$CG_B$ 表示 $B$ 的 $Y$ 条件云发生器。当某一特定的输入值 $x_A$ 激活单条件单规则不确定推理器，$CG_A$ 首先产生一组隶属度值 $C_T(x_A)$，反映定性规则的激活强度，对应每个 $C_T(x_A)$ 值，$CG_B$ 又产生一组 $x_B$ 值。显然，$C_T(x_A)=C_T(x_B)$。

需要说明的是，虽然通过云的软计算，可以将相邻的两个基本概念提升为能概括它们的较高层次的新概念，但是云的软运算的实质为一种概念运算，具有不确定性。在多条件单规则（图 7.14）和多条件多规则（图 7.15）的云不确定推理器中，云的逻辑运算——软"AND"或软"OR"，也就是云模型对软"AND"或软"OR"的概念计算，当基云对概念软"OR"的确定度为其数学期望时，计算方法就蜕变为经典的硬计算，而当确定度的熵和超熵增大时，计算方法的软成分随之增大。

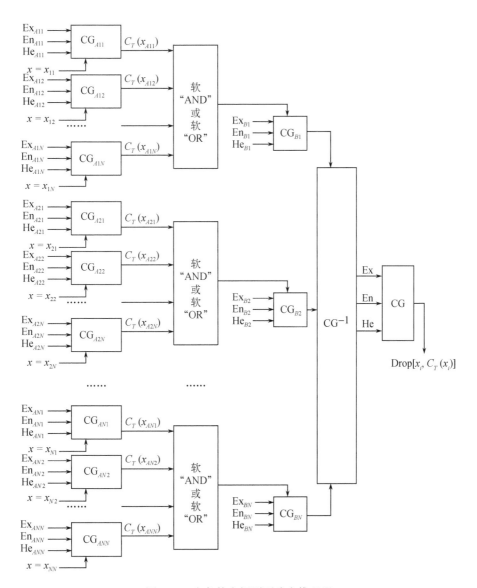

图 7.15　多条件多规则不确定推理器

# 7.5　云　变　换

云变换（cloud transformation）根据某种规律把任意不规则的空间数据分布进行数学变换，生成原子概念的云模型集，使之成为若干个大小不同的云的叠加。云变换在于从数据分布中提取定性概念的描述，实现对连续数据的软划分。

$$g(x) = \sum_{i=1}^{n}\left[c_i \times f_i(x)\right] + \varepsilon, \quad 0 < \mathrm{Max}(\,|\,g(x) - \sum_{i=1}^{n}\left[c_i \times f_i(x)\right]\,|\,) < \varepsilon \tag{7.5}$$

式中，$g(x)$ 为数据的分布函数；$f_i(x)$ 为云模型的期望函数；$c_i$ 为权重系数；$n$ 为叠加的云的个数；$\varepsilon$ 为误差域值。在空间数据挖掘中，云变换是从某一论域的定量空间数据分布中恢复其定性概念描述的过程。

高斯变换提供了一种连续属性数据分布函数的离散化方法，但没有涉及人类认知中的定性概念知识与定量数据之间的转换关系，如果高斯变换生成的多个高斯分布过于重叠，会导致定性概念划分的混乱。高斯云在概念表示中具有普适性，基于高斯变换构建高斯云变换，可以将任何一个给定的数据样本集合转换成多个定性概念，并解决相邻概念的重叠混乱问题。

自适应高斯云变换（adaptive Gaussian cloud transformation，A-GCT）无须人为指定概念数量，从实际数据样本集合自动生成合适粒度的多个概念。常识知识表明，相比于低频率出现的数据值，高频率出现的数据值对定性概念的贡献更大，因此统计数据样本频率分布中的波峰数作为高斯云变换的初始概念数 $M$，调用高斯变换算法生成 $M$ 个高斯分布，根据相邻概念之间样本群的重叠程度制定相应的云变换策略，不断调用高斯变换参数迭代收敛，形成满足骨干元素与基本元素不重叠的多个不同概念。云变换策略不同，可能生成的结果也不尽相同，但是都从样本对概念的贡献出发，总体认知规律一致，只是最终形成的概念粒度不同，本节主要采用骨干元素与基本元素不重叠作为云变换策略。具体算法如下：

**算法 7.4** 自适应高斯云变换算法 A-GCT

输入：数据样本集 $\{x_i \mid i=1,2,\cdots,N\}$，概念清晰度 $\varepsilon$。

输出：$m$ 个高斯云。

步骤：

步骤（1）：统计数据样本集 $\{x_i \mid i=1,2,\cdots,N\}$ 的频率分布 $p(x_i)$ 的波峰数量 $M$，作为概念数量的初始值；

步骤（2）：利用高斯变换进行拟合，形成 $M$ 个高斯分布 $G(\mu_k, \sigma_k) \mid k=1,\cdots,M$；

步骤（3）：按顺序对相邻两个高斯分布进行比较，若发现两个高斯分布的骨干元素与基本元素存在重叠，即 $\mu_k + 0.67\sigma_k > \mu_{k+1} - \sigma_{k+1}$ 或者 $\mu_k + \sigma_k > \mu_{k+1} - 0.67\sigma_{k+1}$ 则高斯分量数 $M=M-1$；

步骤（4）：循环步骤（2）及（3），形成骨干元素与基本元素不重叠的 $m$ 个高斯分布 $G(\mu_k, \sigma_k) \mid k=1,\cdots,m$；

步骤（5）：对于第 $k$ 个高斯分布，计算其与相邻高斯分布之间的重叠程度，如果外围元素不重叠，那么 $\mathrm{En}_k = \sigma_k$，$\mathrm{He}_k = 0$；否则，对它们的标准差按 $\alpha$ 比例进行缩放以满足 $\mu_k + 3 \times a \times \sigma_k = \mu_{k+1} - 3 \times a \times \sigma_{k+1}$ 成立，那么第 $k$ 个高斯分布的标准差主要变化区域为 $[\alpha \times \sigma_k, (1+a) \times \sigma_k]$，可计算获得表征第 $k$ 个概念的高斯云的参数：$\mathrm{Ex}_k = \mu_k$，$\mathrm{En}_k = \sigma_k - (1-\alpha) \times \sigma_k / 2$，$\mathrm{He}_k = (1-\alpha) \times \sigma_k / 6$。

图 7.16 为针对模拟数据的自适应高斯云变换结果，可以看到，数据具有两个明显的峰，因此将高斯分布个数设为 2。

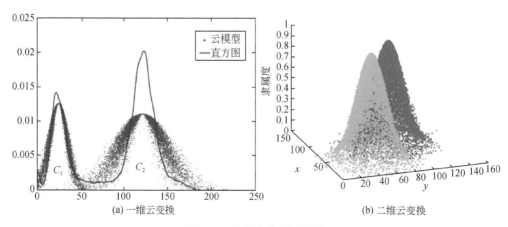

图 7.16　自适应高斯云变换

# 7.6 基于云模型的不确定推理

基于云模型的不确定推理是根据一定的已知条件，利用云的不确定推理器，在一定的环境中推导得到目标规则的过程。规则一般由规则前件（条件）和规则后件（知识）两部分组成，根据规则前件或规则后件的数量的不同，基于云模型的不确定推理可以分为单规则推理和多规则推理两类。在空间数据挖掘中，就是顾及空间对象的不确定性，在空间数据库或空间数据仓库中利用云的不确定推理器挖掘事先未知的感兴趣空间规则知识。

## 7.6.1 单规则推理

单规则推理使用的是云的单条件单规则（图 7.12）和多条件单规则（图 7.14）的不确定推理器。单规则可形式化地表示为："IF $A$ THEN $B$" 或 "IF $A_1, A_2, \cdots, A_n$ THEN $B$"。其中 $A$ 和 $B$ 为用云模型表示的语言值。例如，"如果土地区位好，那么地价高""如果水平方向位移很小，垂直方向几乎没有沉降，那么滑坡体稳定"。这些语言值都不能用简单的精确数值予以准确的描述。

单条件单规则推理的算法可以通过把 $X$ 条件云发生器和 $Y$ 条件云发生器的算法结合起来生成。由 $X$ 条件云发生器和 $Y$ 条件云发生器的特性可知，在利用图 7.12 的单条件单规则不确定推理器作单规则推理时，规则的输出值不是一个单一的数值，而是一个随机分布的云团，其输入输出之间的关系也不再是简单的点对点的函数式关系，而是多对多的不确定性关系，如图 7.17 所示。

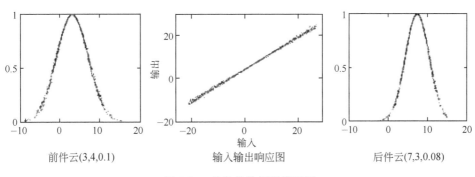

前件云(3,4,0.1)　　　　输入输出响应图　　　　后件云(7,3,0.08)

图 7.17　单条件单规则推理图

在多条件单规则推理的算法中，构造由多个语言值组成的规则前件的直接方法是采用多维云发生器。可是，若要表示前件所对应的多维论域空间中的所有语言值，则需要太多的多维云。例如，假定规则前件有两个语言变量，每个变量有五个语言值，那么经过组合前件可能有 25 个语言值，即表示整个论域空间中的语言值需要有 25 个二维云，复杂度太高，难以实现。因此，当多条件中语言值情况较为复杂时，可以采用云模型的逻辑运算来实现定性推理。这样，多条件单规则推理的算法相对于单条件单规则推理的算法，只是增加了 $X$ 条件云发生器的个数，在和 $Y$ 条件云发生器的算法结合时，也仅仅需要增加几次循环次数和一个逻辑运算，因为在多条件单规则不确定推理器（图 7.14）中，规则前件的多个条件即由多个一维云通过逻辑软 "OR" 或软 "AND" 实现（图 7.18）。

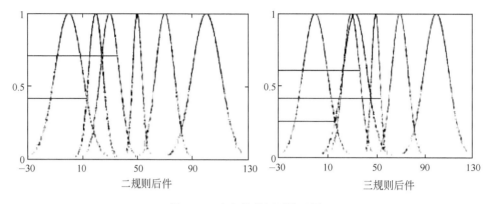

图 7.18　多条件单规则推理图

### 7.6.2　多规则推理

多规则推理使用的是云的单条件多规则（图 7.12）和多条件多规则（图 7.14）的不确定推理器。在实际应用中，更多出现的是多规则推理。单条件多规则推理可形式化表示为："IF $A$ THEN $B_1$, $B_2$, $\cdots$, $B_n$"。多条件多规则推理较为复杂，其形式化表示为"IF $A_i$ THEN $B_m$"，具体有两种形式：

形式一，多个不同的规则前件组，分别决定多个不同的规则后件，即

IF　$A_{11}$, $A_{12}$, $\cdots$, $A_{1n}$　　THEN　$B_1$

IF　$A_{22}$, $A_{22}$, $\cdots$, $A_{2n}$　　THEN　$B_2$

……

IF　$A_{m1}$, $A_{m2}$, $\cdots$, $A_{mn}$　THEN　$B_m$

形式二，多个不同的规则前件组，分别决定多个不同的规则后件组，即

IF　$A_{11}$, $A_{12}$, $\cdots$, $A_{1n}$　　THEN　$B_1$, $B_2$, $\cdots$, $B_m$

IF　$A_{22}$, $A_{22}$, $\cdots$, $A_{2n}$　　THEN　$B_1$, $B_2$, $\cdots$, $B_m$

……

IF　$A_{m1}$, $A_{m2}$, $\cdots$, $A_{mn}$　THEN　$B_1$, $B_2$, $\cdots$, $B_m$

显然，形式二是形式一基于规则后件的空间叠加，无论复杂度和计算难度，形式二都大于形式一。如果再考虑多个规则前件（或规则后件）之间的相关性，那么两种形式的多条件多规则推理的复杂度和计算难度都将可能急剧增长，并且形式二的增长速度大于形式一。在计算时，有必要把形式二拆分为形式一，同时消除多条件多规则推理的多个规则前件（或规则后件）之间的相关性。图 7.14 所示的就是假设多个规则前件（或规则后件）之间互不相关，彼此独立，多条件多规则的推理是按照形式一实现的云的不确定推理器。可见，多规则推理中每一条规则的构成同单规则推理中的单规则，多规则推理的算法是多个单规则推理算法的综合，其推理机制的关键，在于如何处理多个规则之间的关系。可以首先使用输入值激活每一条定性规则，然后采用几何云综合每一条规则被激活后产生的云团，最后把生成的几何云的期望值作为推理结论输出（图 7.19）。

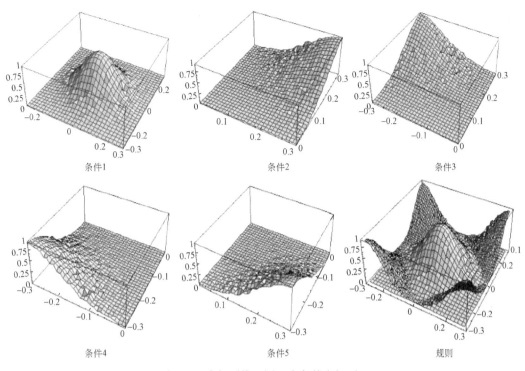

条件1       条件2       条件3

条件4       条件5       规则

图 7.19    多规则推理图（多条件多规则）

因此，基于云模型的不确定推理将自然语言的模糊性与随机性、定量与定性有机结合在一起，提供了自然语言运算的数学模型，及其在计算机中的自然表达方式，推理所用的定性规则的前件和后件共同解决了知识发现中不确定性的传播问题。

# 第8章 地学粗空间和概念格

计算机化的空间对象是对现实空间对象的近似表达,空间数据挖掘是通过大量数据的学习,形成概念并产生知识的过程,具有不确定性。地学粗空间承认世界的不确定性和信息采集的不完备性,为基于不确定性的空间数据挖掘提供了新的数学解释。概念格以数学方法描述概念的形成过程,表达概念的内涵和外延,以及概念与概念之间的不同层次的抽象关系。

本章首先提出由粗实体、粗关系和粗算子组成的地学粗空间,在地球空间信息学中研究内涵和外延,然后给出概念格,以及构建概念格和绘制 Hasse 图的方法。

## 8.1 地学粗空间的内涵

在地球空间信息学中,若论域 $U$ 由带有属性的空间对象构成,$R$ 为空间对象间的粗关系,则 $U$ 和 $R$ 共同构成一个地学粗空间($U$, $R$)。地学粗空间(王树良,2002)由粗实体、粗关系和粗算子组成,基本单位是粗元,具有测度。其中,粗实体通过一对上近似集、下近似集逼近空间对象,是同时包容位置不确定性和属性不确定性的近似域。粗关系表示粗实体之间的相互作用规律,粗元关系为其基础。粗算子是粗实体及其粗关系的数学模型和算法。地学粗空间针对地球空间信息学,在粗集的基础上把知识看作对论域的划分,具有粒度和尺度,粒度的大小可用于描述粗元的精细,不确定性是由于组成论域的空间对象粒度太大而引起的,如遥感图像的空间分辨率;尺度可用于表达粗实体的比例大小。

### 8.1.1 地学粗空间的基本要素

1. 地学粗空间的符号系统

统一各种已有符号系列及其变种(Pawlak,1981,1982,1991,1997,1998,1999;Pawlak et al.,2000;Yao et al.,1997;Komorowski et al.,1999;Polkowski et al.,2000;Ahlqvist et al.,2000),并予以简化。简化后的每个符号有粗集意义和专业意义两部分(表 8.1),在表 8.1 中,Lr($X$)的 Lr 表示粗集下近似集,$X$ 表示空间对象。

表 8.1 简化后的粗集符号及其含义

| 新符号 | 旧符号 | 含义 |
| --- | --- | --- |
| $U$ | $U$ | 非空论域 |
| $R$ | $R$ | $U$ 上的粗关系,$R \subseteq U \times U$ |
| $X$ | $X$ | 任意集合 $X \subseteq U$ |
| $\sim X$ | $-X$, $\sim X$ | $X$ 的补集 |

| 新符号 | 旧符号 | 含义 |
|---|---|---|
| $\dfrac{U}{R}$ | $\dfrac{U}{R}$ | $U$ 被 $R$ 划分的粗元 |
| $[x]_R$ | $[x]_{IND(R)}$，$[x]_R$，$R(x)$，$r(x)$ | $R$ 中包含元素 $x$ 的粗元。 |
| Lr($X$) | $\underline{APR}(X)$，$\underline{A}(X)$，$\underline{A}X$，$\underline{X}$，Int($X$)，R_$(X)$，R* | $X$ 在 $U$ 中的下近似集 |
| Ur($X$) | $\overline{APR}(X)$，$\bar{A}(X)$，$\bar{A}X$，$\bar{X}$，Cl($X$)，R$^-(X)$，R$^*$ | $X$ 在 $U$ 中的上近似集 |
| Pr($X$) | POS($X$) | $X$ 在 $U$ 中的正域（确定集） |
| Nr($X$) | Neg($X$) | $X$ 在 $U$ 中的负域（非集） |
| Br($X$) | Bnd($X$)，Bn($X$)，Bd($X$)，Boundary($X$) | $X$ 在 $U$ 中的边界域（边界集） |

此外，粗集的符号不仅形态各异，而且表示相同含义的基本术语的名称也多种多样，不分彼此。因此，地学粗空间也对目前存在的粗集基本概念汇总简化（表 8.2）。

表 8.2　粗集的基本术语及其含义

| 名称 | 其他名称或解释 |
|---|---|
| 信息（information） | 数据（data）、知识（knowledge） |
| 不可分辨（indiscernible） | 相似（similar） |
| 基本集合（an elementary set） | 论域上的基本知识粒度（a basic granule（atom）of knowledge about the universe）、所有不可分辨目标的任何集合（any set of all indiscernible objects） |
| 基本集合的并集（any union of some elementary sets） | 确定集合（a crisp（precise）set）、粗集（a rough（imprecise，vague）set） |
| 信息系统（information system） | 信息表（information table）、属性值表（attribute-value table） |
| 决策系统（decision system） | 决策表（decision table），信息系统的一种，其属性被分为条件属性（condition attribute）和决策属性（decision attributes） |

**2. 地学粗空间的数学基础**

地学粗空间的数学基础有两种：基本数学基础和计算数学基础。基本数学基础是一对上近似集和下近似集。下近似集描述空间对象的确定部分，上近似集描述空间对象的确定部分和不确定部分之和。地学粗空间利用一对确定概念（上近似集和下近似集）取代现实世界的不确定概念。

计算数学基础是一对下近似集和边界集。上近似集描述空间对象的确定部分和不确定部分之和，也是下近似集和边界集的并集，可以一分为二。下近似集中的空间对象是确定的，边界集中的空间对象是完全不确定的。地学粗空间从上近似集内剔除下近似集，用边界集代替上近似集参加计算，即以一对下近似集和边界集取代粗集的一对上、下近似集，达到同样的结果，又避免了浪费计算资源。

地学粗空间在定义和讨论基本内涵和外延时，使用一对上近似集和下近似集；在计算分析时，使用一对下近似集和边界集。

**3. 地学粗空间的粗元**

如果设 $U$ 为非空的有限论域，那么论域 $U$ 被粗关系 $R$（$R \subseteq U \times U$）所分割成的不相交子集，就称为粗元 Re（rough element）。对于任意的集合 $X \subseteq U$, $x \in X$，可用$[x]_{Re}$表示包括地学元素 $x$ 的所有粗元 Re。

地学粗空间的粗元，具有形状和大小，在一维空间中好像矢量的点、线或面，在二维空间中类似于栅格的像素，在多维空间内则是如同多维积木的单位体。带有属性的点连接构成线，封闭的线围成面，多个面按照一定的次序封闭组成体。根据粗元，可以得到地学粗空间的下近似集、上近似集、边界集和非集的基本定义。

**定义 8.1** $X$ 在 $U$ 中的下近似集为 Lr($X$)=$\{x \in U | [x]_{Re} \subseteq X\}$，上近似集为 Ur($X$)=$\{x \in U | [x]_{Re} \cap X \neq \varnothing\}$。

**定义 8.2** $X$ 在 $U$ 中的边界集为 Br($X$)=Ur($X$)–Lr($X$)，非集为 Nr($X$)=$U$–Ur($X$)。

显然，Lr($X$)$\subseteq X \subseteq$ Ur($X$)$\subseteq U$。因为地学粗空间是粗集在地球空间信息学内的应用和发展，所以它的上、下近似集的定义仍然与粗集基本相同。同时，空间对象 $X$ 的非集 Nr($X$)一般不同于空间对象 $X$ 的补集 ～$X$。因为在地学粗空间中，空间对象 $X$ 的补集为 ～$X = U – X = U –$ Ur($X$)$+ \delta$。除非 $X =$ Ur($X$)且 $\delta = 0$。

地学粗空间利用定义 8.1 和定义 8.2，从集合论出发，在给定论域 $U$ 中，以知识足够与否作为空间对象分类的标准，可以把空间论域 $U$ 全域划分为三个子论域，即 $U=$Lr($X$)$\bigcup$Br($X$)$\bigcup$Nr($X$)，同时也将空间论域 $U$ 中的所有粗元划分到肯定支持域（下近似集）、可能支持域（边界集）和肯定不支持域（非集）中。以粗元的观点来看，对于地学元素 $x \in U$，下近似集 Lr($X$)中的粗元具有足够必要的信息和知识，是确定属于空间对象 $X$ 真值的 $x$ 类别集合；边界集 Br($X$)是上近似集和下近似集的差集，其中的粗元没有足够必要的信息和知识，无法确切地判断是否属于该空间对象 $X$ 真值的 $x$ 类别集合，为最不确定 $x$ 类别集合的边界；非集 Nr($X$)处于论域全集以内且上近似集以外，其中的粗元没有必要的信息和知识，确定不属于该空间对象 $X$ 真值的 $x$ 类别集合。下近似集 Lr($X$)和边界集 Br($X$)的并集为上近似集 Ur($X$)，上近似集 Ur($X$)是可能属于空间对象 $X$ 的 $x$ 集合。若两个空间对象有完全相同的信息，则它们为不可区分的相似或相同关系。

### 4. 地学粗空间的测度

地学粗空间的测度是经典测度的继承和发展，可以具体表现为尺度、粒度和维度。尺度描述比例尺的大小，决定空间对象的放大与缩小。地图的制图综合，"远近高低各不同"，尺度变大，局部空间对象趋于清楚，达到粒度的临界值后，再放大，就变得模糊；尺度变小，全部空间对象趋于清晰，达到临界值后，再缩小，就变得难以分辨空间对象间的界线。尺度大小表明知识的具体和抽象。粒度是粗空间的度量单位——粗元的衡量标准，空间对象的粗度表达空间对象的清晰度，如遥感图像的空间分辨率。粒度越大，空间对象越明确清晰，存储空间越大；粒度越小，空间对象越模糊。粒度表明知识单元的大小。尺度和粒度密切相关，如果尺度和粒度同时变大，那么空间对象描述就变得准确、清晰，不确定性小，是理想状态。如高分辨率、高动态、系统化的新型遥感传感器的数据。维度是空间的维数度量，如零维、一维、二维、三维……$n$ 维，决定空间的复杂度。维度越大，空间对象表达越全面，存储空间越大，查询速度越慢；反之维度越小，空间对象表达越简略，仅为其主要特征，如目标模型抓住车站、道路、森林的主要几何特征，将其描述为点、线、面。存储空间越小，查询速度越快。"横看成岭侧成峰"，表明知识的全面与否。

## 8.1.2　地学粗空间的粗实体

在地学粗空间的论域 $U$ 中，用下近似集 Lr(X) 和上近似集 Ur(X) 定义的空间对象 $X$，称为粗实体（rough entities），记作 $R(X)$。在地学空间内，粗实体描述的空间对象，可以是空间现象、具有几何特征（点、线、面或体）的自然物体、事件、状态和过程等，以及附着其上的地物属性及其空间关系等。当 Lr(X)≠ Ur(X) 时，$R(X)$ 包含不确定性，不确定的部分为边界集 Br(X)。例如遥感图像中的河流空间对象，其冬季枯水季节和夏季洪水季节的水涯线是不同的，致使河流和河滩的边界不确定。如果河岸再有森林，那么遥感图像中河流和河滩土壤、森林和河滩土壤、森林和河流的含混关系，若无先验知识作分类指导，则可能使河流的专题提取含有更多的不确定性。当 Lr(X)=Ur(X) 时，$R(X)$ 没有不确定性，就变为确定空间对象 $X$。例如，行政区划空间对象就是确定的，边界集为空。因此，确定空间对象 $X$ 是粗实体 $R(X)$ 的特殊形式，地学粗空间是经典确定集合的扩展。

为了度量粗实体 $R(X)$ 对空间对象 $X$ 的逼近程度，给出一个粗实体 $R(X)$ 的粗度（rough degree）。

**定义 8.3**　粗实体 $R(X)$ 的粗度为

$$R_d(X)= R_{card}(Br(X))/R_{card}(X)\times 100\% \qquad (8.1)$$

式中，$R_{card}(X)$ 为集合 $X$ 的粗元基数。一般地，难以得到 $R_{card}(X)$，如果知道 $X$ 的确定边界，那么 $R(X)$ 可能就是不含不确定性的 $X$。在实验中发现（Pawlak，1991），$R_{card}(X)\approx R_{card}(Ur(X))$，因此可以使用 $R_{card}(Ur(X))$ 近似地代替 $R_{card}(X)$。当 Lr(X)=Ur(X) 时，$R(X)$ 就褪变为用经典确定集合表示的空间对象 $X$，其粗度 $R_d(X)= 0$。借助粗实体的定义，可以分析地学粗空间的粗元。使用图像栅格数据描述的 GIS 空间对象，就是粗实体的一个特例。一幅空间图像由分辨率一定的离散像素（即规则栅格）组成，分辨率决定了像素的大小。如果把 $U$ 看作一幅图像，粗元就成为像素，图像分辨率越高，栅格空间表示的空间对象 $X$ 的粗度越小；相反，图像分辨率越低，粗度越大。如果分辨率足够大，或栅格足够小，那么粗实体的一对上、下近似集就会相等，粗实体也褪变为没有粗度的实际实体。可是，图像占用的计算机存储空间也随之增大。这也是地学粗空间对随分辨率变化的遥感图像的一种可供选择的数学新解释。根据粗度还可以得到粗实体 $R(X)$ 的精度（precision）为 $P_d(X)=1-R_d(X)$。

图 8.1 描述了粗实体 $X$ 在论域 $U$ 中的上近似集 Ur(X)、下近似集 Lr(X)、边界集 Br(X) 和非集 Nr(X) 等概念。其中，图 8.1（b）的空间分辨率大于图 8.1（a），图 8.1（c）是图 8.1（a）的 3D（即三维）表示。从图 8.1 中不难看出，Lr(X)⊆X⊆Ur(X)⊆U，Ur(X)= U–Nr（X），Br(X)= Ur(X)– Lr(X)，$U$ = Lr(X)∪Br(X)∪Nr(X)。图 8.3（a）的 $R_{card}(X)\approx R_{card}(Ur(X))= 20$。图 8.1（a）、（b）和（c）的粗度分别为 $R_d(X)_a= R_d(X)_c= 16/20 = 0.80$，$R_d(X)_b=（65–33）/65 = 0.49$。由于图 8.1（b）的空间分辨率相对于图 8.1（a）增大了，因此图 8.1（b）的粗度相对于图 8.1（a）也减小了，即 $R_d(X)_a > R_d(X)_b$［图 8.1（a）、（b）］。如图 8.1（c）的三维体，其粗元为三维立方体，组成了该三维体的论域、下近似集、上近似集、边界集和非集。

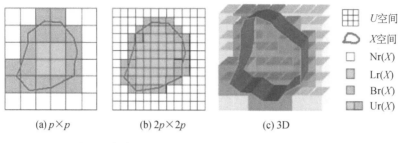

<table>
<tr><td>⊞</td><td>$U$空间</td></tr>
<tr><td>⌂</td><td>$X$空间</td></tr>
<tr><td>□</td><td>Nr($X$)</td></tr>
<tr><td>▨</td><td>Lr($X$)</td></tr>
<tr><td>▨</td><td>Br($X$)</td></tr>
<tr><td>▨</td><td>Ur($X$)</td></tr>
</table>

(a) $p \times p$      (b) $2p \times 2p$      (c) 3D

图 8.1　粗实体及其低分辨率、高分辨率和 3D 表示

粗实体是 GIS 在地学粗空间中的载体。地学空间信息的基本单元是一个连接空间对象的时空位置及其系列属性的数组（Goodchild，1995），边界不确定性是属性与空间不确定性紧密相关的典型表现，遥感图像的混合像素就是在地面位置上相邻的不同地物类别属性的综合反映。在 GIS 空间分析中，由于空间真值不可能被精确地获知，而且可获得的信息也是不完备的，因此空间对象 $X$ 不可能被精确地表述，空间对象属性的观测值也通常和其真值并不一致。当空间对象属性被重复观测多次后，观测值就围绕其真值形成一个不确定域。带有不确定边界的空间对象（Burrough and Frank，1996）可以看作粗实体的雏形，遥感图像的混合像素则是在地面位置上相邻的不同地物类别属性的综合反映。地学粗空间从集合论的观点出发，在给定论域中以知识足够与否作为空间对象分类的标准，并给出划分类型的精度。当使用粗实体 $R(X)$ 表示空间对象 $X$ 时，确定的真值集合为其下近似集，确定的非值集合是其非集（论域全集以内且下近似集以外），不确定的集合是其上近似集，完全不确定的集合是其边界集。粗实体通过一对上、下近似集逼近空间对象，可以兼容空间对象的位置不确定性和属性不确定性，较为全面地传播空间对象（确定性和不确定性）。

对于地学元素 $x \in U$，下近似集 Lr($X$) 是确定属于空间对象 $X$ 真值的 $x$ 集合，上近似集 Ur($X$) 是可能属于空间对象 $X$ 的 $x$ 集合，$X$ 的不确定集合为边界 Br($X$)。若两个空间对象有完全相同的信息，则它们为等价关系，不可区分。还可以从集合论的观点出发，在给定论域中以知识足够与否作为空间对象分类的标准，用粗元作进一步的解释，下近似集中的粗元具有足够必要的信息和知识，确定属于该空间对象类别；非集中的空间对象没有必要的信息和知识，确定不属于该空间对象类别；边界集（上近似集和下近似集的差集）中的空间对象没有足够必要的信息和知识，无法确切地判断是否属于该类别，为类别边界。下近似集和边界集的并集为上近似集。

借助粗实体的定义，还可以分析地学粗空间的测度和粗元。在零维、一维、二维、三维……$n$ 维的空间中，量测空间对象的数学测度分别为点（$O$）、数轴（$O$–$X$）、平面直角坐标系（$O$–$X_1X_2$）、立体直角坐标系（$O$–$X_1X_2X_3$）……多维坐标系（$O$–$X_1X_2\cdots X_n$）。粗空间的数学测度继承了该标准，但是粗实体在零维、一维、二维、三维……$n$ 维的粗空间中，分别变成了点集、区间、带（或域）、三维体……多维体，对应的粗元则分别为点、数值、栅格、三维单位体……多维单位体。

具体而言，矢量空间中的点、线和面，栅格空间中的栅格或像素，多维空间中的单位体构成粗实体的粗元。粗多维空间的多维单位体粗元，组合起来可以表示各种空间目标，如同使用多维玩具积木搭建各种自然物或建筑物一样。属于下近似集的单位空间立方体完全被包含在空间目标中，空间目标的表面穿过的单位立方体构成目标的边界集（一个由粗元组成的中空的壳），不属于下近似集，下近似集和边界集的并集为上近似集。如图8.1（c）的三维体，其粗元为三维立方体，组成了该三维体的论域、下近似集、上近似集、边界集和负域。

### 8.1.3  地学粗空间的粗关系

粗关系（rough relationships）表示在同一地学粗空间中，不同粗实体之间的空间相互作用规律，可较为全面地刻画空间关系，表达不同的数据水平（选择、关联、有序或量化等）。其基础为空间关系，基本关系为空间粗拓扑关系。在提出粗空间拓扑学之前，有必要对空间拓扑关系的发展作简单回顾。标准拓扑的含义是由 Munkres 在 1975 年定义的，初始的空间拓扑关系是简单的点（0 维）、线（1 维）和面（2 维）关系，使用基于内部 $X^o$ 和边界 $\partial X$ 的四个交集模型表达。当其局限性暴露后，这种模型又被扩充为基于内部 $X^o$、边界 $\partial X$ 和外部 $X^-$ 的九个交集模型（Egenhofer et al.，1994）。后来，又出现了由内边界和外边界组成的宽边界的区域模型，把九个交集模型的 $2^9$ 个拓扑矩阵减少到 44 个，并使用 0、1 值表达（Clementini and Felice，1996）。Chen 等（2001）提出了基于 Voronoi 的九个交集模型，用空间对象的 Voronoi 域 $X^v$ 替代其外部 $X^-$，矩阵中使用 **0**（空）和 $\varnothing$（非空）值表达。

可是，人们所获信息不可能穷尽现实世界的全部，在计算机化的 GIS 中因信息的不完备性而存在不确定性。根据获取的不完备信息，通常很难保证空间对象的内部 $X^o$、外部 $X^-$、边界 $\partial X$ 或 Voronoi 域 $X^v$ 的确切性。同时，"相对于欧几里得、度量和矢量空间拓扑特征是最基本的"（Egenhofer et al.，1994）。因此，提出粗空间拓扑学，使用粗实体 $R(X)$ 的下近似集、边界集（实际为下近似集和上近似集的差集）和非集代替 $X$ 的内部、边界、外部或 Voronoi 域，并主要以粗相交关系为例研究。

假设存在粗实体 $A$，$B \subseteq U$，则二者之间的粗关系的矩阵可以表示为式（8.2）。

$$R_{r9}(A,B) = \begin{pmatrix} \mathrm{Lr}(A)\bigcap\mathrm{Lr}(B) & \mathrm{Lr}(A)\bigcap\mathrm{Br}(B) & \mathrm{Lr}(A)\bigcap\mathrm{Nr}(B) \\ \mathrm{Br}(A)\bigcap\mathrm{Lr}(B) & \mathrm{Br}(A)\bigcap\mathrm{Br}(B) & \mathrm{Br}(A)\bigcap\mathrm{Nr}(B) \\ \mathrm{Nr}(A)\bigcap\mathrm{Lr}(B) & \mathrm{Nr}(A)\bigcap\mathrm{Br}(B) & \mathrm{Nr}(A)\bigcap\mathrm{Nr}(B) \end{pmatrix} \quad (8.2)$$

可以看出，式（8.2）能够区别和传播确定性 $\mathrm{Lr}(X)$ 和 $\mathrm{Nr}(X)$，以及不确定性 $\mathrm{Br}(X)$，在 GIS 计算中分别使用 1 和 0 值表示非空和空。当不同专题图层叠加时，式（8.2）是通用的。在同一幅地图的粗空间中，$\mathrm{Lr}(A)\bigcap\mathrm{Lr}(B)=0$。同时，在式（8.2）中，粗空间关系给出了兼顾确定性和不确定性的信息，这能够提高图像解译等 GIS 决策的质量。

因为面来自线，线来自点，"点-点""点-线""点-面""线-线""线-面"的空间粗关系可以看作"面-面"的特殊情况，所以此处把"面-面"作为一个实例。其中，粗面-面拓扑关系主要以二维空间为例研究。图8.2描述了两个粗实体的相交关系。在图8.2中，$\mathrm{Lr}(A)$，$\mathrm{Lr}(B)$ 分别是粗实体 $A$，$B$ 的下近似集，$\mathrm{Ur}(A)$，$\mathrm{Ur}(B)$ 分别是粗实体 $A$，$B$ 的上近似集，$\mathrm{Br}(AB)$ 是 $A$ 和 $B$ 间的粗域，是最不确定的部分。因为不确定域通常发生在边界，在空间对象 $A$，$B$ 的下近似集间不存在不确定域，所以接触关系通常存在于图像分类的不确定过渡区，由相邻类别的上近似集组成。当两个或两个以上的粗实体相交时，其相交粗域可在粗算子中表述为一个通用矩阵。

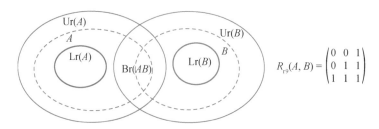

图 8.2　粗实体 $A$，$B$ 之间的粗拓扑关系及其矩阵表示

地学粗空间的粗实体，除了包含不确定性的空间对象，也有确定的空间对象（如行政边界），如前所述，确定空间对象 $X$ 是当 Lr($X$)=Ur($X$)时的一种特殊的粗实体。因此，在同一地学粗空间中，粗空间关系分为三种类型：确定空间对象与确定空间对象间的粗关系（rough relationships between crisp entities and crisp entities，CC 型）、粗实体与确定空间对象间的粗关系（rough relationships between rough entities and crisp entities，RC 型）和粗实体与粗实体间的粗关系（rough relationships between rough entities and rough entities，RR 型）。在地学粗空间中，以空间拓扑关系为基础，可导出用于 GIS 计算的粗相离（disjoint）、粗相触/相遇（touch）、粗相叠（overlap）、粗相等（equal）、粗覆盖（covers）、粗被覆盖（covered by）、粗包含（contains）和粗被包含（Contained by）等粗关系。它们都可以使用粗矩阵表示，并兼顾了位置和属性的不确定性，具体的 CC 型、RC 型和 RR 型分别如图 8.3 的（a）、（b）和（c）所示。

### 8.1.4　地学粗空间的粗算子

粗算子（rough operator）是粗实体及其空间粗关系的算法，即利用地学粗空间解决实际应用问题的数学算法，也用作地学粗空间的定理证明，具体表现为逻辑粗算子、代数粗算子和语气粗算子等。逻辑粗算子可以包括粗与、粗或、粗非、粗异或、粗相离、粗相交、粗相等、粗包含等。代数粗算子能够包括加、减、乘、除、数乘、倒数、映射、微积分等。逻辑粗算子和代数粗算子除了具有逻辑运算的一般性质，还体现在其不确定性表示特征上。语气粗算子是增大或减小粗实体不确定性的运算法则，用以表达粗实体的不确定性大小的变化规律。这对于空间不确定性的"去粗存真"和知识精炼等，是很有意义的。为了后面的地学粗空间的图像专题提取实例应用，此处重点研究粗关系矩阵和粗隶属函数。

首先，推导通用粗关系矩阵。式（8.2）表示的是两个粗实体 $A$、$B$ 之间的粗关系矩阵。如果研究粗实体 $A$ 与它自己的关系，那么 Lr($A$)、Br($A$)和 Nr($A$)与其本身是粗相等关系，即 $R_{r9}(A, A) = \begin{pmatrix} 1 & 1 & 1 \\ 1 & 1 & 1 \\ 1 & 1 & 1 \end{pmatrix}$，记作 **1**。当两个或两个以上的粗实体相交时，就有 $R_{r9}(A_i, A_i)$=**1**。当研究两个或两个以上的粗实体 $A_1$, $A_2$, …, $A_i$, …, $A_n$（$n{\geqslant}2$）的空间关系时，如果存在所有粗实体的交集，那么可以根据式（8.2）导出它们相交粗域的通用矩阵 Br($A_1$, $A_2$, …, $A_i$, …, $A_n$)，如式（8.3）。

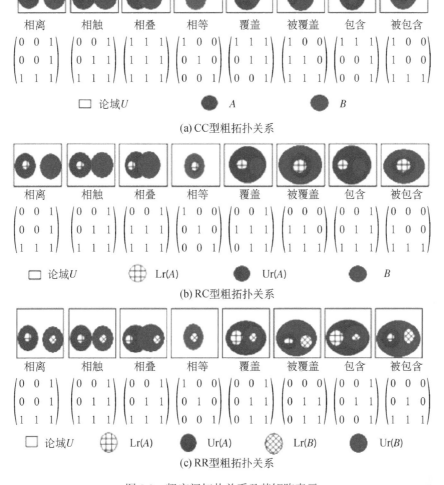

(a) CC型粗拓扑关系

(b) RC型粗拓扑关系

(c) RR型粗拓扑关系

图 8.3　粗空间拓扑关系及其矩阵表示

$$R_{r9}(A_1, A_2, \cdots, A_i, \cdots, A_n) = \begin{pmatrix} 1 & R_{r9}(A_1, A_2) & \cdots & R_{r9}(A_1, A_i) & \cdots & R_{r9}(A_1, A_n) \\ R_{r9}(A_2, A_1) & 1 & \cdots & R_{r9}(A_2, A_i) & \cdots & R_{r9}(A_2, A_n) \\ \vdots & \vdots & & \vdots & & \vdots \\ R_{r9}(A_i, A_1) & R_{r9}(A_i, A_2) & \cdots & 1 & \cdots & R_{r9}(A_i, A_n) \\ \vdots & \vdots & & \vdots & & \vdots \\ R_{r9}(A_n, A_1) & R_{r9}(A_n, A_2) & & R_{r9}(A_n, A_i) & & 1 \end{pmatrix} \quad (8.3)$$

例如，当 $n = 3$ 时，假设有三个粗实体 $A$，$B$ 和 $C$ 两两相交，若除了两空间对象的相交粗域 Br($A$，$B$)，Br($A$，$C$)和 Br($B$，$C$)以外，还有三空间对象的相交粗域 Br ($ABC$)，则得到如图 8.4 所示的结果。

其次，分析得到基于图像灰度值和空间地物的逻辑关系的粗隶属函数。概率型粗集对应于粗隶属函数，粗集可以由粗隶属函数 $\mu_X(x)$ 定义（Pawlak，1997，1998；Yao et al.，1997）。此处，$\mu_X(x) \in [0, 1]$，见式（8.4）。包含 $x$ 的粗元 Re($x$)对空间对象 $X$ 的粗隶属度，可以被看作 Re ($x$) $\subseteq X$ 的概率，表示 $x \in X$ 程度的条件概率，而且 $\mu_X(x) + \mu_{\sim X}(x) = 1$。如果给定 $P(X|[x]_{Re}) = \mu_X(x)$，且置信度 $\alpha \in [0, 1]$，那么还能够得到基于 $\alpha$ 的概率型的一对上、下近似集定义，如式（8.5）。在这种意义下，$\mu_X(x)$ 导致了概率型地学粗空间定义的产生。

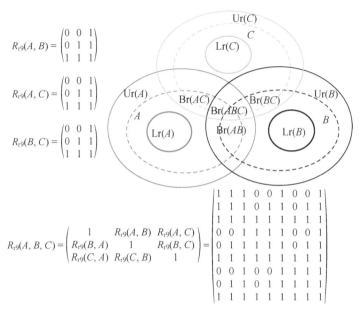

$$R_{r9}(A,B) = \begin{pmatrix} 0 & 0 & 1 \\ 0 & 1 & 1 \\ 1 & 1 & 1 \end{pmatrix}$$

$$R_{r9}(A,C) = \begin{pmatrix} 0 & 0 & 1 \\ 0 & 1 & 1 \\ 1 & 1 & 1 \end{pmatrix}$$

$$R_{r9}(B,C) = \begin{pmatrix} 0 & 0 & 1 \\ 0 & 1 & 1 \\ 1 & 1 & 1 \end{pmatrix}$$

$$R_{r9}(A,B,C) = \begin{pmatrix} 1 & R_{r9}(A,B) & R_{r9}(A,C) \\ R_{r9}(B,A) & 1 & R_{r9}(B,C) \\ R_{r9}(C,A) & R_{r9}(C,B) & 1 \end{pmatrix} = \begin{pmatrix} 1 & 1 & 1 & 0 & 0 & 1 & 0 & 0 & 1 \\ 1 & 1 & 1 & 0 & 1 & 1 & 0 & 1 & 1 \\ 1 & 1 & 1 & 1 & 1 & 1 & 1 & 1 & 1 \\ 0 & 0 & 1 & 1 & 1 & 1 & 0 & 0 & 1 \\ 0 & 1 & 1 & 1 & 1 & 1 & 0 & 1 & 1 \\ 1 & 1 & 1 & 1 & 1 & 1 & 1 & 1 & 1 \\ 0 & 0 & 1 & 0 & 0 & 1 & 1 & 1 & 1 \\ 0 & 1 & 1 & 0 & 1 & 1 & 1 & 1 & 1 \\ 1 & 1 & 1 & 1 & 1 & 1 & 1 & 1 & 1 \end{pmatrix}$$

图 8.4 粗实体 $A$，$B$ 和 $C$ 间的粗拓扑关系及其粗矩阵

$$\mu_X(x) = \frac{\mathrm{Card}\left(X \cap [x]_{\mathrm{Re}}\right)}{\mathrm{Card}\left([x]_{\mathrm{Re}}\right)} = \begin{cases} 1, & x \in \mathrm{Lr}(x) \\ (0,1), & x \in \mathrm{Br}(x) \\ 0, & x \in \mathrm{Nr}(x) \\ 1 - \mu_{\sim X}(x), & x \in \sim X \end{cases} \qquad (8.4)$$

$$\mathrm{Lr}_\alpha(X) = \{x \mid P(X \mid [x]_{\mathrm{Re}}) \geqslant 1-\alpha\}, \quad \mathrm{Ur}_\alpha(X) = \{x \mid P(X \mid [x]_{\mathrm{Re}}) > \alpha\} \qquad (8.5)$$

### 8.1.5 地学粗空间的属性简化

在应用地学粗空间决策分析时，消除多余属性也是必要的。地学粗空间建立在粗集的基础上，粗集和向量具有相似性（表 8.3），所以可以根据向量研究地学粗空间的属性简化。

表 8.3 粗集和向量的相似性

| 粗集 | 向量 | 粗集 | 向量 |
| --- | --- | --- | --- |
| 属性 | 向量 | 依赖属性 | 线性相关向量 |
| 属性组 | 向量组 | 独立属性 | 线性无关向量 |
| 条件属性组 | 线性相关的向量组 | 冗余属性剔除（属性简化） | 冗余向量剔除 |
| 冗余属性 | 冗余向量 | 属性简化集 | 等价向量组 |
| 必备属性 | 必备向量 | 核（属性简化集交集） | 核 |
| 决策规则 | 极大线性无关组 | 决策属性组 | 核的内容之一 |

假设 $P$ 是由一些复数组成的集合，其中包括 0 和 1，若 $P$ 中任意两个数（可重复）的和、差、积、商（除数不为零）仍在 $P$ 中，则称 $P$ 为一个数域，如全体有理数的集合、全体实数的集合等。由数域 $P$ 中 $n$ 个数所组成的有序数组 $\boldsymbol{\alpha} = (x_1, x_2, \cdots, x_n)$，称为数域 $P$ 上的一个 $n$ 维向量，$x_i$（$i=1, 2, \cdots, n$）为向量 $\boldsymbol{\alpha}$ 的分量。以数域 $P$ 中的数为分量构成的 $n$ 维向量全体，并顾及定义在其上的加法和数量乘法，称为数域 $P$ 上的 $n$ 维

向量空间 $P^n$。在向量空间中，向量具有相等、加法、减法和数量乘法等基本性质。

给定向量组 $A = \{a_1, a_2, \cdots, a_s\}$（$s \geqslant 1$），若在数域 $P$ 中存在一组不全为零的数 $k_1, k_2, \cdots, k_s$，使得 $k_1 a_1 + k_2 a_2 + \cdots + k_s a_s = 0$，则称向量组 $A$ 线性相关，即 $a_i$（$1 < i < s$）可以由 $A - \{a_i\}$ 表示，$a_i = k_1 a_1 + k_2 a_2 + \cdots + k_{i-1} a_{i-1} + k_{i+1} a_{i+1} + \cdots + k_s a_s$，记作 $A - \{a_i\} \Rightarrow a_i$；否则称 $A$ 线性无关。若 $A - \{a_i\} \Rightarrow a_i$ 成立，则向量 $a_i$ 是向量组 $A$ 的冗余向量，可以从 $A$ 中剔除，而不影响 $A - \{a_i\}$ 和 $A$ 的等价关系，记作 $A - \{a_i\} \Leftrightarrow A$；否则为向量组 $A$ 的必备向量。必备向量不可以从 $A$ 中剔除，从向量组 $A$ 中剔除一个必备向量，剩余的向量就不能产生与向量组 $A$ 等价的向量组，即影响和破坏 $A - \{a_i\} \Leftrightarrow A$ 的成立。向量组 $A$ 中必备向量的全体构成 $A$ 的核，$\mathrm{Core}(A) = \{a | a$ 为向量组 $A$ 的必备向量$\}$，核中的每个向量全部线性无关，任何一个向量都不能被核中其余的向量线性表示，是不可替代的。如果向量组 $B$ 线性无关，且满足 $B \subseteq A$ 和 $A \Leftrightarrow B$，那么 $B$ 是向量组 $A$ 的极大线性无关组。$A$ 的极大线性无关组可有多个，但是都包含向量组 $A$ 的核。

地学粗空间中任意两个空间对象利用粗算子计算得到的结果，仍然在地学粗空间中。所以，在向量的观点来看，地学粗空间也是一个数域。由地学粗空间中空间对象的 $n$ 个属性所组成的有序数组 $a = (x_1, x_2, \cdots, x_n)$，称为地学粗空间上的一个 $n$ 维向量，即一个含有 $n$ 个有序属性的粗实体。$x_i$（$i = 1, 2, \cdots, n$）为粗实体 $a$ 的一个属性分量。以地学粗空间中的属性为分量构成的 $n$ 维向量全体，并顾及定义在其上的加法和数量乘法，称为地学粗空间中的 $n$ 维属性空间 $P^n$。在属性空间中，属性向量具有相等、加法、减法和数量乘法等基本性质。

给定多个粗实体，它们在地学粗空间中构成粗实体向量组 $A = \{a_1, a_2, \cdots, a_s\}$（$s \geqslant 1$）。如果一个粗实体的属性向量，可以被粗实体向量组 $A$ 中的其余粗实体的属性向量推导表示，那么粗实体向量组 $A$ 是相关的，否则称 $A$ 中的粗实体的属性相互独立。一个空间对象由其属性刻画，属性可分为决策属性 $D$ 和条件属性 $C$。假设 $C = (C_1, C_2, \cdots, C_{i-1}, C_i, C_{i+1}, \cdots, C_m)$，其值为 $V = (V_1, V_2, \cdots, V_{i-1}, V_i, V_{i+1}, \cdots, V_m)$，$D = V_d$。基于空间对象的决策通常以规则的形式给出，如规则 1，规则 2。规则表明了 $C$ 和 $D$ 间的关联程度。

**规则 1** $(C_1 = V_1) \wedge (C_2 = V_2) \wedge \cdots \wedge (C_{i-1} = V_{i-1}) \wedge (C_i = V_i) \wedge (C_{i+1} = V_{i+1})$
$\wedge \cdots \wedge (C_m = V_m) \Rightarrow (D = V_d)$

当把条件属性 $C_i$ 消除后，规则 1 变为规则 2。

**规则 2** $(C_1 = V_1) \wedge (C_2 = V_2) \wedge \cdots \wedge (C_{i-1} = V_{i-1}) \wedge (C_{i+1} = V_{i+1})$
$\wedge \cdots \wedge (C_m = V_m) \Rightarrow (D = V_d)$

如果规则 1 = 规则 2，那么条件属性 $C$ 中的 $C_i$ 对于决策属性 $D$ 而言，是冗余的，可以剔除。而且，任何多余属性的剔除，并不影响原始属性的独立关系和最后决策的结果，却可节省存储，提高决策的效率。在条件属性 $C$ 中，当所有的冗余条件属性 $C_i$ 被剔除后，剩余的不能被剔除的条件属性 $C - \{C_i\}$，为向量组 $A$ 的必备向量。必备向量不可以剔除，从向量组 $C$ 中剔除一个必备向量，剩余的向量就不能产生与向量组 $A$ 等价的向量组，即影响和破坏（$\{C - \{C_i\}\} \Rightarrow D) \Leftrightarrow (C \Rightarrow D)$ 的成立。必备向量的全体，构成条件属性 $C$ 相对于决策属性 $D$ 的 $A$ 的核。核中的每个向量全部相互独立，任何一个向量都不能被核中其余的向量推导表示，是不可替代的。如果向量组 $B$ 中的粗实体相互独立，且满足 $B \subseteq A$ 和 $A \Leftrightarrow B$，那么 $B$ 是向量组 $A$ 的极大独立组。$A$ 的极大独立组可有多个，但是都包含向量组 $A$ 的核。

# 8.2 地学粗空间在地球空间信息学的外延

在使用抽象的数学模型研究复杂的实际目标时，不确定性是难以避免的。理想的方法是按照空间对象的本来面目研究空间对象。地学粗空间不是预先给定现实世界中空间对象的某些特征的概率分布或隶属函数等数量描述，而是力求按照空间对象的固有特征直接刻画空间对象，搜寻现实世界的内在规律。

## 8.2.1 空间保真性

地学粗空间基本保持了空间对象的本来面目。观测只是对真值的逼近，难以得到完备的信息。地学粗空间承认地学信息的复杂性和多变性，并不排斥不确定性，力求按照空间对象的固有特性来研究，以最大可能地逼近空间对象的真实存在状态。

在地学粗空间使用上、下近似集描述现实世界的空间对象时，粗实体同时包容了空间的位置不确定性和属性不确定性，是逼近空间对象的近似空间域。下近似集中的元素全为真值，上近似集是对真值的观测延伸，其中的元素有真值，也有观测值对真值的偏离。当一个空间对象被观测多次后，观测值就围绕其真值形成一个延伸，构成兼顾空间的位置不确定性和属性不确定性的粗实体。导致这种延伸的信息不完备性，可能来自设备、人或数学函数。当基于 GIS 模型表达现实世界的空间对象 $X$ 时，误差或某些信息的难以获知性使 $\mathrm{Lr}(X) \neq \mathrm{Ur}(X)$。当粗实体的上、下近似集相等时，粗实体就转变为确定空间对象。同时，在基于 GIS 的应用中，地学粗空间根据 GIS 已有信息对空间对象的支持程度，将地学空间划分为肯定支持域（下近似集）、肯定不支持域（非集）和可能支持域（边界集）。通过简化条件属性，地学粗空间又将 GIS 决策分析定义为不同简化层次上的子问题决策，对应不同的数据不完备情况，给出置信粗度。这样，现实世界的原有特性得到保持。

## 8.2.2 基于不确定性的空间数据挖掘

地学粗空间认为地球空间信息学的空间论域 $U$ 由带有属性的空间对象构成，不确定属性是确定属性的外延。属性不确定性度量被测量对象知识缺乏的程度，是在采集、描述和分析真实世界中的客观空间对象的过程中，空间对象属性的量测或分析值围绕其属性真值，随机在时间或空间内的不确定性变化域，是比属性误差更为广义的空间纵横延伸。属性不确定性主要来自属性的定义、数据源（数据采集过程中的量测、人为判断和假设等）、数据建模和分析过程中引入的不确定性等，对 GIS 的决策分析具有重要作用。边界不确定性是属性与位置不确定性相关的典型表现。

地学粗空间把 $U$ 划分为"是""非"和"可能"三个不同的置信域。利用粗关系和粗算子计算分析粗实体，计算结果信息量丰富，而并非确定空间的"是"和"非"二值信息或模糊空间的"似是而非"信息。已有的空间理论或模型，可以视为地学粗空间的特殊情况，而统一解释其间。目标模型在地学粗空间中的 $\mathrm{Lr}(X)=\mathrm{Ur}(X)$，域模型、误差带、$\varepsilon$ 带和"S"带等模型在地学粗空间中的 $\mathrm{Lr}(X)\neq\mathrm{Ur}(X)$，它们的粗度 $R_\mathrm{d}(X)$ 大小依次为：域模型>误差带>$\varepsilon$ 带>"S"带。当"边界"域为空时，地学粗空间变为确定空间，而当"边界"域非空时，它就成为模糊空间，如图 8.5 所示。

| (a) 域模型 | (b) 误差带 | (c) $\varepsilon$带 | (d) "S"带 |

图 8.5　在地学粗空间内 $\mathrm{Lr}(X)\neq\mathrm{Ur}(X)$ 的空间模型（以线段地物为例）

基于地学粗空间的决策规则推理具有演绎、归纳和常识等推理的原理，也有其自身的特点。决策规则是演绎推理规则和归纳方法的扩充，不同之处在于决策规则强调优化，而归纳则不必关心它的优化形式。地学粗空间的决策规则从条件出发作出恰当的或近似的决策，常识推理是从区域专家共享的知识开始推导出区域中有趣的、公认的知识。因此，地学粗空间为研究属性不确定性提供了一种新的数学工具。

地学粗空间是一种根据不完备信息智能分析决策的方法，在基于不确定性的空间数据挖掘中，它可用于不确定图像分类，模糊边界划分，分析 GIS 属性数据库中的属性重要性、属性不确定性、属性表的一致性和属性的可靠性，研究属性可靠性对 GIS 决策的影响，评定属性的绝对不确定性和相对不确定性，简化属性依赖和属性表，发现数据中的范式及因果关系，生成最小决策和分类算法，基于属性不确定性的粗选址，从数据库中发现不确定属性的知识，集成多源不确定的属性数据，实现定性和定量语言值的粗转化，结合模糊隶属函数的遥感图像粗分类，分辨不精确的空间图像和面向目标的软件评估等。通过最小决策和分类算法等软计算，地学粗空间可使决策表中的属性简化和属性值区间化，从中挖掘出的数据隐含格式，删去了冗余规则，具有广泛的表达能力和代表性，并保持了决策表的原有用途和性能。

### 8.2.3　矢量数据和栅格数据

地学粗空间的矢量数据。如前所述，矢量空间中的点、线和面构成粗实体的粗元。在地学粗空间中，点、线、面和体有形状和大小。GIS 的矢量数据结构主要表达目标模型，如通过一定的拓扑关系，带有属性的点连接构成线，线构成网，开放的网可以表示河流，封闭的网可以表示地块、土地单元或行政区划的抽象或特定的多边形边界（Burrough and Frank，1996）。封闭的线围成面，面则组成体。目标模型假定空间的空间对象属性是清晰且持续不变的，其 $\mathrm{Lr}(X)=\mathrm{Ur}(X)$。可是事实上，当基于计算机处理的 GIS 目标模型表达现实世界的空间对象时，由于误差或某些信息的难以获知性，$\mathrm{Lr}(X)\neq\mathrm{Ur}(X)$。矢量空间对象通常围绕其真值形成一种延伸，如图 8.6（a）、（b）所示。假设 $\delta_1$，$\delta_2$ 是地学粗空间中的两个正参数，则矢量空间对象 $X$ 可表达为 $X = \mathrm{Lr}(X)+\delta_1$ 或 $X = \mathrm{Ur}(X)-\delta_2$，其边界 $\mathrm{Br}(X)=\delta_1+\delta_2$，补集 $\sim X = U - X = U - \mathrm{Lr}(X)-\delta_1 = U - \mathrm{Ur}(X)+\delta_2$，可在误差椭圆的基础上研究、表达和分析地学粗空间中的矢量粗算子。

  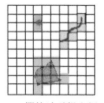

(a) 现实空间    (b) 矢量地学粗空间   (c) 栅格地学粗空间

图 8.6 地学粗空间中的点、线、面

  地学粗空间的栅格数据。栅格空间中的栅格或像素构成粗实体的粗元,是近似定义空间对象的基本元素,尤其是其边界。栅格数据是针对域模型的,而并非目标模型。在地学粗空间中,栅格空间利用近似集表达空间对象的形状和大小等属性特征。当现实世界被输入计算世界的 GIS 中,空间的粗点、线、面是粗栅格空间中的基本元素,如图 8.6(a)、(c)所示。在图 8.6(c)中,点和线的 Lr(X) 都是空的,面的 Lr(X) 只有一个粗元,所有的 Ur(X) 相对其真值都变大了。因此空间数据的不确定性(位置和属性不确定性)在 GIS 中是事实存在的。制图综合是空间对象的上近似集、下近似集的一种互变处理,但二者异向变化,当其一变大时,另者则变小。

  由于栅格图像在地学领域日益增多,空间栅格数据也因此变得越来越重要,对于随分辨率变化的遥感图像(如卫星、航空和摄影测量的图像),地学粗空间无疑提供了一种全新的解释。图像栅格既是粗栅格空间的粗元,也是近似定义空间对象的基本元素。一幅空间图像由分辨率一定的离散像素组成,分辨率决定了像素的大小。图像分辨率越高,栅格空间对象 $X$ 的粗度 $R_d(X)$ 越小。如果分辨率足够大,或者栅格足够小,粗实体的一对上、下近似集就会相等,Lr(X)=Ur(X),粗实体褪变为没有粗度的现实空间对象,可是图像占用的存储空间也随之增大。

  地学粗空间的矢-栅数据转换。矢量和栅格数据是在地学系统(如 GIS)内进行空间分析和决策的主要地学数据结构,也是地学粗空间的数据的基本表达方式。相对于来自矢量图(或其数字化)的矢量数据,栅格数据更为普遍,而且社会经济也是以栅格数据为主要内容。所以常常要把矢量数据转换为栅格数据,如从图 8.6(b)到(c)的转换。同时,由于矢量的图形图像比栅格的平滑,有时也需要把栅格数据转换为矢量数据,如从图 8.6(c)到(b)的转换。这种矢-栅数据的相互转换粗算子,可以在已有的算法上发展而来。

## 8.3 概念格及其性质

  概念格,也称 Galois 格,是形式概念分析理论的基本数据结构(Ganter and Wille,1999)。形式概念分析理论由德国数学家 Rudolf Wille 于 1982 年提出,基本概念是形式背景(formal context)和形式概念(formal concept),基础为数学的偏序理论(partial ordering theory),通过数学的形式化语言表达概念的内涵和外延。概念格是形式概念分析的核心内容,通过 Hasse 图体现概念之间的泛化和特化关系,反映数据中蕴含的概念之间的相互关系,可以表示单值属性背景,以及更为复杂的多值属性背景。

### 8.3.1 格论

格论是数学的一个分支，用于研究代数、几何、拓扑、逻辑、测度、泛函、组合学、离散数学以及模糊数学等（Nourine，1999）。

偏序集：设 $P$ 是一个集合，如果 $P$ 上的二元关系≤满足以下三个条件，则称为偏序关系，并称由这一系列偏序关系组成的集合（$P$，≤）为一个偏序集。

（1）自反性：$a \leq a$，（$\forall a \in P$），即元素 $a$ 与其本身具有这个二元关系。

（2）反对称性：$a \leq b$，$b \leq a \Rightarrow a = b$（$\forall a$，$b \in P$）。

（3）传递性：$a \leq b$，$b \leq c \Rightarrow a \leq c$（$\forall a$，$b$，$c \in P$）。

上确界（下确界）：设 $A$ 是偏序集（$P$，≤）的任意子集，$x \in P$。若对任意 $a \in A$，总有 $a \leq x$，则称 $x$ 为 $A$ 在 $P$ 内的一个上界；反之，若对任意 $a \in A$，总有 $x \leq a$，则称 $x$ 为 $A$ 在 $P$ 内的一个下界。$A$ 在 $P$ 内的所有上界组成的集合为 Ma$A$；$A$ 在 $P$ 内的所有下界组成的集合为 Mi$A$。Ma$A$ 的最小元若存在，则只有一个，称为 $A$ 在 $P$ 内的最小上界（或称上确界）；Mi$A$ 的最大元若存在，则只有一个，称为 $A$ 在 $P$ 内的最大下界（或称下确界）。

格：在一个偏序集（$L$，≤）中，如果任意两个元素 $x$，$y$ 都有上确界 $x \vee y$（并集）和下确界 $x \wedge y$（交集），则称偏序集（$L$，≤）（或简称 $L$）为一个格。

覆盖：设 $a$，$b$ 是偏序集（$P$，≤）中任意两个不同的元素，若 $a < b$，且不存在 $x \in P$ 使得 $a < x < b$（$x \neq a$，$x \neq b$），则称 $b$ 覆盖 $a$。记作 $a \prec b$。

Hasse 图：在有限偏序集（$P$，≤）中，偏序关系≤完全由具有覆盖关系的元素对所决定，如果把 $P$ 中每个元素都用一个小圆圈在同一平面表示，当且仅当 $b$ 覆盖 $a$ 时把 $b$ 画在 $a$ 的上层，并用线段将 $a$，$b$ 连接，这样得到的图形称为偏序集（$P$，≤）的 Hasse 图。利用 Hasse 图，可以形象地表示偏序集中各元素之间的关系，如例 8.1。

**例 8.1** 假设 $M = \{1, 2, 3, 4, \cdots, 12\}$，"｜"表示完全整除关系，（$M$，｜）是一个有限集合，则其 Hasse 图如图 8.7 所示。

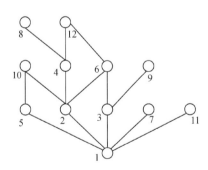

图 8.7 例 8.1 的 Hasse 图

完备格：对于格（$L$，≤），如果 $L$ 的任意非空子集 $S$ 都有上确界 $\vee S$ 和下确界 $\wedge S$。设 $X \subseteq L$，若 $a \in X$，$b \in X$，总有 $a \wedge b \in X$，$a \vee b \in X$，则称 $X$ 为格 $L$ 的一个子格。设 $S$ 是完备格 $L$ 的子格，若对 $S$ 的每一个非空子集 $T$ 都有 $\vee T \in S$，$\wedge T \in S$，则称 $S$ 是 $L$ 的闭子格。完备格认为任何一个子集 $X$，都有上确界和下确界。

### 8.3.2 概念格的定义

概念格将每一个概念表示为一个节点，形式化地表达概念，称之为形式概念。每个形式概念由内涵和外延组成。外延是概念所覆盖的实例，为概念所包含的对象；内涵是概念的描述，是该概念覆盖实例的共同特征。概念格表达数据的基本形式是交义表（cross table），用来描述形式背景。

形式背景的结构为三元组（$O$，$A$，$R$），$O$ 是形式对象的集合，$A$ 是形式属性的集合，$R$ 是对象 $O$ 和属性 $A$ 之间的关系，即：$R \subseteq O \times A$，若 $o \in O$ 和 $a \in A$，则记作 $oRa$（$\Leftrightarrow$（$o$，$a$）$\in R$）。形式背景（$O$，$A$，$R$）的所有概念的集合构成一个完备格，称作形式背景（$O$，$A$，$R$）的概念格（Ganter and Wille，1999），表示为 $\underline{B}$（$O$，$A$，$R$）。

形式背景（$O$，$A$，$R$）的形式概念定义为一个序偶（$M$，$N$），$M \subseteq O$，$N \subseteq A$，集合 $M$，$N$ 分别叫作形式概念（$M$，$N$）的内涵和外延。每个形式概念构成的序偶关于关系 $R$ 是完备的，即形式概念的两个组成部分可以相互决定，或者说 $M$ 是属性集合 $N$ 所描述的最大的对象集合，$N$ 是对象集合 $M$ 所拥有的共同属性的最大集合，都具有最大扩展的性质，这种关系称为 Galois 联系，即

（1）$M = \alpha(N) = \{m \in O | \forall n \in A，mRn\}$；

（2）$N = \beta(M) = \{n \in A | \forall m \in O，mRn\}$，

其中，$\alpha$ 为属性集合到对象集合的映射函数；$\beta$ 为对象集合到属性集合的映射函数。形式概念之间的关系，可以通过概念之间的"子概念-父概念"关系形式化表示为

$$H_1 = （O_1，A_1）\leqslant H_2 = （O_2，A_2）：\Leftrightarrow O_1 \subseteq O_2（\Leftrightarrow A_1 \supseteq A_2） \qquad (8.6)$$

其中，$H_1$ 称作 $H_2$ 的子概念（subconcept），$H_2$ 称作 $H_1$ 的父概念（supperconcept）。相应的概念格节点，则表示 $H_1$ 是 $H_2$ 的子节点，$H_2$ 是 $H_1$ 的父节点。$H_2$ 是 $H_1$ 的概化，即 $H_2$ 的抽象程度更高，父节点的外延包含了子节点的外延，父节点的内涵是子节点的内涵的子集，父节点的外延更大，包含更多的对象，这些对象的共同属性更少，抽象程度相对更高（谢志鹏，2001）。关系 $\leqslant$ 称作层序关系（hierarchical order）。若 $H_1 \leqslant H_2$，且不存在另一概念 $H_3$ 满足 $H_1 \leqslant H_3 \leqslant H_2$，则称 $H_1$ 被 $H_2$ 所覆盖，$H_1$ 就称作 $H_2$ 的子概念（相应的概念格节点为子节点），$H_2$ 称作 $H_1$ 的父概念（相应的概念格节点为父节点）。

### 8.3.3 形式背景

概念格是概念层次的一种表现形式。在利用概念格进行数据挖掘之前，首先利用（$O$，$A$，$R$）把待挖掘的数据转换为一个形式背景，然后从这些形式背景中提取不同层次的概念及概念之间的关系（胡可云，2001）。

单值属性的形式背景。如果每个属性项只关心是否有值，有值为 1，否则为 0，那么得到的形式背景是单值属性背景，可处理事务型数据。例如，对例 8.1 的数据，可以定义单值属性的形式背景如表 8.4 所示。因零售商品分析关心购买某类商品的顾客数量，并不关心具体的购买顾客，故可将外延用外延基数（购买商品的顾客数量）表示。根据表 8.4 可以得到如表 8.5 所示的 15 个概念，生成的 Hasse 图如图 8.8 所示。

表8.4　单值属性的形式背景

| 序列 | a | b | c | d | e | f |
|------|---|---|---|---|---|---|
| T1 | 1 | 1 | 0 | 1 | 0 | 0 |
| T2 | 1 | 1 | 1 | 1 | 0 | 0 |
| T3 | 1 | 1 | 0 | 1 | 1 | 0 |
| T4 | 0 | 1 | 0 | 0 | 1 | 1 |
| T5 | 1 | 1 | 0 | 1 | 0 | 1 |
| T6 | 1 | 0 | 1 | 1 | 1 | 0 |

表8.5　由表8.4生成的形式概念表

| (0, {a, b, c, d, e, f}) | (1, {a, c, d, e}) | (1, {a, b, d, e}) |
|---|---|---|
| (1, {a, b, c, d}) | (1, {a, b, d, f}) | (2, {a, c, d}) |
| (1, {b, e, f}) | (4, {a, b, d}) | (2, {a, d, e}) |
| (2, {b, f}) | (2, {b, e}) | (5, {a, d}) |
| (5, {b}) | (3, {e}) | (6, {∅}) |

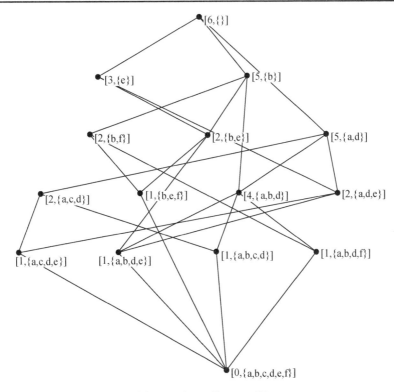

图 8.8　表 8.5 的 Hasse 图

多值属性的形式背景。更多的情况是，每个属性项具有多种值，称为多值属性。处理多值属性背景，一种方式是不转换，直接根据低层概念之间的关系抽象出高层概念，另一种方式是转换为基本的单值属性背景。多值属性的形式背景用（$O$，$A$，$W$，$I$）表示，其中的 $O$ 表示形式对象的集合，$A$ 表示形式属性的集合，$W$ 表示形式属性项的属性值集合，$I$ 代表 $O$，$A$，$W$ 之间的三重关系，即 $I \subseteq O \times A \times W$。一个属性 $a$ 可视为从 $O$ 到 $W$ 的一个映射，因此 $a(o)=w$ 常被写作（$o$，$a$，$w$）$\in I$，表示对象 $o$ 的属性项 $a$ 的值为 $w$。

若（$o$, $a$, $w_1$）$\in I$ 且（$o$, $a$, $w_2$）$\in I$，则总是隐含 $w_1 = w_2$，表示相同对象的同一个属性项的值应相等。

将多值属性背景转换为单值属性背景的处理过程称为概念的尺度化。属性 $a \in A$ 的一个概念尺度是一个单值背景，即 $S_a := (O_a, A_a, I_a)$，且 $a(O) \subseteq O_a$。形式背景 $I_a := (O, A_a, J_a)$，即 $oJ_a n$: $\Leftrightarrow a(o)I_a n$ 叫作属性 $a \in A$ 的实现尺度。多值背景 $K$ 的关于概念尺度 $S_a := (O_a, A_a, I_a)$ 的衍生背景是形式背景（$O, Y_{a \in A}\{a\} \times A_a, J$），且 $oJ(a, n)$: $\Leftrightarrow a(o)I_a n$，它的概念格被认为是多值背景 $K$ 的概念格，并且被概念尺度 $S_a := (O_a, A_a, I_a)$（$a \in A$）所尺度化（Ganter and Wille，1999）。多值背景以及附属的 Hasse 图表示的概念格的概念尺度的集合叫做概念数据系统。具体解释如例 8.2。

**例 8.2** 以武汉市的遥感图像分类的局部区域为例，该图像被分为绿地、水体、居民地共 3 种类型，对这 3 种地物类型进行基于 8 邻域空间邻近关系的空间分布规律分析。分别以 8 邻域方向为属性项，以具体的地物类型为属性值，得到如表 8.6 所示的多值属性背景表。在表 8.6 的多值属性背景表中，每个属性项都有多种属性值，利用概念尺度化的方法将多值属性背景转换为单值属性背景，为了显示，将三种地物类型分别用 G（绿地），W（水体），R（居民地）表示，得到如表 8.7 的单值属性背景表。将属性项的值分别用字母 a，b，c，d，e，f，…，y，z，A 这 27 个字母表示。

根据表 8.7 产生表 8.8 的 27 个概念，每个概念由对象数（外延的基数）和内涵属性集合构成，生成 Hasse 图如图 8.9。在图 8.9 中，节点{3, {r, u, x, A}}反映概念{3, {正

表 8.6　多值属性背景表

| 对象编号 | 属性 | | | | | | | | |
|---|---|---|---|---|---|---|---|---|---|
| | 中心 | 正右方 | 右上方 | 正上方 | 左上方 | 正左方 | 左下方 | 正下方 | 右下方 |
| 1 | 居民地 | 绿地 | 水体 | 水体 | 绿地 | 绿地 | 绿地 | 绿地 | 绿地 |
| 2 | 绿地 | 水体 | 水体 | 水体 | 居民地 | 居民地 | 居民地 | 居民地 | 居民地 |
| 3 | 水体 | 居民地 | 居民地 | 居民地 | 居民地 | 居民地 | 绿地 | 绿地 | 绿地 |
| 4 | 水体 | 绿地 | 绿地 | 绿地 | 居民地 | 居民地 | 居民地 | 居民地 | 居民地 |
| 5 | 水体 | 居民地 | 居民地 | 绿地 | 绿地 | 绿地 | 绿地 | 绿地 | 绿地 |
| 6 | 居民地 | 水体 | 水体 | 绿地 | 绿地 | 居民地 | 居民地 | 居民地 | 居民地 |

表 8.7　对多值属性背景进行概念尺度化处理得到的单值属性背景表

| 对象编号 | 中心 | | | 正右方 | | | 右上方 | | | 正上方 | | | 左上方 | | | 正左方 | | | 左下方 | | | 正下方 | | | 右下方 | | |
|---|---|---|---|---|---|---|---|---|---|---|---|---|---|---|---|---|---|---|---|---|---|---|---|---|---|---|---|
| | G | W | R | G | W | R | G | W | R | G | W | R | G | W | R | G | W | R | G | W | R | G | W | R | G | W | R |
| 1 | 0 | 0 | 1 | 1 | 0 | 0 | 0 | 1 | 0 | 0 | 1 | 0 | 1 | 0 | 0 | 1 | 0 | 0 | 1 | 0 | 0 | 1 | 0 | 0 | 1 | 0 | 0 |
| 2 | 1 | 0 | 0 | 0 | 1 | 0 | 0 | 1 | 0 | 0 | 1 | 0 | 0 | 0 | 1 | 0 | 0 | 1 | 0 | 0 | 1 | 0 | 0 | 1 | 0 | 0 | 1 |
| 3 | 0 | 1 | 0 | 0 | 0 | 1 | 0 | 0 | 1 | 0 | 0 | 1 | 0 | 0 | 1 | 0 | 0 | 1 | 1 | 0 | 0 | 1 | 0 | 0 | 1 | 0 | 0 |
| 4 | 0 | 1 | 0 | 1 | 0 | 0 | 1 | 0 | 0 | 1 | 0 | 0 | 0 | 0 | 1 | 0 | 0 | 1 | 0 | 0 | 1 | 0 | 0 | 1 | 0 | 0 | 1 |
| 5 | 0 | 1 | 0 | 0 | 0 | 1 | 0 | 0 | 1 | 1 | 0 | 0 | 1 | 0 | 0 | 1 | 0 | 0 | 1 | 0 | 0 | 1 | 0 | 0 | 1 | 0 | 0 |
| 6 | 0 | 0 | 1 | 0 | 1 | 0 | 0 | 1 | 0 | 1 | 0 | 0 | 1 | 0 | 0 | 0 | 0 | 1 | 0 | 0 | 1 | 0 | 0 | 1 | 0 | 0 | 1 |

**表 8.8　由表 8.7 的形式背景所生成的形式概念表**

| (0, {a, b, c, d, e, f, ⋯, y, z, A}) | (1, {c, d, h, k, m, p, s, v, y}) | (2, {h, k}) |
| --- | --- | --- |
| (1, {a, e, h, k, o, r, u, x, A}) | (2, {s, v, y}) | (2, {o, r}) |
| (1, {b, f, i, l, o, r, s, v, y}) | (2, {d}) | (2, {b, o, r}) |
| (2, {o, r, u, x, A}) | (1, {b, d, g, j, o, r, u, x, A}) | (2, {m, p, s, v, y}) |
| (1, {b, f, i, j, m, p, s, v, y}) | (3, {b}) | (2, {b, j}) |
| (2, {b, f, i, s, v, y}) | (4, {r}) | (3, {r, u, x, A}) |
| (2, {m}) | (3, {h}) | (2, {c, h, m}) |
| (3, {j}) | (2, {j, r, u, x, A}) | (2, {j, m}) |
| (2, {e, h, r, u, x, A}) | (1, {c, e, h, j, m, r, u, x, A}) | (6, {ø}) |

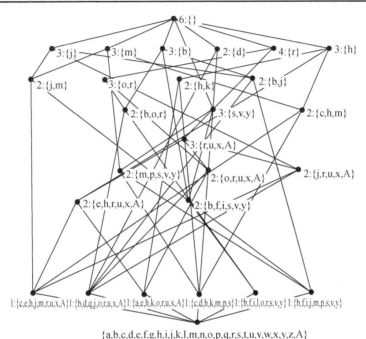

图 8.9　根据表 8.8 生成的 Hasse 图

左方：居民地，左下方：居民地，正下方：居民地，右下方：居民地}}，它对应一个父节点{4，{r}}，反映概念{4，{正左方：居民地}}，它对应两个子节点{2，{e, h, r, u, x, A}}和{2，{o, r, u, x, A}}，反映的概念分别是{2，{正右方：水体，右上方：水体，正左方：居民地，左下方：居民地，正下方：居民地，右下方：居民地}}和{左上方：居民地，正左方：居民地，左下方：居民地，正下方：居民地，右下方：居民地}。

### 8.3.4　概念格的知识表达

　　概念格实际上是一种概念格节点之间关系的表达。因为具有清晰的数学背景，概念格的属性可以一种可计算的方法进行证明。在 Hasse 图中，上一层的概念格节点包含了相应的下一层的概念节点，同时被更上一层的节点所包含。在概念格的层次结构中，随着层次的升高，概念得到泛化，最上层节点包含了所有的概念；随着层次的降低，概念得以特化，最低层节点包含了所有的内涵，是最特殊的一个概念。概念格可以用来进行知识的表达。

如果给定对象集合 $G$ 的一个子集，求取相应的属性集合 $M$ 的子集时，可以通过在概念格中寻找包含该对象子集的"最小"概念来实现。例如，输入 $A' \subseteq G$，结果概念是 $(A，B)$，$A$ 是最小的，$B$ 是相应的 $M$ 的子集。每个概念格节点对应一个形式概念，形式背景（对应数据挖掘的数据集合）中蕴涵的潜在规律，可以通过这些概念之间的相互关系有效表达。

规则是知识表达的一种重要方式，基于概念格的概念之间的相互关系可以进行规则的表达和处理。例如，关联规则反映概念之间的蕴涵关系和依赖关系，分类规则用于区别一种类型的概念与其他类型的概念，特征规则反映一个类型独立于其他类型的特征，表示某个概念之所以成为该概念的本质特征。

利用概念格可以对数据进行分类，从数据中提取出不同层次的概念，也可以用于发现概念的对象与对象之间、属性和属性之间以及对象和属性之间的依赖关系。对于这种依赖关系的处理有两种方式：①通过扫描整个格或部分格，产生一系列的可以用于基于知识的系统的规则；②通过浏览格确定一个给定的规则是否存在，通过寻找一个具有特定描述的节点，而不需要生成所有的规则。主要通过分析数据，证实一个假说或者证明某个声明是无效的。

规则的一般形式是：$P \Rightarrow Q$，这里 $P$，$Q$ 表示对象的集合或者属性的集合。根据规则的前件和后件的类型的不同，可以划分为四种情况。

（1）描述属性的蕴涵规则，$P \subseteq P(A)$，$Q \subseteq P(A)$（$P(A)$ 表示属性的幂集）。

（2）描述对象的蕴涵规则，$P \subseteq P(O)$，$Q \subseteq P(O)$（$P(O)$ 表示对象的幂集）。

（3）描述对象的区别规则，$P \subseteq P(A)$，$Q \subseteq P(O)$。

（4）描述属性的区别规则，$P \subseteq P(O)$，$Q \subseteq P(A)$。

连续的蕴涵规则表达为 $\forall x$，$p_1(x) \wedge p_2(x) \wedge \cdots \wedge p_m(x) = q(x)$。

根据概念格理论，可以将规则生成问题转化为集合覆盖问题。对于描述属性的蕴含规则 $D \Rightarrow D'$，$D$、$D'$、$A$ 都是属性集合，且 $D \subseteq A$，$D' \subseteq A$，如果包含 $D$（作为概念的内涵）的最小的概念也被 $D'$ 所描述，或者说，包含 $D$ 的最小的概念也包含 $D'$，从构建的概念格来看，就是从顶层节点向下的第一个包含 $D$ 的节点（即为最小概念），如果该节点除 $D$ 以外的其他属性项为 $D'$，就可以产生蕴涵规则：$D \Rightarrow D'$，因此，可以直接从已经构建的概念格中生成蕴涵规则，即规则直接生成算法的基本思想。

对于对象的连接型蕴涵规则 $G \Rightarrow G'$，$G$、$G'$、$O$ 都是对象集合，且 $G \subseteq O$，$G' \subseteq O$。如果对于属性集合中的每一个描述属性 $x'$，无论何时 $x'$ 与对象 $G$ 相关，那么它也与对象 $G'$ 相关。从概念之间的关系解释，就是当且仅当包含 $G$ 的最大概念节点（对应于下层节点）也包含 $G'$，则可以产生蕴涵规则 $G \Rightarrow G'$。

蕴涵规则也可以用来表达分类规则和特征规则。后件分离的描述属性的蕴涵规则：$d_j \Rightarrow Q_1 \vee Q_2 \vee \cdots \vee Q_m$ 可以用来确定具有属性 $d_j$ 的对象的特征规则。例如，如果 $d_j$ 表示属性"爪子"，那么以上特征规则可以表示具有爪子的动物有哪些特征（$Q_1 \vee Q_2 \vee \cdots \vee Q_m$）。

前件分离的描述属性的蕴涵规则：$Q_1 \vee Q_2 \vee \cdots \vee Q_m \Rightarrow d_j$，可以用来表达具有属性 $d_j$ 的对象的分类规则。例如，如果 $d_j$ 表示食肉属性，那么以上分类规则可以表示具有哪些特征（$Q_1 \lor Q_2 \lor \cdots \lor Q_m$）的动物属于肉食型动物，同样可以确定非肉食型动物的分类规则。

根据以上分析，可以把蕴涵规则、分类规则、特征规则等统一用蕴涵规则 $P \Rightarrow Q$ 表示，实现规则知识的统一表示。然后根据前件和后件的不同，分为分类规则、特征规则、蕴涵规则。或者说将这些规则统一用概念的对象和属性之间的相互关系表示，利用概念格的数据结构以及建造过程来分析。这样，可以将多种类型的规则统一在同一个数据挖掘系统中（秦昆，2004）。

# 8.4　概念格的构建

概念格的构建是一种概念聚类，是从低层概念综合为高层概念的过程，体现了从数据中提取隐含概念的过程。Hasse 图是概念格的一种可视化形式，通过绘制 Hasse 图，直观地表达概念之间的泛化与特化关系。根据概念格的构建过程是否绘制 Hasse 图，可以将概念格的构建过程划分为有 Hasse 图构建和无 Hasse 图构建。

概念格及其 Hasse 的构建过程，是通过概念聚类产生概念层次的过程，决定于建造算法。同一批数据生成的概念格是唯一的，不受数据或属性的排列次序的影响。相对地，$K$ 均值聚类等算法，如果数据输入的顺序不同，那么聚类结果可能也不同。

## 8.4.1　传统的批处理算法和增量算法

概念格的构建算法可以分为批处理和增量两大类。

批处理算法根据构造方式分为从顶向下、自底而上、枚举的算法。从顶向下算法首先构造格的最上层节点，再逐渐往下，如 Bordat 算法，OSHAM 算法。自底而上算法首先构造底部的节点，再向上扩展，如 Chein 法。枚举算法按照一定顺序枚举格的所有节点，然后再生成 Hasse 图，即各节点之间的关系，如 Godin 算法、Ganter 算法、Nourine 算法等（Godin et al.，1995；Nourine，1999；Ganter and Wille，1999；Zaki and Ogihara，2002；胡可云，2001；谢志鹏，2001）。

增量式算法只扫描数据库一次，在给定概念格 $L$ 中增量式地插入新事务 $T$，从而产生新格 $L'$。经典的增量式算法是 Godin 算法，将新格 $L'$ 中的概念节点与原格 $L$ 相比，有不变节点、更新节点和新增节点三种类型（Godin et al.，1995）。不变节点是新格 $L'$ 中保留的原格 $L$ 中的节点，内涵和外延都没有变化，和新对象的内涵没有交集；更新节点是更新原格 $L$ 中节点后得到的节点，内涵不变，外延增加新对象。新增节点是当插入节点的内涵与原格 $L$ 中某节点的内涵相交产生的集合，在格中没有，需要新增一个节点，由要插入节点与原格中某个节点相交产生。新节点更新新格 $L'$ 中的边，新节点的产生子集是新节点的一个子节点，产生子集的原父节点的边重新连接。新节点的其他子节点，也是新节点（胡可云，2001）。这种递增方式推导概念层次的方法，又称作增量概念形成，可以满足从大量数据中自动发现知识的增量、高效的要求。可是，Bordat 算法建立 Hasse 图但不是增量的，Norris 算法是增量的但不生成 Hasse 图，且较少讨论算法复杂度（胡可云，2001；谢志鹏，2001），同时考虑增量式构建和 Hasse 图绘制的算法还不多。进一步地，在构建概念格的过程中，若 $N$ 是对象集合 $M$ 拥有的共同的项目集合，当不关心概念节点 $(M, N)$ 中的对象集合 $M$ 中的具体内容时，则可以使用 $M$ 的基数$|M|$来表

示概念格的节点（$|M|$，$N$），提高效率。

因此，研究集概念格和 Hasse 图为一体的增量式快速构建算法，建立统一的数据结构表示概念格节点，在构建概念格的同时，自动确定概念格节点的坐标以及父子节点关系，解决 Hasse 图的绘制问题。

### 8.4.2　增量式概念格的构建算法

增量式构建概念格，是在给定原始背景 $K$=（$O$，$A$，$R$）对应的初始概念格 $L$=（$CS$（$K$），$\leqslant$）以及新增对象 $o^*$ 的情况下，求解形式背景 $K^*$=（$O\cup\{o^*\}$，$A$，$R$）对应的新概念格 $L'$=（$CS(K^*)$，$\leqslant$）。在增量式生成概念格和 Hasse 图的求解过程中，需要解决：如何生成所有的新节点？如何避免已有节点的重复生成？如何实现边的更新？如何自动确定概念格节点的坐标？根据 Godin 算法，按照初始概念格中的每个节点和新增对象之间的关系，形式化地定义概念格节点的不同类型。

不变节点：若格节点 $C_1$ 满足 Intent($C_1$)$\bigcap f(o^*)$=$\varnothing$，则称 $C_1$ 为不变节点。不变节点是新格 $L^*$ 中保留的原格 $L$ 中的节点，节点的内涵与外延均不发生变化。判断的标准是该节点内涵与新增对象内涵的交集为空。

更新格节点：若一个格节点 $C_1$ 满足 Intent($C_1$)$\subseteq f(o^*)$，则称 $C_1$ 为一个更新格节点。也就是说，如果一个格节点的内涵是新增对象内涵的子集，那么该节点就称为更新格节点，该节点的内涵不变，外延增加。

产生子集格节点：如果某个格节点 $C_1$=($O_1$，$A_1$)满足两个条件：令 Intersection=$A_1\bigcap f(o^*)$，在 $L$ 中不存在某个节点 $C_2$ 满足 Intent($C_2$)=Intersection；若 $L$ 中任意满足 $C_3 > C_1$ 的节点 $C_3$，都有 Intent($C_3$)$\bigcap f(o^*)\neq$ Intersection，则称 $C_1$ 为一个产生子集格节点。前者表示，如果该格节点的内涵与新增对象的内涵的交集为 Intersection，那么在概念格中不存在另外一个内涵与交集 Intersection 相等的节点。后者表示，所有大于该格节点的节点的内涵与新增对象的内涵的交集，均不等于产生子集格节点的内涵与新增对象的内涵的交集 Intersection。

新生格节点：对于新格 $L'$ 中的任何一个节点 $C$，如果 $L$ 中不存在另外一个节点 $C_1$ 满足 Intent($C_1$)=Intent($C$)，即不存在另外一个节点的内涵与该节点的内涵相等，则称节点 $C$ 为新生格节点。

新生格节点是由产生子集格节点与新增对象相交而产生的。若产生子集格节点为 $C_1$，则新生格节点 $C$ 等于（Extent($C_1$)$\bigcap f(o^*)$，Intent($C_1$)$\bigcap f(o^*)$)，即外延取二者的并集，内涵取二者的交集。

1）概念格节点的性质

概念格节点的新生格节点与产生子集格节点一一对应。对于 $L'$ 中的任意一个新生格节点 $C_{new}$，它的内涵集 Intent($C_{new}$)必然是新对象的内涵描述 $f(o^*)$和 $L$ 中某个旧节点 $C_{old}$ 的内涵集 Intent($C_{old}$)的交集，对于每一个新生格节点 $C_{new}$，必然存在一个相应的旧节点 $C_{old}$ 与之对应。

产生子集格节点是产生新生格节点的最大的概念节点，即满足如下性质：设 $C_1$ 是产生子集格节点，若 $C_2$ 满足 Intent($C_2$)$\bigcap f(o^*)$=Intent($C_1$)$\bigcap f(o^*)$，则必然有 $C_2\leqslant C_1$ 成

立，即 $C_2$ 比 $C_1$ 小。因为，如果 $C_2>C_1$，这与产生子集格节点的定义的第二个要求矛盾。

2）算法描述

根据以上性质，生成所有新生格节点的关键，是找出所有的产生子集格节点，而不同的产生子集格节点所对应的新生格节点是互不相同的。

在构建概念格的过程中，可以同时绘制 Hasse 图。在概念格的子节点与父节点之间添加一条边，绘制一条线段，可以在建格过程中同时确定各节点的父节点集合和子节点集合。当新生格节点的某个产生子集节点的父节点的内涵是新生格节点内涵的子集时，需要对父子关系进行重新调整，需要删除该产生子集节点与其原父节点之间的父子关系，建立产生子集节点与新生格节点之间的父子关系，同时建立产生子集的原父节点与新生格节点之间的父子关系。为了绘制 Hasse 图，必须预先计算各概念格节点的 $(x, y)$ 坐标。在建格的同时，根据格节点的层号确定节点的 $y$ 坐标；对于同一层的节点，根据节点的多少确定各节点的 $x$ 坐标。

根据上述，建立统一的集概念格构建和 Hasse 图绘制为一体的概念格节点的数据结构，在建立概念格的同时确定各节点的 $x$，$y$ 坐标。例如，基于 C++ 的概念格节点的数据结构。

```
struct CLIndividualVertex
{
int VertexID；//记录该节点的标识码
int layernum；//记录节点的层数
CArray<int, int> *Intension；  //节点的内涵（项目集）
int Ext_count；//外延的基数，记录具有共同的内涵的对象的数目
CArray<int, int> *SonVertexIDs；//记录子节点的标识码（可能为多个）
CArray<int, int> *ParVertexIDs；//记录父节点的标识码（可能为多个）
DWORD x；  //节点的 x 坐标
DWORD y；  //节点的 y 坐标
}CLStructureVertex, CLStructureVertexNew
CArray <CLIndividualVertex, CLIndividualVertex > CLLattice；
```

用 VertexID 记录节点的编号（标识码），建立各节点之间的联系；用 layernum 记录节点在整个 Hasse 图中的层号，确定其 y 坐标；定义一个动态数组 Intension 记录节点的内涵集，即该节点的项目集；整型变量 Ext_count 记录外延的基数；定义两个动态数组 SonVertexIDs 和 ParVertexIDs 分别记录该概念节点的子节点的标识码和父节点的标识码；定义记录坐标的变量 $x$ 和 $y$；基于以上数据结构，定义两个结构体对象 CLStructureVertex 和 CLStructureVertexNew，前者记录从数据库中读取的数据，后者记录从数据库中读取的数据与概念格中某个节点相交产生的新节点；动态数组 CLLattice 记录整个概念格。

若 $C$ 是一个更新格节点，则在新格 $L^*$ 中 $C$ 被更新为（Extent$(C)\cup\{o^*\}$，Intent$(C)$）。对于更新节点，其外延基数加 1，内涵不变，即 $C$.Ext_count = $C$.Ext_count +1。

**算法 8.1** 增量式概念格的构建算法

输入：数据库中的记录，构成事务 $T$。

输出：概念格和 Hasse 图。

步骤：

步骤（1）：构建最低层节点 $C_0$，加入概念格 CLLattice：$C_0$.layernum = 0，$C_0$.Ext_count =0，$C_0$.Intension = 所有项目的集合，$C_0$.y = yStart（yStart：y 方向上的起始坐标）；

步骤（2）：构建最高层节点 $C_h$，加入概念格 CLLattice：$C_h$.layernum = 1，$C_h$.Ext_count =0，$C_h$.Intension = $\varnothing$，$C_h$.y = yStart+DeltaY（DeltaY：相邻层间 y 方向上的间隔）；

步骤（3）：输入每条记录，构成记录对应的事务 T；

步骤（4）：按节点序号升序排列每个节点 C，如果 C.Intension 是 T.Intension 的子集，那么 C.Ext_count =C.Ext_count +1；

步骤（5）：如果 C.Intension 不是 T.Intension 的子集，计算 Intersection= C.Intersection∩T；

步骤（6）：如果 Intersection 在原概念格中不存在，且 Intersection ≠ T.Internsion，那么新增节点 N：N.Intension：=Intersection；N.Ext_count=C.Ext_count +1；N.layernum=C.layernum +1；N.y=C.y+DeltaY。增加 N 到 C.ParVertexIDs，增加 C 到 N.SonVertexIDs；增加 N 到 T. ParVertexIDs，增加 T 到 N.SonVertexIDs。对于每个 C 的父节点 M，如果 M.Intension ⊂ N.Intension，那么从 C.ParVertexIDs 中删除 M，从 M.SonVertexIDs 中删除 C；将 N 加入 M.SonVertexIDs，将 M 加入 N.ParVertexIDs。M 及其祖先节点的层号分别加 1，y 坐标分别加 DeltaY。

步骤（7）：如果 Intersection 在原概念格中不存在，且 Intersection=T，那么新增节点 N'：N'.Intension：=Intersection=T；N'.Ext_count=C.Ext_count +1；N'.layernum=C.layernum +1；N'.y = C.y + DeltaY。增加 N'到 C.ParVertexIDs，增加 C 到 N'.SonVertexIDs；如果 N'的父节点为空，那么添加顶层节点 M'到 N'.ParVertexIDs，并且添加 N' 到顶层节点的 M'.SonVertexIDs。对每个 C 的父节点 M，如果 M.Intension ⊂ N.Intension，那么从 C.ParVertexIDs 中删除 M，并从 M.SonVertexIDs 中删除 C；将 N 加入 M. SonVertexIDs，将 M 加入 N.ParVertexIDs。M 及其祖先节点的层号分别加 1，y 坐标分别加 DeltaY。

步骤（8）：重复步骤（3）～（7），直至所有的记录参与概念格的构建。

每增加一个新节点，同时确定其层号 layernum。在添加新节点时，从上到下即从最高层节点到最低层节点依次比较。对第一个节点不作比较，因为该节点内涵为空，是任何节点的祖先节点。若新对象与某层的一个节点的交集存在，且在以前的概念格中不存在，则该节点是产生子集节点，添加一个新节点，新节点的内涵等于产生子集节点内涵与新对象内涵的交集，其层号在产生子集节点的层号的基础上加 1。当与该产生子集的子节点比较时，生成的交集在以前的概念格中肯定存在，不作处理，退出循环。当新数据内涵和某节点内涵的交集，与新数据内涵相同时，且交集内涵在概念格中不存在时，产生一个新节点，新节点内涵等于新对象的内涵，然后退出循环。

在构建概念格时绘制 Hasse 图，确定每个节点的 $x$ 坐标，记 $X_{center}$ 为绘图区域 $X$ 方向的中点的 $X$ 值，nNum 表示同层的节点的序号（即同层的第 nNum 个节点），nDeltaX 表示 $X$ 方向的相邻节点之间的间隔。确定 $X$ 坐标按层号 layernum 升序排列，对每层的节点 C，C.x=$X_{center}$+(nNum+1)/2 × nDeltaX × pow(–1, nNum)，保证同层的各个节点等距离均匀分布在绘图区域 $X$ 方向的中点两边。确定每个节点的 $(x, y)$ 坐标后，对已建好的概念格的每个节点，分别在该节点与其父节点之间连线，即得 Hasse 图。

该算法通过记录节点层号，从上到下判断，如果与某个节点的交集在以前的概念格中不存在就可以直接添加新节点，不需要与其祖先节点一一比较；另外，当与某个节点的内涵的交集与新加入数据的内涵相等时，直接添加一个新节点。在生成概念格节点的同时就确定节点的 $x$ 和 $y$ 坐标，可以方便地进行 Hasse 图的绘制。可是，实验证明，该算法在样本点较少时有效，在样本点比较多时运行速度仍然很慢。

### 8.4.3 增量式概念格的快速构建算法

算法 8.1 的增量式概念格构建算法速度慢的原因，是没有建立节点之间的索引，在遍历节点时需要与每个节点进行比较。解决此问题的一个有效办法是建立概念格节点的索引，通过索引树提高概念格的构建速度（谢志鹏和刘宗田，2002；Nourine，1999）。在研究 Lhouari Nourine、谢志鹏的算法基础上，结合概念节点分层存放的思想，提出一种基于索引树的集概念格和 Hasse 图绘制为一体的快速构建算法，即基于辞典序的索引树的增量式概念格快速构建算法。在建立索引树的同时，将概念节点分层存放，并确定概念节点的 $x$，$y$ 坐标，同时绘制 Hasse 图。

**索引树**　如果给定特征集 $D$ 上的一个全排序 $\tau$，任意一个特征子集 $A_1=\{a_1, a_2, \dots, a_k\}$ 唯一地对应字母表 $D$ 上的一个单词 $a_1 a_2 \cdots a_k$，$a_1<a_2<\cdots<a_k$，若用函数 $\gamma$ 表示这种对应关系，则每个概念节点 $C$ 都唯一对应 $D$ 上的一个单词 $\gamma(\text{Intent}(C))$。用树状结构组织概念节点的集合，按照字母顺序建立索引，称为索引树，也称辞典树（Nourine，1999）。

在索引树中，每条边表示一个特征，如果 $T_1$ 是 $T_2$ 的父节点，$T_1$ 到 $T_2$ 的边是特征 $d$，那么称 $T_2$ 是 $T_1$ 的第 $d$ 个子节点，记为 $T_2=T_1.\text{children}[d]$。每个树节点 $T$ 对应一个单词 $\lambda(T)$，其中函数 $\lambda$ 定义为：对于根节点 root，$\lambda(\text{root})\equiv$ 空串；如果 $T_2=T_1.\text{children}[d]$，则 $\lambda(T_2)\equiv \lambda(T_1)+d$。也就是说，$\lambda(T)$ 表示从根节点 root 到节点 $T$ 所经过的边（特征）的排列。

**有效树节点**　对于一个索引树节点 $T$，如果存在某个概念节点 $C$ 满足 $\gamma(\text{Intent}(C)=\lambda(T))$，则称 $T$ 为有效树节点，并记 $T.\text{latticenode} = C$，从而建立有效索引树节点与概念格节点之间的对应关系。

**辅助树节点**　如果不存在 $C$ 满足 $\gamma(\text{Intent}(C)=\lambda(T))$，则称 $T$ 为辅助树节点。并记为 $T.\text{latticenode} = \text{NIL}$。

**祖先节点**　在索引树中，$T_1$ 是 $T_2$ 的祖先节点，当且仅当 $\lambda(T_1)$ 是 $\lambda(T_2)$ 的一个前缀。例如，$T_1=\{d\}$，$T_2=\{a, d, h\}$，则 $\lambda(T_1)=\{d\}$，$\lambda(T_2)=\{adh\}$，$\lambda(T_2)= \lambda(T_1)+a+h$。

根据以上原则，设计构建索引树的关键函数 SearchForInsert（T_root，D），T_root 为索引树的根节点，$D$ 是一个特征子集。首先，设 IndexNode: = T_root；然后，对每个特征 $d$，按照升序排列，如果 IndexNode.children[d] !=NULL，那么 IndexNode: = IndexNode.children[d]；否则，创建一个新的索引树节点 IndexNew 并将它的所有子节点置为 NULL；IndexNew.latticenode: =空；IndexNew.children[d]: =IndexNew；IndexNode:=IndexNode.children[d]；最后返回索引节点 IndexNode。

该函数的基本功能是：插入内涵为 $D$ 的节点时，对 $D$ 中的特征按照升序排列，首先从根节点开始分析，如果对于 $D$ 中的特征 $d$，根节点的第 $d$ 个子节点存在，则直接将该子节点赋予节点 IndexNode，如果不存在，则产生一个新的索引树节点，并把该节点赋予节点 IndexNode，然后将该节点作为程序的返回值。例如，对于表 8.4 的数据，首先建立一个内涵为空的索引树的顶层节点。然后添加内涵包括所有内涵元素的最下层节点，此时的索引树如图 8.10（a）所示，然后添加第一个样本点：{a，b，d}，在添加该样本点时，因为内涵元素 a 对应的子节点已经存在，直接采用；b 所对应的子节点也存在，直接采用，d 所对应的下一层子节点不存在，则产生子集节点 d。添加该样本点后的索引树如图 8.10（b）所示。对于表 8.4 的例子数据，最终产生的索引树如图 8.11 所示（图 8.11 中 "#" 所表示的节点是概念格节点，其他节点为辅助节点）。

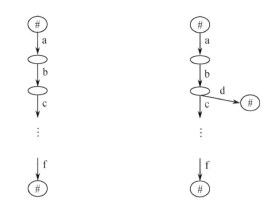

(a) 添加最底层节点的索引树　　　(b) 添加{a,b,d}后的索引树

图 8.10　添加节点和样本点后的索引树

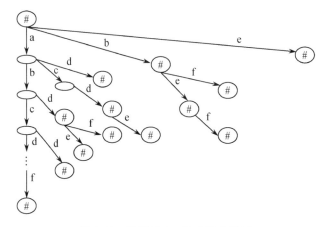

图 8.11　根据表 8.4 生成的索引树

**索引树的遍历方式**　先访问树根，再依次遍历它的所有子树，遍历子树的顺序是由大到小，如图 8.11 所示，即从右向左。这种遍历顺序可以定义树节点之间的一个访问顺序关系，即全序关系，记为 $T_1 < T_2$，表示 $T_1$ 在 $T_2$ 之前被访问（Nourine，1999）。

**产生子集格节点**　对于由产生子集格节点 $C_1$ 所生成的新生格节点 $C_{new}$，若另一个格节点 $C$ 满足 $C_1 <_T C$，则称 $C_{new}$ 是先于 $C$ 的访问而生成，设 BEFORE($C$)表示所有先于 $C$ 被访问和先于 $C$ 而生成的节点的集合，则可以根据以下定理定义产生子集格节点（谢志鹏和刘宗田，2002）。

**定理 8.1**　如果概念节点 $C_1$ 所对应的索引树节点为 $T_1$，它的任意一个父节点 $C_2$ 对应的索引树节点为 $T_2$，则有 $T_2 <_T T_1$ 和 $C_2 <_T C_1$ 成立（谢志鹏和刘宗田，2002）。

该定理说明，任意一个节点的父节点总是先于该节点被访问。

**定理 8.2**　概念格 $L$ 中的任意一个节点 $C_1$ 是一个产生子集格节点，当且仅当

（1）$\neg(\text{Intent}(C_1) \subseteq f(o^*))$；且

（2）$\neg \exists C_2 \in \text{BEFORE}(C_1)(\text{Intent}(C_2) = \text{Intent}(C_1) \bigcap f(x^*))$。

该定理说明，产生子集节点的内涵不可能是新产生节点内涵的子集。

**新生格节点**　由产生子集格节点与新对象相交而生成的节点，是新生格节点，即 $C_{new}$：= （Extent($C$ 产生子集 $\bigcup x^*$)，intersection）。

**定理 8.3**　如果 $C_1$ 是产生子集格节点，它对应的新生格节点为 $C_{new}$，那么 $L$ 中满足 Intent($C_2$)$\supseteq$ Intent($C_{new}$)的概念 $C_2$ 必然满足 Intent($C_2$)$\supseteq$ Intent($C_1$)。

该定理说明，对于某个新生格节点，除了其产生子集格节点外，所有的其他旧节点都不可能成为其子节点。

**定理 8.4**　对于两个新生格节点 $C_{new1}$ 和 $C_{new2}$，如果 Intent($C_{new1}$)$\subset$Intent($C_{new2}$)，那么 $C_{new1}$ 必然是先于 $C_{new2}$ 被生成的。

该定理说明，对于某个新生格节点 $C_{new}$，任何先于 $C_{new}$ 被生成的新生格节点都不能成为其子节点。

根据以上定理，为了达到前述的"遍历子树的顺序由大到小，即从右到左"的目的，设计了堆栈数据结构 IndexNodeArray，根据堆栈数据结构"后进先出"的原则，实现索引树节点的遍历顺序。

在此处的算法中，同时考虑了 Hasse 图的自动绘制问题，将概念格节点按照内涵集的大小分层存放，根据层号自动确定节点的 $y$ 坐标。

例如，对于表 8.8 的数据，最底层的内涵缩减集为：{a, b, c, …, A}，内涵基数为 27，分析每个中心点及其 8 邻域的地物类型之间的空间邻近关系，对于每一个中心点或邻域，只能取某种地物类型作为属性值，也就是说只能取 G（绿地）、W（水体）、R（居民地）中的一种值，因此，每个对象对应 9 个值。例如，对象 1 为{居民地、绿地、水体、水体、绿地、绿地、绿地、绿地、绿地}，基数为 9，因此将基数为 9 的所有节点放在第 2 层，第 2 层的基数 9 的节点进行运算可能会产生基数为 8 的节点，将基数为 8 的节点放在第 3 层，以此类推，将基数为 1 的节点放在第 10 层，第 11 层为最高层，存放基数为 0 的节点，即最抽象的节点（6，{$\varnothing$}），因此，将层数设为 11，即 LayerNum = 11。首先建立一个具有 11 层结构的空概念格：CCLattice。定义一个 CCLayer 类，存放每层的概念节点。以后每加入一个节点时，根据其内涵大小直接存放在相应层。然后，对概念格进行初始化：将内涵为空的最上层节点，以及内涵包括所有内涵元素的最下层节点加入概念格。并同时建立二者的父子关系。

对于树节点 $T_1$，如果从树根到 $T_1$ 的路径集合是 $f(o^*)$ 的子集，则称 $T_1$ 为更新树节点。显然，格节点 $C_1$ 是更新节点当且仅当它所对应的树节点 $T_1$ 是更新节点。

在添加样本点的过程中，分三种情况判断索引树中的每个节点：①如果该节点是辅助树节点，继续与下一个索引树节点比较；②如果该节点是更新节点，则将其外延基数加 1；③对于产生子集格节点，首先求样本点与候选节点内涵之间的交集，然后以该交集为内涵，在索引树中搜索节点的类型，如果节点是辅助节点，说明在以前概念格中不存在，应产生一个新节点，添到相应层中，并更新父子关系。

在新节点产生以后，要确定新节点与原节点之间的父子关系。根据前述定理，新生节点是其产生子集的父节点，新生节点的父节点只可能存在于更新节点以及其他新生节点中，因此定义一个层数等于最大内涵基数的临时层对象 newnodes，用于存放各层的更新节点以及新生节点。

假设 pCandVex 为候选节点（产生子集格节点），pCNewVex 为新生格节点，在更新父子关系函数 UpdatePCRelation(pCandVex，pCNewVex)时，对于 newnodes 的每个节点 p_newNodesVertex，若 p_newNodesVertex.Intention 是 pCNewVex.Intension 的真子集，则设置指示参数 IsParentFlag = TRUE；对于 newNodesVertex 的每个子节 p_Childnew NodesVertex，若 p_ChildnewNodesVertex 是 pCNewVex.Intension 的真子集，则设置指示参数 IsParentFlag = FALSE。若 IsParentFlag 为 TRUE，则删除原父子关系 pCandVex-> DelParent(p_newNodesVertex)，建立新的父子关系 pCNewVex->AddParent(p_new NodesVertex)。

因此，基于索引树，设计集概念格生成和 Hasse 图绘制为一体的快速算法。

**算法 8.2　集概念格生成和 Hasse 图绘制为一体的快速算法**

输入：数据库中的记录，构成事务 T
输出：概念格和 Hasse 图
步骤：
步骤（1）：连接数据库，获取数据表格的记录指针 m_pRecordset；
步骤（2）：初始化概念格，根据数据记录对应的形式背景表，确定最大层数 nMax，产生具有 nMax 层的空概念格 CClattice；将概念内涵为空的节点作为顶层节点加入 CClattice；将概念内涵等于所有内涵元素的节点作为最底层节点加入 CClattice；
步骤（3）：读入数据库的一条记录，获取样本点的内涵值；
步骤（4）：将索引树的根节点 m_pCLRootVertex 加入索引树节点数组 IndexNodeArray，并将 m_pCLRootVertex 标注为更新树节点；
步骤（5）：若 IndexNodeArray 非空，从 IndexNodeArray 的头部移出一个树节点置于 IndexNode；对每个 $d \in D$ 按升序排列，IndexSubNode: = IndexNode.children[d]；如果 IndexSubNode 非空，将 IndexSubNode 插入 IndexNodeArray 的头部；
步骤（6）：若 IndexNode 是辅助节点，则重复执行步骤（5）；
步骤（7）：若 IndexNode 是更新树节点，则将 o* 加入 IndexNode.latticenode 的外延集；将 IndexNode.latticenode 加入 newnodes[|||Intent（IndexNode.latticenode）|||]；
步骤（8）：若 IndexNode 是产生子集格节点，则候选节点 $C_{cand}$:= IndexNode.latticenode；计算交集 Intersection:=Intent（$C_{cand}$）$\bigcap$ f（x*）；计算 pInterIndex: = SearchForInsert（pCLRootVertex, intersection）；若 pInterIndex->latticenode 为空，则创建一个新节点 $C_{new}$ =（Extent（$C_{cand} \cup x^*$, intersection）；将 $C_{new}$ 加入 L* 及 newnodes.index[|||intersection|||]；pInterIndex ->latticenode: = $C_{new}$；pInterIndex->LinkVertex（pCNewVex）；
步骤（9）：对每层 i，更新新产生节点与 newnodes 的每层节点的父子关系，即：Newnodes[i]. UpdatePCRelation（pCandVex, pCNewVex）；
步骤（10）：重复步骤（3）～（9），直至所有的记录参与概念格的构建。

为了实现 Hasse 图的自动绘制，在进行概念格的构建的同时，进行节点坐标的设置，动态地设定层与层之间的间隔以及每行各节点之间的间隔。设定绘制 Hasse 图的最大 $x$，$y$ 范围分别为 xDim，yDim，则 $y$ 方向上的间隔 dy=yDim /（LayerNum + 1），LayerNum 为最大层数。每层的 $y$ 坐标为（layer+1）×dy，layer 为各节点位于的层数。

$x$ 方向的间隔 dx =（xDim–xStart）/（VexNum + 2），xStart 为 $x$ 方向上的起始点坐标。具体实现时，可以让同一层节点按加入的先后顺序左右分别布置在中心线的两边，$x$ = xStart +$(-1)^{(count+1)}$×(count+1)/2×dx，count 为同一层节点的加入顺序。

在建格的过程中同时确定了各节点的坐标，那么 Hasse 图的绘制就非常简单了。因为此处算法在构建概念格的过程中，概念格节点是分层存放的，因此，按照层号从大到小，依次为每个节点及其下一层的子节点之间添加线段，同时将每个节点的内涵显示出来，即可完成 Hasse 图的绘制工作。

根据以上算法，对表 8.4 的数据以增量式生成概念格和绘制 Hasse 图的过程如图 8.12～图 8.15。其中每个节点的标注顺序为：外延基数、内涵集合、加入概念格。

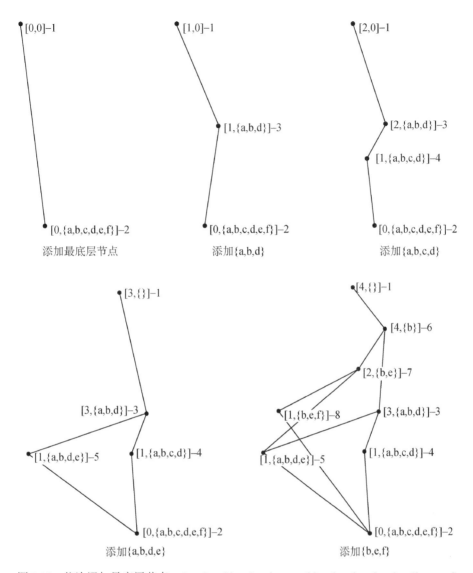

图 8.12　依次添加最底层节点、{a, b, d}、{a, b, c, d}、{a, b, d, e}、{b, e, f}

可见，算法 8.2 通过建立基于辞典序的索引树的方法建立格节点的索引，将概念格节点根据内涵基数分层存放，设计统一的数据结构表示概念格节点，同时确定概念格节点的坐标及其父子关系，能够在构建概念格时绘制 Hasse 图。

根据 Apriori 算法在计算频繁项集的过程中所产生的概念，也可以利用格的形式表达，对于例 8.1 的数据，可以得出如图 8.15 所示的格结构。Apriori 算法是在图 8.15 的格结构中，找出所有的频繁格节点，然后根据频繁格节点生成关联规则的过程。比较图 8.15 与图 8.14 可看出，Apriori 算法生成了更多的节点。因为这些格节点不满足最大扩展的性质，即不满足每个节点所表示的对象是具有内涵集合中的共同属性的最多对象的集合；内涵集合是对象集合中的所有对象所具有的最多的共同属性。概念格实现了概念节点的压缩存储，每个概念格节点都包含了该概念的内涵和外延所表达的最大信息量。充分说明概念格可以简洁明了地反映数据之间的概念关系。

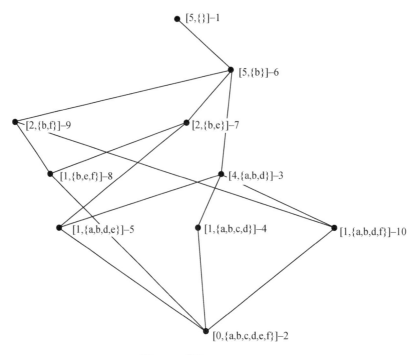

图 8.13　添加{a，b，d，f}

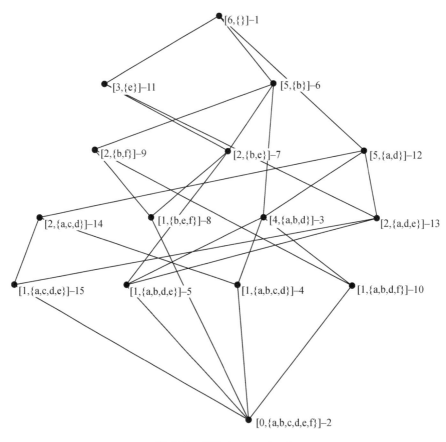

图 8.14　添加{a，c，d，e}

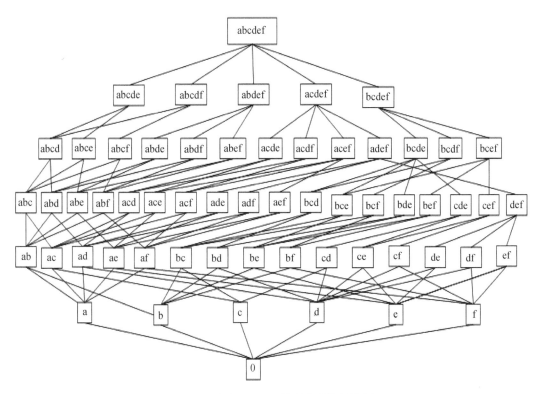

图 8.15　根据 Apriori 算法生成格结构图

# 第9章 遥感图像智能检索

遥感图像是空间数据挖掘的难点。随着航空航天技术的发展，遥感成为人类监控地表自然与人类活动状态的高效工具，遥感数据日益膨胀，却陷入了数据"既多又少"的矛盾，即原始数据越来越多，却越来越难找到感兴趣的数据，特别是重要的人工目标，"有用"的数据并没有随着总数据量级的增长而被"发现"出来，大多数关注的目标和地物基本还是以人工判读为主，限制了遥感应用的进一步发展。研究遥感图像智能检索系统，服务公众和专业用户，是解决数据矛盾的有效途径。

遥感图像检索的核心是对内容的准确提取和表达。内容复杂是遥感图像区别于其他图像的本质因素，自然图像中的对象只在垂直方向，而遥感图像中的对象在各个方向上的分布都存在。相比自然图像，遥感图像背景更为复杂，含信息量更大，目标的姿态、大小等都存在很大差异，而且数量庞大，类型多样，关系复杂，更新快速，不确定性多。传统的图像特征提取方法虽各有特点，但在遥感图像检索时效果都不佳，而以深度学习为代表的新一代人工智能方法，推进了遥感图像内容特征的提取。

本章立足空间数据挖掘，研究遥感图像的检索特征，基于统计的直方图、小波变换、变差函数的检索方法，以及融合大数据、人工智能、云计算等技术于一体的遥感图像智能检索方法。

## 9.1 图像检索特征

遥感图像检索要取得良好结果，首先提取最能代表图像内容的相关特征信息，然后按一定的原则匹配特征，根据结果得知图像匹配的优先级别。遥感图像库的数据量大，特征维度高，计算特征相似性耗时多，需要建立高效索引，提升检索速度。

图像索引从20世纪70年代开始活跃，当时主要基于文本检索图像（text-based image retrieval），根据图像内容进行文字注释，然后按照文本数据库管理系统进行检索（周焰，2003）。可是，在图像库庞大时，检索注释的工作量非常大，不同图像有不同内容，用户对内容的理解有主观性，同一图像由不同人注释可能得到不同的文本，并可能在后续的检索中产生不匹配的情况。20世纪90年代，基于内容的图像检索（content-based image retrieval）成为热点，根据图像的视觉特性（纹理、形状、布局等特征），利用实例图像、草图和特定图像类别等检索图像（Rui and Huang，1999），不对图像作注释。实例图像检索的实质是图像比较，即从图像库中检索和实例图像相似的图像（Wilson et al.，1997）。一般图像检索系统常用的颜色特征，在遥感图像检索系统中很少使用，而多用纹理、形状和结构特征。为了衡量图像相似性，Di 和 Starovoitov（1999）使用 Hausdorff 距离、局部距离、整体距离和对称距离刻画图像的局部和整体特征，但结构特性描述不充分，算法成本较大。Vajovic 和 Brzakovic 在扫描文字文件、银行支票、信用卡等大型图像库中寻找随机纹理模式。而且，不同尺度的遥感图像在不同领域，查询的重点特征也不同（Liu and Rudy，1997）。例如，环境检测、资源调查等大比例尺图像，主要需要纹理特征和颜色特征，而地面目标监视等高分辨率图像，主要需要形状特征和结构特征。

### 9.1.1 纹理特征

纹理特征描述图像全局或局部区域的光强分布和空间颜色分布，一般分为局部纹理和全局纹理。局部纹理特征通过统计各像素与其周边其他像素的灰度分布进行描述，而全局纹理特征是在全局图像中重点关注局部纹理特征的周期性和重复性。图像的纹理是在区域分布的多个像素点统计得出特征信息，基于统计、结构、信号或建模提取纹理特征，是目前较为普遍的四种方法（马洪超，2002）。

纹理特征是目前遥感图像内容检索中广泛使用的一种特征。在遥感图像中，纹理主要由森林、草地、农田、城市建筑群等地面特征产生，而纹理特征的计算和相似性比较，类似普通自然图像中纹理的计算比较。例如，共生矩阵方法就是从灰度意义上表达纹理的空间依赖关系，根据像素之间的方向和距离产生一个共生矩阵，然后从该矩阵中提取有意义的统计特征作为纹理。基于纹理的视觉感知，对比度、方向度、线像度、规整度和粗略度等视觉纹理特征，可被用在图像检索系统中作近似计算，如 QBIC、VisualSeek。不同比例尺造成纹理特征的变化，可用小波多尺度分解系数提取图像的纹理特征，以小波系数中的均值和方差表示纹理的对比度，用水平、垂直和对角方向的边缘点数表达纹理的方向度，提取图像纹理从粗到精的特征；也可以自动测试图像中不同尺度的纹理，从中提取统一的纹理模型。

### 9.1.2 形状特征

形状特征描述图像全局的区域特征，或局部的轮廓特征。对于遥感图像中的空间对象，轮廓特征表示外边界，区域特征表示整个形状的区域。形状是遥感图像中地物目标的显著特征之一，形状特征是较为高阶的图像特征，具有位移、旋转的不变性，能够改善遥感图像检索的效果，可以基于边界利用形状的外边界，或基于区域利用整个形状区域。形状特征的表示有边界特征法、几何参数法、形状不变矩和傅里叶描述符等多种方法，较为成功的是傅里叶描述符和矩不变量。全局特征有傅里叶描述子、矩不变量，以及各种简单的形状因子，如圆度、面积、偏心度、主轴方向等，计算简单、维数少，易于建立索引结构。而局部特征与形状的特定部位相关，是重要的局部形状，如角点、顶点、边缘的曲率、多边形近似的内部角、直线段、圆弧、高曲率点等，可解决遮挡问题。局部特征的维数多，随不同形状变化，如果不是利用参数表达局部特征，那么相似性计算、索引更新都比较复杂，容易造成分类的不一致性。

通用的图像检索系统的形状查询没有特征库，直接用形状特征索引，缺乏领域知识，无法对形状分类。遥感图像检索系统具有相关的领域知识和应用背景，可以建立形状特征库，同时因省略形状特征值而解决了存储空间的问题。形状搜索采取局部特征比全局特征更正确。目前，基于形状特征的查询系统还很少，本书结合像素和典型对象的尺度知识，辅助提高形状匹配精度和查询速度。

### 9.1.3 结构特征

结构特征描述图像中多个空间对象之间的相互空间位置或相对方向关系，如空间相对的上下左右关系、空间绝对的空间对象之间的距离大小以及方位。在高分辨率遥感图像理解中，结构特征特别是多个对象构成的空间拓扑结构十分重要。空间关系通常被隐含存储在一个空间数据结构中，相同的索引应同时支持相对位置和绝对位置。结构匹配包括图像中空间对象、区域空间推理，以及邻接、交叠和包含关系等。基于结构特征的图像检索可以基于位置，也可以基于特征。首先查询各个独立形状，找到具有所有形状或纹理区域的图像，然后提取查询中各个区域对象之间的关系，在获得图像中计算该关系的相似性，满足关系特征的图像就是需要的图像。目前的遥感图像检索很少使用结构特征查询，仅仅使用了对象之间的方位信息进行简单的结构匹配。

### 9.1.4 颜色特征

颜色特征描述图像或图像区域所对应的景物的表面颜色性质，是一种基于像素点的全局特征。颜色是人类和计算机视觉的基本要素，构成 RGB 颜色空间或 HSV 颜色空间。颜色特征与其场景内容密切相关，具有平移不变性、旋转不变性和尺度不变性，在图像特征提取和检索中应用普遍。遥感图像是对现实世界的一种近似，表现为灰度图像或伪彩色图像。伪彩色由用户定义颜色到波段的映射，不同用户对同一信息可以构造出视觉上不同的合成物；灰度在遥感图像中对于区分不同地物的能力也不理想。常用的颜色特征描述方法包括颜色直方图、颜色矩、颜色集、颜色聚合向量、颜色相关图等。颜色特征对图像的方向、大小等变化不敏感，不能很好地捕捉空间对象的局部特征，如果数据库很大，仅使用颜色特征查询可能得到许多不需要的图像。

### 9.1.5 语义特征

语义特征是人类认识和理解图像的经验知识的归纳抽象，一般包括特征语义、空间对象和关系语义、高层语义。在遥感图像中，特征语义是颜色、形状、纹理等低级视觉特征，空间对象和关系语义是对象类别及其相互之间的空间位置等关系，高层语义是场景（如码头、机场、街道）、行为（如航行、起飞、聚集）和情感（如平静、愤怒、高兴等）。

传统方法表达的遥感图像特征，都是低级特征，需要复杂的人工设计，而设计一个稳定的、强大的图像特征非常困难。此外，高分辨率遥感图像通常覆盖了大范围的场景，包含复杂而丰富的视觉信息，导致低层次特征在表达遥感图像高层次抽象概念时能力不足，即低层次遥感图像特征和高层次遥感图像语义内容之间存在语义鸿沟。一般地，高层的图像语义往往建立在较低层次的语义基础上，并且层次越高，语义越复杂，涉及的领域知识越多。基于语义的图像检索一般指基于目标和高级语义的检索方法。在原有检索系统中把高级语义加入低层特征的转化，可以在不改变现有图像特征库和匹配方式的情况下，实现基于语义的图像检索。

# 9.2 遥感图像统计检索

基于空间统计学的图像检索，根据图像确定模板窗口的大小，通过纹理、形状和结构等特征，采用本征随机过程研究图像的整体和局部相似性，进而发现目标。

## 9.2.1 车轮形变图像的检索问题

在中国铁路部门，稍具规模的火车站均有检测火车车轮状况的专门工人，他们的主要任务是对所有进站停靠的火车，检查车轮是否正常，并重点检查每个车轮上的刹车。一旦发现问题，必须在火车启动之前报告，以便及时排除故障。因为工作艰苦，所以铁路部门长期致力于这项工作的自动化。

首先，如果采用一个 CCD 摄像机，在火车进站的时候，对火车车轮摄像，用图像处理技术识别刹车，并量测其厚度，那么整个过程将实现自动化。然而按照每秒抓取 10 帧左右图像的速度计算，一列火车实际有近 1500 幅图像（通常在出站处一列火车通过摄像头的时间为 3 分钟，即 180 秒），这些图像多数没有用，因为拍摄到的不是火车车轮。所以实现自动化的首要条件，是从这些图像中把拍摄到的火车车轮的图像选出来，这实际上是图像检索的问题。由于火车车轮有特定的几何形态，识别这些几何特征并基于形状检索成为首选。但是，在摄影时，火车做变速运动，这些几何特征容易变形，且变形没有规律，用 Hough 变换的一些算法来检测圆时（图 9.1），因为半径未知，所需的计算量很大，实际不可行；若采用选定的标准图像和未知图像进行灰度匹配，则对成像时的光照过于敏感。因此，必须研究解决问题的新方法。

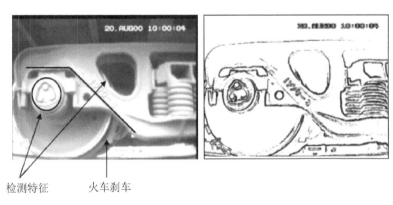

检测特征　　火车刹车

图 9.1　火车车轮图像及其二值化图像

其次，一个辅助工作是检测火车车厢的连接处是否正常，并确定检测的火车车轮属于哪节车厢。而火车连接处几乎不能找出任何几何特征［图 9.2（a）］。再者，火车连接处运动产生的模糊和重影［图 9.2（b）］的图像应该剔除。现有的运动图像分析方法都难以胜任，主要原因是火车进站和出站都是变速运动，且整个检测过程的实时性要求比较高，要在很短的给定时间内完成。

再次，基于内容的图像检索关心全局特征。如果首先搜索全局特征的范围，再在这个范围内搜索局部特征的相似性，即使顺序扫描也可行。无论是参数表达还是控制点表达等类型的局部特征，搜索速度都将提高很多。直接方法是整体图像匹配，很耗时，必须寻找一种方法更简单地表达灰度的分布。采用小波多尺度的表示方法,可以克服形状的局部特征相似性,计算复杂的问题。

(a) 典型的火车连接处　　　　　(b) 火车连接处运动产生的模糊和重影

图 9.2　火车连接处及运动的模糊和重影

### 9.2.2　基于直方图的图像检索

灰度直方图是图像灰度的概率函数,表示图像中具有某种灰度值的像素的个数,反映图像中某种灰度出现的频率。可以用统计方法提取均值、方差等特征。在遥感图像中,灰度直方图具有比例不变的形状特征,选择合适的视觉特征,直方图可以旋转不变、平移不变、归一化后与尺度无关。颜色特征是一种视觉特征,直方图为其一般性表达。只要特征可以量化,一般可用直方图表示图像,如颜色直方图。从概率看,颜色直方图表达了 RGB 各通道的互概率,可用直方图交叉法测量颜色直方图的相似性(周焰,2003)。在火车车轮图像中,火车车轮标准、摄像机位置固定、车轮位置在垂直方向一致,可以排除其他因素,仅计算图像中间区域的直方图{ $h(i)$,$i=0$,1,2,$\cdots$,$k–1$},$k$ 为灰度等级数(图 9.3)。

 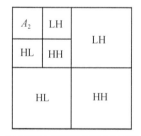

(a) 图像分割方案　　　　　(b) 两层小波变换后的7个子带

图 9.3　图像分割方案和两层小波变换后的 7 个子带

假设存在任意的图像 $Q$ 和图像 $I$,直方图分别是 $h_Q(i)$,$h_I(i)$,用直方图交叉法计算 $Q$ 与 $I$ 之间的直方图相似性:

$$S_1(Q,I) = \sum_{i=0}^{k-1} \min(h_Q(i), h_I(i)) / \min\left(\sum_{i=0}^{k-1} h_Q(i), \sum_{i=0}^{k-1} h_I(i)\right) \tag{9.1}$$

式中,$S_1(Q,I) \in [0,1]$,越接近 1,表示 $Q$ 与 $I$ 的直方图越相似。基于 $S_1(Q,I)$,可以把含完整车轮的图像,从含局部车轮或没有车轮的图像中区分开。但是,有些完整车轮的图像模糊,它们的直方图特征与清晰图像相似,很难基于直方图特征区分二者。例如,

图 9.4（a）、（d）的直方图相似度大约是 90%，但图 9.4（a）在事实上不应被提取。如果从灰度匹配角度计算待判别图像和标准图像的灰度相关性，那么大约只有 5%～10% 的检出图像正确。

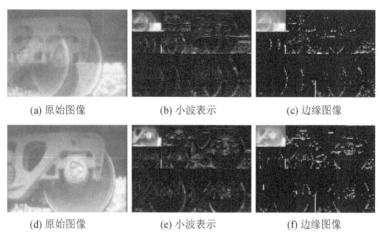

(a) 原始图像　　　　　　　(b) 小波表示　　　　　　　(c) 边缘图像

(d) 原始图像　　　　　　　(e) 小波表示　　　　　　　(f) 边缘图像

图 9.4　车轮图像的小波多尺度边缘提取

　　图像由于传感器视野、工作环境、天气、光照等改变，可能造成同一地区、同一类地面目标在亮度上产生很大变化，导致图像间直方图的较大差别，通常意义上的颜色相似性计算，常常事与愿违，得不到正确的结果，可是人类眼睛可以看出是相同的目标。例如，根据直方图交叉方法，图 9.5 中图像（a）和（b）之间的相似性，根据图 9.6 中直方图（a）和（b）之间的关系计算，相似度按照 L1 距离法为 0.384，按照欧氏距离为 0.39，这与预想的结论相反。图 9.7 对比了标准图像 [图 9.7（a）]、含模糊车轮的图像 [图 9.7（b）] 与含清晰车轮的图像 [图 9.7（c）]，如果基于直方图交叉的方法，或者按照两个图像之间的相关性指标，那么图 9.7（a）、（b）的相似性竟然也很高，如图 9.8 所示，这显然不符合实际情况。因为在计算两幅整幅图像之间的相关性时，指标只考虑整体灰度分布，而不考虑图像结构性差异，在反映图像相似性方面有缺陷。实际上，从图 9.6 中直方图（a）和（b）可以看出结构的相似性。虽然图 9.7（b）、（c）之间的直方图相似性大约是 90%，但是边缘特征的差别更大。为了克服上述缺陷，可以进一步提取边缘等新特征 [图 9.6（c）]。

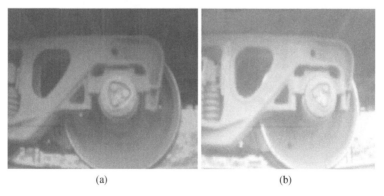

(a)　　　　　　　　　　　　　　(b)

图 9.5　相同目标的不同亮度的图像

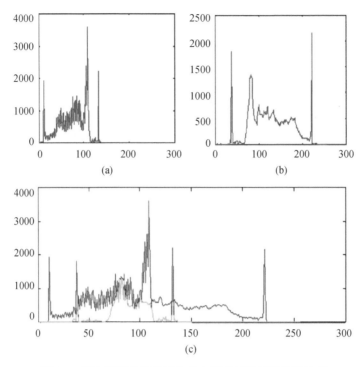

图 9.6　两个不同亮度的图像直方图及其相似性比较特征

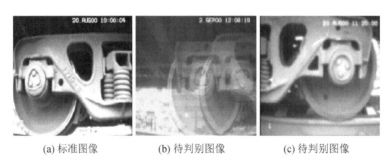

(a) 标准图像　　　　(b) 待判别图像　　　　(c) 待判别图像

图 9.7　标准图像及待判别图像

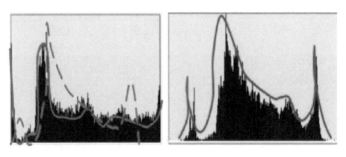

图 9.8　标准图像的与待判别图像的直方图

### 9.2.3　基于小波变换的边缘特征提取

边缘特征的提取方法有很多,常用的高斯函数只有一个尺度,无法同时表达图像中的小边缘结构与大轮廓。基于小波变换,计算小波系数的均值和方差,以及水平、垂直和对角线方向的边缘点数,在不同尺度上提取边缘特征和其他相关特征,可反映图像的全局特征。

图像的边缘点像素在细节信号（LH，HL 和 HH）中有较高的模（图 9.3（b）），小波系数有较大的正值或负值。令 Image($i$, $j$)为图像的一个像素（$1 \leqslant i \leqslant m$，$1 \leqslant j \leqslant n$），对应 LH、HL 和 HH 的小波系数分别是 $W_{LH}(i, j)$，$W_{HL}(i, j)$和 $W_{HH}(i, j)$，其绝对值的最大值为

$$\max_{LH} = \max\{|W_{LH}(i,j)|\}$$
$$\max_{HL} = \max\{|W_{HL}(i,j)|\}$$
$$\max_{HH} = \max\{||W_{HH}(i,j)|\}$$

如果 $W_{LH}(i,j)|\geqslant \lambda \cdot \max_{LH}$,$|W_{HL}(i,j)|\geqslant \lambda \cdot \max_{HL}$,$|W_{HH}(i,j)|\geqslant \lambda \cdot \max_{HH}$，那么把 Image（$i$, $j$）分别看作一个水平方向、垂直方向或对角线方向的边缘像素，$\lambda$依经验定义，一般取为 0.25。原始图像（图 9.4（a）、（d））基于小波变换系数的特征如表 9.1、表 9.2。经过两层小波变换后，分别表示为图 9.4（b）、（e），显示小波分解后的七个子带。图 9.4（c）、（f）分别为六个细节子带中的边缘像素，每个子带的特征向量是（均值，方差，边缘像素数），六个子带共有由小波系数产生的 18（6×3）个特征，记为 $f$=（$f_1$, $f_2$, ⋯, $f_{18}$）。因为边缘像素点依赖 $m_{LH}$，$m_{HL}$ 和 $m_{HH}$，所以使用中值滤波方法对原图像滤波，以清除图像中随机噪声产生的奇异像素的影响。

假设 $f$=（$f_1$, $f_2$, ⋯, $f_{18}$）对应权向量 $W$=（$w_1$, $w_2$, ⋯, $w_{18}$），$f_i^Q$、$f_i^Q$ 分别是图像 $Q$、$I$ 的第 $i$ 个小波特征，为了反映不同特征对 $Q$ 与 $I$ 关于 $f_i$ 的相似性的不同影响，定义小波特征的相似度：

$$S_2(Q,I) = \sum_{i=1}^{18} s_i(Q,I) \cdot w_i = \sum_{i=1}^{18} \frac{\min(f_i^Q, f_i^I)}{\max(f_i^Q, f_i^I)} \cdot w_i$$
$$\sum_{i=1}^{18} w_i = 1, \quad w_i \geqslant 0 \quad (i = 1, \cdots, 18)$$

$S_2(Q, I) \in [0, 1]$，越接近 1，表示图像 $Q$ 与 $I$ 越相似。

表 9.1　图 9.4（a）的图像特征及值

| 子带 | 边缘像素数 | 均值 | 方差 |
| --- | --- | --- | --- |
| LH$_2$ | 70 | −2.95 | 15.82 |
| HL$_2$ | 37 | 1.97 | 215.67 |
| HH$_2$ | 117 | 0.057 | 5.82 |
| LH$_1$ | 117 | −0.72 | 5.92 |
| HL$_1$ | 52 | 0.249 | 7.657 |
| HH$_1$ | 49 | 0.024 | 2.168 |

表 9.2　图 9.4（d）的图像特征及值

| 子带 | 边缘像素数 | 均值 | 方差 |
| --- | --- | --- | --- |
| LH$_2$ | 87 | −15.20 | 26.74 |
| HL$_2$ | 33 | 2.05 | 29.23 |
| HH$_2$ | 84 | −0.161 | 8.09 |
| LH$_1$ | 223 | −0.88 | 7.26 |
| HL$_1$ | 77 | 0.270 | 9.73 |
| HH$_1$ | 43 | 0.006 | 2.69 |

小波特征的提取，考虑计算的速度，常用二进小波变换。为了使形状的小波描述具有平移、旋转以及缩放等变换不变性，首先规范化轮廓曲线 $c=\{(x_i, y_i, i=1, 2, \cdots, P)\}$。

平移：$x_i' = x_i - \overline{x}$，$y_i' = y_i - \overline{y}$

旋转：$[x_i'' \; y_i''] = [x_i' \; y_i'] \cdot \begin{bmatrix} \cos\theta & \sin\theta \\ -\sin\theta & \cos\theta \end{bmatrix}$

缩放：$[x_i''', y_i'''] = \dfrac{[x_i'', y_i'']}{\max((\max_i(x_i'') - \min_i(x_i'')), (\max_i(y_i'') - \min_i(y_i'')))}$

其中，$\theta$ 为主轴与水平轴的夹角；$P$ 为轮廓点数；$[x_i'', y_i'']$ 为规范化后的轮廓点，在不引起歧义时，可仍用 $[x_i, y_i]$ 表示。

一个平面、连续、封闭的曲线可用其弧长 $t$ 的参数表示为：$c(t)=\{x(t), y(t), t\in[0, 1]\}$。因为 $x(t)$ 和 $y(t)$ 都是 $t$ 的单值函数，所以可作小波变换。通过比较 $x(t)$ 和 $y(t)$ 两个分量，判断轮廓之间的相似性，把二维平面内曲线轮廓的相似性转化为比较一维单值曲线函数的相似性。用 $f(t)$ 代表 $x(t)$ 或 $y(t)$，用 $f(t)$ 的小波变换系数表达形状特征。采用二进小波变换，如果轮廓边界点的个数不为 2 的倍数，就要在不影响轮廓形状的前提下，在现有轮廓点之间均匀插入额外点，直至满足条件。需插值的点数为 $R = 2^{[\log_2 P]} - P$，插入间隔为 $[P/R]$，即在 $P$ 个轮廓点序列中每隔 $[P/R]$ 个点插入一个新点使

$$c(t)=\{x(t)+ x(t+1)/2, \; y(t)+ y(t+1)/2, \; t\in[0, 1]\}$$

序列点数变成 $n=P+R$，却没有增加形状的新信息。用 $r$（$r=$提取的正确图像数 / 提取的图像总数）评价算法的提取效率，$r\in[0, 1]$，$r$ 越大，表示提取效率越高。

实验表明，用小波变换和基于直方图重叠的图像比较算法相结合，能够有效地剔除运动模糊的图像，但对图像的结构性描述不足，致使挑选出来的结果图像的数量远远超出应有的范围，假如 1000 幅图像中有 30 幅是有用的，用这种方法却能挑选出上百幅甚至几百幅图像。虽然有用的图像都包含其中，但是这种方法实际并不实用。

### 9.2.4 基于变差函数的图像检索

变差函数本质是一个滑动平均统计量，模板窗口的尺寸随步长改变，有一定鲁棒性（图 9.9）。一般地，模板窗口被定义为由 $m$ 行和 $n$ 列像素组成的一个二维数组，行数和列数可以不等，但取值有限制。常用的空间滤波算子（如 Sobel、Kirch 算子）中，取 $m=n$ 的正方形窗口，事先确定窗口大小及其权值。可是，窗口大小并不总是可以事先确定，图像分析者的理解有时随意（Carstleman，1996）。此处，根据图像本身确定模板窗口的大小，用本征随机过程在图像处理中自适应调节。

实际上，确定窗口的大小就是确定窗口范围内的数据相关性。可以用变差函数的变程，根据图像确定上述问题中图像块的大小。在物理上，某一方向变差函数的变程代表数据相关性的范围：在变程之内的数据有空间相关性，且随变程的增大而减弱；超过变程的数据相关性消失。据此，变程可作为确定窗口大小的工具（Franklin et al.，1996），即根据地表的实际情况确定遥感图像处理中的窗口大小。根据 Markov 过程和本征随机过程，可以合理地假设本征随机过程对遥感图像也适用，并由水平和垂直方向上的变程

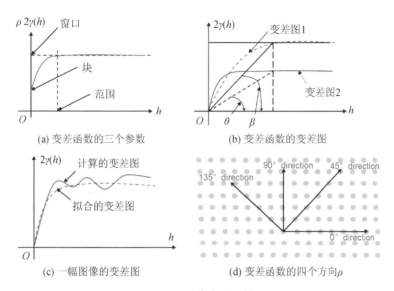

(a) 变差函数的三个参数    (b) 变差函数的变差图

(c) 一幅图像的变差图    (d) 变差函数的四个方向ρ

图 9.9    图像变差函数

确定窗口的大小，即以像素为单位，通过计算水平方向、垂直方向的变差函数，分别确定水平方向、垂直方向的变程 $m$、$n$，以 $m×n$ 为所求窗口的大小。

如果两幅图像完全相同，那么变差函数在哪个方向上都相同；否则在同一方向的两个变差图形态也不同。这种不同，反映两幅图像的结构差异，是定义相似性系数的基础。计算变差函数、变程、基台值等参数，常用基于最小二乘准则的曲线拟合（Cressie，1991）。

假设图像的变差函数如图 9.9 中所示，若两幅图像（待判别图像和标准图像）之间的结构性差异越大，则角 $\theta$ 与角 $\beta$ 之间的差异也越大。

定义一个量纲为 1 的系数 $\rho^* = \dfrac{\tan\theta}{\tan\beta}$，$\rho^*$ 越偏离 1，两幅图像差异越大；$\rho^*$ 越接近 1，两幅图像越相似；当 $\rho^* = 1$ 时，两幅图像完全相同。

进一步地，构造一个反映图像结构性差异的相似性系数：$\rho = 1 - |\rho^* - 1|$。$\rho$ 对空间结构的差异反应敏感，不要求两幅图像有相同大小，没有成像光照条件的特别要求，算法最高复杂度是 $O(N^2)$，而 Di 和 Starovoitov（1999）的四种相似性距离都要求两幅图像的大小相同，算法复杂度高。

如果在几个方向上计算两幅图像的变差函数及对应 $\rho$ 值（图 9.9），给定不同阈值（如 $0.7 \leqslant \rho \leqslant 1.0$），就可以确定两幅图像的相似程度。例如，图 9.7（a）为标准图像，图 9.7（b）、（c）为待判别图像。图 9.7（a）、（b）在四个方向上的 $\rho$ 分别为

$$\rho_{0°} = 0.021, \quad \rho_{45°} = 0.016, \quad \rho_{90°} = 0.056, \quad \rho_{135°} = 0.102$$

表明这两幅图像之间的相似性很小，图 9.7（b）不能作为标准图像的相似图像被检索出来。图 9.7（a）、（c）在四个方向上的 $\rho$ 分别为

$$\rho_{0°} = 0.917, \quad \rho_{45°} = 0.973, \quad \rho_{90°} = 0.927, \quad \rho_{135°} = 0.906$$

表明这两幅图像之间的相似性很大，图 9.7（b）能作为标准图像的相似图像被检索出来。可见，变差函数算法有效地解决了直方图交叉比较、小波变换的问题。

在挑选图像时，称可用图像和挑选出的图像之比为“检出率”。在评价算法有效性时，要看有用图像是否全在挑选出的图像中，以及检出率。利用本算法检测不同成像条

件下获得的火车车轮图像，可以挑选出全部有用的图像，且检出率稳定在 90% 左右（车轮和连接处的检出率均稳定在 90%），这对于一列火车的图像能在 1 分钟内完成，满足了实际生产的要求（周焰，2003）。图 9.10 的图像来自一列火车的头 200 幅图像，设相似度阈值为 0.7，每幅图像上的数字表示该图像与标准图像的相似度。可见该方法有效地提取了需要的图像。但是，参数的选取仍然靠经验，为了进一步扩大算法的使用范围，需要自动选择。可行的方法，是在图像检索系统中利用用户对检索结果的反馈，动态地修正参数，为不同领域设定不同的值。

图 9.10　图像检索

在实际应用中，为了保证所有的车轮图像都能入选，可以把相似度阈值适当定小，却可能增加挑选出的图像总数，这是基于内容检索方法的固有缺点。但是，这类方法计算速度快，而且在系统中由人作最后判决，因此可以允许一部分质量差的图像出现。目前，该系统已经成功地应用在实际系统中（图 9.11）。

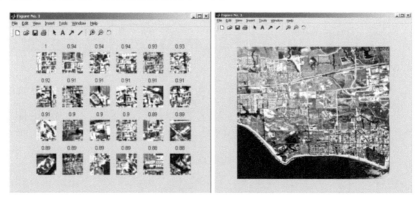

图 9.11　实际系统应用

# 9.3　遥感图像深度检索

遥感图像智能检索是融合大数据、人工智能、云计算等先进技术于一体的综合性方法，需解决针对多源遥感图像内容及目标特征的准确提取、大数据内容索引、在线语义分析与理解等诸多难题。其中，一个关键因素是遥感图像内容的特征提取方法。以深度学习为代表的新一代人工智能方法，极大推进了遥感图像内容特征提取的研究。

### 9.3.1 基于深度学习的遥感图像内容特征提取

根据已有遥感图像，训练深度卷积神经网络模型，提取内容特征，典型的模型训练和特征提取方案如下。

（1）基于已训练模型的方法。直接使用已训练的深度卷积神经网络模型，提取遥感图像深度特征。训练深度卷积神经网络模型的超大规模图像数据集（如 ImageNet 等超大规模图像集），图像规模大、类别多、内容复杂，据此训练的图像具备很好的图像分类表达和内容特征提取能力。在用于遥感图像内容特征提取时，执行简单，节省成本，特别适合训练数据不足的情况。可是，已有网络模型为特定任务建立，其训练数据集在内容上可能与预期目标任务中的遥感图像存在区别，造成原模型描述的深度特征对遥感图像不适用的问题。迁移学习提供了一种解决方案。

（2）基于迁移学习的方法。深度学习的多数任务，都假设训练和推断时采用的数据服从相同分布、源自相同的特征空间，可是在实际应用中很难成立，常遇到问题，如带标记的训练样本有限、数据分布发生变化等。为了解决问题，迁移学习从一个或多个源任务中抽取知识和经验，然后用于一个新的目标领域，即把一个领域中的知识迁移到新领域，不需花费大量的时间收集和处理新领域的数据。根据这种迁移学习后模型提取图像深度特征，也称为基于微调模型的特征提取。

迁移学习根据检索的图像数据集，微调已基于超大规模图像数据集训练得到的深度卷积神经网络模型，再提取图像深度特征。在利用深度卷积神经网络进行遥感图像特征提取时，直观做法是，利用遥感图像分类数据集对已有的深度卷积神经网络模型重新训练，调整其中各层的参数，使得重新训练后的模型在遥感图像检索中取得更高的精度。同时，已训练的模型在原有数据集和任务上取得良好效果，为了保持其强泛化能力，在基于新的遥感图像集训练模型时，应该有效利用已训练模型的部分参数。一般地，只需要根据新的数据集调整最后一个或两个全连接层的权重，对已训练模型迁移学习。采用这种方法训练深度卷积神经网络模型，收敛速度快，适于遥感图像集不充足的情况，图 9.12 是利用遥感图像通过迁移学习训练深度卷积神经网络模型的能量函数和分类错误率。

（3）基于重训练模型的方法。即根据检索的图像数据集，完全重新训练深度卷积神经网络模型，再基于训练的模型提取图像深度特征。虽然基于已训练模型和基于迁移学习的方法能够有效进行遥感图像内容特征提取，然而这两种方法采用的模型本身是基于其他任务或目标而建立，携带的固有任务属性或模型特征，可能影响遥感图像内容特征的提取。为了有效避免这类问题，基于原生遥感图像集和目标任务训练深度卷积神经网络模型，所学模型能够较好的提取遥感图像内容特征，适用于遥感图像比较充足的情况，但较前面两种方法收敛速度更慢，训练时间更长。

因此，将深度卷积神经网络用于提取复杂的遥感图像内容特征，学习的特征比传统特征有更强的表达能力，训练的网络模型的泛化能力更强，适用于大规模遥感图像检索。

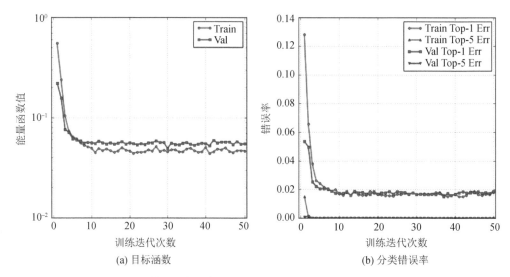

(a) 目标涵数             (b) 分类错误率

图 9.12 利用遥感图像进行迁移学习的能量函数和分类错误率

### 9.3.2 大规模遥感图像内容索引方法

随着海量数字图像的发展，基于内容的图像检索关键在于构建索引结构和设计检索算法，目前的索引方法主要分三类：树形结构索引、基于词袋模型的倒排索引和哈希索引。

**1. 树形结构索引**

按照构建索引的数据信息和相似度度量方法，分为向量空间索引结构和度量空间索引结构两类，前者用欧几里得距离度量对象之间的相似度，如 R 树、KD 树、四叉树等；后者用非欧几里得距离度量对象之间的相似度，如 BK 树、VP 树、BS 树等。

**2. 基于词袋模型的倒排索引**

倒排索引由一系列的键-值对组成，键是索引查询的关键词（包括文档集合中出现的所有关键词），值是含该关键词的文档集合信息。

词袋模型（bag of feature，BOF）基于视觉单词引入倒排索引并用于图像检索。首先提取图像局部描述符，然后根据事先训练好的视觉词汇，将局部描述符量化到相应的视觉单词，形成一个表示图像的高维向量。倒排索引文件对图像描述符构建索引，索引文件的每个倒排列表对应一个视觉单词，倒排列表中每个节点存储的信息是图像和该视觉单词在图像中发生的次数。图像描述符之间的相似度通常用欧几里得距离或者角度距离衡量，在计算图像描述符后，需检索所有在该图像中发生的视觉单词对应的索引列表。

**3. 哈希索引**

哈希算法是高维特征向量索引法（Indyk and Motwani，1998），相比诸如 KD 树等基于树的数据结构，克服了特征维数过高的问题，能够减少索引过程中的时间复杂度，多用于文本、图像和多媒体的相似性检索。

常用的哈希索引方法是局部敏感哈希（local sensitive Hashing，LSH）算法，将两点 $p$ 与 $q$ 冲突的可能性与其距离相关联，两点距离越近，冲突可能性越大；两点距离越远，冲突可能性越小。LSH 算法在高维空间中性能优异，实现的关键是选择高效的局部敏感哈希函数，使得对原始特征数据进行哈希后，在原始空间中有更相似的特征向量，对应哈希结果的二进制编码之间的海明距离更小。常见的 LSH 算法有随机超平面散列法、密度敏感哈希、谱哈希等。此处，拓展 LSH 算法，提出一种动态阈值哈希索引方法，为海量图像的相似性度量和快速检索提供思路，并将其应用于大规模遥感图像内容检索，减少图像检索所需的时间。

（1）基于随机位采样的 LSH（random bits sampling LSH），是最原始的 LSH 算法（Indyk and Motwani，1998）。从哈希函数簇中随机独立均匀的选择 $k$ 个 $h_i(\cdot)$ 组成函数 $g(\cdot)=(h_1(\cdot)$，$h_2(\cdot)$，$\cdots$，$h_k(\cdot))$，通过哈希函数 $g(\cdot)$ 将空间所有点映射到一个具有多个桶的哈希表 $T(\cdot)$ 中。选出 $L$ 个哈希函数 $g_1(\cdot)$，$g_2(\cdot)$，$\cdots$，$g_L(\cdot)$，分别使用每个 $g(\cdot)$ 函数将所有数据都投影到 $L$ 个哈希表中；对给定的值分别计算 $g_1(q)$，$g_2(q)$，$\cdots$，$g_L(q)$。以所有落入哈希表 $T_i(\cdot)$ 中的桶 $g_i(q)$ 中的点作为查询候选集，计算该候选集中的点与 $q$ 之间的距离，距离最近的 $K$ 个点即为 $q$ 的 KNN。

（2）基于 $P$ 稳定分布的 LSH。

基于 $P$ 稳定分布的 LSH（$P$-stable LSH），是改进原始 LSH 将原始空间嵌入海明空间的方法，在欧几里得空间进行 LSH 运算，利用 $P$ 稳定分布特性使哈希函数簇保持局部敏感，哈希函数簇形式为

$$h_{a,b}(v)=\left[\frac{a\cdot v+b}{w}\right]$$

其中，向量 $a$ 的每一维来自标准正态分布 $N(0，1)$；$b$ 是使用分布范围在 $[0，w]$ 的均匀分布产生的一个随机数；$w$ 为宽度值。根据不同的 $a$ 和 $b$，建立不同的哈希函数进行索引。

（3）基于随机超平面的 LSH（random hyperplane LSH），是基于三角余弦距离的局部敏感哈希方法，夹角越小，两向量越相似。一个随机超平面将原始空间划分为两个不同的子空间，每个数据被投影后落入超平面的一个子空间。原始空间经过多个随机的超平面划分为多个子空间，而位于每个子空间内的数据很大可能是相邻的，即原始数据之间的余弦距离很小。

（4）迭代量化哈希（iterative quantization Hash，ITQ），先把原始空间的数据集 $X\in R^{n\times d}$ 用 PCA 降维处理为 $V\in R^{n\times c}$（$c<d$），然后把问题转化为将该数据集中的数据点，映射到一个二进制超立方体的顶点，使对应的投影量化误差最小，不同数据点二进制编码不相关，得到对应这个数据集的二进制编码，哈希函数为

$$I(W)=\sum_k E(\|xw_k\|_2^2)$$

式中，$W^TW=I$，$W\in R^{d\times c}$ 是超平面系数，由 $k$ 个列向量 $w_i$（$i=0，1，\cdots，k-1$）组成，由此获得目标函数：$B=\mathrm{sgn}(XW)$，$B\in(-1,1)^{n\times c}$ 为原始数据集二进制编码目标矩阵。

为了使用 LSH 算法，武汉大学测绘遥感信息工程国家重点实验室研制了开源 LSHBOX 工程（https://github.com/RSIA-LIESMARS-WHU/LSHBOX），并基于 GitHub 代理维护。LSHBOX 是一个基于 C++语言实现的开源 LSH 算法库，集成了多种当前常

用的局部敏感哈希算法，上述 LSH 算法也包含其中。此外，考虑到不同领域用户背景，LSHBOX 中算法同时提供跨平台的 MATLAB 和 Python 接口。

4. 遥感图像智能检索功能

1）遥感图像场景检索

遥感图像场景检索是根据图像的具体场景内容（如机场）进行各种特征检索。例如，用文字搜索机场，在系统中进行文字到图像的语义转换，在图像库中搜索获得机场图像并标示出机场范围（图 9.13）。

图 9.13 遥感图像场景检索

2）遥感图像目标检测

目标检测与自动识别在计算机视觉中主要是确定视野中是否存在某种目标，如果存在该目标，还需要给出一个合理的解释，如判断出目标的类型，并给出该目标的位置。对于遥感图像，这种目标识别的一般是油库、船舶和飞机等地物。遥感图像复杂多变，常增加地物目标识别的难度。

根据地物或目标类型进行搜索。根据要搜索的地物类型，通过文字输入如油罐区、停车场、田径场等搜索并定位到图像上出现该地物或目标的地点。

例如：用文字搜索飞机，在图像库中搜索获得具有飞机的图像范围 [图 9.14（a）]。用文字搜索上海市的油罐区，搜索获得上海市内连片的油罐区 [图 9.14（b）]。

3）遥感图像语义检索

语义检索可理解为"让机器或软件理解人类语言，更好地为人类服务"。语义检索的核心是基于用户的检索。它需要理解用户的检索行为和动机，在原有关键词的基础之上，根据用户情景分析其检索意图，从而选择最适合用户的信息作为检索结果。这种检索方法的目标是最大限度地减小图像简单视觉特征与丰富的语义之间的语义鸿沟。在原有检索系统中加入高级语义到低层特征的转化，可以在不改变现有的图像特征库和匹配方式的情况下，实现基于语义的遥感图像检索（Long et al.，2017）。

(a) 用文字搜索飞机　　　　　　　　(b) 用文字搜索上海市的油罐区

图 9.14　遥感图像目标检索

　　多种地物类型和约束下的复合搜索。联合多种地物类型，进行距离和方位相关的图像搜索。例如，搜索水面附近的油罐区，获得靠近河流湖泊的油罐区［图 9.15（a）］。

　　距离约束下的地物类型搜索。指搜索距给定地名某一距离范围内的地物。例如，用文字搜索武汉大学信息学部南门 2km 范围内的田径场，获得武汉大学信息学部南门 2km 范围内的所有田径场［图 9.15（b）］。

(a) 搜索水面附近的油罐区　　　　　　(b) 搜索武汉大学给定范围内的田径场

图 9.15　遥感图像语义检索

# 第 10 章 遥感图像分类

遥感图像分类是空间数据挖掘的主要内容，同谱异物、同物异谱等不确定性为其难点。本章基于归纳学习和贝叶斯方法、云模型、粗神经网络研究遥感图像分类方法，利用地学粗空间描述图像、分类图像和提取专题，取得了预期成效。

## 10.1 基于归纳学习和贝叶斯方法的图像分类

遥感图像分类常用以贝叶斯分类法为代表的统计方法。贝叶斯分类法在各类光谱数据满足统计正态假设时，能从一般多光谱图像中区分水体、居民地、绿地等大类。如果进一步把水域细分为河流、湖泊、水库和坑塘，绿地细分为菜地、果园、林地、草地，就可能出现同谱异物、同物异谱的问题（Christopher et al.，2000）。

归纳学习（inductive learning）从个别到一般、从部分到整体推理，分为有监督学习和无监督学习，常用的有面向属性的归纳和决策树等。这里主要结合归纳学习和贝叶斯分类，从遥感图像中抽取一般的分类判定规则（图 10.1）。

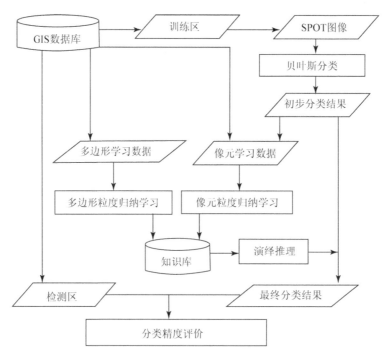

图 10.1 基于归纳学习和贝叶斯分类的遥感图像分类流程

从图 10.1 中可看出，学习粒度分别细分绿地为像素、水域为多边形：像素粒度先用贝叶斯分类初始分类，保留分类像素属于各个类别的概率值，再用概率值和位置、高程等构成归纳学习的属性；多边形粒度不利用像素的光谱信息，而直接从 GIS 数据库中学习生成规则（Huang and Jensen，1997），贝叶斯分类与之并行，取概率值最大的类别为结果类别，分类结果经过栅矢转换生成均值区多边形，用归纳学习的规则推理，将同类的多边形细分类。通过集成 GIS 数据与遥感图像，从空间数据库发现知识用于图像分类，在空间对象和像素两种粒度上实施空间数据归纳学习，以贝叶斯初步分类得到的类别概率值作为学习属性，将归纳学习与贝叶斯分类法相结合。在此过程中，GIS 数据库自始至终都作用于图像分类，如从 GIS 数据库生成贝叶斯分类的训练区、生成两种粒度归纳学习的样本数据、产生检测区评价图像分类结果的精度，为图像精纠正时提供控制点。应用知识是一个根据规则演绎推理的过程，所需的属性和数据格式与学习时相同，只是没有类别属性。利用 C5.0 算法得到的结果为一组规则和一个缺省类别，每一条规则附有一个 0 到 1 之间的置信度值。在演绎推理中采用策略：①若仅激活一条规则，则取规则的输出类别为结果类别；②若同时激活多条规则，则取置信度（总和）高的类别为结果类别；③若同时激活多条规则，且类别的置信度（总和）相同，则取学习时覆盖样本多的规则的输出为结果类别；④若没有规则被激活，则取缺省类别为结果类别。

试验取北京地区 SPOT 多光谱图像，原始图像是 2412×2399 像素、三波段，经过拉伸和精纠正为 2834×2824 像素。所用 GIS 数据库为 1996 年以前的北京地区 1∶10 万土地利用数据库，GIS 软件为 ArcView，遥感图像处理软件为 ENVI，归纳学习软件为基于 C5.0 算法的 See5 1.10。

为了对比，先单独用贝叶斯分类法分类，把精纠正过的 SPOT 图像调入 GIS 系统中与 GIS 图层叠加显示，人机交互地选取代表性的训练区和检测区，保证训练区和检测区之间有一些公用区域。将图像分成水体、灌溉水田、水浇地、旱地、菜地、果园、林地、居民地等八类，图 10.2 为抽样显示的分类结果，分类的混淆矩阵如表 10.1 所示。可见，

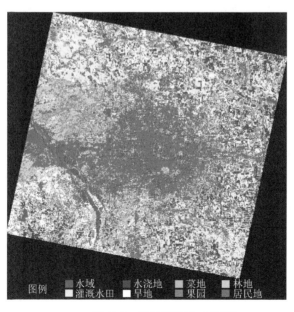

图 10.2　贝叶斯分类（抽样）

表 10.1　贝叶斯分类混淆矩阵

| 分类类别 | 实际类别 | | | | | | | | |
|---|---|---|---|---|---|---|---|---|---|
| | 水域 | 灌溉水田 | 水浇地 | 旱地 | 菜地 | 果园 | 林地 | 居民地 | 总和 |
| 水域 | 3.900 | 0.003 | 0.020 | 0.013 | 0.002 | 0.021 | 2.303 | 0.535 | 6.797 |
| 灌溉水田 | 0.004 | 8.496 | 0.087 | 0.151 | 0.141 | 0.140 | 0.103 | 0.712 | 9.835 |
| 水浇地 | 0.003 | 0.016 | 10.423 | 0.026 | 0.012 | 0.076 | 0.013 | 0.623 | 11.192 |
| 旱地 | 0.063 | 0.48 | 0.172 | 1.709 | 0.361 | 2.226 | 2.292 | 1.080 | 8.384 |
| 菜地 | 0.001 | 0.087 | 0.002 | 0.114 | 3.974 | 0.634 | 0.435 | 0.219 | 5.465 |
| 果园 | 0.010 | 0.009 | 0.002 | 0.325 | 0.263 | 4.422 | 4.571 | 0.065 | 9.666 |
| 林地 | 0.214 | 0.006 | 0.000 | 0.271 | 0.045 | 1.354 | 15.671 | 0.642 | 18.202 |
| 居民地 | 0.132 | 0.039 | 0.127 | 0.080 | 0.049 | 0.168 | 0.839 | 29.024 | 30.459 |
| 总和 | 4.328 | 9.135 | 10.834 | 2.689 | 4.846 | 9.041 | 26.227 | 32.901 | 100 |
| 精度 | 90.113% | 93.010% | 96.204% | 63.580% | 81.994% | 48.913% | 59.754% | 88.217% | — |

总精度=77.6199%　　Kappa 系数= 0.7474

水域、灌溉水田、水浇地、居民地、菜地分类精度较高，菜地呈亮绿色，与其他绿地区分较好，而旱地、果园、林地均呈暗绿色，光谱差异小，相互错分严重，分类精度低。另外，林地中的部分阴影错分成水域。

针对贝叶斯分类结果的分析，可把归纳学习用于两方面：一是细分水域并区分阴影；二是提高旱地、果园和林地的分类精度。前者采用多边形粒度的学习，后者采用像素粒度的学习。因为细分水域需要形态特征和分布规律，细分绿地同时需要分布规律和不同绿地间微弱的光谱差异。选用的 GIS 图层为土地利用层和等高线层，由于等高线和高程点很稀少，无法插值成 DEM，而把等高线层处理成高程带多边形层，分为<50m、50~100m、100~200m、200~500m、>500m 等高程带。

首先进行水域的学习，选取的属性有面积 area、地理位置 Xcoord 和 Ycoord（几何中心位置）、密集度（周长^2/（4π 面积））compactness、所处高程带 height。在此，将高程带 200~500m 和>500m 合并为>200m，类别属性值为河流 71、湖泊 72、水库 73、坑塘 74 和阴影 99。用 604 个多边形进行学习，得到 10 条产生式规则（表 10.2），学习精度为 98.8%。这些规则描述了空间分布规律、几何特征规律等。例如，从规则 1 可以

表 10.2　归纳学习得到的水域细分规则

| 序号 | 规则内容 |
|---|---|
| 规则 1 | （Cover 19）Compactness > 7.190882，height=lt50 ⇒class 71（0.952） |
| 规则 2 | （Cover 5）453423.5 < Xcoord ≤ 455898.7，442896 < Ycoord ≤ 453423.5，2.409397 < Compactness≤ 7.190882 ⇒class 72（0.857） |
| 规则 3 | （Cover 33）Xcoord≤455898.7，4414676 < Ycoord≤4428958，2.409397 < Compactness≤7.190882，height=lt50 ⇒class 72（0.771） |
| 规则 4 | （Cover 4）Area>500000，height=50_100 ⇒class 73（0.667） |
| 规则 5 | （Cover 144）Ycoord<4414676，Compactness≤7.190882，height=lt50 ⇒class 74（0.993） |
| 规则 6 | （Cover 213）Ycoord<4428958，Compactness≤7.190882，height=lt50，⇒class 74（0.986） |
| 规则 7 | （Cover 281）Xcoord>451894.7，Compactness≤7.190882 ⇒class 74（0.975） |

续表

| 序号 | 规则内容 |
|---|---|
| 规则 8 | （Cover 38）Area>500000，height=50_100 ⇒class 74（0.950） |
| 规则 9 | （Cover 85）height=gt200 ⇒class 99（0.989） |
| 规则 10 | （Cover 7）height=gt200 ⇒class 99（0.778） |

Default class：74

Evaluation（604 cases）：Errors 7（1.2%）

看出，密集度属性对识别河流起了关键作用；规则 2 用位置和密集度识别湖泊；规则 9、10 用高程识别阴影等。应用这些规则识别阴影并对水域细分，仅识别阴影一项，就将林地的分类精度提高到 68%，同时减少了水域的误差。

对旱地、果园、林地的学习采用像素粒度，选取的属性有图像坐标、高程带、属于旱地的概率、属于果园的概率、属于林地的概率等，输出为三个类别。从大量样本中随机选取 1%（2909 个）学习，得到 63 条规则，学习精度为 97.9%，另外随机地选取 1% 样本进行检测，检测精度为 94.4%。由于篇幅限制，这些规则不再列出。因为类别概率值由像素的光谱值和光谱统计参数计算而来，这样就同时利用了像素的光谱信息、类别的光谱统计信息。

将两种粒度学习得到的规则处理贝叶斯初步的分类结果，得到最终的分类结果。由于贝叶斯分类无法细分水域，为了便于与单独的贝叶斯分类结果对照比较，水域细分规则仅用于区分阴影，得到的分类结果图像见图 10.3（抽样显示）。用与贝叶斯分类同样的检测区检测精度，混淆矩阵和精度指标见表 10.3。

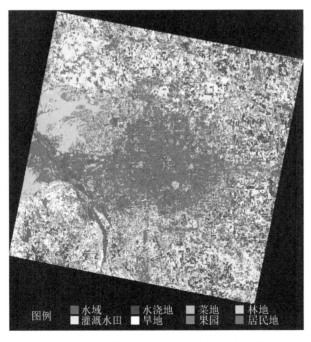

图 10.3　归纳学习与贝叶斯方法结合（抽样）

·215·

表 10.3　归纳学习与贝叶斯分类相结合分类的混淆矩阵

| 分类类别 | 实际类别 | | | | | | | | |
|---|---|---|---|---|---|---|---|---|---|
| | 水域 | 灌溉水田 | 水浇地 | 旱地 | 菜地 | 果园 | 林地 | 居民地 | 总和 |
| 水域 | 3.900 | 0.003 | 0.020 | 0.012 | 0.002 | 0.019 | 0.139 | 0.535 | 4.631 |
| 灌溉水田 | 0.004 | 8.496 | 0.087 | 0.151 | 0.141 | 0.14 | 0.103 | 0.712 | 9.835 |
| 水浇地 | 0.003 | 0.016 | 10.423 | 0.026 | 0.012 | 0.076 | 0.013 | 0.623 | 11.192 |
| 旱地 | 0.063 | 0.480 | 0.172 | 1.877 | 0.361 | 0.205 | 0.149 | 1.080 | 4.386 |
| 菜地 | 0.001 | 0.087 | 0.002 | 0.114 | 3.974 | 0.634 | 0.435 | 0.219 | 5.465 |
| 果园 | 0.009 | 0.009 | 0.002 | 0.210 | 0.263 | 7.102 | 0.470 | 0.065 | 8.131 |
| 林地 | 0.215 | 0.006 | 0.000 | 0.218 | 0.045 | 0.696 | 24.079 | 0.642 | 25.899 |
| 居民地 | 0.132 | 0.039 | 0.127 | 0.080 | 0.049 | 0.168 | 0.839 | 29.024 | 30.46 |
| 总和 | 4.328 | 9.135 | 10.834 | 2.689 | 4.846 | 9.041 | 26.227 | 32.901 | 100 |
| 精度 | 90.113% | 93.01% | 96.204% | 69.811% | 81.994% | 78.561% | 91.81% | 88.217% | — |
| | 总精度= 88.8751%　　　　Kappa 系数= 0.8719 | | | | | | | | |

从表 10.3 中可以看出,旱地、果园、林地的分类精度分别提高到 69.8%,78.5% 和 91.8%,提高的幅度分别为 6.2%,29.6% 和 32.0%,较好地解决了同谱异物和同物异谱的问题。精度提高效果显著,总的分类精度提高了 11.2%,Kappa 系数提高了 0.1245。可见,集成 GIS 数据与遥感图像,从空间数据库发现知识用于图像分类,在空间对象和像素两种粒度上实施空间数据归纳学习,以贝叶斯初步分类得到的类别概率值作为学习属性,将归纳学习与贝叶斯分类法相结合,能够根据发现的知识进一步细分类,扩展遥感图像分类的能力。

# 10.2　基于云模型的图像分类

云变换是云模型的计算核心,可以实现遥感图像在不同粒层次上的表达。层次中的粒对应图像中的地物,可在粒层次上将数据划分到各个粒中去,实现图像分类。分类方法如下(许凯,2010)。

**算法 10.1**　基于云模型的图像分类

输入:遥感图像,阈值水平 $\lambda$, $\lambda'$。
输出:土地利用类型。
步骤:
步骤(1):使用云变换将图像粒化;
步骤(2):构建图像的粒层次结构;
步骤(3):选择训练样区,用逆向云算法生成判别云模型 $C'_j$ (j=1, 2, ⋯, m);
步骤(4):获得某层次的正态云模型 $C_i$ (i=1, 2, ⋯, n),分别将它们作为前件云发生器,计算出图像中像素 x 属于 $C_i$ 的确定度 $\mu_i$;
步骤(5):给定阈值水平 $\lambda$,以最大隶属度原则获得识别的云模型,得到 x 的激活云模型 $C_a$;
步骤(6):计算激活云模型 $C_a$ 和判别云模型 $C'_j$ 的贴近度;
步骤(7):给定阈值水平 $\lambda'$,以最大择原则判别识别的云模型,得到 x 的划分;
步骤(8):重复进行步骤(4)～(7),直至图像中的所有像素都实现划分。

实验数据为武汉市 Landsat TM 遥感图像 [图 10.4(a)],共有 7 个波段,其中第 1,2,3,4,5,7 波段的空间分辨率为 30m,第 6 波段的空间分辨率为 60m,图像大小为

900×900 像素。按照上述算法进行云变换［图 10.5（a）］，训练样本（表 10.4），生成判别云模型［图 10.5（b）］，最后得到的分类结果具有较好的分类精度（表 10.5）。为了检验云模型的实用性和有效性，又分别利用云模型、最大似然法、马氏距离法、最小距离法和 SVM 法进行分类，其分类精度及 Kappa 系数对比如表 10.5 所示。从表 10.5 可以看出，云模型分类精度高于最大似然、最小距离和马氏距离，低于 SVM，这是因为监督分类通过用户选择训练样本建立分类模型，最大似然分类方法通过计算后验概率进行分类。这种在不同粒度间的云变化策略切换正如人类在图像理解过程中先从大尺度上寻找目标，失效后，迅速切换到一个细粒度粗略，直至发现目标，既保证了概念与原始数据的吻合，同时又符合人类的认知规律。

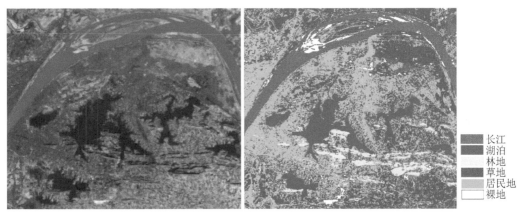

(a) TM图像第5、4、3波段彩色合成　　(b) 基于云模型的分类结果

长江
湖泊
林地
草地
居民地
裸地

图 10.4　基于云模型的图像分类

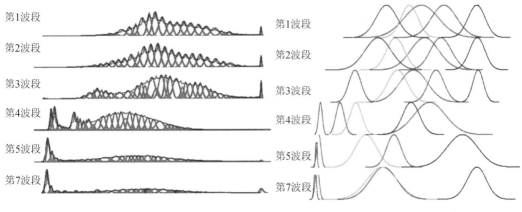

第1波段　第2波段　第3波段　第4波段　第5波段　第7波段

第1波段　第2波段　第3波段　第4波段　第5波段　第7波段

(a) TM图像6个波段的云变换　　(b) 依据训练样本生成判别云模型

图 10.5　TM 图像的云变换及其判定云模型

表 10.4　训练样本

|  | 长江 | 湖泊 | 林地 | 草地 | 居民地 | 裸地 |
|---|---|---|---|---|---|---|
| 样本个数 | 2497 | 2173 | 2240 | 2017 | 2131 | 2038 |
| 颜色 | 红 | 蓝 | 黄 | 紫红 | 绿 | 黑 |

表 10.5 分类精度及 Kappa 系数

| | 最大似然 | 最小距离 | 马氏距离 | SVM | 云模型 |
|---|---|---|---|---|---|
| 分类精度 | 88.76 | 88.75 | 78.63 | 92.01 | 89.19 |
| Kappa 系数 | 0.85 | 0.85 | 0.73 | 0.90 | 0.86 |

## 10.3 基于粗神经网络的图像分类

基于粗集的分类，根据给定的算法和参数，在边界区域搜寻恰当的分类界线，体现为集合的推演过程。图 10.6 以火山遥感图像分类为例，给出了遥感分类问题的近似集合。在图中，白色区域是所有可能属于这块火山体的部分，是火山体的上近似集合 $R^-(X)$；红色区域是所有可以确切地划分为火山体的部分，是火山体的下近似集合 $R\_(X)$；二者之间为边界区域 RBN($X$)，是火山体的不确定部分（巫兆聪，2004）。

图 10.6 火山遥感图像分类的近似集合

基于粗神经网络的多层感知器分类，利用粗集的知识学习功能和神经网络的非线性映射功能，有效地处理遥感图像分类处理中的不确定性。粗集模拟人类的抽象逻辑思维，基于不可分辨性和知识简化的方法，从数据中推理逻辑规则，作为神经网络的知识系统的输入模型。基于粗集和人工神经网络的遥感图像分类处理流程如图 10.7 所示。

决策知识获取流程为：①观测数据整理；②数据变换处理；③决策表组织（属性值离散化）；④决策表简化（属性约简和值约简）；⑤决策算法最小化；⑥决策控制。决策表知识表达系统如表 10.6 所示。

实验用原始图像（SPOT 5）如图 10.8（a）。单纯粗集图像分类结果的总体精度为74.8%，Kappa=82.1%，而利用基于粗神经网络的多层感知器分类结果的总体精度为91.5%，Kappa=89.5%，分类结果如图 10.8（b）所示。可见人工神经网络模拟人类的形象直觉思维，利用非线性映射的思想，用神经网络本身结构表达输入与输出关联知识的隐函数编码，可以提高基于粗集的遥感图像分类精度。

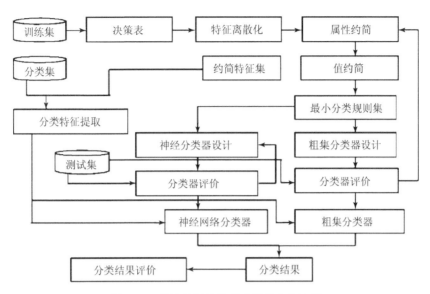

图 10.7 粗神经网络的遥感图像分类流程

**表 10.6 决策表知识表达系统**

| B1 | B2 | B3 | B4 | B5 | B6 | B7 | C |
|----|----|----|----|----|----|----|---|
| 3 | 12 | 8 | 15 | 5 | 11 | 13 | 2 |
| 5 | 8 | 4 | 3 | 13 | 5 | 6 | 1 |
| 4 | 12 | 8 | 13 | 6 | 10 | 13 | 2 |
| 1 | 4 | 7 | 9 | 7 | 15 | 5 | 3 |
| 4 | 7 | 5 | 2 | 10 | 6 | 5 | 1 |
| 2 | 7 | 3 | 5 | 3 | 6 | 11 | 4 |
| ⋮ | ⋮ | ⋮ | ⋮ | ⋮ | ⋮ | ⋮ | ⋮ |

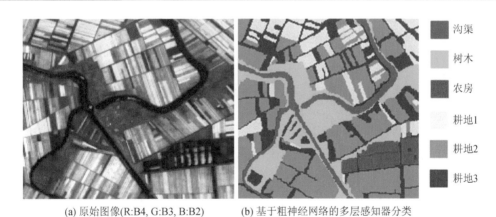

(a) 原始图像(R:B4, G:B3, B:B2)　　(b) 基于粗神经网络的多层感知器分类

图 10.8 基于粗神经网络的多层感知器分类结果

## 10.4 基于地学粗空间的专题提取

遥感图像专题（thematic）由地物的属性、类别和时间共同定义。遥感图像分类是

研究生态环境的基本技术之一，水域是保持生态平衡的重要因素。因此，这里以基于地学粗空间的河流专题图像分类为例，检验地学粗空间的实用性（王树良，2002）。原始图像采用某地区的一幅 TM 遥感图像［图 10.9（a）］。

影响决策属性图像分类的条件属性很多，包括图像灰度、卫星参数、大气折射等，这些条件属性的影响作用，已经在实验前予以修正消除。此处根据图像灰度值来提取图像中的河流类，并使用粗拓扑关系和粗算子处理河流类与图像中其他相邻类别的空间关系，采用的符号是简化统一后的粗符号系统。论域 $U$ 为图像，$X$ = River，因河流图像在整幅图像之中，故 $X \subseteq U$。假设 $G\_x$ 是像素 $x$ 的灰度值，$G\_X$ 是河流像素的灰度值，即 $R_{card}(X \cap [x]_{Re})= G\_x$，$R_{card}([x]_{Re})= G\_X$，那么粗隶属函数可通过式（8.4）计算。最后结果如图 10.9（b）、（c）所示。

在图 10.9 中，下近似集 Lr($X$) 是确定的河流区域，是最小可能流域，可以解释为枯水季节的最小河道。这时可能拓宽了河流两岸生物圈内生物的数量和活动范围，却增大了它们的用水难度。而上近似集 Ur($X$) 是不确定的河流区域，是最大可能流域，可以解释为河流汛期的最大淹没区域，对生态环境的破坏最大。河流粗分类的粗度为 $R_d(X)= R_{card}(Br(X))/R_{card}(X)\times100\%$ =10.37%，说明不确定性较小。

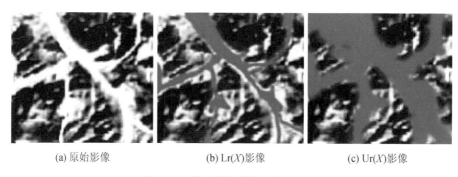

(a) 原始影像　　　　　　(b) Lr($X$)影像　　　　　　(c) Ur($X$)影像

图 10.9　粗河流专题图（连续体）

为了检验地学粗空间的提取结果，又对同一幅图像进行了最大似然分类、模糊分类和实地踏勘。相对于地学粗空间，最大似然分类的结果只是"是"或"非"的二值分类，模糊分类只是介于 0 和 1 的隶属度分类，二者都仅仅得到一种分类结果，远没有地学粗空间的分类结果信息丰富。实地踏勘量测的结果也表明，地学粗空间的图像分类较为逼近该河流的实际水文特征，上近似集 Ur($X$)、下近似集 Lr($X$) 分别和夏季、冬季的河流相似。同时，地学粗空间的分类精度也提高了 7%（较最大似然分类）或 2%（较模糊分类）。上述证明，地学粗空间的理论和方法在空间遥感图像的河流资源粗提取时，结果同时具备最大可能流域（上近似集）、最小可能流域（下近似集）和可能误差等多种描述方式。利用地学粗空间研究资源环境，兼顾了位置和属性的不确定性，分类结果同时含有确定性和不确定性，可以较大可能地逼近地学实体的存在形式。地学粗空间的分类信息比基于确定集合的结果更为丰富，会使资源环境的可持续发展决策更为可靠、可行。

# 第 11 章  遥感图像变化检测

遥感图像变化检测是为了发现变化强度值较大的显著区域。多时相图像变化检测将空间信息纳入统一的时间序列中进行分析，或分解为若干两时相变化检测后集成分析，能揭示空间对象变化的过程和规律以及预测变化的趋势（眭海刚，2002）。

本章首先总结遥感图像变化检测的方法体系，其次基于对象级变化检测，发现结构地物的变化，再次联合像素级和对象级变化检测，在高空间分辨率遥感图像作多时相变化检测，基于时空信息提取，用时间序列分析描述变化过程的动态，最后介绍基于无人机视频的目标位置变化跟踪技术。

## 11.1  变化检测的方法体系

遥感图像变化检测涉及多种空间、时间、光谱分辨率图像及地理数据的综合分析，处理过程复杂，单一方法不足以反映变化检测内容的全貌。变化检测方法非常多，可依据检测目的、检测数据、检测维数、检测时间尺度、检测内容等总结研究体系（图 11.1），

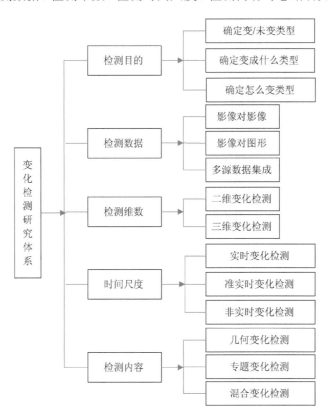

图 11.1  变化检测分类体系

描述每种方法的多重属性。例如，分类后比较法，从检测目的看是确定变成什么的变化类型或确定怎么变类型，从检测数据看是图像与图像的变化检测，从检测维数看是二维变化检测，从检测时间尺度看是准实时或非实时变化检测，从检测内容看是专题变化或混合变化。

从检测目的，变化检测分为确定变/未变类型、确定变成什么类型和确定怎么变类型（Alexandre et al.，2006）。确定变/未变类型主要检测变化的位置和范围信息，不关心变化的属性，一般用于检测某一确定的变化类型。差值、比值、植被指数比较、主成分分析法等使用较多。确定变成什么的变化检测类型不仅需要了解变化的位置和范围，而且需要知道变化的类型，多用于土地利用/覆盖变化检测、地理信息更新等领域。一般利用分类比较法，变化矢量分析法和其他混合方法等进行解决。确定怎么变的变化类型，即确定变化过程、变化轨迹类型不仅要检测变化的位置、范围和属性，最重要的是确定变化的过程，变化的轨迹，总结出地表地物变化的规律，对未来的变化进行预测预警。确定怎么变类型是变化检测的最高层次，也是变化检测的理想目标，对检测的数据源、方法有更高的要求。三种变化检测类型的检测内容逐层递进，检测难度逐层递增，根据实际需要选择应用。

从检测的数据，变化检测分为影像对影像、影像对图形、多源数据集成（Bruzzone et al.，1999）。影像与影像多数集中在像素级变化检测，使用多、研究广泛，可以根据传感器特性进一步细分；影像与图形数据多用于特征级变化检测，主要用旧 GIS 数据和新影像进行变化检测；多源遥感数据集成充分利用已有遥感信息资源检测，是提高变化检测精度的有效途径，也是变化检测的发展趋势。

从检测的维数，变化检测分为二维变化检测和三维变化检测（李德仁，2003；夏松，2006）。二维变化检测研究多，应用广泛。在检测地物高度变化时，如城市地理信息更新、特定目标变化与监测等涉及三维信息，需要三维变化检测。航空和卫星图像的立体像对、LIDAR 数据等三维信息，为三维变化检测提供了便捷方法。

从检测的时间尺度，变化检测分为实时、准实时、非实时。实时变化检测（Alexandre et al.，2006）一般检测动目标的变化，如移动目标的检测与跟踪，随着视频技术的广泛应用而倍受关注；准实时变化用于对时间要求相对较高的情况，如火灾检测、泥石流监测等；非实时变化用于变化比较慢的地物检测，如城市建筑物变化，森林、河流、土地利用/覆盖变化等，一般变化检测都属于非实时的类型。

从检测的内容，变化检测分为几何变化、专题变化和混合变化（Lyons et al.，1998；AI-Khudhairy et al.，2005）。几何变化检测目标的几何位置变化，如道路、建筑物的新建与改变等；专题变化主要是不同的专题应用，如土地利用变化、植被覆盖变化、城市扩张变化等；混合变化综合分析每个目标的位置与属性的变化，获取更全面的变化信息。在本质上，变化检测方法有两时相影像变化检测和时间序列影像变化检测（图 11.2）。

两时相影像变化检测只检测两个时刻地面的变化，有直接比较、分析后比较、统一模型法三种。直接比较法对不同数据源进行直接比较，对象主要包括像素、纹理特征、边缘特征、各种复杂的变换后的特征，如植被指数、主成分变换、独立成分变换、典型相关变换（Lyons et al.，1998；张路，2004）等。分析后比较法对不同数据源提取信息后比较，对象包括类别、目标对象等。统一模型法将不同数据源纳入统一的模型进行变化检测，将变化检测的方法和过程看成一个整体，采用统一的平差模型迭代求解。时间序列图像变化检测在连续时间尺度上分析地表随时间的变化规律，相对两时相影像变化检测，更强调发现地表的变化规律和发展趋势。时间序列影像可以分解为若干个两时相

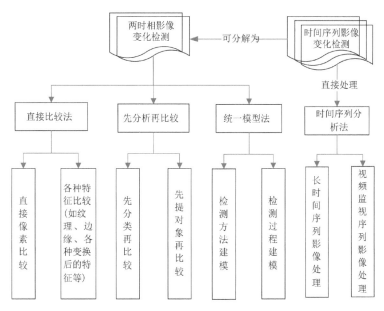

图 11.2 变化检测的本质

影像变化检测后再集成分析，也可以将时间序列影像作为一个整体，采用长时间序列分析法处理。实时影像序列分析是时间序列变化检测的重要组成部分，如视频序列图像的监视与跟踪，需要实时变化检测结果。因此，变化检测方法分为代数法、分类法、面向对象法、模型法、时间轨迹法、可视化法和混合法七大类，总结见表 11.1（Atkinson and Lewis，2000；Baudouin et al.，2006）。

表 11.1　变化检测方法分类与比较

| 分类 | 典型方法 | 优点 | 缺点 | 前景与潜力 |
|---|---|---|---|---|
| 代数法 | 图像差值法，图像比值法，相关系数法，图像回归法，变化矢量分析法 | 算法简单，易实现；部分变换方法能有效对维数约简 | 难以克服由于大气条件、传感器噪声和大气辐射的差异性带来的干扰，对预处理敏感 | 综合多源数据使用多种特征进行比较 |
| 分类法 | 分类后比较法，多时相直接分类，光谱特征拟合法，光谱匹配滤波法 | 分类软件较成熟，操作简单；可以获取变化的类别信息 | 分类精度直接影响变化检测的结果，分类错误造成无法弥补的误检，监督分类法的变化样本不易选取 | 将分类与变化检测一体化处理（模式识别法） |
| 面向对象法 | 点、线、面特征，图斑，类别，目标比较法 | 受噪声和预处理影响小，属高级别的处理 | 目标提取本身比较困难，目标级的变化检测相对较难实现，误检太多 | 结合 GIS 信息进行目标提取与分割 |
| 模型法 | 预测模型、阴影模型、背景模型、地学模型，整体解求模型 | 有效克服噪声和光照影响，简化复杂问题 | 建模困难，模型的正确与否，模型的精度直接决定变化检测的结果 | 结合遥感成像机理，需大量试验 |
| 时间轨迹法 | 标准主成分分析，变化矢量分析，动态贝叶斯网络 | 能够检测瞬时变化，实时检测和跟踪变化，可预测未来变化 | 对速度要求高，从变化结果中总结规律和预测发展趋势的处理技术复杂 | 结合视频数据处理和时间序列处理技术进行 |
| 可视化法 | 假彩色合成法、波段替换法、混合显示法和交替显示法 | 辅助发现变化，对检测效果和精度提供直观认识，从中发现规律、积累知识 | 自动化程度太低，不利于大规模变化检测作业，只能用于粗略的位置发现和手工提取，检测精度低 | 硬件加速，提供人机交互工具辅助自动提取算法 |
| 混合法 | 像素与特征综合比较，投票法，先检测再融合法 | 在一定程度上提高检测精度和准确性 | 对特征和模型只是数量上的加减，处理环节割裂，融合权重难选取 | 从过程、方法一体化综合分析 |

## 11.2 面向对象机器学习的遥感图像变化检测

遥感图像变化检测与显著图的提取在本质上一致，给定初始变化强度图像，变化检测可以看作寻找与其他区域有显著区分的区域。在一幅遥感图像中，多时相影像的变化区域从视觉上对应初始变化强度图像的显著区域，明显区别于其他的局部区域和全局区域，最能引起用户兴趣。随机森林（random forest）是一种用决策树作基预测器的集成学习方法，结合 Bagging 和随机子空间理论，集成众多决策树预测，通过各个决策树的预测值平均或投票，得到最终预测结果（Breiman，2001），如图 11.3 所示。采用 Bootstrap 方法重采样产生多个训练集，每个自助数据集生成一棵决策树，Bagging 采样的自助数据集包含部分原始训练数据，没有被 Bagging 采用的为 OOB（out-of-bag）数据，用生成的决策树预测，统计每个预测结果的错误率，平均错误率为随机森林的错误估计率（Eisavi and Homayouni，2016）。

本节结合面向对象方法与随机森林的优势，分析显著性阈值、分类样本选取、样本特征提取等对分类器性能的影响，提出了一种集成显著性和随机森林的对象级遥感图像变化检测方法（图 11.4）。

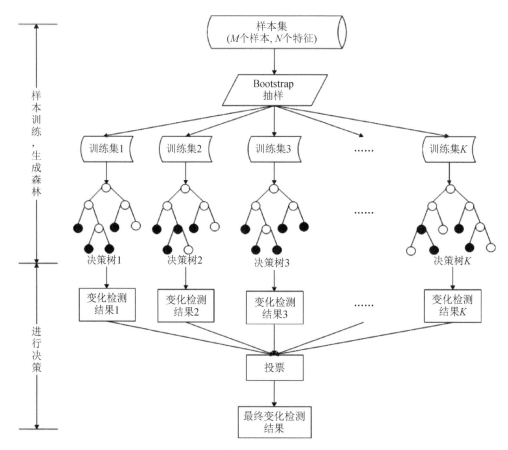

图 11.3　随机森林分类器流程图

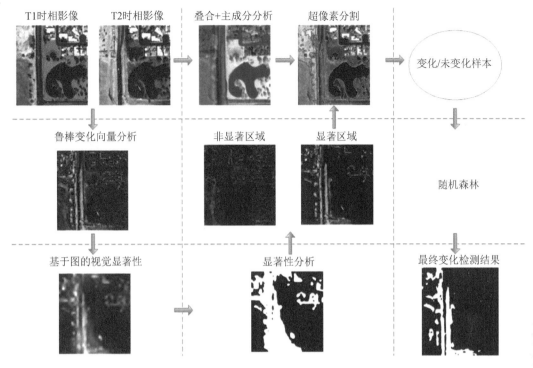

図 11.4　集成显著性和随机森林的对象级遥感图像变化检测流程

首先改进鲁棒变化向量分析（robust change vector analysis）提高像素级变化检测的精度，获取变化强度图像，其次对变化强度图像作基于图的视觉显著性分析（graph-basedvisual saliency），提取显著区域和非显著区域，再次用显著性指导对象级分类样本的自动选取，在显著性分析结果基础上，通过引入样本选择不确定性指数 $T$，自动指导变化/未变化样本的选择。

### 11.2.1　基于熵率的最优超像素分割

基于熵率的超像素分割（entropy rate super-pixel segmentation）针对高分辨率遥感图像的分割不确定性问题，将遥感图像划分为一个个不同大小的超像素区域，用最优超像素个数评价指数（the evaluation index of the optimal super-pixel number）引导获取最优的图像分割结果。

在分割过程中，超像素个数的选取，即平衡性的问题，是提高图像分割结果的质量的关键。对于面向对象遥感信息提取中的多尺度超像素分割，最优超像素个数指地物类型能用一个或几个超像素来表达，超像素大小与地物目标接近，超像素多边形不太破碎，超像素边界比较分明，内部异质性尽量小，不同类别之间的异质性尽量大。而且，超像素能够表达某种地物的基本特征，内部同质性保证超像素的纯度，用超像素的加权方差表示；超像素之间的异质性保证超像素的可分性，用 Moran's I 指数表示：

$$H = \frac{\sum_{k=1}^{n} a_k v_k}{\sum_{k=1}^{n} a_k}, \quad I = \frac{n \sum_{i=1}^{n} \sum_{j=1}^{n} w_{ij}(y_i - \overline{y})(y_j - \overline{y})}{\left(\sum_{i=1}^{n}(y_i - \overline{y})^2\right)\left(\sum_{i \neq j}\sum w_{ij}\right)} \tag{11.1}$$

式中，$a_k$为超像素$k$的面积，实际以超像素内部像素个数表示；$v_k$为超像素$k$的标准差；$n$为图像分割时超像素的总个数。式（11.1）在计算$H$的过程中，相当于加入面积权重，面积较大的超像素具有较大的权重，能够降低小超像素引起的不稳定性，$H$越大，超像素内部同质性越高。$w_{ij}$表示超像素$i$和超像素$j$是否相邻：若$w_{ij}=1$，则相邻；若$w_{ij}=0$，则不相邻。$y_i$表示超像素$i$的平均灰度值，$\bar{y}$表示图像的平均灰度值，$I$的值越小，表示超像素之间的相关性越低，超像素之间的分割边界越明确。

根据 Espindola 等的最优超像素个数评价指数，利用超像素的同质性指数和异质性指数，构建衡量分割质量的函数：

$$F(H, I) = (1 - \rho)F(H) + \rho F(I)$$

式中，$F(H)$为同质性评价指数；$F(I)$为异质性评价指数；$\rho$为异质性权重，$\rho \in [0, 1]$，这里$\rho = 0.5$。综合同质性指数和异质性指数在对最优超像素个数进行评价前，需要将它们归一化：

$$F(H) = \frac{H_{\max} - H}{H_{\max} - H_{\min}}, \quad F(I) = \frac{I_{\max} - I}{I_{\max} - I_{\min}}$$

在此基础上，通过三次样条函数插值方法，得到一个最优超像素个数选取的计算模型：

$$s_3(x) = \alpha_0 + \alpha_1 x + \frac{\alpha_2}{2!}x^2 + \frac{\alpha_3}{3!}x^3 + \sum_{j=1}^{n-1}\frac{\beta_3}{3!}(x - x_j)^3 \tag{11.2}$$

当函数$s_3(x)$在超像素个数区间$[x_{\min}, x_{\max}]$取最大值时，对应的超像素个数$x$是最优的超像素个数。

### 11.2.2　基于显著性和随机森林的对象级变化检测

采用改进的 RCVA 算法提高变化检测初步结果的精度，选择更好的训练样本进行分类学习。假设在$x_2(j\pm w, k\pm w)$范围内的一个像素与$x_1(j, k)$像素光谱信息差异最小，则表明该像素包含$x_1(j, k)$像素最多相应的地面信息。也就是说，在高分辨率遥感图像对比检测中，若两幅图像有几何配准误差，图像 1 中一个像素与图像 2 中该像素邻域范围内的另一像素光谱差异最小，则认为两个像素为同名地物的对应像素，有效减小配准误差的影响。改进 RCVA，使用一个大小为$2w+1$的移动窗口，分析邻近像素的光谱变化，这里$w=2$，窗口大小为 5×5。计算分两步：第一步，通过后一时相（T2）图像每点与前一时相（T1）图像该点邻近像素内光谱差异值最小的点，获取差异图像$x_{\mathrm{diff}_a}$，再对 T1 图像用同样方法获取$x_{\mathrm{diff}_b}$。

$$x_{\mathrm{diff}_a}(j, k) = \min_{(p \in [j-w, j+w], q \in [k-w, k+w])}\left\{\sqrt{\sum_{i=1}^{n}(x_1^i(j, k) - x_2^i(p, q))^2}\right\}$$

$$x_{\mathrm{diff}_b}(j, k) = \min_{(p \in [j-w, j+w], q \in [k-w, k+w])}\left\{\sqrt{\sum_{i=1}^{n}(x_1^i(j, k) - x_2^i(p, q))^2}\right\} \tag{11.3}$$

第二步通过式（11.3）得到光谱变化图。

$$m(j,k) = \begin{cases} x_{\text{diff}_b}(j,k), & x_{\text{diff}_a}(j,k) \geqslant x_{\text{diff}_b}(j,k) \\ x_{\text{diff}_a}(j,k), & x_{\text{diff}_a}(j,k) < x_{\text{diff}_b}(j,k) \end{cases} \tag{11.4}$$

这样，就可以得到顾及邻域信息的光谱信息变化图。为保证后续纹理特征变化分析与深度学习所选择的两幅图像中的像素是同名像点，把用于计算 $(j, k)$ 点 $m$ 的两时相对应像素叫作 $(j, k)$ 点的同名像点。

利用 RCVA 方法提取变化强度图像后，在变化强度图像基础上，进行基于视觉注意机制的显著区域提取，用于后续的分类样本指导选择。

（1）对两期遥感图像进行 RCVA 分析，获取初始的变化强度图像差异图 Image$_{\text{diff}}$。

（2）对初始的差异图 Image$_{\text{diff}}$ 利用 GBVS 方法进行显著区域提取，通过设置显著性阈值，分别提取显著性区域和非显著性区域。

（3）提取变化强度图像中与二值化显著图对应的区域，对该区域进行模糊 $C$ 均值聚类，获取初始像素级变化检测结果。

（4）在初始像素级变化检测结果之上，将分割结果得到的标记矩阵与其叠合，通过引入不确定指数 $T$ 选择变化/未变化的超像素样本：

$$T = \begin{cases} \dfrac{n_c}{n}, & n_c \geqslant n_u \\ -\dfrac{n_u}{n}, & n_c < n_u \end{cases} \tag{11.5}$$

式中，$n_c$、$n_u$、$n$ 分别为超像素 $R_i$ 中检测到的变化、未变化的像素数目和总的像素数目。设置阈值 $T_m$，通过下式判定超像素 $R_i$ 的属性 $l_i$：

$$l_i = \begin{cases} 1, & T < -T_m \\ 2, & -T_m \leqslant T \leqslant T_m \\ 3, & T > T_m \end{cases} \tag{11.6}$$

式中，$l_i$=1，2，3 分别为超像素 $R_i$ 的属性为非变化、不确定和变化类别；不确定性指数 $T \in [0.5, 1)$。在自动提取完样本后，将其中 80%样本作为训练样本生成随机森林分类器，20%样本作为验证样本评价分类精度。针对不确定性指数 $T$ 的选取，在区间[0.5,1)范围内，以步长 0.05 动态变化，通过计算 100 次测试数据集的平均正确率；当最终的变化检测精度最佳时，对应的不确定性指数 $T$ 即为最佳指数。

在获取最佳的图像分割结果之后，需要提取每个超像素区域的光谱特征和 Gabor 纹理特征。选取前、后时相图像在不同波段上的均值、灰度比、方差、最大值、最小值作为对象的光谱特征。此外，利用 Gabor 小波变换对原始两期图像进行处理，提取遥感图像的纹理特征，用于变化检测。二维 Gabor 函数 $F_\phi(x, y)$ 表示为

$$F_\varphi(x,y) = \left( \frac{1}{2\pi\sigma_x\sigma_y} \right) \exp\left[ -\frac{1}{2}\left( \frac{x^2}{\sigma_x^2} + \frac{y^2}{\sigma_y^2} \right) + 2\pi\mathrm{j}\omega x \right] \tag{11.7}$$

式中，$\omega$ 为高斯函数的复制频率；$j = \sqrt{-1}$；$\sigma_x$，$\sigma_y$ 分别是 Gabor 小波基函数沿 $x$ 轴和 $y$ 轴方向的方差。将原始图像 $I(x, y)$ 与 $G_\phi(x, y)$ 作二维卷积运算，并取运算结果实部：

$$G_\varphi(x, y) = \mathrm{Re}\{I(x, y)* F_\varphi(x, y)\} \tag{11.8}$$

式中，$G_\varphi(x, y)$ 为原始图像 $I(x, y)$ 经过 Gabor 滤波后提取的特征图像；"*"为二维卷积运算。高斯函数的复制频率设置为 $\omega = 8$，沿 $x$ 轴和 $y$ 轴方向的方差分别为 $\sigma_x = 1$，$\sigma_y = 2$。对变换处理后的图像再作二维卷积运算，并提取 Gabor 特征图像在不同波段上的均值和方差，作为分类特征。将每个对象在前、后时相图像上的光谱特征和 Gabor 特征进行组合，并作为随机森林分类器的特征输入数据，用于训练模型。

集成显著性和随机森林的对象级遥感图像变化检测方法，主要包括训练和分类两个过程，训练过程根据训练样本和决策树得到分类模型，同时自动估计每个特征的重要性，分类过程根据训练好的模型得到对象的变化类别。具体如下。

（1）根据样本选择原则，创建参与的样本序号、每个样本的测试分类等参数。

（2）从总数为 $M$ 的训练样本中有放回的随机抽取 $m$ 个样本数据，得到一个自助训练数据集 $L^{(B)}{}_k$，$(k = 1, 2, \cdots, K)$，$K$ 为决策树总个数；以 $L^{(B)}{}_k$ 作为训练数据，创建一棵决策树 $T_k(x)$。对决策树中每个节点的分裂，重复以下步骤：①从总数为 $N$ 的特征变量中随机选择 $n$ 个变量；②从 $n$ 个变量中选择最佳变量及其最优分裂点；③将此节点分裂成左右两个子节点。直至决策树深度达到最小值为止，得到决策树集合记为 $\{T_k(x)\}_{k=1}^K$。

（3）利用随机森林模型，对新的特征向量 $X$ 进行预测，取所有决策树的投票结果作为最终的分类结果。

为了综合验证方法的可行性和有效性，试验环境为 Inter(R)Core i5 CPU 2.5GHz、4GB 内存、Windows7 操作系统，Matlab R2010b。三组试验数据集均提前配准，并相对辐射校正，图像灰度级均为 256 级，如图 11.5、表 11.2 所示。其中数据集 1（DS1）是 QuickBird 多光谱图像，主要地物包括道路、水体、植被、建筑物、裸地等，目视解译发现地物变化主要为裸地与建筑物，道路与植被等，在检测时被重点关注。数据集 2（DS2）为武汉市资源三号（ZY3）多光谱彩色图像，主要地物包括道路、水体、植被、建筑物、裸地、居民区等。数据集 3（DS3）为柳州市高分 2 号（GF2）多光谱彩色图像，主要地物包括道路、水体、植被、建筑物、裸地、居民区、耕地等。

对于一幅遥感图像，用户只对图像中的部分区域感兴趣，显著区域最能表现图像内容，引起用户兴趣。显著性主要用来提取明显区别于局部和全局的那些区域，变化区

(a) T1年份DS1图像　　　　　　(b) T1年份DS2图像　　　　　　(c) T1年份DS3图像

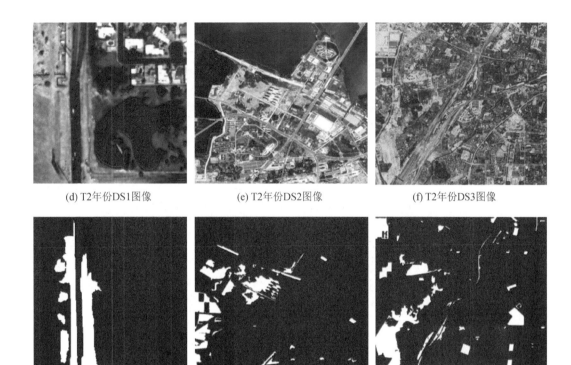

(d) T2年份DS1图像　　　　　　(e) T2年份DS2图像　　　　　　(f) T2年份DS3图像

(g) DS1参考变化图像　　　　　(h) DS2参考变化图像　　　　　(i) DS3参考变化图像

图 11.5　三组试验数据集

表 11.2　三组数据

| 数据集 | 平台 | 大小/像素 | 空间分辨率/m | 波段 | T1 | T2 |
|---|---|---|---|---|---|---|
| DS1 | QuickBird | 412×415 | 0.6 | NIR，R，G，B | 2002 年 | 2004 年 |
| DS2 | ZY3 | 1564×1424 | 2.1 | R，G，B | 2014 年 | 2015 年 |
| DS3 | GF2 | 5314×4745 | 0.8 | R，G，B | 2015 年 | 2016 年 |

域相对于未变化区域，在图像上属于变化强度值显著的区域。本节在利用 RCVA 方法提取变化强度图像之后，基于视觉注意机制提取显著区域。三组数据集得到的显著性检测结果如图 11.6 所示。集成显著性和随机森林的对象级变化检测结果如图 11.7 所示。

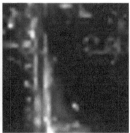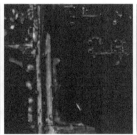

(a) DS1变化强度图像　　(b) DS1显著性图像　　(c) DS1显著区域　　(d) DS1非显著区域

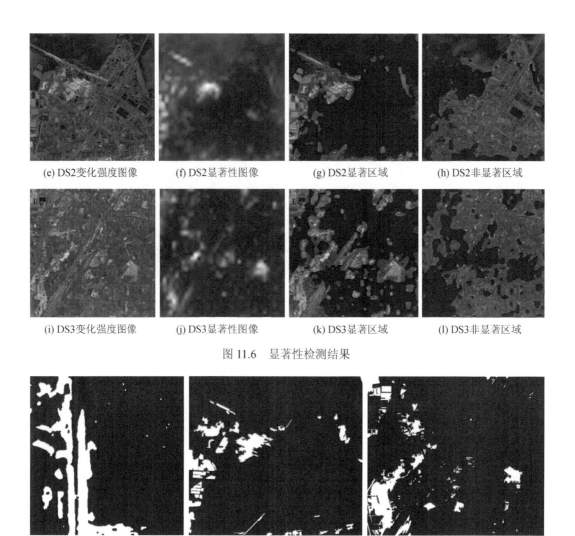

(e) DS2变化强度图像    (f) DS2显著性图像    (g) DS2显著区域    (h) DS2非显著区域

(i) DS3变化强度图像    (j) DS3显著性图像    (k) DS3显著区域    (l) DS3非显著区域

图 11.6　显著性检测结果

(a) DS1检测结果    (b) DS2检测结果    (c) DS3检测结果

图 11.7　基于随机森林的变化检测结果

综上所述，在实际变化检测中，有机结合像素和对象的变化检测过程，利用随机森林分类器的优势，获取最终的对象级检测结果，不仅规整，而且检测对象都对应实际意义的实体。有效集成多种方法的优势，可以获取最佳检测结果。

# 11.3　顾及空间特征的时间序列变化检测

时间序列分析方法常描述在较长一段时间内发生的变化或者一个具有多种变化的复杂过程。时间趋势分析普遍使用多时相的高时间分辨率的图像，如 AVHRR 图像和 MODIS 图像，通过发现预设检测指标在时间曲线上的变动，确定变化发生的时间，主要用在大面积目标的变化检测。此外，空间信息的变化，还包括空间位置、空间结构、变化过程等。变化检测除了解答变化在何时发生，以及在时间上的趋势之外，也希望回答：变化在空间上的属性是如何发展的？是否存在某种空间上的变化趋势？变化过程的时空动态如何描述?

为了更好描述变化的空间细节,可以选择使用较高空间分辨率的遥感图像作多时相的变化检测,如 Landsat 系列 TM/ETM+,SPOT 系列 HRV/HRG 和 CBERS 系列的 CCD 图像等。然而,目前大多数的变化检测方法多属于两时相的变化检测,较少涉及时间序列变化检测。尽管多时相变化检测可以分解为若干个两时相的图像变化检测过程,但通过两两时相间的比较来对变化进行检测分析,对于变化过程的理解是独立的分散片段,不利于直观了解连续的变化过程,最后的信息集成仍是一个需要解决的问题。因此,提出一种集成时空信息的检测方法,对连续的多时相遥感数据进行时间序列分析的同时,也能够保留数据的空间特征和位置属性。

### 11.3.1 时空变化轨迹建模

在遥感图像的像素级上检测变化,能够尽可能多的保留原始信息,以及变化的空间位置信息,较为简单有效。某个像素的空间信息的变化,可以为该像素在不同时相上的分类信息(即处于不同时相上的不同状态)的一个时间序列轨迹,记录该像素空间信息的变化,对其分析可以较易理解变化的过程以及获取变化的动态特征。例如,在土地覆盖类型的变化检测中,可以通过追溯某个像素的历史属性的变化,发现土地覆盖类型在较长时间内的变化过程。依据上述思路,建立时空变化轨迹的分析模型,同时考虑图像的栅格特性,采用时间序列快照的模式,完整记录每个时相上每个像素的状态和属性。

当在像素级上对时间序列的空间信息比对分析时,在空间和时间完全匹配图像序列十分必要。可是,在一个较长的时间序列中,数据的可获取性及可用性不足,多源遥感图像常被用来检测分析多时相变化。多平台、多时相遥感图像在卫星姿态、拍摄时间、大气状况及传感器分辨率等方面存在差异,采用分类后比较的方法变化检测能够最大程度的减少这些差异带来的影响。对于不同平台图像的几何配准,一致的地理空间参考坐标是必需的。另一方面,最终对图像分类结果在像素级上进行比较,配准时应尽量考虑不同时相、同名像点在空间上的完全配准,而单个图像与其地理空间参考坐标的差异,则可以作为次一级的考虑。"图像对图像"的几何纠正可以得到比较好的配准效果。同时,如果参与处理的图像空间分辨率不同,还需要进行重采样处理,以达到像素的可比较性要求。

根据图像分类后的结果,将图像所有分类类别纳入一个统一的编码系统,从而建立由编码记录的变化轨迹过程。像素分类值的重编码过程,可以参考数值二进制编码转十进制编码原则,重编码的步骤如图 11.8 所示。

首先规定两种类别的编码标识;对于第 $t$ 个时相,编码标识乘以 2 的 $t-1$ 次方的结果,为该类别第 $t$ 个时相的重编码值;将重编码后的分类结果图像相加,融合多个时相的信息。对有多个分类类别的情况,编码规则相应的对应多进制编码方式。例如分类后的类别有五类,则应用五进制转十进制的方式,对预设的类别编码标识乘以 5 的 $t-1$ 次方,作为第 $t$ 个时相上的重编码值。由此,得到一幅记录全部像素在整个观测变化轨迹的图像,图像中每一个特定值代表了一个特定的变化轨迹模式。

### 11.3.2 变化空间模式及时空动态描述

变化轨迹只记录变化过程中具体时刻的状态信息,不分析变化过程。因此,需要对

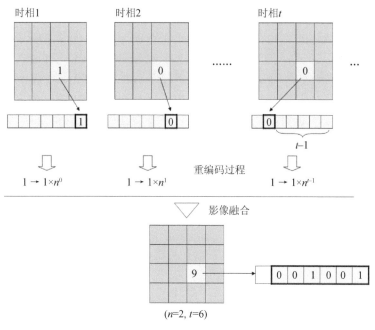

图 11.8　时空变化轨迹建模

n 值代表分类后类别总数，t 值代表观测时相数目

变化轨迹中包含的时空信息和空间动态进行描述和提取。针对不同应用，对不同的变化轨迹模式进行适当的归纳综合和分类处理，得到变化检测的目标结果。

依据变化轨迹归纳和分类后的结果，对变化的时空信息的描述，有定性和定量两种方式。定性描述，体现在变化的时空可视化表达。将变化轨迹分类后，不同的变化类型按照专题图的方式显示，得到一幅综合多个时相的变化检测结果图。根据不同时期的变化组成部分，通过逐时相动态显示，可以凸显变化时空动态的趋势。建立变化轨迹的时间序列分析方法保留了变化的空间信息，使得定量描述变化的空间动态成为可能。定量描述有益于理解变化的空间结构以及空间上的动态过程，可以利用地理空间分析方法评价变化的空间分布，如分析农田在空间上的分布是否是聚集或者离散；也可以对变化轨迹类别进行景观生态指标量化，挑选具有代表性、能代表某类型的景观格局，并符合分析过程中的实际物理含义。

空间信息的时间序列分析，应用对象为最初图像的分类类别或该类别的图斑。统计该类别在不同时相上的空间信息，采用描述统计信息的简单统计类型、描述整体形状的周长面积比类型、描述边缘复杂性的分形类型等景观生态指标，在时间序列上进行比对，得到空间信息在时间上的变化趋势线。

在不同时相上变化的空间动态分析，应用对象为某类变化在不同时相上的组成部分，采用能够量化不同时相上的变化部分在空间上的相邻关系、空间连接关系、空间分布特性等景观生态指标，通过在时间轴上分析一组变化组成部分指标的趋势，获取变化在空间上的动态信息和空间变化趋势。

### 11.3.3　基于时空分析的土地利用与覆盖变化检测

土地利用与覆盖变化是全球变化的重要组成部分，反映人类活动与自然环境以及生态系统之间的相互关系。为了环境友好地可持续性发展，用时空分析的时间序列变化检测技术，在长时间序列中对土地利用与覆盖变化进行检测，并分析其时空的变化动态。

1. 应用一：珠江三角洲地区土地利用变化检测

珠江三角洲地区经济飞速发展，大量新兴城市的发展以及老城市的扩张，带来环境、农产品产量和食品安全问题。为了平衡城市化进程对环境造成的影响和经济发展的需要，需要检测长时间序列中土地利用与覆盖变化的时空模式，分析土地利用变化和社会经济发展驱动力的关系。遥感数据选取多时相以及多源卫星图像，包括自 1990 年获取的 TM、ETM+和中巴资源卫星 02B 星 CCD 多光谱图像，同一时段内的多景图像被用来合成一幅镶嵌图像，并尽量选择相邻年份同一季节的无云或者少云图像进行融合镶嵌。根据能够覆盖到研究区核心部分的主要图像的获取时间，确定 4 个观测时期：1992 年，1998 年，2001 年，2008 年。由于上述观测时期内始终无法排除大面积云层的影响，排除研究区边缘的三个县级市（隶属于同一地级市）。此外，研究区域范围较广，镶嵌图像会受到地球曲率变化的影响。为了尽可能减少变化检测的误差，针对核心区位置，将所有图像投影坐标转换到同一投影坐标系内。

对于时间序列上的变化信息提取，采用分类后比较的方法。地物类别被分为林地、农业用地、水体、城市/工业用地、荒地/裸露地等五类。分类总体精度在 90%～92%之间，分类结果被重采样到统一的空间分辨率（30m）。依据五个类别，建立变化轨迹记录模型。在有四个分析时相的情况下，理论上可能的变化轨迹有 $5^4$（625）种。综合这些变化轨迹，提取需要分析的变化轨迹类别如表 11.3 所示，以得到城市建成区土地利用来自其他地表类别变化的比例。其中，"A"表示农业用地；"F"表示林业用地；"W"表示水体；"U"表示城市建成区；"B"表示荒地；"?"表示可以是除开城市用地之外的任何类型。

为了获取城市发展在不同时相上变化的信息，对表 11.3 中的变化轨迹的类别进一步归纳，例如，将"A—U—U—U""F—U—U—U""W—U—U—U""B—U—U—U"归结为 1992～1998 年城市扩张部分，则变化检测的结果显示如图 11.9。

表 11.3　城市建成区土地利用变化来源分析

| 变化轨迹类别 | 对变化轨迹的描述 |
| --- | --- |
| U—U—U—U | 1992 年以来的老城区 |
| A—U—U—U | 1992～1998 年间，来源于农田的部分 |
| F—U—U—U | 1992～1998 年间，来源于森林的部分 |
| W—U—U—U | 1992～1998 年间，来源于水体的部分 |
| B—U—U—U | 1992～1998 年间，来源于荒地的部分 |
| ?—A—U—U | 1998～2001 年间，来源于农田的部分 |
| ?—F—U—U | 1998～2001 年间，来源于森林的部分 |
| ?—W—U—U | 1998～2001 年间，来源于水体的部分 |
| ?—B—U—U | 1998～2001 年间，来源于荒地的部分 |
| ?—?—A—U | 2001～2008 年间，来源于农田的部分 |
| ?—?—F—U | 2001～2008 年间，来源于森林的部分 |
| ?—?—W—U | 2001～2008 年间，来源于水体的部分 |
| ?—?—B—U | 2001～2008 年间，来源于荒地的部分 |

城市土地利用基本上不可逆，即已经发展城市的土地，在很大程度上将不会再次转变为农田或者其他地物类型。因此，在检测城市发展变化轨迹中，认为由城市用地变为其他地物类型的变化是错误类型。统计分析整个土地覆盖变化轨迹，发现该类错误类型的错误率为7.6%，在可以接受的范围内。

根据珠江三角洲各个城市经济发展指标和城市建成区面积之间的关系，发现该区域城市的发展主要有两种模式：以面积扩张为主导的"摊大饼"式城市扩张，以提高土地利用效率优先的城市增长。为了在空间结构上验证这种模式的存在，采用多种景观指标对城市变化轨迹类别进行空间格局的量化。之后，根据城市空间格局的聚类分析，得到与统计分析城市发展模式类似的结论：在珠江三角洲地区，两个大都市——广州和深圳，依然是效率优先发展的城市代表，城市聚集度好，建成区集中且连通性高，城市增长主要向外围发展。而其余城市主要以扩大面积为主进行城市扩张，空间结构显示建成区连通性不足，且建成区图斑出现分散或者聚集程度不高的格局。

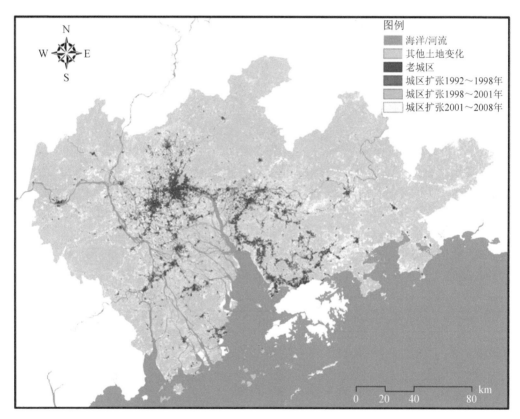

图11.9  1992～2008年珠江三角洲城市的发展变化

2. 应用二：中国西部干旱区农田变化的时空模式分析

对于人类活动的反应，土地利用与覆盖变化十分敏感，特别在干旱地区更加明显。自20世纪90年代以来，中国提出了"西部大开发"的国家发展战略，西部经济显著提升。但随之伴随的是大量自然资源的消耗以及进一步的环境恶化。水资源短缺以及土地沙化问题，已经严重影响到干旱区绿洲的可持续性发展。

在干旱区绿洲中，人类活动对环境的影响形式，主要是农田的扩张。尽管在干旱区，土地资源被认为是无限的，但水资源的有限性，仍然是限制绿洲农田发展的主要因素。因此，需要检测干旱区在农田发展过程中的土地覆盖变化情况，分析农田发展的时空模式，以预测未来的发展趋势。

研究对象选取一个以灌溉农业生产为主的绿洲，位于中国最大沙漠——塔克拉玛干沙漠边缘、塔里木河流域下游，限定在新疆维吾尔自治区尉犁县的范围之内。自 1990年以来，该地区是中国重要的棉花生产基地，棉花种植占了农田的绝大多数面积，且呈逐年增长趋势。为了了解农田在较长时间段内的扩张情况，在 1994 至 2008 年间的六个时相的遥感数据被用来对农田的变化情况进行检测。遥感数据为收集自多个卫星平台的多光谱数据，如 Landsat TM（1994 年 9 月 25 日获取）和 ETM+图像（2000 年 9 月 17日获取）、CBERS（2005 年 9 月 15 日获取）和北京一号小卫星（Beijing-1）CCD 传感器图像（分别于 2006 年 8 月 10 日、2007 年 8 月 31 日、2008 年 9 月 9 日获取）。为了保证对农田等绿洲绿色植被检测的一致性，遥感图像尽量选择在同一个季节较为接近的时间内获取的无云或者少云数据。

为了最大程度得到像素位置互相匹配的多时相图像序列，提高变化检测的精度，数据预处理的多时相图像几何校正采用"图像对图像"校正的方法。先利用地形图对空间分辨率较高的 CBERS 卫星图像进行校正，然后将该校正的图像作为标准图像，用"图像对图像"的方法纠正其他图像，纠正误差范围控制在半个像素之内。为了保持像素的原始信息，重采样方法选用最邻近法。

对各个时相的图像依照两级分类系统进行分类，综合类别得到 5 种地物类型。分类同时采用监督法、非监督法，5 个类别的分类总体精度分别为 93%～99%、85%～97%。比较分类的精度，用监督法分类的结果作为图像地物提取的最终结果。根据最终研究农田扩张的需要，只在农田类别上建立变化轨迹。根据像素属于农田或者非农田的属性，土地覆盖的变化轨迹可以被唯一确定，如"农田—非农田—农田—非农田—非农田—非农田"的变化轨迹模式，可以用来描述该像素由最初被开垦为农田，期间经过了短暂的弃耕，之至最后变成为沙漠（完全弃耕）的变化过程。

定义农田类别的编码标识为"1"，非农田类别的编码标识为"0"，建立时空变化轨迹的变化检测图像。在两个类别六个时相的情况下，变化轨迹的种类在理论上存在 $2^6$（64）种。依照农田在时间（1994～2008 年）上的发展次序，对变化轨迹分类如表 11.4 和图 11.10。其中，"X"仅表示农田类型；"O"仅表示非农田类型，"?"表示既可以是农田也可以是非农田类型，**是除上述已出现的稳定农田的变化轨迹。

表 11.4　对农田变化轨迹类型的分类

| 变化轨迹类别 | 在 GIS 中的值 | 对变化轨迹的描述 |
| --- | --- | --- |
| O—O—O—O—O—O | 0 | 非农田地物之间的变化轨迹 |
| X—O—O—O—O—O | 1 | 自 2000 年来的弃耕农田 |
| ?—X—O—O—O—O | 2，3 | 自 2005 年来的弃耕农田 |
| ?—?—X—O—O—O | 4，5，6，7 | 自 2006 年来的弃耕农田 |
| ?—?—?—X—O—O | 8，9，…，14，15 | 自 2007 年来的弃耕农田 |
| ?—?—?—?—X—O | 16，17，…，30，31 | 自 2008 年来的弃耕农田 |
| O—O—O—O—O—X | 32 | 自 2008 年来的农田稳定扩张部分 |

| 变化轨迹类别 | 在 GIS 中的值 | 对变化轨迹的描述 |
| --- | --- | --- |
| O—O—O—O—X—X | 48 | 自 2007 年来的农田稳定扩张部分 |
| O—O—O—X—X—X | 56 | 自 2006 年来的农田稳定扩张部分 |
| O—O—X—X—X—X | 60 | 自 2005 年来的农田稳定扩张部分 |
| O—X—X—X—X—X | 62 | 自 2000 年来的农田稳定扩张部分 |
| X—X—X—X—X—X | 63 | 自 1994 年来的稳定农田 |
| ?—?—?—?—?—X** | 其他 | 短暂出现的农田或不稳定农田 |

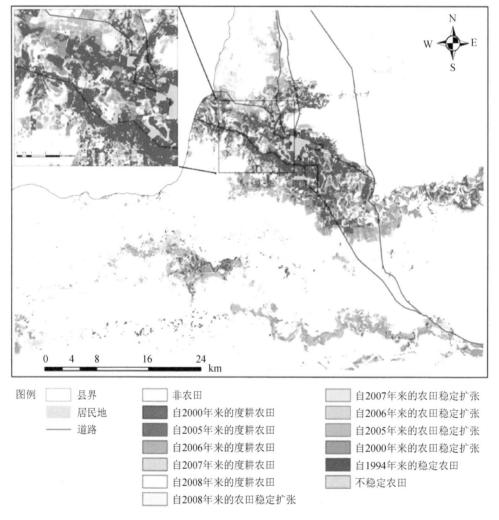

图例　　县界　　　　非农田　　　　　自2007年来的农田稳定扩张
　　　居民地　　　自2000年来的度耕农田　自2006年来的农田稳定扩张
　　—道路　　　　自2005年来的度耕农田　自2005年来的农田稳定扩张
　　　　　　　自2006年来的度耕农田　自2000年来的农田稳定扩张
　　　　　　　自2007年来的度耕农田　自1994年来的稳定农田
　　　　　　　自2008年来的度耕农田　不稳定农田
　　　　　　　自2008年来的农田稳定扩张

图 11.10　1994～2008 年尉犁县农田的时空变化

从变化轨迹分类后输出的结果看，专题图能够很清晰的显示农田在时空变化上的趋势，即新增农田趋向于分布在老农田的外围。为了量化空间分布特征，选取景观指数定量化描述。其中，为了发现空间格局在时间序列上的变化信息，采用标准化景观形状指数（normalized landscape shape index）及面积加权分维度（area weighted mean fractal dimension index）评价农田类型的空间形状和结构。为了量化变化的空间动态，针对农田在不同时期的扩张部分，采用散布与并列指数（interspersion and juxtaposition index）、面积加权最邻近欧式距离（area weighted mean Euclidean nearest-neighbor distance）、凝聚性指数（cohesion）描述变化过程中的空间特征。经过指标分析发现，随着农田的快速扩张，农田的外围边界形状一直有变得更加复杂的趋势。从农田整体形状看，在 2006 年之前农田形状趋向于变得聚集。而在之后两年内，由于农田可能存在某个方向的急剧扩张，整体形状有分散的趋势。对于变化过程的动态描述，在不同时相上农田扩张部分的空间相邻关系结果显示，尉犁县农田的扩张主要依照环状的发展模式，并非单方向性的外向扩展。

综合两个实例的分析可以看到，基于时空信息提取的时间序列变化检测技术，能够应用于多时相遥感图像变化检测中，比较简单直接地表达变化在时空上的动态过程。在多源数据融合的变化检测方面，体现了对数据不一致性的弱化以及呈现图像差异信息的优势。根据时间序列的分析，能够比较可能的错误分类信息，这有益于评价多时相空间信息中变化检测的精度。

## 11.4　面向无人机视频的动态目标跟踪

目标跟踪不可能完全准确，可以利用已有地理信息时空约束，在目标跟踪时获得目标的高精度坐标。地理信息时空约束下的无人机视频目标跟踪路线如图 11.11 所示。在无人机视频接入后，匹配视频图像与基准图像。当视频文件中包含位置信息时，对位置

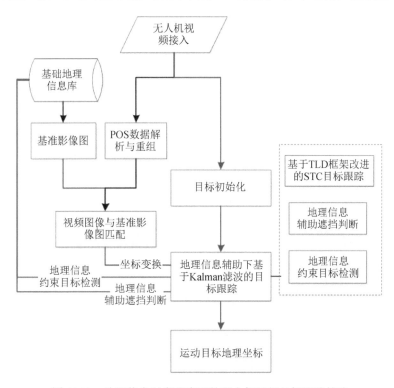

图 11.11　地理信息时空约束下的无人机视频目标跟踪策略

信息解析与重组为外方位角元素和线元素，直接地理定位（Moranduzzo and Melgani，2014）。因位置精度有限，只能确定图像的概略范围，为了地理定位精度，需将视频图像与基准图像进行匹配。当视频文件中不包含位置信息时，先对视频影像帧间匹配获取概略地理范围，然后把视频图像与基准影像精匹配，计算出像素坐标和地理坐标的变换关系。

本节提出地理信息辅助的 Kalman 滤波目标跟踪算法，融合检测信息和跟踪信息，在视频上跟踪目标，持续稳定捕获目标及其地理坐标。主要包括：时空上下文目标跟踪、地理信息约束目标检测、地理信息辅助遮挡判断，流程如图 11.12 所示，步骤如下。

步骤（1）：初始化待跟踪目标。在视频图像上框选感兴趣目标，获取目标中心像素坐标及目标宽高，或者直接输入目标中心像素坐标及目标宽高 $(x_p, x_p, w, h)$。

步骤（2）：解算视频图像到基准图像的变换矩阵，利用变换矩阵及目标中心点像素坐标计算目标中心点地理坐标。

步骤（3）：初始化 Kalman 滤波器，设置系统初始状态估计误差协方差矩阵 $\boldsymbol{P}_0$，系统噪声的协方差矩阵 $\boldsymbol{Q}_{k-1}$，测量噪声的协方差矩阵 $\boldsymbol{R}_k$。

步骤（4）：开启基于 TLD 框架改进的 STC 目标跟踪算法的检测模块和跟踪模块。

步骤（5）：将在上一帧（第 $i$–1 帧）Kalman 滤波器输出结果（目标中心地理坐标校正值 $\hat{\boldsymbol{X}}_B^{i-1}$ 或预测值 $\boldsymbol{X}_B^{i-1}$）代入 Kalman 滤波状态预测方程 $x_{k|k-1}=F_k x_{k-1|k-1}+G_k v_{k-1}$，计算当前帧（第 $i$ 帧）目标中心地理坐标预测值 $\boldsymbol{X}_{B'}^{i-1}$。

步骤（6）：判断检测模块是否停止。当目标地理坐标处于高架桥等可能发生目标遮挡的区域且跟踪算法判定跟踪结果不可靠时，检测模块会停止，因为此时目标处于人工地物遮挡状态，在视频图像中不可见。若检测模块停止，则说明目标在上一帧处于遮挡区域，结合 GIS 查询目标中心地理坐标预测值 $\boldsymbol{X}_{B'}^{i-1}$ 是还处于遮挡区域。若处于遮挡区域，继续下一帧转步骤（5），直至目标离开遮挡区域。若 $\boldsymbol{X}_{B'}^i$ 不处于遮挡区域，则说明目标已离开遮挡区域，开启检测模块，继续下一帧转步骤（5）。若检测模块处于开启状态，转步骤（7）。

步骤（7）：利用变换矩阵及目标中心地理坐标预测值 $\boldsymbol{X}_{B'}^i$，计算目标中心点在当前帧的像素坐标近似值 $\boldsymbol{X}_{p'}^i$。以 $\boldsymbol{X}_{B'}^i$ 为中心建立目标检测缓冲区 $D_{\text{area}}$。

步骤（8）：判断跟踪模块是否停止。当跟踪算法判定跟踪结果不可靠时，会停止跟踪模块，此时目标很可能处于遮挡状态。如果跟踪模块停止（这里隐含检测模块是开启状态），基于 TLD 框架改进的 STC 目标跟踪算法的检测模块，在缓冲区 $D_{\text{area}}$ 中进行目标检测。若检测到目标，则说明目标被重新捕获，开启跟踪模块，转步骤（10）。如果未检测到目标，继续下一帧转步骤（5），直至重新捕获到目标。如果跟踪模块处于开启状态，那么转步骤（9）。

步骤（9）：利用基于 TLD 框架改进的 STC 目标跟踪算法进行目标跟踪，并判定跟踪结果是否可靠。如果不可靠，结合 GIS 查询目标中心地理坐标预测值 $X_{B'}^i$ 是否处于遮挡区域，若不处于遮挡区域，则只停止跟踪模块，转下一帧。如果处于遮挡区域，则停

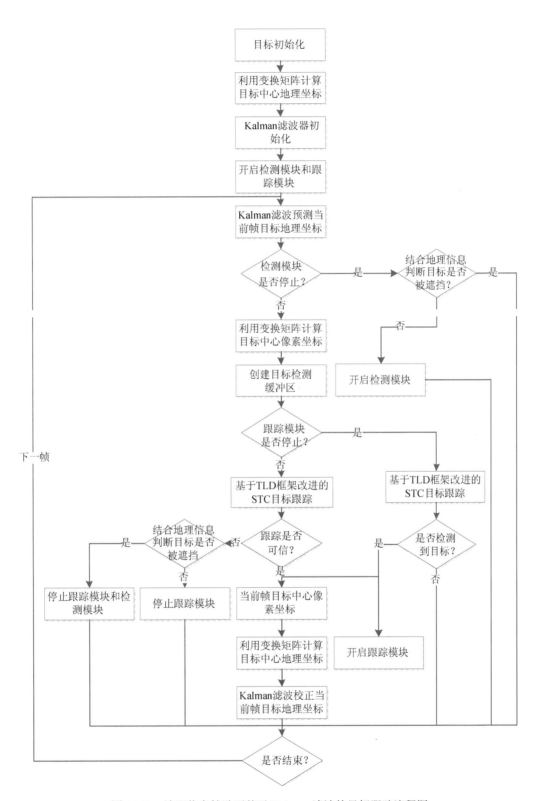

图 11.12　地理信息辅助下基于 Kalman 滤波的目标跟踪流程图

止检测模块和跟踪模块，转下一帧。如果置信度可靠，那么转步骤（10）。

步骤（10）：输出当前帧目标像素坐标 $\boldsymbol{X}_p^i$。

步骤（11）：利用变换矩阵及当前帧目标像素坐标 $\boldsymbol{X}_p^i$ 计算目标中心地理坐标 $\boldsymbol{X}_B^i$。

步骤（12）：将目标中心地理坐标 $\boldsymbol{X}_B^i$ 代入 Kalman 滤波状态更新方程 $x_{k|k} = x_{k|k-1} + K_k(y_k - H_k x_{k|k-1})$，计算当前帧（第 $i$ 帧）目标中心地理坐标校正值 $\hat{\boldsymbol{X}}_B^i$。

步骤（13）：判断跟踪是否停止，若未停止，则继续下一帧，转步骤（5）。

实验数据为无人飞艇在武汉市中环线上空采集的航拍视频，航高约 150m，速度约每小时 40km，视频帧率约每秒 25 帧，空间分辨率约 0.25m，视频图像为 720×760 像素的 RGB 3 波段彩色图像。场景主要包括高速公路、公路两旁的植被、房屋和池塘。公路上方有一座高架桥横穿，车辆通过高架桥时会有一段时间被完全遮挡。

从视频中抽取若干帧图像，拼接生成一张基准图像。为了使拼接图像与视频图像产生差异，更符合实际，对拼接后图像旋转变换及灰度拉伸，如图 11.13 所示。

图 11.13　拼接生成的基准图像

图 11.14 显示了视频跟踪结果中的 6 帧。由于原始视频图像中高架桥较窄，目标被遮挡时间较短，为了较好检验地理信息辅助下的目标遮挡判断算法，从第 75 帧到第 91 帧，人工在图像上绘制桥面，将高架桥的宽度增宽，使目标被遮挡的时间更长。

在第 1 帧给出目标初始化坐标及宽高后，开始运行地理信息辅助下基于 Kalman 滤波的目标跟踪。初始化 Kalman 滤波器。由于相邻 2 帧图像间隔时间很短，可认为相邻

2 帧图像间目标做匀速运动，设置系统状态转移矩阵 $\boldsymbol{F}_k = \begin{bmatrix} 1 & 0 & T_s & 0 \\ 0 & 1 & 0 & T_s \\ 0 & 0 & 1 & 0 \\ 0 & 0 & 0 & 1 \end{bmatrix}$，$T_s$ 表示采样间隔，

观测矩阵 $\boldsymbol{H}_k = \begin{bmatrix} 1 & 0 & 0 & 0 \\ 0 & 1 & 0 & 0 \end{bmatrix}$。

图 11.14　地理信息辅助下基于 Kalman 滤波的目标跟踪结果

从第 1 帧到第 65 帧，目标被稳定跟踪。到第 66 帧，目标开始进入高架桥底，目标被遮挡，此时跟踪模块判定跟踪结果不可靠（目标受到遮挡，置信度低）。通过目标地理坐标进行 GIS 空间查询，判定目标处于高架桥遮挡区域。此时目标在视频图像上不可见，跟踪模块和检测模块都停止运行。此后，利用 Kalman 滤波器预测目标的位置，直至目标离开遮挡区域。在图 11.14 中，第 72 帧、第 80 帧和第 89 帧中的蓝色实心圆点显示了 Kalman 滤波器预测得出的目标位置。在第 90 帧时，由目标地理坐标位置判断目标离开遮挡区域，检测模块开启。在第 90 帧和第 91 帧，虽然目标已重新出现在图像中，但是检测模块没有检测到目标，直至第 92 帧检测模块检测到目标。由于已重捕获到目标，第 93 帧跟踪模块开启，此后持续稳定跟踪。

设系统噪声协方差矩阵 $\boldsymbol{Q}$、观测噪声协方差矩阵 $\boldsymbol{R}$ 分别为

$$\boldsymbol{Q} = \begin{bmatrix} 1 & 0 & 0 & 0 \\ 0 & 1 & 0 & 0 \\ 0 & 0 & 0 & 0 \\ 0 & 0 & 0 & 0 \end{bmatrix}, \quad \boldsymbol{R} = \begin{bmatrix} 1 & 0 \\ 0 & 1 \end{bmatrix}$$

从跟踪结果可知，虽然目标受到较长时间的遮挡，但是地理信息辅助下的目标遮挡判断算法，依然能准确判断目标何时进入遮挡区域与离开遮挡区域。从图 11.14 中看到，在距离目标不远的地方，有一个与跟踪目标很相似的车辆目标，在重检测时准确检测到了该目标，没有发生误检测。这是因为目标地理坐标约束目标检测的范围，有效排除了干扰，降低了检测器的错误率。图 11.15（a）是第 91 帧局部放大图，图 11.15（b）是第 91 帧目标检测缓冲区。

 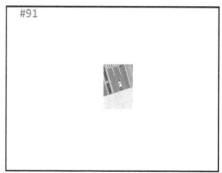

(a) 局部放大图　　　　　　　　　　　　　(b) 目标检测缓冲区

图 11.15　第 91 帧图像

目标中心像素坐标转换为基准图像图坐标后，将运动目标轨迹显示在基准图像上。由于存在跟踪误差及坐标转换误差，算得的基准图像图坐标存在较大噪声，从图 11.16（a）中可以看出目标轨迹（蓝色圆圈）并不平滑，局部存在突变。图 11.16（b）是经 Kalman 滤波后的目标基准图坐标，从中可以看出目标运动轨迹（红色圆圈）较为平滑，这是因为 Kalman 滤波器状态方程对目标运动进行了约束，抑制了测量噪声的干扰，所以运动轨迹更符合目标实际。

图 11.17（a）是运动目标水平方向速度曲线，图 11.17（b）是运动目标垂直方向速度曲线。从图中可知，经过若干次迭代后，Kalman 滤波器输出的运动目标水平方向速度在 2 像素/帧上下波动，垂直方向速度稳定在 6 像素/帧，运动目标水平方向速度平均值为 1.8 像素/帧，垂直方向速度平均值为 5.6 像素/帧。

(a) Kalman滤波前轨迹(蓝色圆圈)　　　　　　　　(b) Kalman滤波后轨迹(红色圆圈)

图 11.16　Kalman 滤波前后的运动目标轨迹

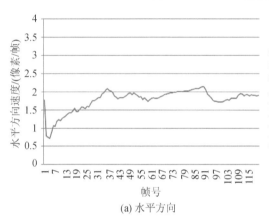 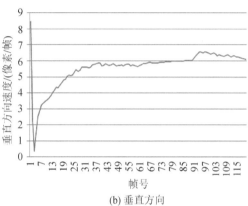

(a) 水平方向　　　　　　　　　　　　　　　(b) 垂直方向

图 11.17　运动目标的速度曲线

# 第12章 时空分布的视频数据挖掘

随着数字城市在中国乃至全世界的推进，视频监控在城市中得到大量应用，可能实现对城市的四维时空监测。可是，数字城市中地理空间数据的数据量达到 TB 级，而视频数据量可望达到 PB 级，存储费用之昂贵导致存储不起，数据之巨大导致人工查不准，难利用，无法发挥视频数据在智慧安防、智慧交通和智慧城管中应有的作用。亟待寻求自动化和实时化的视频数据智能压缩、分析挖掘的新理论和新方法。鉴于目前强烈的需求和十分匮乏的商业化产品，十分有必要开展视频数据挖掘的理论研究和工程研发。

本章在分析时空分布的视频数据挖掘的必要性的基础上，研究视频数据智能压缩与云存储、基于内容的视频数据检索、时空视频数据挖掘、视频人脸超分辨率识别与表情挖掘、基于长程背景字典的卫星视频编码等内容。

## 12.1 视频数据智能压缩与云存储

视频数据压缩技术能够降低视频存储的数据量，是解决存储规模和投入问题的有效手段。而云存储突破了传统存储方式的性能和容量瓶颈，实现了性能和容量的线性扩展，让海量视频数据存储成为可能。

### 12.1.1 视频数据的"存不起"

中国的各个大城市大约安装了 20 万到 60 万个视频摄像头。所存储的数据达到 PB 级以上。目前城市级视频监控网络所需处理/保存的数据量十分巨大。根据《2011—2015年天津市技术防范网络体系建设规划实施方案》要求，在"十二五"末天津安装了 60 万个摄像头。按照目前技术水准和行业标准，一个高清探头采集的数据如采用 H.264 标准进行压缩，每小时需 3.6GB 存储空间。视频保存时间为 3 个月，按 4T 容量存储服务器 5 万元/台价格计算，天津市安防系统投入，仅存储一项的资金需求就高达约 583.2 亿元，相当于 2012 年西藏全区的 GDP 总值。针对巨大的监控视频数据，目前我国绝大部分城市均采取缩时和降质方式减轻建设资金压力，严重影响了视频数据的刑侦辨识价值。快速增长的存储规模和投入，已成为制约城市监控系统发展的重要因素。

### 12.1.2 视频数据压缩

视频压缩是运用数据压缩（编码）去除数字视频中的冗余信息的技术。数据压缩可以大大降低视频存储所需的数据量，有效降低视频数据的存储规模，缓解存不起的问题。

视频编码技术的发展大体经历了三个阶段。第一代视频编码技术以信息论和数字信号处理技术为基础，并不考虑视频信息的具体含义和重要程度，旨在去除图像中的线性相关性，其压缩比不是很高。第二代编码方法充分利用了计算机图形学、模式识别、计算机视觉与人工智能等相关学科的研究成果，力图实现从"波形"编码到"模型"编码的转变。但是由于第二代编码方法增加了分析的难度，所以大大增加了实现的复杂性。近年来，一些学者将融合压缩感知理论和分布式信源编码理论的分布式压缩感知理论应用于视频编码中，提出分布式视频压缩感知，但由于视频相关性利用的不彻底，所恢复的图像质量不太高。因而，研究一种兼顾视频质量和低复杂度的编码方式仍是目前视频编码领域的热点问题。

### 12.1.3　视频数据云存储

云存储是指通过集群应用、网格技术或分布式文件系统等功能，将网络中大量各种不同类型的存储设备通过应用软件集合起来协同工作，共同对外提供数据存储和业务访问功能的一个系统。云存储的基本结构如图 12.1 所示。

云存储为实现大规模高清视频的存储和处理提供了一种新的解决方案。它突破了传统存储方式的性能和容量瓶颈，实现了性能和容量的线性扩展，让海量视频数据存储成为可能。同时云存储可以实现存储完全虚拟化，所有设备对云端用户完全透明，任何云端、任何被授权用户都可以通过一根网线与云存储连接，从而让用户拥有相当于整片云的存储能力。由于各个监控区域地理范围分布广阔，监控点的数据巨大，采用云存储系统，便于分布式管理和随时扩容。

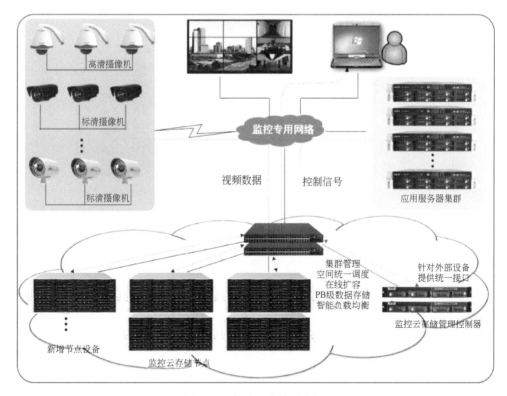

图 12.1　监控云存储示意图

## 12.2　基于内容的视频数据检索

基于内容的视频检索是根据视频的内容和上下文关系，对大规模视频数据进行检索的技术。它在没有人工参与的情况下，自动提取并描述视频的特征和内容，是一种监控视频中常用的视频检索技术。

### 12.2.1 视频数据的"查不准"

人工从大量的视频数据中查找出所需要的有用数据是一件十分困难的事。实验表明，一名专业监控人员同时查看两台视频监控器，在 22 分钟之后将会错过 95%的应监视目标。

近 20 多年来，国际犯罪行为重要的变化之一，是跨区域流动作案成为犯罪行为的主要方式。2012 年 3 月 7 日检察日报指出："目前，流动人口犯罪已占各地犯罪总数 70%～90%之多"。由于涉案区域不断扩大，需要检索的视频数据快速增长。然而，传统的监控系统只对视频数据进行简单的采集和记录，而对高层的语义内容和关键的情报信息缺乏有效的分析和提取。一旦案件发生，侦查人员不得不采用人工浏览的方式逐个排查嫌疑目标，既低效费力又容易错过最佳的破案时机。如图 12.2 所示，我国刑事案件未破案率一直维持在较高水平（数据来源：《中国法律年鉴》）。新华社指出，斥资 1.4 亿元建设的视频监控网"天网工程"没能及时为搜索工作提供任何有价值的信息或线索。为了高效利用视频监控数据，提高破案效率，需要利用视频检索技术，在海量的视频数据中快速检索出所需要的资料。

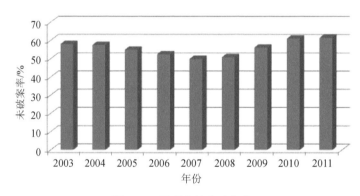

图 12.2　刑事案件未破案率

### 12.2.2 基于内容的视频检索

视频作为一种表达信息的媒体，有着自己独立的结构。一般地，一段视频由一些描述独立故事单元的场景构成；一个场景由一些语义相关的镜头组成；而每个镜头是由一些连续的帧构成，它可由一个或多个关键帧表示。一段视频的基本结构如图 12.3 所示。

基于内容的视频检索技术，首先将视频分割成各个镜头，并实现对各个镜头的特征提取，得到一个尽可能充分反映镜头内容的特征空间，这个特征空间将作为视频聚类和检索的依据。其中，特征提取包括关键帧中的视觉特征和镜头的运动特征的提取。所谓关键帧，即指从视频数据中抽取出来的、能概括镜头内容的一些静态图像。通过一定算法，实现对这些静态图像的视觉特征提取，主要从颜色、纹理、形状等几个角度来进行。镜头运动特性提取通过对镜头的运动分析（主要针对镜头运动的变化、运动目标的大小变化、视频目标的运动轨迹等）来进行，方法主要有基于光流方程的方法、基于块的方

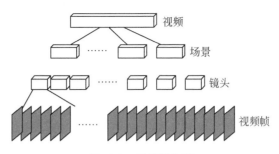

图 12.3 视频结构图

法、像素递归方法和贝叶斯方法等。然后，根据提取的关于镜头的动态特性和关键帧的一些静态特性进行索引。最终，用户可以通过一种简单方便的方法浏览和检索视频。

# 12.3 时空视频数据挖掘

时空数据挖掘是指从时空数据中提取用户感兴趣的时空模式与特征、时空与非时空数据的普遍关系及其他一些隐含的普遍的数据特征。时空数据挖掘不是孤立应用的，为了发现某类知识常常要综合应用多种方法，还要充分结合常规的数据库、机器学习、人工智能等技术。例如，在时空数据库中挖掘空间演变规则时，首先可利用空间数据库的叠置分析等方法提取出变化了的数据，再综合统计方法和归纳方法得到空间演变规则。

## 12.3.1 视频数据的"难利用"

虽然基于内容的视频检索，能在一定程度上解决"查不准"的问题，但是由于涉案区域的不断扩大，需要检索的视频数据快速增长。小范围数据搜索输出的检索结果尚可通过人工甄别、剔除其输出的虚警数据，但规模急剧增长的大范围涉案视频数据，导致系统检索效率和输出的虚警数据规模均超越人工处理的极限。

而且，人们对时空数据的利用诉求越来越多。面向基于 GIS 的视频数据，不仅要求进行智能的数据处理和信息提取，还要通过时空分布的视频数据挖掘，自动区分出正常行为的人、车、物和异常行为的人、车、物，从而可大量删除与正常活动有关的、需要保护的隐私活动的视频数据，只留下那些可疑行为的人、车、物和需照顾人（如痴呆老人、弱智儿童等）的相关数据。

目前，我国 600 多个城市建成的视频监控系统每天获取 PB 级别的视频监控数据，但对城市犯罪行为完全没有发挥预警作用。从社会安全事件的全生命周期看，一般包括起因、策划、实施、发生、逃逸五个阶段，职业犯罪行为普遍存在着行为时空跨度大和伪装、隐蔽水平高的特点。虽然犯罪准备期行为有迹可循，但国内现有技术只能针对现有局部数据进行简单的分析和判断，难以从多尺度多类型的媒体数据中检测社会安全前期时空行为异常事件。而国际上一些先进的犯罪预测软件，能够在一定程度上检测罪犯的异常行为，对预防犯罪起到重大作用。例如，洛杉矶使用一套名为"PredPol"的犯罪预测软件的地区，使其犯罪率降低了 13%，而同一时间段内，全市的犯罪率增长了 0.4%。

这成为当今数据挖掘的一个具有重大理论和应用价值的命题。

为了解决上述问题，可以采用时空数据挖掘的方法，对空间地理分布的视频数据进行时空数据挖掘，发现有用的模式、规律和知识。例如，利用时空信息，过滤无效的视频数据，达到降低虚警数据规模的目的。如果能够成功检测出罪犯的异常行为，并由此检测出由一系列异常行为组成的异常事件，将对视频监控的预警起到重要作用。异常行为分析和事件检测是从监控视频中检测和预测异常行为的基础技术。

### 12.3.2 时空异常行为挖掘

视频目标的行为分析是事件检测的基础，是指在对视频进行前期图像处理的基础上，对视频场景中感兴趣目标的时间和空间数据（有时还包括其与背景物体的关系）进行研究，最终得出对视频目标在特定时间段内所做行为的理解或解释，从而辅助决策系统作出相应的反应。

从数据处理的角度看，由于视频目标的轨迹信息序列是以时间为顺序的，故可以简单理解为多维时间信号，于是对视频目标的行为进行分析理解即是对时间序列进行合理分段（有时还需计算各时间段与背景目标的空间关系），并将其与模型库中的典型行为元素模型进行匹配，从而完成分类辨识。目前存在的视频目标的行为分析方法，主要有累积模板技术的行为分析方法、贝叶斯网络的行为分析方法、有限状态机方法、陈述性模型（基于逻辑的方法），以及基于 Petri 网的方法等。

通过视频数据挖掘软件，自动获取视频录像中人体行为的关键信息，如聚集、跑动、翻墙、徘徊等（图 12.4），有利于刑侦人员聚焦观测和分析嫌疑对象。美国波士顿爆炸案的破获，就是从视频图像中发现了在爆炸后作案人的逆人潮的异动行为。

| (a)聚集 | (b)跑动 | (c)翻墙 | (d)徘徊 |

图 12.4    时空异常行为挖掘

### 12.3.3 基于时空视频序列的事件检测

视频语义事件是在时空分布视频序列中具有一定语义信息的某种行为或者一系列行为，而行为指视频序列中一系列具有一定语义和时间延续性的动作。因此，事件检测是在视频中发现感兴趣的或者明显与众不同的事件，并对其包含的行为作出适当的分析（图 12.5）。

语义事件的检测主要分为三类，分别是基于预定义事件模型的事件检测方法、基于训练数据学习事件模型的事件检测方法、基于聚类分析的事件检测方法。基于预定义事件模型的事件检测方法是使用预定义规则或限制条件来构建事件模型，由于需要相关环

图 12.5 时空分布视频数据的事件检测

境的先验知识，只能用于特定领域下的事件检测，因而具有很大局限性。基于训练数据学习事件模型的事件检测方法在提取特征之后，采用隐马尔可夫模型或者动态贝叶斯网络等方法来分析各个关键帧特征值之间的关系，进而挖掘各个镜头之间的语义关系并检测出一些典型的事件。基于聚类分析的事件检测方法包括时空衍生和协同嵌入式原型等，都是通过对权重矩阵进行谱图分割来检测事件片断。其中，权重矩阵通过计算视频片断之间的相似性来确定。

# 12.4　视频人脸超分辨率识别与表情挖掘

人脸图像是一类高度结构化的物体。人脸超分辨率（face super-resolution）是一种根据观测到的低质量、低分辨率（low-resolution）人脸图像，结合由高低分辨率人脸图像训练学习到的先验知识重建清晰高分辨率（high-resolution）人脸图像的方法（Zhang et al.，2016）。用云模型描述人脸表情的共性、偏离性和离散性，用数据场刻画人脸图像每个像素点对表情的贡献，可以挖掘表情。

## 12.4.1　视频人脸图像的"难辨识"

目前刑侦图像处理在实际应用中存在"辨识难、门槛高、效率低、成本大"四大瓶颈问题（Li et al.，2014；Ma et al.，2010）。

动态目标跟踪，除了第一帧图像的初始目标是确定的，整个过程非监督、无人工干预、充满不确定性（Kalal et al.，2012）。现有目标跟踪方法一般只获取目标在视频图像上的像素坐标，难以满足空中侦查、目标监视、实时定位等任务的需求，长时间跟踪目标更是困难（Bell et al.，1999）。

犯罪嫌疑人的人脸图像是刑侦人员最关注的目标，但是在实际监控应用中，由于摄像头和感兴趣目标距离通常较远、监控系统的带宽和存储资源有限以及环境噪声和器件噪声等因素的影响，监控视频嫌疑目标的人脸图像模糊不清的现象十分普遍。

现有人脸增强技术在白天拍摄环境下重建的质量尚可，但是在夜间噪声环境下重建的质量急剧下降（Collins，1998）。

在原始的低质量感兴趣目标图像基础上，智能重建高质量可辨识的人脸图像，成为视频侦查的核心技术需求。但是，重建图像的高频细节信息不可能无中生有。人脸超分辨率方法可以有效增强低质量人脸图像的分辨率，恢复人脸的特征细节信息，这对于提高人脸图像清晰度，增加人脸辨识准确性，进而提高公安机关破案率具有重要意义。

计算视觉相关研究成果表明，局部性先验对于揭示数据空间潜在的非线性流形结构非常重要。这一先验知识被广泛应用于图像聚类、图像分类、图像标记和图像识别等相关领域，并获得了比传统方法更好的性能。

### 12.4.2 基于图像块局部约束的人脸超分辨率算法

图像超分辨率问题是图像降质过程（通过对原始高分辨率场景进行采样得到低分辨率图像）的反问题，即利用已知的一张或者多张低分辨率图像来推断恢复出原始未知的高分辨率图像（图 12.6）。

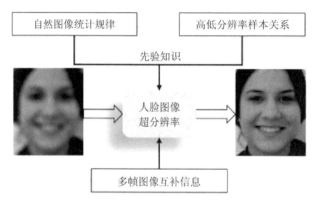

图 12.6　人脸超分辨率额外高频细节的来源

图像超分辨率算法补偿低分辨率图像在图像降质过程中丢失的高频细节信息，可以基于多帧重建、学习（Džaja et al.，2013；Cheng et al.，2011；Farsiu et al.，2004）。基于多帧重建，利用视频序列中连续多帧图像之间提供的互补信息，超分辨率重建原始高分辨率图像，核心是用时间带宽（获取同一场景的多帧图像序列）换取空间分辨率；基于学习利用图像的先验知识（自然图像统计规律或者样本高低分辨率图像之间的对应关系），指导或约束图像超分辨率重建过程，以获得符合人类视觉先验的高分辨率图像。

人脸由两只眼睛、鼻子和嘴巴等相对位置稳定的器官构成，该位置先验信息在人脸的合成与重构过程中具有重要作用。本节研究在极低信噪声条件下人脸图像的降质过程，提出基于局部块相似约束的人脸表示模型，在稀疏性约束基础上再引入局部性约束，保证选择的重建样本与输入图像具有局部近邻关系，大大减少夜间噪声的干扰。基于位置图像块的人脸超分辨率算法原理如图 12.7 所示，首先输入低分辨率人脸图像和高分辨率人脸图像样本，都按照同样的方式划分成多个图像小块；其次对于输入的每个低分辨率图像块，用所有低分辨率人脸样本相同位置的图像块对其进行表示，得到表示系数；然后把低分辨率图像块样本替换成对应的高分辨率图像块样本，同时保持表示系数不变，线性加权得到重构的高分辨率图像块；最后，重复上述过程，得到所有位置的重构高分辨率人脸图像块，按照重构出来的人脸图像块在人脸图像上的位置，融合重构得到高分辨率人脸图像块，最终得到输入低分辨率人脸图像的目标高分辨率人脸图像（Zhuang et al.，2007）。可见，基于位置图像块的人脸超分辨率方法的关键，是获得输入低分辨率人脸图像块在低分辨率人脸图像样本空间的表示系数。

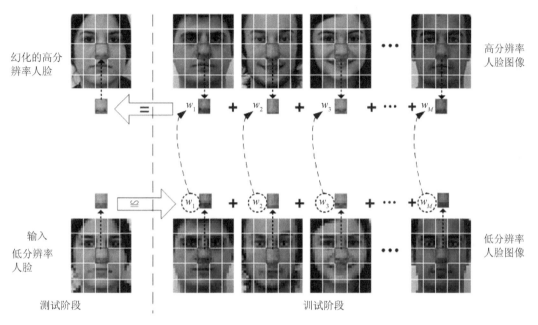

图 12.7　基于位置图像块的人脸超分辨率算法原理

在将局部性先验知识引入图像超分辨率重构过程中，形成一种基于局部约束表示（locality-constrained representation，LcR）的人脸超分辨率算法（算法 12.1）。

**算法 12.1**　基于局部约束表示的人脸超分辨率

输入：高分辨率人脸图像训练集 $\{Y_H^n\}_{n=1}^N$，低分辨率人脸图像训练集 $\{Y_L^n\}_{n=1}^N$，低分辨率人脸图像 $X_L$，图像块大小，近邻图像块之间的交叠像素，局部正则化参数。

输出：重构高分辨率人脸图像 $X_H$。

步骤：

步骤（1）：利用双三次插值方法从输入低分辨率人脸图像上采样目标高分辨率人脸图像大小；

步骤（2）：将高分辨率人脸图像训练集、低分辨率人脸图像训练集和插值放大之后的低分辨率人脸图像按照同样的划分策略分成图像小块；

步骤（3）：输入低分辨率人脸图像上的每个小块 $X_L(i, j)$；

步骤（4）：计算输入低分辨率图像小块 $X_L(i, j)$ 和训练集中所有 $N$ 个低分辨率图像小块 $\{Y_L^n(i, j)\}_{n=1}^N$ 之间的欧几里得距离：

$$d_n(i, j) = \| X_L(i, j) - Y_L^n(i, j) \|_2, \quad 1 \le n \le N;$$

步骤（5）：在低分辨率样本图像块集 $\{Y_L^n(i, j)\}$ 上为 $X_L(i, j)$ 计算最优表示权重

$$w^*(i, j) = \arg\min_{w(i,j)} \left\{ \| X(i, j) - Y(i, j)w(i, j) \|_2^2 + \tau \| Dw(i, j) \|_2^2 \right\},$$

$$\text{s.t.} \sum_{n=1}^N w_n(i, j) = 1;$$

步骤（6）：计算目标高分辨率图像小块 $X_H(i, j) = \sum_{n=1}^N Y_H^n(i, j)w_n^*(i, j)$；

步骤（7）：重复步骤（6）～（8）直至所有图像块被处理完毕；

步骤（8）：将所有加权重构的高分辨率的图像块按照位置叠加，然后除以每个像素位置交叠的次数，重构出高分辨率人脸图像 $X_H$。

FEI 人脸数据库包括 200 个个体（100 位男士和 100 位女士）的 400 幅人脸图像，每个人有一张正面中性表情和一张正面笑脸图像，所有人脸图像均被裁剪成 120×100 像素。实验随机选择 180 个人（360 张图像）作为训练样本，将剩余 20 个人（40 张图像）作为测试图像。低分辨率图像由高分辨率图像加模糊（窗口大小为 4×4 的平均模糊）并下采样（4 倍双三次插值下采样）得到，低分辨率人脸图像为 30×25 像素。表 12.1 第二列给出不同算法在超分辨率放大四倍情况下的 PSNR 和 SSIM 两种客观指标。双三次插值方法被视为基准算法，基于图像块方法比全局脸方法和双三次插值方法好。基于 DCT 的方法不如基于图像块的方法，这是由于在高低分辨率局部几何结构一致性假设在 DCT 空间失效（实验表明：高低分辨率图像像素空间之间的流形一致性比在 DCT 空间更好）。本书方法获得了最高的 PSNR 和 SSIM 值，相较于第二好的 PSNR 和 SSIM 增益分别为 0.65dB 和 0.0097。加入前处理之后，上述增益更是达到 1.02dB 和 0.0168。

表 12.1　在不同下采样倍数下不同算法的 PSNR（dB）和 SSIM 对比

| 下采样倍数 | 4 | | 8 | | 16 | |
|---|---|---|---|---|---|---|
| 不同对比方法 | PSNR | SSIM | PSNR | SSIM | PSNR | SSIM |
| Bicibic | 27.49 | 0.8417 | 22.94 | 0.6617 | 19.01 | 0.5322 |
| Wang | 27.75 | 0.7582 | 26.05 | 0.7297 | 24.16 | 0.6954 |
| NE | 31.23 | 0.8975 | 27.75 | 0.8088 | 24.60 | 0.7283 |
| LSR | 31.90 | 0.9032 | 26.88 | 0.7813 | 23.94 | 0.7063 |
| SR | 32.11 | 0.9048 | 26.88 | 0.7814 | 23.90 | 0.6993 |
| DCT | 30.55 | 0.9011 | 26.55 | 0.7881 | 21.79 | 0.6327 |
| LcR | 32.76 | 0.9145 | 27.86 | 0.8102 | 24.60 | 0.7320 |
| PreLcR | 33.13 | 0.9216 | 28.64 | 0.8345 | 25.07 | 0.7429 |
| 相对增益 | 1.02 | 0.0168 | 0.89 | 0.0257 | 0.47 | 0.0146 |

为了验证本书方法对实际条件下获得低分辨率人脸图像的有效性，进一步在模拟实际监控环境下进行人脸超分辨率重构实验，如图 12.8。为监控摄像机拍摄得到的输入图像。第一行为监控摄像机在低光照且拍摄对象距离摄像机较远位置下拍摄得到的低分辨率人脸图像，第二行为监控摄像机在正常光照且人脸靠近拍摄机下拍摄得到的高分辨率人脸图像。第二行提取的高分辨率人脸图像可以用作"原始"高分辨率人脸图像（作为对比人脸图像）。通过手工提取人脸、对齐和上采样等步骤，得到对齐之后的低分辨率人脸彩色图像。然后，对其进行彩色转灰度，再进行色阶调整，得到算法的输入低分辨率人脸图像的第一行。

如图 12.9 所示，其第一列是从图 12.8 的第一行中得到的输入低分辨率人脸图像。在这组实验中，同样调整了局部约束正则化参数，使提出的方法达到最优效果。从图 12.9 可以看出，当输入低分辨率监控人脸图像质量很差时（不仅有噪声，而且受到不同程度的模糊），本书方法均可以获得一个较好的结果。对于输入低分辨率监控人脸图像中存在的非高斯噪声，Wang 等提出的全局脸方法无法获得比较好的结果；LSR 方法（Ma et al.，2010）不仅没有去除噪声，而且放大了输入图像中的噪声；SR 方法的结果不够干净和平

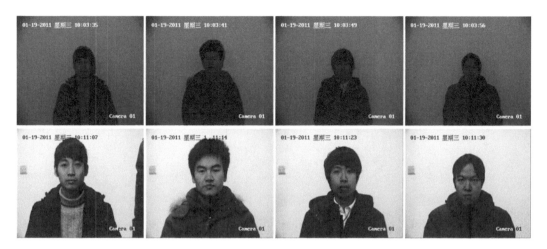

图 12.8　监控摄像机拍摄到的人脸图像

第一行是监控摄像机在低光照下拍摄的低分辨率人脸图像，第二行是监控摄像机在正常光照下拍摄的高分辨率人脸图像

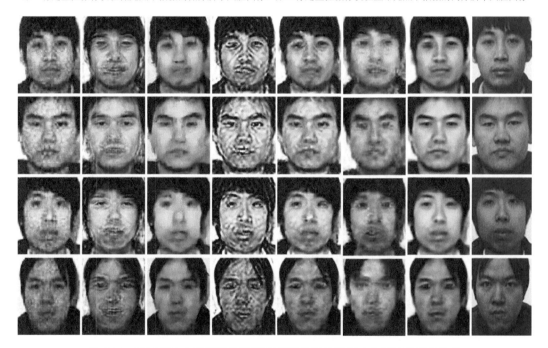

图 12.9　不同算法在模拟监控环境下获得的低分辨率人脸图像的重构结果

从左到右依次为：输入低分辨率人脸图像，Wang 方法的重构结果，NE 方法的重构结果，LSR 方法的重构结果，SR 方法
的重构结果，DCT 邻域嵌入方法的重构结果，LcR 方法的重构结果，PreLcR 方法的重构结果，原始高分辨率人脸图像

滑。NE 方法（Chang et al.，2004）和 DCT 邻域嵌入方法可以部分限制输入低分辨率图像
中的噪声，这一优点归因于局部性先验知识的引入。然而，由于 NE 方法和 DCT 邻域嵌
入方法固定了近邻个数 K，因此，在对输入图像块进行表示时，会有过拟合或者拟合不当
的问题，这也是这两种方法超分辨率重构出来的结果出现块效应的原因。相比较而言，提
出的方法获得了最好的重构高分辨率人脸图像，去除了输入低分辨率人脸中的大部分噪
声，而且重构的人脸与原始高分辨率人脸非常相似。

### 12.4.3 基于移动终端的人脸超分辨率增强云服务平台

借鉴"互联网+"思维，提出基于移动终端的人脸超分辨率增强云服务平台，将云计算、移动互联网与人脸超分辨率增强技术相结合，为公安部门尤其是侦查过程中的一线公安人员提供快捷、专业的人脸图像增强服务，为其在线提供清晰人脸作为后续调查的关键线索，如图 12.10 所示。

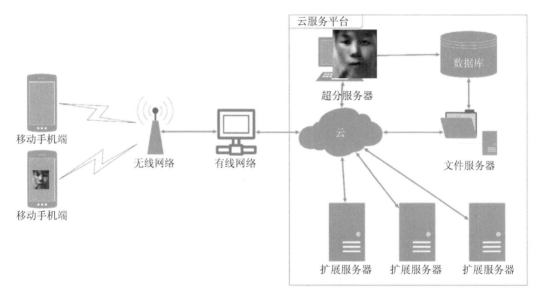

图 12.10　基于移动终端的人脸超分辨率增强云服务平台

在图 12.10 中，系统包括移动端和云端。在移动端，一线公安人员只需一键操作就可以将导入（拍摄或数据线导入）的待处理监控图像传给云端，并在 2 分钟之内就能获取云端传回的增强后图像。在云端，专业人员采用人脸超分辨率增强技术对待处理监控图像进行增强，并将增强后的图像传回移动端。与公安部门采用的乡—县—市—省层层传递的图像处理业务模式相比，本业务模式具有以下优势。

（1）支持各级公安用户直接将图像发送到云平台处理，既避免了层层传递交互导致的耗时，也提高了算法运行速度，响应时间更短。

（2）支持用户在任意地点通过移动端传递图像，覆盖空间更广。

（3）不需要用户进行任何专业操作，超分辨率等复杂算法由专业人员处理，处理效果更优。

（4）以服务收费，按需分配资源，避免不必要的设备支出，经济成本更低。

### 12.4.4 人脸表情挖掘

在{Ex，En，He}图像中，Ex 揭示图像的基本共性，为其标准图像，可以反映图像的平均状态；En 揭示不同图像对标准图像的偏离程度，可以反映不同图像对标准图像的表现程度，即受环境影响的程度；He 揭示不同图像对标准图像的偏离程度的离散度，可以反映不同图像对标准图像的表现程度的差异，即环境等因素对图像的影响程度。同时，把人脸图像的每个像素点看作二维空间中的数据对象，把每个像素点的灰度归一标准化到[0, 1]区间,并视为数据对象的质量,那么在 1 幅图像中,每个像素点都向周围辐射能量,所有像素点的相互作用构成数据场。

## 1. 基于云模型的人脸表情分析

实验的原始数据取自 JAFFE(Japanese female facial expression)库(Lyons et al., 1998)。JAFFE 库是一个开放的人脸表情图像库,包括 KA、KL、KM、KR、MK、NA、NM、TM、UY、YM 共 10 个不同的日本女性,每个人有 AN、DI、FE、HA、NE、SA、SU 共 7 种不同表情的人脸图像,分别为愤怒、厌恶、害怕、快乐、无表情、悲哀、惊讶,每种表情有 3 或 4 张样本图像,总数是 213 张表情图像。原始图像为 256×256 像素。所选图像如图 12.11 所示。

### 1)不同人的相同表情分析

选定图像库中的 AN 表情,把 KA、KL、KM、KR、MK、NA、NM、TM、UY、YM 等 10 个不同日本女性的 AN 表情图像作为原始图像,即输入的云滴,采用无确定度逆向云生成器算法,获得 AN 的 10 个不同的表情图像的{Ex, En,He}图像,即输出的云数字特征,结果如图 12.11 的第 1 列所示。对剩余的 DI、FE、HA、NE、SA、SU 共 6 种不同的表情,采用 AN 的上述方法,分别获得她们的云数字特征,结果分别如图 12.11 的第 2 列、第 3 列、第 4 列、第 5 列、第 6 列、第 7 列所示。

从图 12.11 中可以发现,作为输入的原始图像的图像云滴,反映的是 1 种表情在 10 个人表现的不同个性特征;作为输出的数字特征{Ex, En, He}图像,反映 10 个人表现 1 种表情的共同共性特征,尽管存在 10 个不同的人,10 个不同的人是在 1 种表情的共性特征基础上添加了不同的个性特征。

在{Ex, En, He}图像中,Ex 揭示的是 1 种表情的基本共性,为其标准表情,可以反映表情的平均状态;En 揭示的是 10 个不同人对 1 种标准表情的偏离程度,可以反映 10 个不同人对 1 种表情的表现程度,即受个人性格、环境影响的程度;He 揭示的是 10 个不同人对 1 种标准表情的偏离程度的离散度,可以反映 10 个不同人对 1 种表情的表现程度的差异,即个人性格、环境等因素对不同人的影响程度。

### 2)相同人的不同表情分析

选定图像库中的 KA,把她的 AN、DI、FE、HA、NE、SA、SU 等 7 种表情图像作为原始图像,即输入的云滴,采用无确定度逆向云生成器算法,获得 KA 的 7 种表情图像的{Ex, En, He}图像,即云数字特征,结果如图 12.11 的第 1 行所示。对剩余的 KL、KM、KR、MK、NA、NM、TM、UY、YM 等 9 个不同的日本女性,采用 KA 的上述方法,分别获得她们的云数字特征,结果分别如图 12.11 的第 2 行、第 3 行、第 4 行、第 5 行、第 6 行、第 7 行、第 8 行、第 9 行、第 10 行所示。

从图 12.11 中可以发现,作为输入的原始图像的图像云滴,反映 1 个人的 7 种表情的不同个性特征;作为输出的数字特征{Ex, En, He}图像,反映 1 个人的共同共性特征,尽管存在 7 种不同的表情,7 种不同的表情是在 1 个人的共性特征基础上添加了不同的个性表情特征。

在{Ex, En, He}图像中,Ex 揭示的是 1 个人的基本共性,为其标准人脸的正常表情,可以反映 1 个人心平气和的状态;En 揭示的是 1 个人的不同表情对标准人脸的偏离程度,可以反映 1 个人在内外因素影响下的情绪波动的程度,即受环境影响的程度;

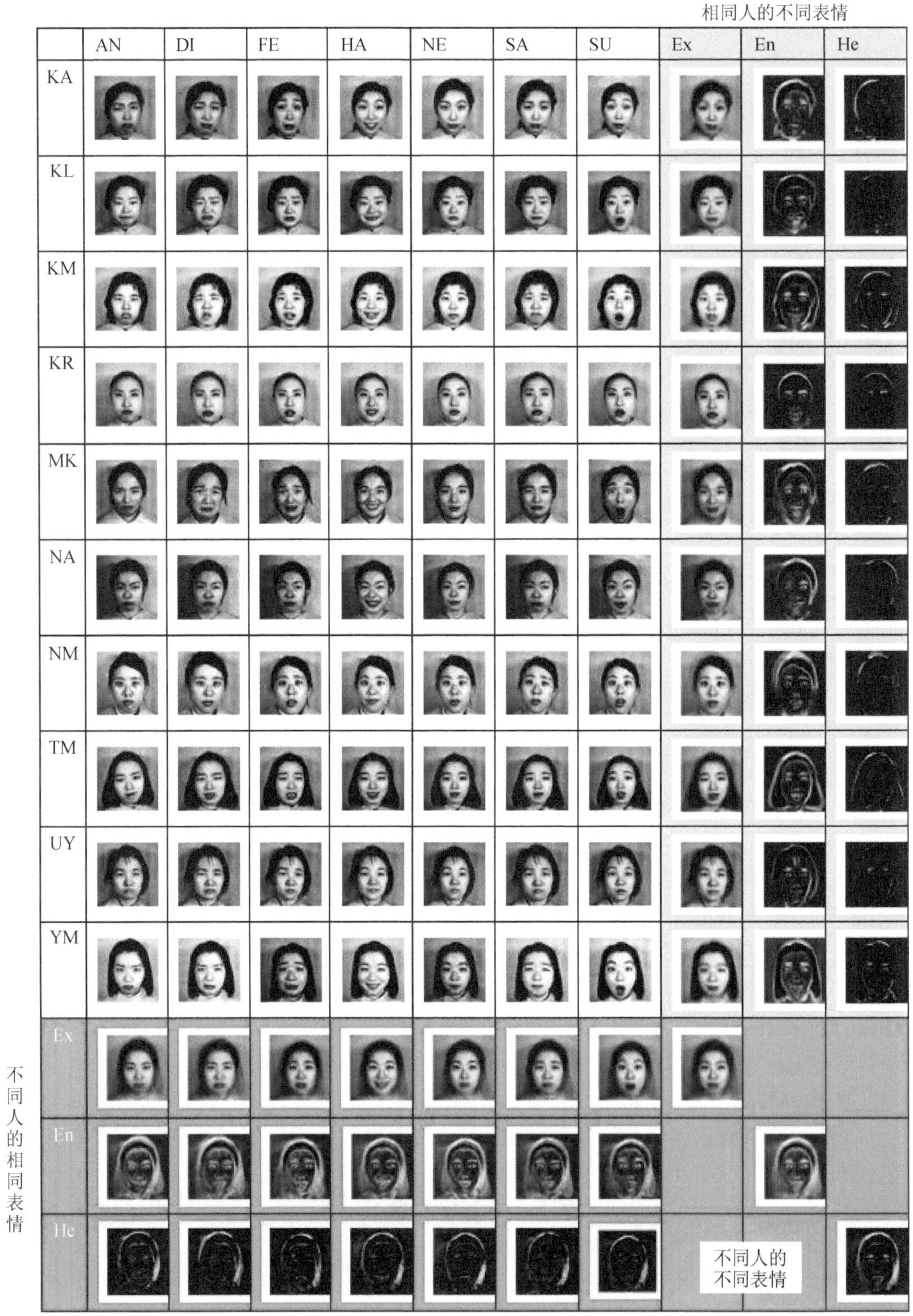
相同人的不同表情
AN
DI
FE
HA
NE
SA
SU
Ex
En
He
KA
KL
KM
KR
MK
NA
NM
TM
UY
YM
Ex
En
He
不同人的相同表情
不同人的
不同表情

图 12.11　基于云模型的 JAFFE 人脸表情分析

He 揭示的是 1 个人的不同表情对标准人脸的偏离程度的离散度，可以反映 1 个人在内外因素影响下的情绪波动的程度的差异，即心理素质的稳定性。

3）不同人的不同表情分析

从图 12.11 中可以发现，输入的原始图像，反映的是不同人不同表情的个性特征，输出的数字特征{Ex，En，He}图像，反映的是不同人不同表情的共同共性特征，尽管输入的图片是不同人的不同表情图像，但这些输入的图像是在共同共性特征基础上添加了不同的个性特征。在{Ex，En，He}图像中，Ex 揭示的是人与表情的基本共性，为其标准人脸表情，可以反映人脸表情的平均状态；En 揭示的是不同人不同表情对这种标准人脸表情的偏离程度，可以反映不同人不同表情对这种标准人脸表情的表现程度，即受个人性格、环境影响的程度；He 揭示的是不同人不同表情对这种标准人脸表情的偏离程度的离散度，可以反映不同人不同表情对这种标准人脸表情的表现程度的差异，即个人性格、环境等因素对人脸表情的影响程度。

2. 基于数据场的人脸表情识别

假设所有待处理的人脸图像都已预先进行尺度归一化，得到统一大小的标准人脸图像，基于人脸图像数据场的特征提取算法可以描述为算法 12.2。

**算法 12.2** 基于人脸图像数据场的特征提取算法

输入：标准人脸图像 $A=(\rho_{ij})_{m\times n}$，影响因子 $\sigma$。
输出：特征点集合 Feature_set。
步骤：
步骤（1）：令 Feature_set=$\varnothing$；
步骤（2）：对灰度数据归一化，将灰度矩阵 $A=(\rho_{ij})_{m\times n}$ 转换为 $m\times n$ 维向量 $(\rho_1', \rho_2', \cdots, \rho_{m\times n}')^{\mathrm{T}}$；
步骤（3）：对灰度数据进行非线性变换，计算 $f(\rho_i')=(1-\rho_i')^2$，（$i=1, 2, \cdots, m\times n$）；

步骤（4）：计算 $B=(b_{ij})$，其中 $b_{ij}=\dfrac{f(\rho_i')\times f(\rho_j')}{2(\sqrt{2})^d}\times \mathrm{e}^{-\left(\frac{\|x_i-x_j\|}{\sqrt{2}\sigma}\right)^2}$（$i, j=1, 2, \cdots, m\times n$）；

步骤（5）：计算 $C=(c_i)$，其中 $c_i=\dfrac{f(\rho_i')}{m\times n}\sum_{j=1}^{m\times n}\mathrm{e}^{-\left(\frac{\|x_i-x_j\|}{\sigma}\right)^2}$（$i=1, 2, \cdots, m\times n$）；

步骤（6）：优化求解像素点的权值向量 $W=\mathrm{SMO}(B, C)$；
For $i=1$ to $m\times n$ do
 If $W_i>0$ then {
  令 $x$ 为第 $i$ 个像素点在灰度矩阵中的坐标位置；
  Feature_set← Feature_set∪{$x$}；
 }
End For

基于人脸图像数据场的面部表情识别首先对原始人脸图像进行尺度归一化，具体地，就是以原始人脸图像的左、右两眼中心为基准，对图像进行旋转、切割和缩放，并结合椭圆掩模消除头发和背景的影响，最终得到 32×32 像素的标准化人脸图像。然后，对标准化人脸图像进行灰度变换，采用基于人脸图像数据场的特征提取方法提取每幅人脸图像的重要特征点，形成简化人脸图像；对简化人脸图像集合进行 K-L 变换，计算总体离差矩阵的特征向量，构成公共"特征脸"空间，将简化人脸图像投影到公共"特征脸"空间中，以相应的投影系数作为人脸图像的逻辑特征；最后，根据逻辑特征，所有人脸图像在新的特征空间中形成二次数据场，根据数据间的相互作用和自组织聚集性实现人脸图像的聚类识别。具体流程如图 12.12 所示。

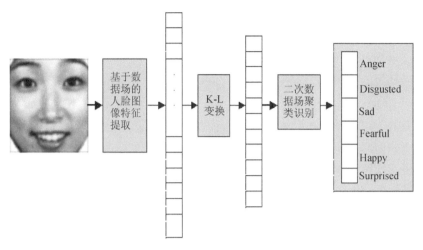

图 12.12　基于人脸图像数据场的面部表情识别流程

由于 K-L 变换是均方误差最小意义下的最优正交变换，采用基于平均脸的 K-L 变换对简化人脸图像进行降维处理，对应大方差的特征向量体现不同人脸在空间中分布的主要差异，而对应小方差的特征向量体现了人脸在空间中的接近程度，即相似性。因此，对简化人脸图像集合进行 K-L 变换，选取前 $p$ 个（$p$ 远远小于人脸图像样本的总数）最大特征值所对应的特征向量组成变换矩阵，形成"特征脸"空间，可以进一步消除人脸图像间的相似性，突出其表情差异性。显然，简化人脸特征图像不仅能够很好地描述快乐、惊讶、愤怒等不同表情时眼睛、嘴巴等人脸器官的局部几何特征，而且对光照的变化具有良好的鲁棒性。

根据上述思想对 JAFFE 数据库中 213 张人脸图像进行统一预处理（图 12.13），并采用基于数据力场的聚类算法对"特征脸"空间中的投影数据进行聚类划分，图 12.14 所示为影响因子 $\sigma = 0.05$ 时相应的人脸图像数据场的等势线分布。

从图 12.14 中可以看出，势场分布的高势区位于脸颊、额头和鼻梁等灰度较大的局部区域。在人脸的数据场分布中，每个局部极大势值点都包含了所有邻近像素点辐射过

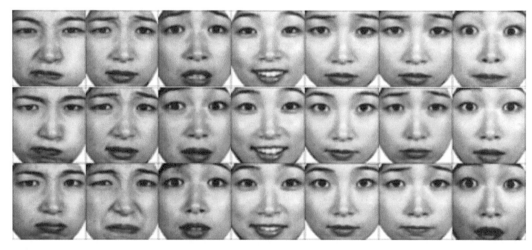

图 12.13　预处理后的标准人脸图像

图 12.14　人脸图像数据场的等势线分布

来的能量，可以把势函数的局部极大势值点的势值和位置看作人脸图像的逻辑特征。图
12.15 为采用人脸图像数据场的特征提取算法获得的简化人脸图像。

图 12.15 为简化人脸图像。图 12.16 为对简化人脸图像集合进行 K-L 变换得到的前
6 个主特征向量所对应的"特征脸"图像，将图 12.13 的标准化人脸图像和图 12.15 的简
化人脸图像分别投影到公共"特征脸"空间中，得到的前两个主特征向量张成的二维"特
征脸"空间中投影数据分布如图 12.17 所示。显然，代表不同面部表情的简化人脸图像
在二维"特征脸"空间中具有相对较好的可区分性。最终的识别结果如表 12.2 所示，可
以看出，该方法具有良好的正确识别率。

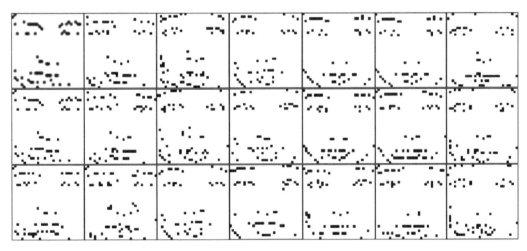

图 12.15　基于特征点的简化人脸图像

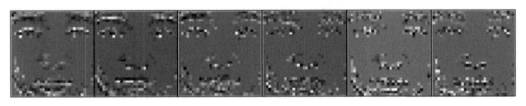

图 12.16　前 6 个主特征向量所对应的"特征脸"

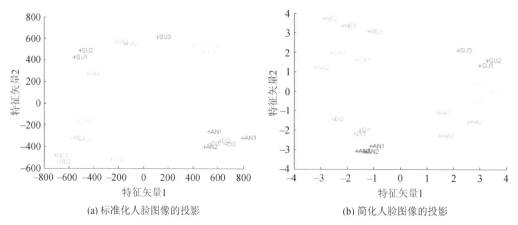

(a) 标准化人脸图像的投影　　　　　　　　(b) 简化人脸图像的投影

图 12.17　测试人脸图像在"特征脸"空间的二维投影

**表 12.2　JAFFE 面部表情图像的聚类识别结果**

| 面部表情 | AN | DI | FE | HA | NE | SA | SU | 合计 |
|---|---|---|---|---|---|---|---|---|
| 样本数 | 30 | 29 | 32 | 31 | 30 | 31 | 30 | 213 |
| 正确识别率 | 63.3% | 51.7% | 71.8% | 80.6% | 70.0% | 61.2% | 93.3% | 70.6% |

具体地，再从 JAFFE 库中选出 10 幅不同表情的正面人脸灰度图像，其中 7 幅图像来自同一个人，另外 3 幅来自 3 个陌生人，生成数据场，可以得到自然聚类的人脸拓扑结构（图 12.18）。显然 3 个陌生人 I、H、J 的聚类速度最慢。

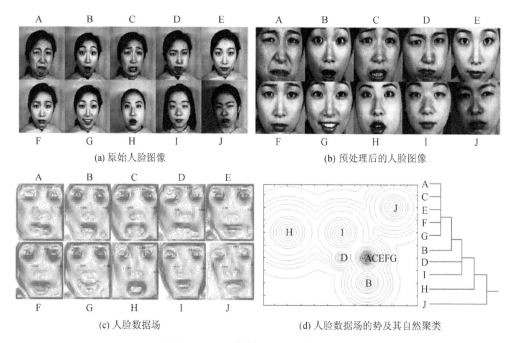

(a) 原始人脸图像　　　　　　　　　　(b) 预处理后的人脸图像

(c) 人脸数据场　　　　　　　　(d) 人脸数据场的势及其自然聚类

图 12.18　人脸数据场及其自然聚类

### 12.4.5　基于地理信息分布的视频时空数据挖掘

将视频与 GIS 相结合，通过连续的视频数据自动挖掘得到连续的信息，再由 GIS

得到空间的信息，两者结合可进行有意义的时空关联分析和异常行为分析（图12.19）。基于地理空间信息分布的视频时空关联异常分析是研究视频信息与地理空间信息的综合与交互应用。但是，高清视频信息的普及，带来了两个新问题。

（1）高清视频比标清的视频数据多占用几倍的存储量，海量视频数据的存储难以长期存放，缺少一种快速有效的视频检索机制查找有意义的视频信息。

（2）高清视频的信息量大，对计算速度也提出了更高的要求。

1）应用需求

传统地理信息分析由人工检索目标，费时、费力且不稳定，基于地理空间信息分布的视频时空分析具有普适化、人性化和智能化等特点。可以实现静态空间背景数据和人、车、物的连续数据的实时分析和挖掘。它可广泛应用在自动安防、应急响应、公路养护、河流整治、城市管理、移动监控、旅游观光等领域。

图12.20是为GIS客户端将地理数据通过地图引擎显示在客户端的地图上面。对地理数据与视频信息进行时空分析，在电子地图上显示固定监控点、移动监控车辆位置，并且提示告警信息，用户可以纵观监控系统中所有监控摄像机的工作状态，直观、快速查看各个监控现场的地理信息。根据情况，快速切换到相应摄像机的监控区域，为远程指挥提供科学的依据。

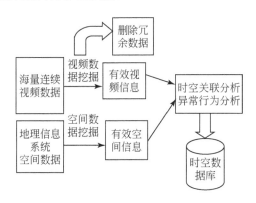

图12.19　时空关联分析和异常行为分析　　　　图12.20　在交通中的应用

2）时空数据挖掘的内容

国家多级联网监控工程即将基本建成（图12.21），视频数据挖掘需要攻关的主要研究内容如下。

（1）运动轨迹异常分析。①提取线性轨迹及其特征，求其特征加以辨识分类；②解决轨迹交叉分离等问题；③解决多目标重叠异常分析。如图12.22所示。

（2）基于混合模型的目标分析。其中包括色彩模型分析，形状模型分析，特征区块或特征点分析（如基于hog算子的行人分类，见图12.23）。

（3）结合模式识别的分类。如SVM、Ann、Boost快速分类技术对运动目标进行分类识别。

（4）多摄像头时空分析。对于同一时段目标，因摄像头摆放位置固定，目标出现的时间顺序相互关联，借助这种关联信息，结合图像目标匹配技术实现时空关联分析。

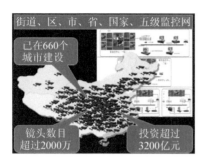

图 12.21  国家多级联网监控工程

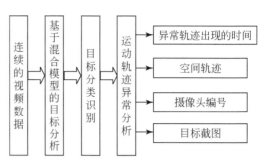

图 12.22  视频运动轨迹异常分析

图 12.23  基于 hog 算子的行人分类

（5）不同时期摄像头视频分析。提取不依赖于环境光照、对比度等与时间有关的信息的图像特征。对于不同时期出现的行人或车辆，自动检索辨认。

## 12.5  基于长程背景字典的卫星视频编码

随着空间信息网络的发展，视频卫星承担着遥感图像的采集、压缩、处理、传输等重要任务，逐渐成为空间信息网络中的热点研究对象之一。如何对海量卫星视频数据进行高效压缩，满足在有限的星地网络带宽下实时传输的需求，是一个非常有意义的课题。

### 12.5.1  卫星视频数据的"传不了"

为了应对空间信息网络实现态势快速感知、支持地面快速响应的需求，与传统卫星静态感知、定点传输不同，视频卫星必须具备数据动态感知、在轨处理和实时传输的能力，也就是该卫星在视频采集的同时能够对数据进行实时压缩，且压缩后的数据率小于星地间带宽。以 Skysat-1 卫星为例，其成像分辨率为 1m，采样精度为 8bit，拍摄幅宽为 8km×8km，拍摄帧率为 30 帧/s，每分钟采集的数据量将达到 858GB，至少需要 14Gbps 的带宽才能够保证稳定的实时传输。而现有的星地实时传输链路带宽有限，对于 50Mbps 的星地带宽卫星视频数据也至少需要 300 倍的压缩比。

随着无线通信技术的革新，在移动端实时查看卫星观测数据的需求日益增加，高清卫星视频码流传输带宽需求与无线网络传输能力存在极大差异，视频卫星数据传输的数据量巨大，面临"传不了"的挑战。

视频编码技术通过消除视频的帧间冗余，能够较图像压缩技术极大提升压缩效率。目前，美国 Skybox imaging 公司发射的 Skysat 卫星及我国吉林长光卫星技术有限公司研制并发射的吉林一号卫星，已开始尝试使用 H.264 的视频编码方案，但由于受到星上计算资源的限制，其压缩比仅为 100 倍左右，编码速度只能达到 10 帧/s，无法实现实时编码。而在 H.264 基础上发展起来的最新一代通用视频编码标准 HEVC，虽然压缩效率在 H.264 的基础上提升了 1 倍，编码复杂度却也提升了 5 倍左右，无法直接用于星上视频的实时压缩。可见，通用视频编码技术已经相对成熟，但是针对卫星视频的编码技术研究仍然比较匮乏。

视频卫星能够多次重访全球任何地点，每次定点拍摄 1～2 分钟图像，连续重访同一区域拍摄的卫星遥感视频数据间背景几乎相同，导致时域上存在大量冗余。在这种卫星视频中，因固定空域地貌在一定时间跨度上的结构相似性，引起能够为人们感知的大范围规律性背景，称为长程背景冗余（图 12.24）。消除长程背景冗余知识，是卫星视频高效编码技术中的关键问题。

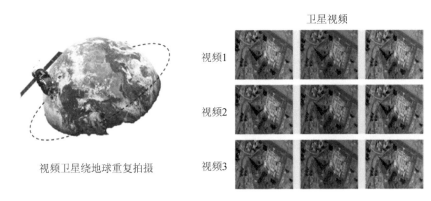

图 12.24 卫星视频长程冗余示意图

### 12.5.2 基于长程背景字典的编码方法

视频编码技术是通过特定的压缩方法，将原始的视频数据流编码成低码率的特定格式的压缩文件。视频流传输中重要的编解码标准有国际电联的 H.261、H.263、H.264、HEVC，运动静止图像专家组的 M-JPEG 和国际标准化组织运动图像专家组的 MPEG 系列标准。从信息论来看，描述信源的数据是信息和数据冗余之和，即：数据=信息+数据冗余。数据冗余有空间冗余、时间冗余、视觉冗余、统计冗余等多种。如果将图像作为一个信源，那么视频压缩编码的实质是减少图像中的冗余。

H.26x 和 MPEG-x 标准的视频编码都采用预测、变换、量化、熵编码等几种编码方法的混合编码，主要区别在于处理图像的分辨率、预测精度、搜索范围、量化步长等参数的不同。各编码标准的侧重点不同，应用的场合也不同。

传统的视频编码方法如 MPEG-4、H.264 和 HEVC 等标准采用基于块的运动补偿及变换的混合编码方法，能够消除因帧内和帧间的相似性而产生空域冗余和时域冗余。而卫星视频长时间内背景高度相似的长程冗余，存在于较大的视频帧范围及视频之间，用传统的方法无法消除。

基于长程背景字典的编码方法，通过建立长程时域范围内的背景字典，高效表达卫星视频中遥感图像的背景，在编码的过程中利用背景字典对视频背景进行建模，有效消除视频之间的长程背景冗余。

1）长程背景字典

长程背景知识字典是能够表达最具代表性特征模态而建立的无人机视频背景字典，以实现广域空间长程背景知识的表达。卫星采集的视频背景区域由于受到光照季节等因素的影响而呈现出不同的表观。定义一定时间内相对稳定的背景表观为背景的特征模态，则仅用单一特征模态对所有变化进行表达，将导致该特征模态与实际地貌表观差异过大，无法准确表达长程背景知识。因此，在建立无人机视频长程背景知识表达时，需要挖掘地物多模态特征，并考虑不同背景区域的变化规律，合理划分背景特征模态，揭示特征模态演示规律，建立多模态长程背景知识字典（图 12.25）。利用多模态的背景字典对卫星视频进行高效编码，能够突破基于局部时空相似性的视频编码技术瓶颈，实现卫星视频图像的高效压缩。

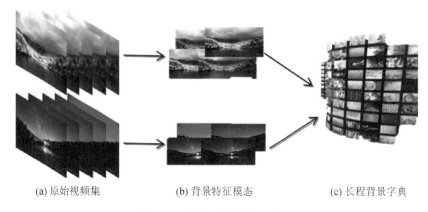

(a) 原始视频集       (b) 背景特征模态       (c) 长程背景字典

图 12.25 长程背景字典示意图

2）非传输字典同步更新

当地貌发生稳定变化时，所表达的长程背景知识需要随之更新，以提高表达准确性。利用背景字典的编码方法，需要在编码与解码端分别保存背景字典，所以更新时必须保证编、解码端的背景字典同步更新。然而同步更新通常采用数据直接传输的方法，将占用数据传输带宽，严重影响传输数据质量，所以需要发展非传输的背景字典更新机制，以保障背景字典的同步更新。

实现卫星端-地面端背景字典的非传输同步更新，需要满足三个基本条件：字典一致，数据一致，更新一致（图 12.26）。字典一致要求卫星-地面两端原有背景字典保持一致，在卫星发射之前将现有字典进行复制，保证卫星端和地面端初始字典的一致性。数据一致要求卫星-地面两端的更新数据保持一致，对地面接收端背景字典的更新，采用重建后的视频数据，而重建视频质量难以达到拍摄视频质量，所以在更新卫星端背景字典时，也需地面接收端利用重建视频数据更新卫星端背景字典。更新一致要求卫星-地面两端的更新方法保持一致，地面接收端对卫星传回的码流进行视频重建，若检测到重建后的视频满足地貌变化的判定条件时，首先对地面接收端背景字典进行更新，然后与无人机通信，使卫星端背景字典使用同一方法更新。通过满足以上三个条件，实现卫星-地面背景多字典的非传输同步更新机制。由于卫星视频单次数据面向的是广域空间下的局部区域，更新时存在由局部数据向全局数据变换的特性。因此，该更新机制由局部更新变换至全局更新，直至完成长程背景知识字典的更新。

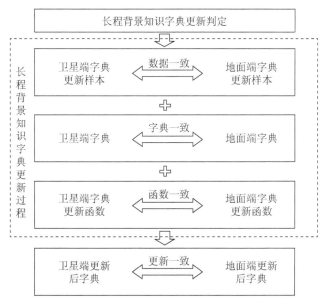

图 12.26　长程背景字典更新过程

3）编解码过程

卫星端的编码过程（图 12.27）首先将任意无人机视频帧 $p_i$ 标准化，标准化的帧图像为 $p_i'$。根据位置配准找到 $p_i'$ 与背景相对应的局部图像，然后生成与 $p_i$ 对应的虚拟参考图像 $ref_i$。在虚拟参考图像生成的过程中，可以得到特征模态在长程背景字典中的索引 $id_i$ 与对应的短时参考图像在缓冲区中的索引 $ir_i$，以及二者在融合过程中对应的权重 $wd_i$，$wr_i$。

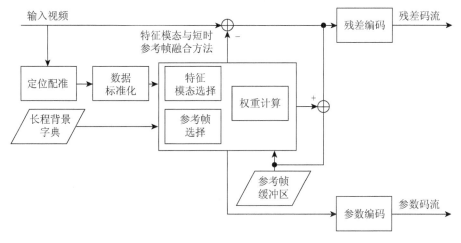

图 12.27　卫星视频编码过程

通过将无人机视频帧 $p_i$ 与虚拟参考帧图像 $ref_i$ 比对，得到残差数据。残差数据主要包含前景信息及少量的背景差异，具有较强的稀疏特性。将残差的动态范围归一化到[0，255]的区间范围内，利用传统的 HEVC 对残差数据进行编码。

在虚拟参考图像生成过程中获得的参数 $id_i$、$ir_i$、$wd_i$、$wr_i$ 对重建图像质量影响较高，为保证图像重建质量，对参数进行无损熵编码保证其精度。

地面端的解码过程（图 12.28）首先对接收到的残差码流进行解码，得到对应的残差数据，同时，利用预先解码的参数信息结合长程背景字典，得到虚拟参考帧图像，将残差数据与虚拟参考帧图像叠加得到最终的解码帧图像。

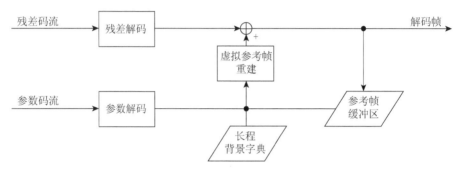

图 12.28　地面端视频解码过程

基于长程背景字典的编码方法通过去除视频间的长程背景冗余，在保证卫星视频清晰度的基础上，大幅度降低卫星视频数据的压缩码率，满足星地间的视频传输和无线网络传输需求。从图 12.29 看出，基于长程背景字典的编码方法，相对于 HEVC 在压缩效率上提升了一倍左右，码率能够满足无线网络稳定带宽下的传输需求。

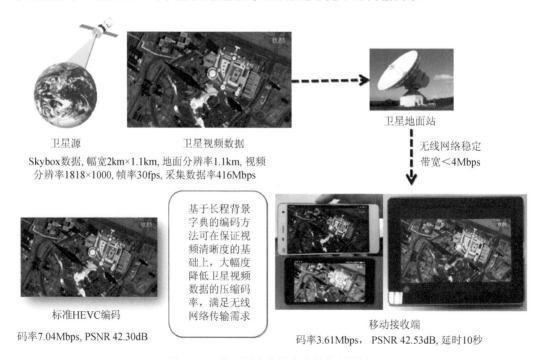

图 12.29　基于长程背景字典的编码传输

# 第 13 章 夜光遥感图像挖掘

当夜幕降临时，城镇、渔船和油气井发出的夜间可见光把地球照亮，如果此时从太空向下观察，在无云条件下可以看到一幅美丽的夜景图（即夜光遥感图像）。公众和艺术家从各自不同的角度鉴赏夜景图，而科学家则从经济学、地理学、政治学等角度从夜光遥感图像中挖掘有价值的信息，分析人类活动规律。

本章研究夜光遥感图像挖掘的必要性，根据夜光遥感图像分析中国区域经济，评估"一带一路"沿线的城市发展，评估叙利亚、伊拉克等人道主义灾难。

## 13.1 夜光遥感图像挖掘的必要性

相比于日间成像的遥感图像而言，夜光遥感捕捉到的绝大部分信号来自于人类居住区、商业区和工业区，夜光遥感所蕴含的信息直接和城镇分布、人口分布、电力消耗、经济发展水平等社会经济指标相关，因此夜光遥感图像可以作为研究人类社会经济活动的重要数据源（李德仁和李熙，2015），图 13.1 展示了我国华中地区的两幅夜光遥感图像，可以看到 20 年的城市扩张在图像上得以很好地表达。夜光遥感可以追溯到 20 世纪 70 年代的美国军事气象卫星计划（defense meteorological satellite program，DMSP）的线性扫描业务系统（operational linescan system，OLS），DMSP/OLS 的设计目的是为了对夜间云层反射的月光进行成像，从而在夜间获取准确的云层信息，为天气预报提供可靠的数据源。意外的发现是，当夜间无云时，DMSP/OLS 能够获得城镇、油气井和渔船发出的灯光，这些信号对气象研究无用，却蕴含了极为丰富的社会经济知识，由此开启了一个新的遥感分支——夜光遥感。如表 13.1 所示，目前，美国、以色列、中国等国具有观测夜光遥感图像的传感器，其中，我国的"吉林一号"系列卫星获得的夜光遥感图像，同时具有多光谱和高分辨率成像功能（图 13.2）。"珞珈一号"是全球首颗专业夜光遥感卫星，由武汉大学团队与相关机构共同研制，2018 年 6 月 2 日成功发射升空（图 13.3）。

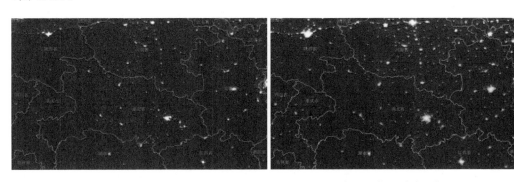

图 13.1 DMSP/OLS 获取的 1992 年和 2009 年华中地区夜光遥感图像

**表 13.1　夜光遥感传感器的基本属性**（部分内容取自文献李德仁和李熙，2015）

| 观测平台 | 传感器 | 空间分辨率 | 所在国 | 已有存档图像的年份 | 数据可获取性 |
|---|---|---|---|---|---|
| DMSP 系列卫星 | OLS | 2700 m | 美国 | 1992～2013 年 | 年平均图像可以免费下载；月平均和每日图像需要付费订购 |
| Suomi NPP 卫星 | VIIRS | 740 m | 美国 | 2011 年至今 | 月平均、年平均和每日图像均可以免费下载 |
| SAC-C 卫星 | HSTC | 200～300 m | 阿根廷 | 2001 年至今 | 普通用户难以获得 |
| SAC-D 卫星 | HSC | 200 m | 阿根廷 | 2012 年至今 | 普通用户难以获得 |
| EROS-B 卫星 | 全色波段传感器 | 0.7 m | 以色列 | 2013 年至今 | 需要付费预定 |
| "吉林一号"系列卫星 | RGB 多光谱传感器 | 0.9 米 | 中国 | 2017 年至今 | 需要付费预定 |
| 国际空间站 | 数码相机 | 30～50 m | 美国、俄罗斯等 | 2000 年至今 | 数据较为贫乏（已有图像可以免费下载） |

图 13.2　"吉林一号"卫星获取的 2017 年杭州市　　图 13.3　"珞珈一号"卫星获取的 2018 年
城区的夜光图像　　　　　　　　　　　武汉市城区的夜光图像

2011 年，美国海洋与大气管理局（NOAA）公布了 1992 年至今的时间序列 DMSP/OLS 夜光遥感年平均图像，这些数据能够客观地反映 20 世纪 90 年代至今全球城市化、经济发展的空间结构信息及其随时间的演化规律，由此正式开启了夜光遥感图像挖掘的时代。2012 年，Suomi NPP 卫星发射，能够获取更高分辨率和辐射质量的夜光遥感图像；随着 EROS-B 和"吉林一号"高分辨率夜光遥感图像的出现，传感器可以获得夜间灯光的空间细节信息，夜光遥感图像挖掘进入快速发展阶段。

## 13.2　中国区域经济分析

为了分析夜光遥感图像对于研究中国区域经济的潜力，开展了一项统计分析工作，用来研究不同夜光遥感图像对于中国区域经济建模的潜力。选取中国大陆 31 个省级区域和安徽、浙江、江西、福建和广东的 393 个县级区域作为研究对象，采用 2010 年前后的 DMSP/OLS 夜光遥感图像、Suomi NPP/VIIRS 夜光遥感图像和区域生产总值（gross regional product，GRP）三组数据开展研究。通过建立夜光总量（total night light，TNL）和区域生产总值的线性回归模型，分析区域生产总值和夜光总量的关系。通过线性回归可以发现，新型夜光遥感图像 Suomi NPP/VIIRS 在省级和县级市尺度与区域生产总值具有较好的线性关系（$R^2$ 均大于 0.85），优于 DMSP/OLS 夜光图像与区域生产总值的关系。考虑到在县级行政区域（地级市市辖区参与计算）的回归分析中，广州和深圳属于离群点，将其去除后重新进行回归分析，发现夜光数据和 GRP 的相关关系有较大的提升，其中 DMSP/OLS 和区域生产总值的 $R^2$ 达到 0.7678～0.8011，而 Suomi NPP/VIIRS 和区域生产总值的 $R^2$ 更达到 0.9431。在此基础上，利用两种夜光遥感图像分别预测 GRP，并评估其误差，发现两种夜光遥感图像在多数情况下可以用来估算中国的区域生产总值（图 13.4）。

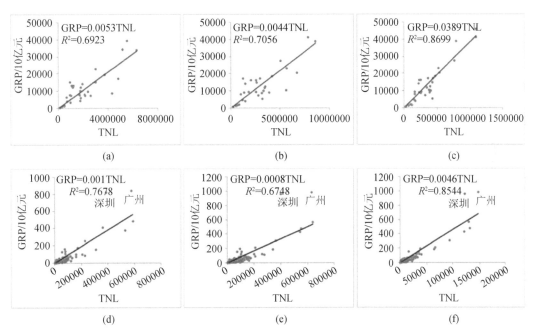

图 13.4　不同行政区划级别下夜光总量（TNL）和区域生产总值（GRP）之间的关系
(a) 2009 年 DMSP/OLS 的 TNL 和 2009 年 GRP 在省级区域的关系；(b) 2010 年 DMSP/OLS 的 TNL 和 2010 年 GRP 在省级区域的关系；(c) 2012 年 Suomi NPP/VIIRS 的 TNL 和 2010 年 GRP 在省级区域的关系；(d) 2009 年 DMSP/OLS 的 TNL 与 2009 年 GRP 在县级区域的关系；(e) 2010 年 DMSP/OLS 的 TNL 与 2010 年 GRP 在县级区域的关系；(f) 2012 年 Suomi NPP/VIIRS 的 TNL 与 2010 年 GRP 在县级区域的关系（Li et al.，2013a）

　　由上述分析得知，夜光遥感图像可以用来估算中国的区域生产总值，能够作为代理变量反映区域经济总量的分布，尤其反映行政区域内部经济活动的空间分布，而传统经济调查统计数据无法反映调查单元内部经济指标的分布信息。因此，夜光遥感图像可以用来更加细致地反映中国区域经济的分布状况。中国的区域发展不平衡一直是公众和学术界的关注热点，传统研究基于经济统计数据比较不同行政单元的发展差异性，但是如何度量行政区域内部的发展不平衡是一个难题。

　　灯光发展指数（night light development index，NLDI）是度量人均财富的空间差异性的一项指标（Elvidge et al.，2012），可以利用该指数开展中国区域发展不平衡的研究（Xu et al.，2015）。该指数的基本原理是，人均拥有灯光量在空间上的差异，反映人均财富拥有量在空间上的差异，借用基尼系数的方法，计算人均灯光量在空间上的不均衡性，能够呈现区域发展不平衡的程度。具体计算方式为：通过人口格网数据和夜光遥感

图像,选取一定区域内人均灯光拥有量从少到多的地理格网,绘制图 13.5 的洛伦兹曲线,
然后计算曲线和横轴围成的面积 $A$（$0.5 \geqslant A > 0$）,该面积越小则说明人均灯光的空间分布
越不均衡,定义 NLDI=1–2$A$,因此当人均灯光分布完全均衡时,$A$=0.5,NLDI=0;当人
均灯光完全不均衡时,$A$ 趋近于 0,NLDI 趋近于 1。

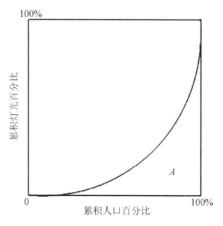

图 13.5　灯光发展指数对应的洛伦兹曲线

通过计算 2005~2010 年省级行政区域的 NLDI 发现（表 13.2）,2005 年北京、上海
和天津的内部发展最为平衡,经过 5 年的发展,9 个区域的 NLDI 增加,1 个区域的 NDLI
不变,21 个区域的 NDLI 减少,中国的区域发展总体变得更加平衡,可以认为国家的投
资和经济调控政策降低了区域发展不平衡度。通过分析地级市行政区域,也发现了类似
的结论,即中国区域经济在 2005~2010 年变得更加平衡。同时,分析区域发展不平衡
度背后可能的原因,通过回归分析揭示了人口密度、人均灯光量与 NLDI 的关系
（图 13.6）:人口密度越大的区域,NDLI 越低（区域发展越平衡）;人均灯光越多的地方,

表 13.2　中国不同省份 2005~2010 年的灯光发展指数 NLDI 变化（Xu et al.,2015）

| 省份 | 灯光发展指数 2005 年 | 灯光发展指数 2010 年 | 灯光发展指数变化 | 省份 | 灯光发展指数 2005 年 | 灯光发展指数 2010 年 | 灯光发展指数变化 |
|---|---|---|---|---|---|---|---|
| 北京 | 0.2861 | 0.3526 | 上升 | 宁夏 | 0.5956 | 0.5833 | 下降 |
| 上海 | 0.3076 | 0.3045 | 不变 | 陕西 | 0.5989 | 0.5708 | 下降 |
| 天津 | 0.3181 | 0.4087 | 上升 | 重庆 | 0.6248 | 0.6134 | 上升 |
| 河北 | 0.3634 | 0.3854 | 上升 | 江西 | 0.6287 | 0.5817 | 下降 |
| 辽宁 | 0.3899 | 0.4419 | 上升 | 吉林 | 0.6471 | 0.4635 | 下降 |
| 浙江 | 0.4047 | 0.4944 | 上升 | 内蒙古 | 0.6574 | 0.6476 | 不变 |
| 山东 | 0.4186 | 0.3796 | 下降 | 青海 | 0.6657 | 0.5838 | 下降 |
| 山西 | 0.4422 | 0.4070 | 下降 | 新疆 | 0.6689 | 0.6045 | 下降 |
| 福建 | 0.4504 | 0.5173 | 上升 | 贵州 | 0.6858 | 0.6559 | 下降 |
| 江苏 | 0.4628 | 0.4931 | 上升 | 广东 | 0.6969 | 0.6323 | 下降 |
| 河南 | 0.4703 | 0.3708 | 下降 | 四川 | 0.6998 | 0.6740 | 下降 |
| 海南 | 0.5181 | 0.4463 | 下降 | 云南 | 0.7013 | 0.6497 | 下降 |
| 黑龙江 | 0.5440 | 0.5171 | 下降 | 广西 | 0.7278 | 0.6233 | 下降 |
| 湖南 | 0.5475 | 0.5737 | 上升 | 甘肃 | 0.7862 | 0.5979 | 下降 |
| 湖北 | 0.5629 | 0.4971 | 下降 | 西藏 | 0.8531 | 0.8292 | 下降 |
| 安徽 | 0.5716 | 0.5048 | 下降 | — | — | — | — |

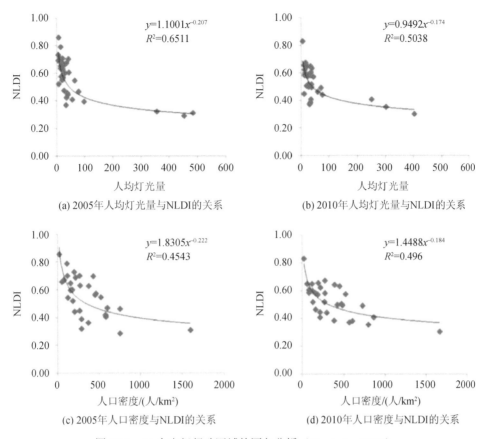

(a) 2005年人均灯光量与NLDI的关系　　　　(b) 2010年人均灯光量与NLDI的关系

(c) 2005年人口密度与NLDI的关系　　　　(d) 2010年人口密度与NLDI的关系

图13.6　31个省级行政区域的回归分析（Xu et al.，2015）

NLDI越低（区域发展越平衡）。考虑到人均灯光量可以反映区域发达程度，可以认为相对富裕地区的区域发展越平衡。因此，较高的人口密度和较发达的经济，有利于区域内部的发展更加平衡。

# 13.3　"一带一路"城市发展评估

"丝绸之路经济带"和"21世纪海上丝绸之路"简称为"一带一路"，于2013年正式被中国政府提出。"一带一路"横跨亚洲、欧洲和非洲，涉及的相关国家超过60个，这些国家的人口超过40亿，了解这些国家的社会经济发展特别是城镇发展，有利于我国的外交和投资政策的制定。但是"一带一路"国家中大部分为发展中国家，社会经济统计数据难以准确获得，因此需要遥感图像作为有效补充，获取这些国家的社会经济发展动态信息。利用1993～2012年的时间序列夜光遥感图像，采用空间数据挖掘分析"一带一路"沿线国家的城镇发展动态和时空演化特征，为了解"一带一路"国家的社会经济发展提供了一个新视角。

首先，对1993～2012年夜光遥感图像进行重投影、几何配准、去油气井亮点等预处理，获得了几何与辐射质量较好的时间序列夜光遥感图像。对夜光遥感图像按照国家统计，可以获取不同国家的夜光遥感图像的规模及其随时间演变的规律。可以发现，在

1993 年，该区域夜光遥感总量最多的三个国家依次是俄罗斯、中国和印度，到了 2012 年，前三名的排序变成了中国、印度和俄罗斯，表明中国和印度在 20 年内经济迅速发展，大面积的原本夜间黑暗或者较暗的地表区域，变成了明亮的城镇区域。通过计算变化比例，灯光增长最快的国家为开展经济改革（老挝、越南、柬埔寨、不丹、缅甸等）和战后重建的国家（波黑、阿富汗等），而灯光发生减少的国家全部是前苏联国家，表明这些国家的经济在苏联解体后发生了不同程度的衰退。为了分析"一带一路"区域中不同国家对该区域的灯光增长的贡献比例，绘制了图 13.7～图 13.9。可以发现，中国对该区域夜光增长量的贡献达到约 38%，而印度达到约 19%，两国对整个区域的灯光增量贡献接近 60%，表明"一带一路"的城市增长主要由中国和印度主导。

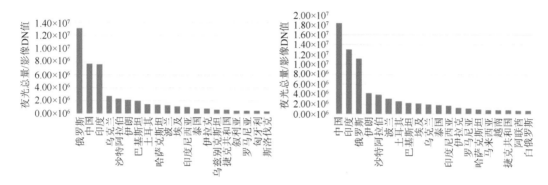

图 13.7    1993～2012 年夜光总量前 20 位国家（李德仁等，2017a）

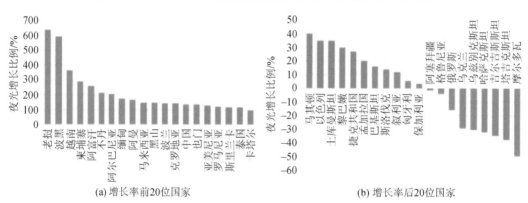

(a) 增长率前20位国家        (b) 增长率后20位国家

图 13.8    1993～2012 年夜光增长率前 20 位与后 20 位国家（李德仁等，2017a）

在城市地理里，"位序-规模"分析揭示城市体系中城市规模与规模排名的关系。位序-规模法用数学模型阐述城市位序与规模分布之间的关系，一般表达为

$$P_i = P_1 \cdot R_i^{-q} \tag{13.1}$$

式中，$P_i$ 为第 $i$ 个城市的规模；$P_1$ 为最大城市的规模；$R_i$ 为第 $i$ 位的位序；$q$ 为捷夫指数，常用于描述城市规模与位序之间的集中与分散程度。当 $q$ 值接近 1 时，说明城市规模分布接近捷夫的理想状态；当 $q$ 大于 1 时，说明城市规模比较集中，位序高的城市规模较大；当 $q$ 小于 1 时，说明城市规模分布比较分散，高位次城市的规模不够突出，而位序低的城市规模较大。利用"位序-规模"分析方法可以快速获取城市体系的发育

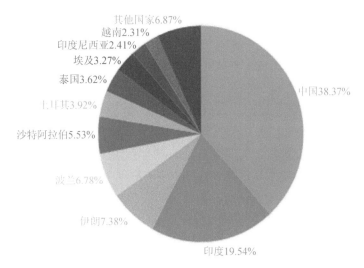

图 13.9　1993～2012 年"一带一路"沿线国家夜光增量各国贡献百分比（李德仁等，2017a）

状况。因为"一带一路"沿线国家幅员广阔，各国的统计数据难以准确获得且统计口径存在差异，所以利用统计数据难以获得该区域内的"位序-规模"规律。利用夜光遥感图像可以客观反映城市边界和规模的特点，将夜光总量视为"一带一路"区域内的所有城市规模，研究其"位序-规模"规律及其随时间的演变规律。

选取"一带一路"区域内所有城市和规模前 2000 位的城市进行"位序-规模"分析，结果如图 13.10 所示。可以发现，规模前 2000 位的城市体系较整个城市体系更好地符合"位序-规模"分布，在 1993～2012 年期间，大城市的规模相对不够突出，而中小城市发

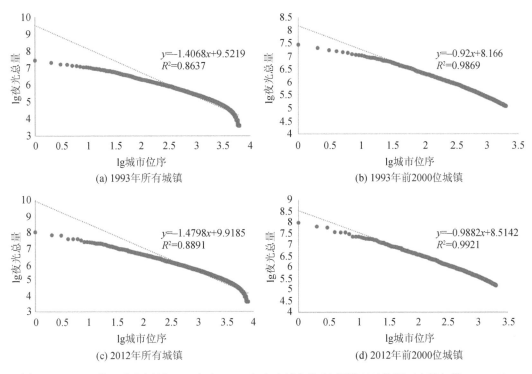

图 13.10　"一带一路"区域 1993 年与 2012 年夜光城市位序-规模双对数图（李德仁等，2017b）

育相对良好。此外，利用时间序列分析方法，逐年计算"位序-规模"中的系数$|q|$，发现大城市的规模逐渐突出，体现"一带一路"区域内的城市规模出现聚集趋势，高位序城市的夜光辐射聚集作用增强，对周围区域起到了辐射带动作用。

# 13.4 人道主义灾难评估

当今世界，武装冲突导致的人道主义灾难产生了大量的难民，使得所在国的社经济发展陷入停滞甚至倒退。特别是近年来部分中东国家的剧烈的社会变革，发生了不同烈度的武装冲突，导致了大量的人员伤亡和财产损失。例如，2011 年爆发的叙利亚内战，已经导致了约 50 万人死亡，经济发展已经至少倒退 30 年。不少国际组织开展利用遥感技术进行人道主义灾难评估工作，如利用高分辨率遥感图像探测到房屋的损毁、重武器的分布、难民营的变迁等。但是，高分辨率遥感数据的成本高、解译难度较大，在应用中有一定的局限性。相比之下，夜光遥感图像具有成本低、覆盖范围广、重访周期小、易于解译等诸多优势，因此我们利用夜光遥感数据评估中东地区的武装冲突，获得了当地人道主义危机的时空特征。

## 13.4.1 叙利亚人道主义灾难评估

在叙利亚内战导致的严重人道主义灾难中，基于时空数据挖掘方法，利用时间序列夜光遥感月平均图像评估叙利亚人道主义灾难及其时间演变过程。整个研究过程分为两个部分：DMSP/OLS 夜光遥感图像的相对辐射校正；DMSP/OLS 夜光遥感图像的数据挖掘及其在叙利亚内战评估中的应用。

1）DMSP/OLS 夜光遥感图像的相对辐射校正

DMSP/OLS 夜光遥感图像覆盖时间长，被广泛用于长时间序列的社会经济变化分析研究，但 DMSP 卫星缺乏星上辐射定标，因此 DMSP/OLS 夜光遥感图像的亮度值缺乏对应的辐亮度信息，使得不同时间段的图像缺乏辐射可比性。为了解决这一问题，Christopher Elvidge 等提出选取辐射亮度不变区域，对不同时期的夜光遥感图像进行相对辐射定标，而这个辐射亮度不变区域位于意大利西西里岛（Elvidge et al.，2009）。利用辐射亮度不变区域进行图像之间相对辐射定标是唯一可行的策略，问题在于如何选取不变区域。虽然对于全球范围而言，将西西里岛作为不变区域是较为合理的，但是对于局部范围而言，这样的选择未必会产生最优的结果。为此，提出基于稳健回归方法选择不变区域方法（Li et al.，2013a）。其核心思想是，假设两幅图像之间的大部分像素点未发生辐射亮度的改变，那么这些点在散点图上会构成一条相对集中的模式线，而发生辐射亮度改变的像素点则位于这条模式线之外，这些点可以被视为离群点（outlier），因此可以通过统计学中的稳健回归方法逐步去除离群点，当所有离群点被去除之后，剩余点就是不变区域的像素点，通过这些点可以建立相对辐射定标方程，完成不同时期夜光遥感图像的相对辐射定标。

2）夜光遥感图像的数据挖掘及其在叙利亚内战评估中的应用

DMSP/OLS 夜光遥感图像能够覆盖较长的时间段，而其中月平均图像产品更可以捕捉到夜光的月度变化，对于监测具有高动态属性的人道主义灾难具有重要价值。但是，DMSP/OLS 夜光遥感月平均图像的辐射差异水平极大，原始数据无法直接使用。因此，利用自主提出的夜光遥感图像自动相对辐射定标算法，完成了对叙利亚 2008～2014 年共计 38 景夜光遥感月平均图像（部分月份数据缺失）的相对辐射定标。在此基础上，采用目视判别和夜光总量计算的方法，初步分析叙利亚内战爆发以来各区域的夜光变化规律（图 13.11、图 13.12）。

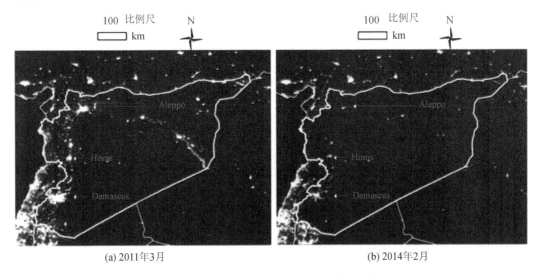

图 13.11　叙利亚内战前和内战中的 DMSP/OLS 夜光遥感图像（Li and Li，2014）

通过对图 13.11 的目视比较，可以发现叙利亚内战爆发前，叙利亚三大城市大马士革（Damascus）、霍姆斯（Homs）和阿勒颇（Aleppo）三大城市夜间灯火通明，并且和周边的郊区连成一体，显示出叙利亚的经济较为繁荣。到了 2014 年 2 月，经过 3 年内战的摧残，叙利亚全境的灯光大为减少，其中阿勒颇的灯光减少最为严重，整个阿勒颇只剩下零星的夜间灯光，霍姆斯的情况也是类似，大马士革的情况相对较好，但是其灯光减少的比例依然很高。如果分析叙利亚各省的夜间灯光减少（图 13.12），可以发现绝大部分省份的灯光减少量都超过了 60%，只有大马士革和库奈特拉省（Qunaytirah）除外，而这两个省是被政府军牢牢控制的省份。其中，阿勒颇省的夜间灯光减少最为严重，接近 90% 的灯光完全消失，这和我们的目视判别几乎完全一致。为了探究什么原因导致了叙利亚各省的灯光减少，我们分析了各省难民数量和灯光减少量的关系，发现难民数量较多的区域的灯光减少量一般会更大，如果构建线性回归方程，发现回归方程的决定系数达到 0.52，这表明夜光遥感图像能够较好地反映叙利亚内战创伤的空间分布，同时也可以用来估算难民数量。

分析叙利亚内战中夜光变化的时空模式。将 38 个月的夜光遥感图像合成一幅多波段图像（假设每个月的数据构成一个波段），采用时空聚类的方式从数据集快速提取变化模式，首先将每个像素对应的夜光曲线进行归一化（即用每个点的数据除以曲线的均值），生成一个新的多波段图像，因此每个像素点对应一条夜光趋势曲线，将新的图像进行 ISODATA 聚类，类别数目分别设置为 2 和 3，得到聚类结果如图 13.13 所示。

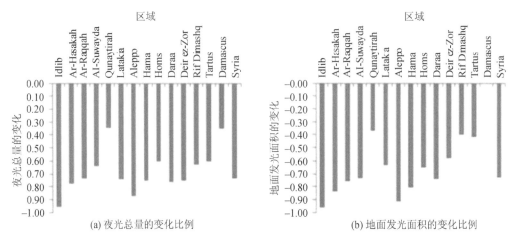

图 13.12 叙利亚各省的夜光变化比例（Li and Li，2014）

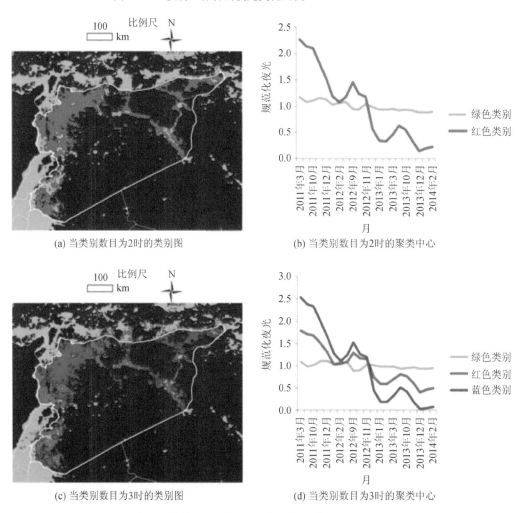

图 13.13 叙利亚全境和周边区域的夜光变化模式（Li and Li，2014）

当类别数目为 2 时，可以发现红色和绿色两个类别充满了（黑色为无灯光区域，不参与聚类）整个图像范围，红色类别表征了灯光的剧烈减少，而绿色表征了灯光的相对平稳变化，发现叙利亚的国境线恰好是夜光时空变化模式（红色和绿色类别）的分界线，即叙利亚内部基本被红色类别充满，而叙利亚外部基本被绿色类别充满。当类别数目为 3 时，结论也十分类似，叙利亚内部基本被蓝色类（剧烈减少）和红色类（减少）充满，而叙利亚外部被绿色类充满。通过这项分析，可以得出如下结论：①夜光遥感图像结合时空聚类，能够很好地监测叙利亚内战的时空演进；②夜光变化的时空模式与国境线高度吻合，说明国境线即社会经济发展的真实分界线，在和平时期下国境线对社会经济的分割未必十分明显，一旦国家陷入战乱，这样的分割效应会立即凸显。

### 13.4.2　伊拉克人道主义灾难评估

由于叙利亚内战，导致该地区的人道主义状况急剧恶化。虽然，伊拉克政府和国际媒体不断报道伊拉克北部的人道主义局势，但由于反政府武装对消息严格封锁，外界很难客观得知伊拉克北部的人道主义局势的真实情况。夜光遥感图像能够反映一个区域的电力供应水平及变化，而电力是百姓生活的必需品之一，因此夜光遥感图像可以较为直接的反映人道主义状况。收集 2014 年中 6 个月的 Suomi NPP/VIIRS 夜光遥感图像（图 13.14），分析伊拉克北部遭受反政府武装控制的三个省（撒拉赫丁省、尼尼微省和安巴尔省）的主要 13 个城市夜间灯光变化，发现这 13 个城市的夜间灯光在 2014 年 5～12 月期间均发生了不同程度的减少，但是减少的程度存在明显的差异。

分别绘制 13 个城市的夜间灯光变化比例（图 13.15），并根据政治局势分为 3 类：①第一类城市为反政府武装控制的 9 个城市；②第二类城市为伊拉克政府军控制的 3 个城市；③第三类城市为伊拉克政府军和反政府武装争夺的 1 个城市。观察这 3 类城市的夜间灯光变化，可以发现明显的差异。对于第一类城市，夜间灯光在 2014 年均发生了剧烈减少，其中有 7 个城市的减少幅度超过 90%；对于第二类城市，夜光的减少比例约为 40%；对于第三类城市，夜间灯光减少比例约为 80%。

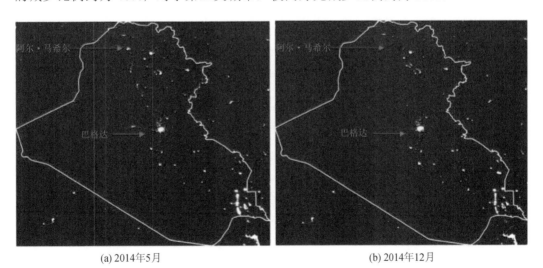

(a) 2014年5月　　　　　　　　　　　(b) 2014年12月

图 13.14　反政府武装占领伊拉克北部前后的灯光变化（Li et al.，2015）

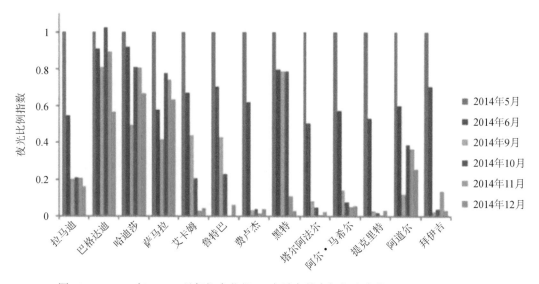

图 13.15　2014 年 5～12 月伊拉克北部 13 座城市的夜间灯光变化（Li et al.，2014）

# 第 14 章　宝塔滑坡的监测数据挖掘

宝塔滑坡是长江三峡库区的特大型滑坡，其稳定与否将直接关系到长江三峡水利工程和滑坡区人们的生命财产安危。基于不同视角，从宝塔滑坡形变监测数据集中挖掘知识，为国家有关部门对宝塔滑坡的决策提供空间知识支持，有现实意义。本章将提出挖掘视角，在宝塔滑坡监测数据集中，用数据场刻画每个数据对挖掘任务的不同作用，用云模型在精确的定量数据和不确定的定性概念之间相互转换，在发现状态空间实施"数据—概念—规则加例外"的挖掘机理，共同把每个定量的精确监测数据的作用，在不同的认识层次上浓缩到定性的决策思维中（王树良，2002）。

## 14.1　宝　塔　滑　坡

一个发育完全的滑坡在地质上由滑坡体、滑动面、滑动壁、滑坡阶、滑坡古丘和滑坡裂缝等要素组成，成因主要有内力（滑坡体的物质性质、地质构造和坡度）和外力（自然的降水、自然的地震和人为的采挖矿石、开挖渠道等人类活动）两种。内外合力推动滑坡体运动，当合力达到一定程度形成滑坡灾害，可能造成严重后果。1963 年，意大利北部的瓦依昂特水库发生特大滑坡，近 3 亿 $m^3$ 的岩体挤出了水库中 5000 万 $m^3$ 的水，毁灭了下游的一座城市和几个小镇，大约 3000 人死亡。长江三峡库区滑坡的稳态，事关长江三峡水利工程及三峡库区人民的生命财产安全。库区的秭归、云阳、万州等县区城镇都建在滑坡堆积体上，人口猛增和工程兴建，恶化了滑坡体的原有应力平衡，使得形变加剧。因此，滑坡监测作为掌握滑坡稳态的重要手段，一直受到重视和发展。

滑坡监测获取滑坡体变形破坏的三维位移（$X$、$Y$、$H$ 方向）、倾斜变化、物理参数、环境因素等各种特征信息，分析其动态变化规律，进而预测预报滑坡灾害发生的时间、空间、强度，为防灾减灾提供依据。因滑坡类型多、特征各异、变形机理和变形阶段互不相同，故滑坡形变监测的技术方法也不尽相同。最原始的方法是查看滑坡区哪里出现了裂缝、塌陷或冒浑水等变形迹象实现监测，后又在滑坡区开挖竖井及平硐，埋设伸缩仪，布设引张线、正倒垂线和静力水准等观测设施（王尚庆等，1999）。目前，国内外滑坡监测的内容丰富、技术多样、仪器品种繁多，已经发展到一个较高水平，其方法主要可分为宏观地质观测法、简易观测法、设站观测法、仪表观测法和自动遥测法五类。其中，设站观测法中的 GPS 测量法，可全天候观测，且不受地形通视条件的限制，定位精度达 mm 级，符合滑坡监测的要求，正在逐步替代常规监测方法。长江勘测工作者在长江三峡库区危害大、变形量显著的三峡地区重点滑坡区上布设了各种监测点和监测仪器，成功监测预报了多次滑坡灾害。1985 年 6 月，位于长江西陵峡上段，兵书宝剑峡出口北岸湖北秭归新滩镇后的姜家坡，发生了新滩滑坡，摧毁了整个新滩镇，滑坡区内数千人由于预报转移及时无一伤亡。

长江三峡的宝塔滑坡（图 14.1），位于重庆市云阳县城东约 1km 处的长江左岸，滑坡前缘高程 70m,后缘高程 520m,相对高差为 450m,滑坡区面积多达 4km$^2$。此滑坡体岩性为灰白色长石石英砂岩与紫红色泥岩等五层,岩层走向为东西向,倾角上陡下缓,呈椅状,滑坡区体积估计 1.04 亿 m$^3$,属于特大型滑坡。宝塔滑坡在地质上由许多不稳定体组成,在地表则表现为断层等各种地貌特征。根据宝塔滑坡的地质特征、变形破坏机制,以及所处的变形阶段等,监测采用设站观测法,沿其断面在滑坡体的典型不稳定体上设立变形监测点,在滑坡体变形影响范围之外的稳定基岩上设置固定观测站,通过定期监测不稳定体上监测点的变化,监测滑坡体的稳态。

宝塔滑坡形变监测系统由监测水平位移形变的 GPS 网和监测垂直位移形变的二等几何水准网组成,共埋设了 16 座混凝土观测墩,标面埋设强制对中基盘。监测点的布设如图 14.1 所示,4 个监测基准点 BT02、BT03、BT04 和 BT05 均位于滑坡体外的稳定基岩上,为 GPS 首级基本控制网网点,其他 12 个滑坡体监测点分别按照地质学的要求沿 3 个断面布设,即 BT11~BT14、BT21~BT24 和 BT31~BT34。"BT11"为"宝塔滑坡的第一个地质断面的第一个监测点"。

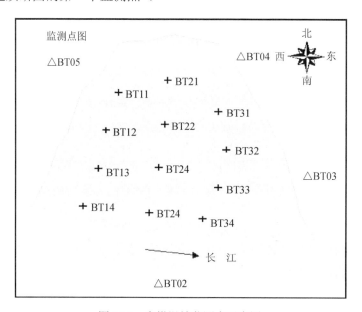

图 14.1  宝塔滑坡监测点示意图

在宝塔滑坡形变监测数据中,平面坐标为 GPS 接收机测得,BT04、BT05 为平面坐标起算点,高程为精密水准测得;位移量为历次观测值减首期值;平面坐标为标心坐标,高程为标座上水准点的高程;4 个监测基准点 BT02、BT03、BT04、BT05 只有首期高程观测值。利用第 4 章的有关数据清理技术,得到水平位移量 $dx = x_{i+1} - x_0$, $dy = y_{i+1} - y_0$,垂直位移量 $dh = h_{i+1} - h_0$。其中,0 和 $i$ 都是监测日期。宝塔滑坡形变监测网的首期观测时期为 1997 年 1 月,至 2000 年 9 月共计观测 17 期。

## 14.2  滑坡监测数据挖掘的可行性

宝塔滑坡的监测点,不是全域覆盖在整个滑坡体上,而是根据地质特征断面布设的典型监测点。定期监测每个典型监测点得到的每个空间监测数据，都是一个表示宝塔滑坡的形变水平的定量精确数值。而且，宝塔滑坡监测点的观测数据，相对于其数据全体而言，是不完备的样本数据。那么，如何把这些监测数据的作用从每个监测点扩展到整个滑坡体上、从样本空间扩展到全体空间呢？同时，在为决策服务的空间监测数据挖掘中，又怎样把精确的定量监测数据转化为不确定的定性决策语言？或怎样把不确定的定性决策语言转化为精确的定量监测数据？更进一步地，应该基于一个什么样的理论平台操作实现这些技术方法呢？

### 14.2.1　滑坡监测数据分析的不足

在对长江三峡宝塔滑坡稳定性的形变监测中，每个空间监测数据都是一个表示这个空间对象的形变水平的定量精确数值。表达监测精度的标准也一般是误差等定量的精确数值，最多也就是给出最大误差值、最小误差值、点位误差值等，除此之外，一般反映不出任何其他的定性信息。当根据监测数据分析滑坡稳定性时，国际上多采用力学计算法，中国强调在工程地质分析基础上的力学计算，而且采用最多的是基于确定集合论的数理统计等"硬计算"理论方法。根据这些理论方法分析得到的结果，和滑坡形变监测的原始数据一样，都基本是用定量数据表示的精确数值。

可是，人们在根据监测数据思维决策时，更偏向于使用"滑坡稳定""滑坡位移过大""滑坡可能发生""监测精度高""监测可靠"等不确定的定性语言概念，并在"整个滑坡体""滑坡断面""滑坡监测点"等不同的认识层次上往返自如，各有各的用处。在滑坡形变监测数据分析中，信息分配法仅顾及了模糊不确定性，又极大地受到了模糊隶属函数的不彻底性限制。

目前，还基本没有理论方法，能够把每个定量的精确监测数据的作用，在不同的认识层次上浓缩到人们定性的决策思维中，并且在一个合适的理论平台上，实现定量计算和定性思维之间自然的自由转换。空间数据挖掘的技术，更是至今没有被引入和应用，尚为空白。

### 14.2.2　位移伪分布的缺陷

位移伪分布（王树良，2002）认为，滑坡监测数据的位移正值或负值都是相对于初始位置的移动，如果仅仅关心位移量偏离监测点初始位置的量的总体绝对变形规律，那么就可以暂且不考虑位移方向，而借用地球空间信息学中的平方差思想，在空间对象形变的位移分布图中把位移值统一取绝对值，描绘出数据分布图，称为位移伪分布。可是，基于位移绝对值的位移伪分布图把空间 $O\text{-}XYH$ 中的八个子空间 $(+, +, +)$、$(+, -, +)$、$(-, -, +)$、$(-, +, +)$、$(+, +, -)$、$(+, -, -)$、$(-, -, -)$、$(-, +, -)$ 中的位移，全部通过中心对称转换到子空间 $(+, +, +)$ 中。使用伪分布表示一个滑坡变形的位移绝对值整体水平，只能令滑坡位移的可视化效果更为直观，绝对不能用来代替原始监测数据的特征。实际上，将位移值统一取绝对值，就把位移负值通过中心对称转换为位移正值，等同于加密了位移正值，势必会导致滑坡总体位移特征的变形，甚至面目全非。

### 14.2.3　数据场的可用性

空间对象由许许多多的小空间对象组成，监测点一般就根据其特征设立在空间对象的典型小空间对象上。例如，宝塔滑坡在地质上由许许多多的不稳定体组成，在地表则表现为断层等各种地貌特征，监测点就根据地质特征沿其断面设立在其典型不稳定体上。由于每个监测点的位移形变都对整个宝塔滑坡产生作用，进而影响其水平方向或垂直方向的运动形变，即每个监测点的位移数据都向整个滑坡体辐射可能导致滑坡发生的数据能量。更进一步地，概念"滑坡稳定"和概念"滑坡监测点稳定"或"滑坡监测点位移很小"也是相等的。若滑坡监测点稳定，位移很小，远小于滑坡不稳定体滑动的临界值，则监测点位移也就在滑坡稳定的允许范围内，即滑坡稳定。这实际上也是滑坡监测的基本思想。

虽然对同样的宝塔滑坡形变监测数据集，相同的人从不同的角度，或不同的人从相同的角度看，结果可能有所不同，但是根据数据场，宝塔滑坡监测的每个观测数据，都以监测点为中心，遵循就近和距离衰减的原则，独立向整个宝塔滑坡体辐射数据能量。每个监测点的位移数据，在向整个宝塔滑坡体辐射数据能量时，宝塔滑坡体实际起到了数据辐射的数域空间的作用，可以使用数据场度量其规律，基于同一个监测点的多个监测数据或多个监测点的不同监测数据，还可以生成数据辐射势场，其不同认知层次上的势心则表达了宝塔滑坡在形变监测中的宏观、中观和微观的运动模式，这种模式的具体表现就是不同认知层次上的"规则+例外"，可能对预防和减轻宝塔滑坡灾害具有不同寻常的意义。

### 14.2.4 云模型的适宜性

如果把对长江三峡宝塔滑坡在某个（些）监测点、某个（些）时期中、某个（些）方向的精确的位移形变观测值，在数域空间中的分布看作一幅云图，那么就可以根据每幅云图的滑坡监测点的形变监测数据，利用辐射拟合的逆向云发生器算法得到云的期望 Ex、熵 En 和超熵 He 三个数字特征。这三个数字特征表示了滑坡位移及其监测的整体水平。其中，期望表示监测点的预期位置（一般是监测点首期观测值的位移为 0 位置），熵表示监测点对预期位置的离散程度（体现位移的幅度大小，最能体现滑坡的位移形变水平），超熵表示监测水平偏离正常的程度（综合反映监测仪器、监测员的素质和监测环境等因素）。如果在三个数字特征中，熵和超熵都等于 0，那么{Ex, 0, 0}表示的概念就是一个个精确的位移观测值。如果再遵循一定的定性规则将这三个数字特征诠释为概念语言，那么就会把滑坡监测点的位移特征、形变离散程度和监测水平等表达得更为清晰化、知识化和易于理解。同时，利用这三个反映滑坡位移及其监测的整体水平的数字特征，还可以再用正向云发生器复现出每个滑坡监测点的任意多个监测数据。

而且，在对宝塔滑坡的每期监测中，给定监测点在给定方向（$X$ 方向、$Y$ 方向或 $H$ 方向）的位移，就产生一个云滴，云滴的自变量为每个监测点的空间坐标和监测日期，确定度为滑坡形变的位移量 d$x$, d$y$ 或 d$h$ 对于概念"滑坡稳定"的确定程度。所以，能够在空间对象监测数据挖掘中应用云模型，从中发现该监测点在这些时期内的位移水平、位移的监测水平。此外，云模型的云滴的确定度的映射空间并非一定取为[0, 1]。可以令确定度的映射空间[0, 1]增大 $k$（$k \geqslant 0$）倍，即[0, $k$]。$k$ 的取值由位移值的变化范围而定，若研究一个单独监测点在不同时间序列中的位移，则变化范围为该点在这段时期内的最大位移和最小位移（0 位移）所包含的区间。若研究所有监测点在相同时间中的位移，则变化范围为所有监测点在该时间内的最大位移和最小位移所包含的区间。位移量越小，对概念"滑坡稳定"的确定度越大。

### 14.2.5  发现状态空间的可操作性

在发现状态空间中，属性空间、概念空间、特征空间分别对应空间对象的属性之间、概念之间、特征之间的关系、一致性和差异性的发现，认知层次则反映属性值、概念值、特征值的概念粒度（和/或尺度）的增减。对于宝塔滑坡形变监测数据，同一个监测点在不同时期内的监测数据，可以看作该监测点的属性，对应发现状态空间的属性方向，每个监测点具有监测点、监测日期和形变的位移方向（简称位移方向）三个属性；各个不同监测点，一般具有不同的位移形变特征，对应发现状态空间的宏元组方向；从形变监测数据中挖掘得到的不同粒度层次的空间知识，对应发现状态空间的知识模板方向，粒度层次越大，尺度层次越小，从中发现的知识越浓缩。在宝塔滑坡空间监测数据的知识发现中，云模型和数据场运行于发现状态空间并发挥双翼作用，具体实现不同层次的知识跃迁。

# 14.3  宝塔滑坡形变监测数据挖掘的视角

视角是相同的人从不同的知识背景或不同的人从相同的知识背景下，根据不同的认知层次，研究、解决和解释自然、社会的问题、现象的角度。空间数据挖掘在不同认知层次上的实现，实质是用不同的视角观察分析空间数据，得到基于不同知识背景的空间知识（王树良等，2004）。对长江三峡宝塔滑坡形变监测数据的挖掘，知识背景是滑坡稳定性的空间监测数据，基本观察点有监测点、监测日期和位移方向三个。这三个基本观察点组合在一起，可以构成分析空间监测数据的全部视角，其结果就是从三个集合，即{相同监测点、不同监测点}、{相同监测日期、不同监测日期}和{相同位移方向、不同位移方向}中各取其一的组合：$C_2^1 \cdot C_2^1 \cdot C_2^1 = 8$。

### 14.3.1  视角类型

对长江三峡宝塔滑坡形变监测数据的挖掘，八类视角（图 14.2）分别为：

视角一：同点同时同向。即相同监测点、相同监测日期和相同位移方向；

视角二：同点同时异向。即相同监测点、相同监测日期和不同位移方向；

视角三：同点异时同向。即相同监测点、不同监测日期和相同位移方向；

视角四：同点异时异向。即相同监测点、不同监测日期和不同位移方向；

视角五：异点同时同向。即不同监测点、相同监测日期和相同位移方向；

视角六：异点同时异向。即不同监测点、相同监测日期和不同位移方向；

视角七：异点异时同向。即不同监测点、不同监测日期和相同位移方向；

视角八：异点异时异向。即不同监测点、不同监测日期和不同位移方向。

在八类视角中，视角一、二、三、四是针对一个监测点的不同属性的不同视角，构成针对空间对象的属性的 $M$ 维概念空间。在这个概念空间中，视角一、二、三、四的视野依次开阔增大；反之，则为顺次闭缩减小。若应用空间数据挖掘，则为压缩镜头，缩短观察距离，用细粒度观察和分析监测点，透过纷繁复杂的表象，更准确地区分差别。得到的一般为个性知识。

视角五、六、七、八是针对多个监测点的不同特征的不同视角，构成针对空间对象的 $N$ 维特征空间。在特征空间中，视角五、六、七、八的视野依次开阔增大；反之，则为顺次闭缩减小。若应用空间数据挖掘，则为拉长镜头，增加观察距离，用粗粒度观察和分析信息，忽略细微的差别，寻找共性。得到的常常为共性知识。

### 14.3.2 视角关系

八类视角之间的关系可以基于云模型表示为泛层次结构,如图 14.2 所示。可以看出，从中心的视角一（同点同时同向）到外围的视角八（异点异时异向），观察距离越来越远，粒度越来越大。反之，观察距离越来越近，粒度越来越小。从不同的视角对宝塔滑坡形变监测数据进行空间数据挖掘，可能得到不同的知识，而且各有各的道理和用途。在发现状态空间中，视角一、二、三、四针对的是属性方向，而视角五、六、七、八针对的则是宏元组方向。这反映了空间数据挖掘在发现状态空间中的微观、中观和宏观的不同层次，以及粒度上卷和下钻的过程。

同时，在图 14.2 中，当视角一的三个基本观察点（监测点、监测日期和位移方向）

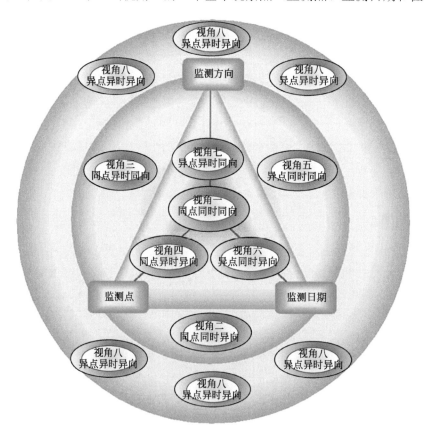

图 14.2　视角的泛层次结构关系

中有一个、两个或全部改变时，就组成了其他七个不同的视角。如果把相同监测点在相同监测日期于不同的三个位移方向的形变 d$x$，d$y$，d$h$ 看作一个三维数域空间中的形变点（d$x$，d$y$，d$h$），那么当监测点和监测日期改变时，视角二也可以组成三维数域空间中的视角四（同点异时异向）、视角六（异点同时异向）和视角八（异点异时异向）。

### 14.3.3　基本视角

因为当视角一的三个基本观察点（监测点、监测日期和位移方向）中有一个、两个或全部改变时，可以组成其他七个不同的视角，所以这里把视角一（同点同时同向）叫作基本视角。基本视角是所有视角的最基本组成单位。

当以基本视角观察宝塔滑坡形变监测数据时，得到的就是各个独立的单个监测数据，是空间数据挖掘的最基本原子数据，既可以看作概念空间的基本原子数据，也可以看作特征空间的基本原子数据。例如，视角二"相同监测点、相同监测日期和不同位移方向"是视角一在概念空间中于位移方向的组合；视角五"不同监测点、相同监测日期和相同位移方向"是视角一在特征空间中于空间监测点的组合。在云模型中，视角一的结果是一个表示给定监测点、在给定监测日期内、于给定方向、对概念"滑坡稳定"的确定度的云滴。这个云滴位于由 d$x$、d$y$ 或 d$h$ 其中之一构成的一维数域空间内。基于这种视角，监测点的数据场的等势线为一个嵌套的同心圆，势心为数据在数域空间的位置。例如，监测点 BT21 在 1997 年 6 月于 $X$ 方向的位移 d$x$ = –3mm（表 14.1）。

表 14.1　监测点 BT21 在 1997 年 6 月的 d$x$　　　　（单位：mm）

| 视角一 | 数字特征 | "$T$=滑坡稳定"云 | 数据场 |
|---|---|---|---|
| 监测点：BT21<br>监测日期：1997 年 6 月<br>$X$ 方向位移：d$x$ | Ex=–3<br>En=0<br>He=0 | | |

作为基本视角，视角一的原子数据在空间数据挖掘中仅仅是一个最基本的单位，可是对于滑坡监测并没有很大的实际意义。如果一定要用空间规则表示，那么就是单条件单规则的一个特例："（监测点 $A$，监测日期 $B$）→$C$ 方向的位移为 $D$"。如"（监测点 BT21，1997 年 6 月）→ $X$ 方向的位移为–3mm"。

### 14.3.4　基本组合视角

在三维数域空间中，当监测点和监测日期改变时，视角二可以组成三维数域空间中的"视角四（同点异时异向）、视角六（异点同时异向）和视角八（异点异时异向）"，同时，视角二从视角一而来，所以可把视角二叫作三维空间的基本组合视角。

当以基本三维组合视角观察宝塔滑坡形变监测数据时，得到的就是每个独立的监测点、在相同监测日期内、于不同位移方向构成的一个三维数据（d$x$，d$y$，d$h$）。实际上，这个三维数据中的数据相对于视角二，只是增加了两个不同方向维的位移，仍然是空间数据挖掘的基本原子数据。这个原子数据在由 d$x$、d$y$ 和 d$h$ 构成的三维数域空间中，表现为一个三维云滴，表示给定监测点、在给定监测日期内、于三个不同方向、对概念"滑坡稳定"的确定水平。从 d$x$、d$y$ 或 d$h$ 其中之一的方向单独来看，这个三维云滴又分别在一维数域空间（d$x$、d$y$ 或 d$h$）内。基于这种视角，监测点的数据场的等势面为一个个嵌套的同心球面，势心为数据在数域空间的位置。例如，监测点 BT21 在 1997 年 6 月于 $X$ 方向、$Y$ 方向和 $H$ 方向的位移分别为 d$x$ = –3mm，d$y$ = 4mm，d$h$ = –2mm（表14.2）。可以利用平行四边形法则从中挖掘该监测点在某个时期的位移分量、整体位移。例如，BT21 在 $O$-$XY$ 平面内为第二象限内位移分量内偏 $Y$ 方向 5mm，在 $O$-$XH$ 平面内为第三象限内偏 $X$ 方向约 3.6mm，在 $O$-$YH$ 平面内为第二象限内偏 $Y$ 方向约 4.5mm，在 $O$-$XYH$ 数域空间内为总体位移偏 $Y$ 方向约 5.4mm。其中，人们感兴趣的是 $O$-$XYH$ 数域空间内的总体位移 $d$。

**表 14.2  监测点 BT21 在 1997 年 6 月的 d$x$、d$y$ 和 d$h$**　　　　　（单位：mm）

| 视角二 | | 数字特征 | | | "$T$=滑坡稳定"云 | 数据场 |
|---|---|---|---|---|---|---|
| 监测点：BT21 年 监测日期：1997 年 6 月 | | Ex | En | He | | |
| 不同位移 方向 | d$x$ | –3 | 0 | 0 | | |
| | d$y$ | 4 | 0 | 0 | | |
| | d$h$ | –2 | 0 | 0 | | |
| 总位移 | $d$ | 5.4 | 0 | 0 | | |

这样的三维原子数据在空间数据挖掘中也仅仅是一个最基本的单位，对于滑坡监测也没有很大的实际意义。如果一定要用空间规则表示，那么就是单条件多规则的一个特例："（监测点 $A$，监测日期 $B$）→[（$X$、$Y$、$H$ 方向的位移分别为 $C$、$D$、$E$）；（$O$-$XY$ 平面内的位移 $F$）；（$O$-$XH$ 平面内的位移 $G$）；（$O$-$XYH$ 空间内的位移 $P$）]"。如 "（监测点 B21，1997 年 6 月）→[（$X$、$Y$、$H$ 方向的位移分别为–3mm、4mm、–2mm）；（$O$-$XY$ 平面内的位移为第二象限内偏 $Y$ 方向 5mm）；（$O$-$XH$ 平面内的位移为第三象限内偏 $X$ 方向约 3.6mm）；（$O$-$YH$ 平面内的位移为第二象限内偏 $Y$ 方向约 4.5mm）；（$O$-$XYH$ 数域空间内的位移为总体偏 $Y$ 方向约 5.4mm）]"。可是，根据基本三维组合视角衍生的三维视角，对于滑坡监测具有实际意义。

### 14.3.5  宝塔滑坡监测数据的挖掘视角

为了从宝塔滑坡形变监测数据中全面地挖掘空间决策知识，直观的方法是从所有的八个视角进行数据挖掘。可是，如前所述，基本视角（视角一）和基本三维组合视角（视角二）的视野，都是单个孤立的空间数据，而不是大量的一堆数据，它们只是空间数据挖掘的基本单元和基本组合单元，对于滑坡监测的空间数据挖掘并没有很大的实际意义。

其次，八类视角是在仅仅考虑滑坡特性和基本观察点的前提下得到的，而同一幅云图中的监测数据应该符合可比的原则。可是，在宝塔滑坡形变监测的原始数据中，平面坐标为 GPS 测得，而高程为精密水准测得，水平和垂直方向的监测数据是不同仪器观测的结果，并没有监测水平的可比性，不能放在同一幅云图中分析监测的水平。即当把水平和垂直方向的监测数据放在一起时，计算得到的数字特征之一——超熵，不能表示监测水平偏离正常的程度（综合反映监测仪器、监测员的素质和监测环境等因素）。当然，数字特征中的期望和熵还可以反映滑坡的形变程度。因此，在除去基本视角（视角一）和基本三维组合视角（视角二）后，异向的"视角四（同点异时异向）、视角六（异点同时异向）、视角八（异点异时异向）"不能反映监测水平偏离正常的程度，即异向的视角在宝塔滑坡形变监测数据中，得不到监测水平偏离正常的程度。

这样，就只剩"视角三（同点异时同向）、视角五（异点同时同向）、视角七（异点异时同向）"。其中，视角三为针对属性的概念空间，视角五和视角七是针对对象的特征空间。视角三重点表现一个监测点在不同监测日期，于给定方向的滑坡位移水平及其监测可靠性；视角五重点表现在一个监测日期中，所有监测点在给定方向的滑坡位移水平及其监测可靠性；视角七重点表现所有监测点在一段时期内，于给定方向的滑坡位移水平及其监测可靠性。可见，视角三、视角五分别是视角七在发现状态空间的属性方向、宏元组方向的分视角。下面将从这三个不同角度分别研究。

# 14.4　同点异时同向的视角挖掘

同点异时同向的视角即视角三，具体指"相同监测点、不同监测日期和相同位移方向"的视角，重点表现一个监测点在不同监测日期，于给定位移方向的滑坡位移水平。针对的是由一个给定监测点的时间序列属性构成的 $M$ 维概念空间，概念空间的每一维分别对应不同的监测日期。当以此视角观察这些形变监测数据时，得到的是每个独立的监测点、在不同的监测日期、于相同位移方向的一个 $M$ 维位移向量（$dx_1, dx_2, \cdots, dx_M$），其基本组成分量是视角一的最基本原子数据，分量值等于位移值。在一维数域空间中，它表现为一朵由多个云滴组成的云团，表示给定监测点、在不同监测日期内、于给定方向、对概念"滑坡稳定"的总体确定水平。

## 14.4.1　X 方向的数字特征

宝塔滑坡监测点的观测数据，相对于其数据全体而言并非完备，是不完备的样本数据。由于全体数据的概率分布影响着样本数据的数据能量辐射，在一定程度上决定了通过空间数据挖掘所获知识的质量，所以应该依据观测数据，估计全体数据的概率分布，并应用于数据场和基于辐射拟合算法的逆向云发生器。

根据云概率分布密度估计理论（王树良，2002），估计宝塔滑坡监测点在 $X$ 方向的观测数据的概率分布密度，即每个断面上的每个监测点在不同日期于 $X$ 方向的形变位移 $dx$ 的概率分布，所得结果如图 14.3 所示，其中，$d$ 值为最佳辐射单元，竖轴为概率密度估值、横轴为位移值，后续的概率分布密度图，若不特别说明，则均如此。

对滑坡监测的结果，人们一般使用定性概念对此思维决策，这个定性概念可用云模型的三个数字特征表示。利用云模型的辐射拟合逆向云发生器算法，求得的所有断面的监测点在不同日期于 $X$ 方向的位移值的三个数字特征值，如表 14.3 所示。

在表 14.3 中，三个数字特征描述的是定性语言概念的基本特征，能够代表精确空间监测数据所反映的滑坡位移及其监测的整体水平。从 14.2.4 小节的分析可知，滑坡监测点的预期期望一般是监测点的首期初始观测位置，位移为 0。这个预期期望常常和监测

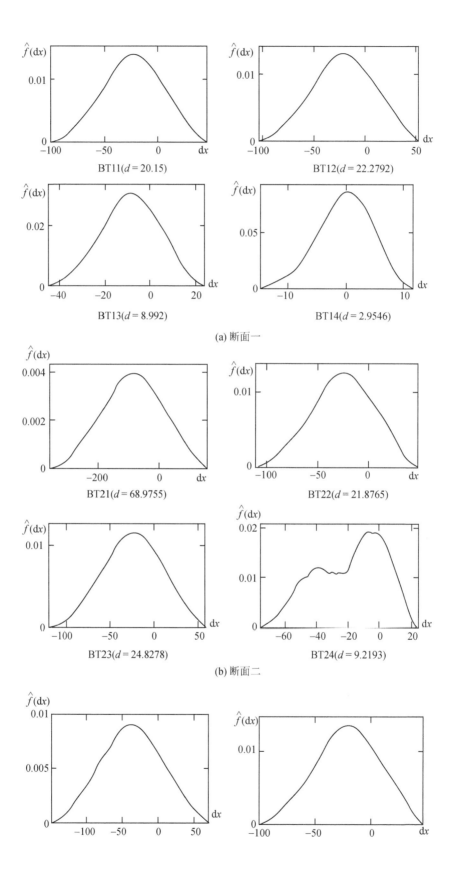

BT11($d=20.15$)

BT12($d=22.2792$)

BT13($d=8.992$)

BT14($d=2.9546$)

(a) 断面一

BT21($d=68.9755$)

BT22($d=21.8765$)

BT23($d=24.8278$)

BT24($d=9.2193$)

(b) 断面二

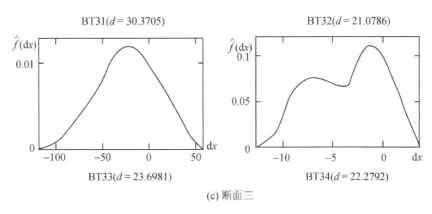

图 14.3  不同日期 dx 概率分布

表 14.3  监测点在不同监测日期的 dx 数字特征　　　　　　（单位：mm）

| 数字特征 | BT11 | BT12 | BT13 | BT14 | BT21 | BT22 | BT23 | BT24 | BT31 | BT32 | BT33 | BT34 |
|---|---|---|---|---|---|---|---|---|---|---|---|---|
| Ex | −25.0 | −22.1 | −9.3 | −0.3 | −92.8 | −212.0 | −26.5 | −20.5 | −40.3 | −22.9 | −25.0 | −20.9 |
| En | 18.1 | 19.4 | 8.8 | 3.7 | 66.4 | 20.8 | 21.6 | 20.2 | 28.4 | 18.7 | 22.2 | 20.7 |
| He | 19.0 | 41.7 | 8.0 | 6.7 | 145.8 | 21.1 | 53.0 | 210.4 | 92.2 | 38.2 | 26.4 | 32.8 |

点的监测值期望并不相等，二者之差，就反映了监测点的整体平均位移。同时，熵最能体现滑坡的位移形变水平，表示了监测点对预期位置的离散程度，超熵则综合反映监测仪器、监测员的素质和监测环境等因素对监测水平的影响程度。

### 14.4.2  数字特征的定性诠释

如果认为这些数字特征表示的滑坡监测点位移水平还不令人满意，那么可以根据滑坡监测的特点和需要，基于云模型的基本思想，按照一定的转换规则把三个数字特征诠释为三个定性概念。表 14.4 为在长江水利委员会综合勘测局的思维决策基础上，根据宝塔滑坡形变的特点，总结并扩展给出的一种定性诠释规则。

表 14.4  三个数字特征的一种定性诠释规则　　　　　　（单位：mm）

| 数值 | 0~9 | 9~18 | 18~27 | 27~36 | 36~45 | >60 |
|---|---|---|---|---|---|---|
| 位移概念 | 较小 | 小 | 大 | 较大 | 很大 | 非常大 |
| 数值 | 0~9 | 9~18 | 18~27 | 27~36 | 36~45 | >60 |
| 离散概念 | 较低 | 低 | 高 | 较高 | 很高 | 非常高 |
| 数值 | 0~9 | 9~18 | 18~27 | 27~36 | 36~45 | >60 |
| 监测概念 | 较稳定 | 稳定 | 不稳定 | 较不稳定 | 很不稳定 | 非常不稳定 |

因考虑应用的一般性，故表 14.4 中的规则没有方向性，可以根据不同的应用环境赋予不同的方向，如此处的 X 方向的正方向为北方，负方向为南方。基于表 14.4 的诠释规则，可以得到与表 14.3 中的数字特征值相对应的所有定性概念，如表 14.5 所示。这样，通过定性诠释规则的转换，云模型的三个数字特征就变成了富有灵气的定性概念语

言。如断面二的监测点 BT21 表示"向 $X$ 负方向（南方向）位移非常大，滑坡形变的离散度非常高，监测水平非常不稳定"。

综合图 14.3 和表 14.5 可看出，所有监测点都基本向 $X$ 负方向（南方向）发生了大小不一的位移。其中：①位移幅度非常大、位移之间离散程度非常高、监测水平也非常不稳定的，是断面二的监测点 BT21，断面三的监测点 BT31 次之；②位移幅度较小、位移之间的离散程度较低、监测水平也较稳定的，是断面一的监测点 BT14；③监测点之间位移变化的范围为：断面二>断面三>断面一；④除去监测点 BT14、BT21、BT31，三个断面的监测点的位移监测水平基本相似。相对于位移绝对值的伪分布图，云模型的数字特征还保留了位移的方向。

表 14.5　监测点在不同监测日期的 d$x$ 数字特征及其定性诠释　　　（单位：mm）

| 数字特征 | BT11 | BT12 | BT13 | BT14 | BT21 | BT22 | BT23 | BT24 | BT31 | BT32 | BT33 | BT34 |
|---|---|---|---|---|---|---|---|---|---|---|---|---|
| Ex | −25 | −22.1 | −9.3 | −0.3 | −92.8 | −27 | −26.5 | −20.5 | −40.3 | −22.9 | −25 | −20.9 |
| 位移水平 | 向南大 | 向南大 | 向南小 | 向南较小 | 向南非常大 | 向南较大 | 向南大 | 向南大 | 向南很大 | 向南大 | 向南大 | 向南大 |
| En | 18.1 | 19.4 | 8.8 | 3.7 | 66.4 | 20.8 | 21.6 | 20.2 | 28.4 | 18.7 | 22.2 | 20.7 |
| 形变离散 | 高 | 高 | 较低 | 较低 | 非常高 | 高 | 高 | 高 | 较高 | 低 | 高 | 高 |
| He | 19 | 41.7 | 8 | 6.7 | 145.8 | 21.1 | 53 | 212.4 | 92.2 | 38.2 | 26.4 | 32.8 |
| 监测水平 | 不稳定 | 很不稳定 | 较稳定 | 较稳定 | 非常不稳定 | 不稳定 | 很不稳定 | 较不稳定 | 非常不稳定 | 较不稳定 | 很不稳定 | 较不稳定 |

### 14.4.3　$Y$、$H$ 方向的数字特征

与 $X$ 方向同理，还可以得到宝塔滑坡的所有监测点在不同监测日期于 $Y$ 方向、$H$ 方向的位移形变 d$y$、d$h$ 的位移概率分布密度估计、总体数字特征及其定性诠释。$Y$ 方向的结果如图 14.4 和表 14.6 所示；$H$ 方向的结果如图 14.5 和表 14.7 所示。

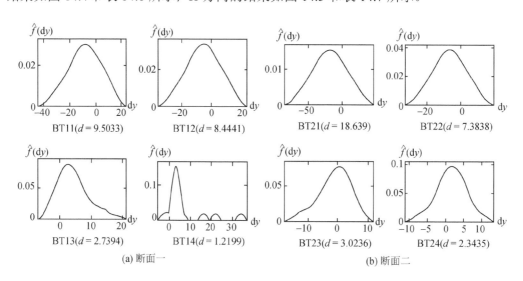

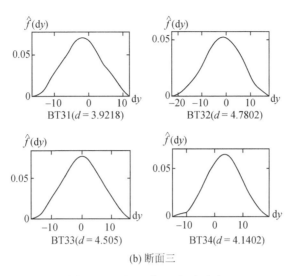

(b) 断面三

图 14.4    不同日期 dy 概率分布

综合图 14.4 和表 14.6 可以看出,所有监测点在 $Y$ 的正负方向都基本发生了大小不一的位移。其中:①向西位移幅度大、位移之间离散程度低、监测水平也较不稳定的,是断面二的监测点 BT21;②向西位移幅度较小、位移之间离散程度较低、监测水平也较稳定的,是断面三的监测点 BT33;③除去监测点 BT21,三个断面的监测点之间位移变化的范围和位移监测水平都基本相似。

表 14.6    监测点在不同监测日期的 dy 数字特征及其定性诠释            (单位:mm)

| 数字特征 | BT11 | BT12 | BT13 | BT14 | BT21 | BT22 | BT23 | BT24 | BT31 | BT32 | BT33 | BT34 |
|---|---|---|---|---|---|---|---|---|---|---|---|---|
| Ex | −9.0 | −6.0 | −4.3 | −6.9 | −19.8 | −12.5 | −1.3 | 1.6 | −2.1 | −1.8 | −0.1 | 3.3 |
| 位移水平 | 向西较小 | 向西较小 | 向东较小 | 向东较小 | 向西大 | 向西较小 | 向西较小 | 向东较小 | 向西较小 | 向西较小 | 向西较小 | 向东较小 |
| En | 8.5 | 12.5 | 4.4 | 9.7 | 16.2 | 6.5 | 4.7 | 3.7 | 3.8 | 5.8 | 4.4 | 4.4 |
| 形变离散 | 较低 | 较低 | 较低 | 低 | 低 | 较低 | 较低 | 较低 | 较低 | 较低 | 较低 | 较低 |
| He | 11.4 | 3.0 | 2.1 | 4.4 | 29.7 | 5.1 | 4.2 | 5.8 | 3.1 | 6.6 | 4.7 | 4.4 |
| 监测水平 | 稳定 | 较稳定 | 较稳定 | 较稳定 | 较不稳定 | 较稳定 | 较稳定 | 较稳定 | 较稳定 | 较稳定 | 较稳定 | 较稳定 |

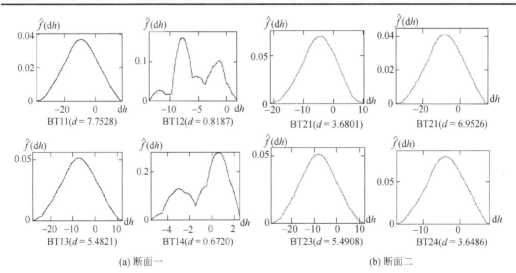

(a) 断面一                                    (b) 断面二

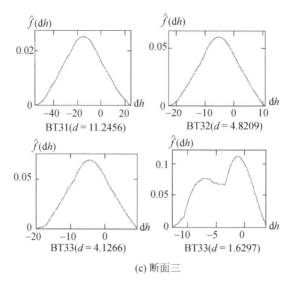

(c) 断面三

图 14.5　不同日期 dh 概率分布

**表 14.7　监测点在不同监测日期的 dh 数字特征及其定性诠释**　　　（单位：mm）

| 数字特征 | BT11 | BT12 | BT13 | BT14 | BT21 | BT22 | BT23 | BT24 | BT31 | BT32 | BT33 | BT34 |
|---|---|---|---|---|---|---|---|---|---|---|---|---|
| Ex | −6.1 | −5.8 | −8.0 | −0.6 | −5.1 | −8.8 | −8.9 | −4.2 | −12.9 | −5.9 | −4.9 | −3.9 |
| 位移水平 | 向下小 | 向下较小 | 向下较小 | 向下较小 | 向下较小 | 向下较小 | 向下较小 | 向下较小 | 向下大 | 向下较小 | 向下较小 | 向下较小 |
| En | 6.7 | 3.4 | 4.9 | 1.8 | 4.1 | 5.9 | 4.9 | 3.1 | 9.8 | 4.1 | 3.6 | 3.4 |
| 形变离散 | 较低 | 较低 | 较低 | 较低 | 较低 | 较低 | 较低 | 较低 | 低 | 较低 | 较低 | 较低 |
| He | 6.7 | 3.5 | 11.1 | 0.4 | 2.1 | 12.8 | 3.3 | 5.0 | 11.0 | 4.5 | 4.3 | 3.8 |
| 监测水平 | 较稳定 | 较稳定 | 稳定 | 较稳定 | 较稳定 | 较稳定 | 较稳定 | 较稳定 | 稳定 | 较稳定 | 较稳定 | 较稳定 |

综合图 14.5 和表 14.7 可以看出，所有监测点都基本向 $H$ 负方向发生了大小不一的位移，形变量普遍较小。其中：①断面三的监测点 BT31 向下位移幅度大、位移之间离散度低、监测水平也稳；②断面一的监测点 BT14 向下位移幅度较小、位移之间离散度低、监测水平也较稳定；③除去监测点 BT14 和 BT31，三个断面的监测点之间位移变化的范围和监测水平都基本相似。

### 14.4.4　数字特征可视化

这些对位移特征、形变离散程度和监测水平等的纵横对比分析的结论，可能还不是十分显化，尤其对于不具备滑坡监测、地球空间信息学、空间数据挖掘等背景知识的人更是如此，甚至得不到如此丰富的分析结果或得到和上述截然不同的结论。如果认为这些数字特征的定性诠释表示的滑坡监测点位移水平还不是十分直观，那么可以根据滑坡监测的特点和需要，按照云模型的正向云发生器生成一定数量的云滴，组成代表这些数字特征的云团，即数字特征可视化。

滑坡形变的空间监测数据越多，云图中的云滴数量越多，反映滑坡的概念就越确切，而且空间数据挖掘面对的也常常是巨量空间数据。可是，每期滑坡监测都要耗费大量的人力、物力和财力，每期都对组成滑坡体的所有点进行全面的监测是不现实的，要求增加滑坡灾害发生的临界监测数据就更不可能。因为根据已有滑坡监测数据，使用逆向云发生器得到的三个数字特征，反映了滑坡位移形变在给定条件下的变形位置、变形大小、变形概率等整体水平，所以根据这三个数字特征利用正向云发生器，计算还原得到的任意多个云滴组成的云团，也肯定是这个整体水平的体现。虽然这任意多个还原云滴和原始云滴并非完全相同，但是二者的整体空间分布水平是一致的，这实际上相当于在给定条件下，对滑坡监测了任意多期。也就是说，每期滑坡监测的有限个监测点的原始监测数据，通过逆向云发生器得到三个数字特征后，可以利用正向云发生器，再把这些有限的原始监测数据对滑坡体的作用或影响，辐射还原到任意多个滑坡体上的点，从而增大点密度，达到向整个滑坡体监测的水平有限逼近的目的。即把原有滑坡监测数据的整体规律按比例放大了。如果滑坡监测的数据量很少，不能满足空间数据挖掘的要求，那么还可以使用这种方法，利用逆向云发生器和正向云发生器补充数据量，补充后的监测数据为还原监测数据和已有原始监测数据的总和。所以，利用正向云发生器算法，基于"3En规则"，可以根据表14.5、表14.6和表14.7分别生成任意多个云滴，使云图的可视化更为显著。

图14.6（a）、（b）、（c）分别为根据表14.5、表14.6和表14.7中的数字特征对应生成的30000个云滴的云图。其中，"+"所示为监测点在宝塔滑坡体上的空间初始位置，云图的颜色变化反映了滑坡监测云滴对三个数字特征代表的概念"滑坡稳定"的确定度的变化，其大小则体现了滑坡形变及其观测的发散范围和程度。

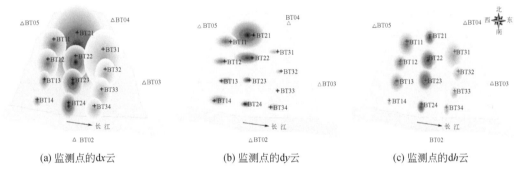

(a) 监测点的d$x$云　　　　(b) 监测点的d$y$云　　　　(c) 监测点的d$h$云

图14.6　微观的监测点知识

对比图14.6（a）、（b）、（c）可以看出，监测点在不同监测日期的形变位移特征，$X$方向（南北方向）在总体上远大于$Y$方向（东西方向）、$H$方向（垂直方向）。原因在于长江三峡的宝塔滑坡的岩层走向是东西走向，滑坡体主要在南北向移动。而且，总体上，南北方向一直向南移动、垂直方向一直向下沉降，东西方向的位移没有一致性，东西波动。这些监测数据再次验证了包括滑坡体的物质性质、地质构造和坡度在内的内力作用，是滑坡灾害的主要成因。

## 14.5　异点同时同向的视角挖掘

异点同时同向的视角即视角五，具体指"不同监测点、相同监测日期和相同位移方向"的视角。面对的是由给定日期和给定位移方向的监测点对象构成的 $N$ 维特征空间，特征空间的每一维分别对应不同的监测点对象。当以此视角观察这些形变监测数据时，得到的是不同监测点对象在给定监测日期于给定位移方向的二维数据表。在发现状态空间中，异点同时同向的视角对应宏元组方向，可是每个监测点对象仅有在给定的监测日期于给定方向的属性值（位移形变值）。可以通过空间数据挖掘获得所有监测点对象在给定监测日期于给定位移方向的监测水平等共性知识。在数域空间表现为一个由多个云滴组成的云团，表示所有监测点对象、在给定监测日期、于给定位移方向、对概念"滑坡稳定"的总体确定水平。视角五重点表现在一个监测日期中，所有监测点在给定位移方向的监测水平的可靠性。所以，只是研究其数字特征，即可达到评定监测水平的目的。

### 14.5.1 滑坡变形概率分布密度辐射估计

基于视角五，根据数据场，可以分别计算得到宝塔滑坡的不同监测点在每一时期的监测数据的概率分布密度估计，这里以年为单位计算。在 1997 年、1998 年、1999 年、2000 年，宝塔滑坡监测点位移形变的概率分布密度估计：在 $X$ 方向的 $\mathrm{d}x$ 如图 14.7 所示，在 $Y$ 方向的 $\mathrm{d}y$ 如图 14.8 所示，在 $H$ 方向的 $\mathrm{d}h$ 如图 14.9 所示。

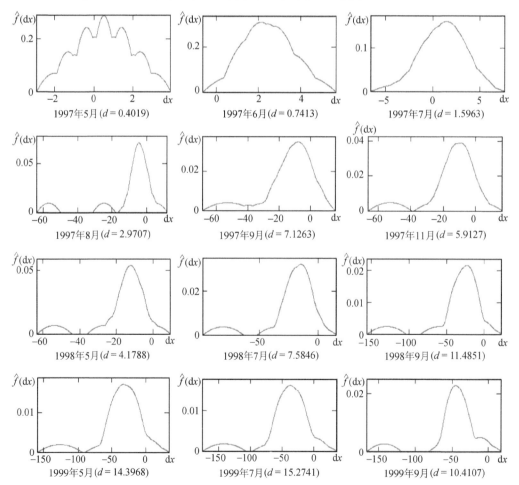

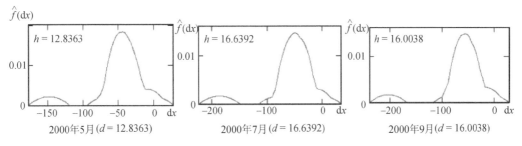

图 14.7　1997 年、1998 年、1999 年、2000 年不同点 dx 概率分布

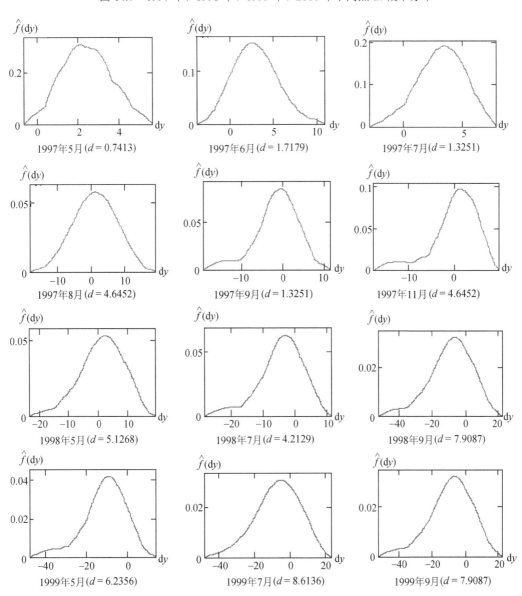

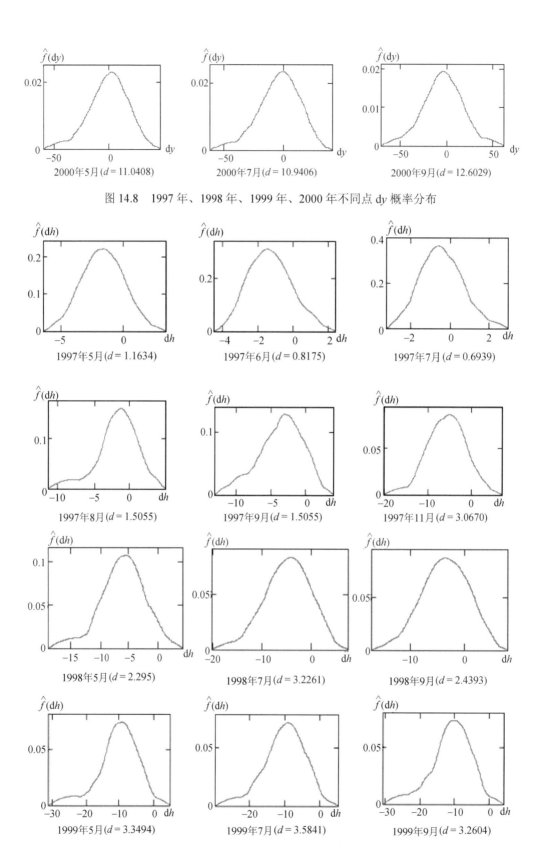

图 14.8　1997 年、1998 年、1999 年、2000 年不同点 d$y$ 概率分布

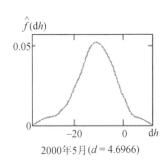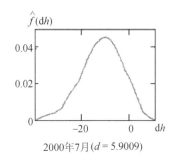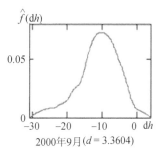

| 2000年5月（d=4.6966） | 2000年7月（d=5.9009） | 2000年9月（d=3.3604） |

图 14.9　1997 年、1998 年、1999 年、2000 年不同点 dh 概率分布

## 14.5.2　数字特征

根据图 14.7、图 14.8、图 14.9 所示的滑坡位移概率分布密度估计，利用云模型的辐射拟合逆向云发生器算法，就可求得所有监测点在不同日期于 $X$ 方向、$Y$ 方向和 $H$ 方向的位移的三个数字特征值，即以视角"异点同时同向"分别在 $X$ 方向、$Y$ 方向和 $H$ 方向获得位移 dx、dy、dh 的数字特征，如表 14.8、表 14.9、表 14.10 所示。

从表 14.8 中可以看出，在监测开始时的短暂两期（1997 年 5 月和 6 月）内，滑坡体向北发生了微小位移，但从第三期监测开始后，滑坡体一直向南移动，并以越来越快的速度递增移动，至 2000 年 6 月，位移值已经高达 65.5mm。同时，位移也越来越离散，监测水平也越来越不稳定，而且变化趋势较为明显，前者从较低变为很高，后者从较稳定变为很不稳定。

表 14.8　异点同时同向的 **dx** 的数字特征及其定性诠释　　　　（单位：mm）

| 数字特征 | 1997 年 | | | | | | 1998 年 | | | 1999 年 | | | 2000 年 | | |
|---|---|---|---|---|---|---|---|---|---|---|---|---|---|---|---|
| | 5 月 | 6 月 | 7 月 | 8 月 | 9 月 | 11 月 | 5 月 | 7 月 | 9 月 | 5 月 | 7 月 | 9 月 | 5 月 | 7 月 | 9 月 |
| Ex | 0.5 | 1.0 | −0.1 | −10.1 | −13.4 | −14.3 | −16.1 | −22.4 | −36.0 | −38.3 | −43.3 | −48.4 | −49.8 | −512.9 | −65.5 |
| 位移水平 | 向北较小 | 向北较小 | 向南较小 | 向南较小 | 向南小 | 向南小 | 向南小 | 向南大 | 向南较大 | 向南很大 | 向南很大 | 向南很大 | 向南很大 | 向南很大 | 向南非常大 |
| En | 1.4 | 1.9 | 4.0 | 16.4 | 14.5 | 14.0 | 13.5 | 20.1 | 32.4 | 31.6 | 35.1 | 32.9 | 35.3 | 44.6 | 412.7 |
| 形变离散 | 较低 | 较低 | 较低 | 低 | 低 | 低 | 低 | 高 | 较高 | 较高 | 较高 | 较高 | 较高 | 很高 | 很高 |
| He | 0.7 | 1.4 | 3.0 | 5.9 | 19.8 | 6.0 | 4.8 | 7.6 | 14.6 | 18.7 | 20.0 | 19.1 | 19.0 | 21.5 | 212.5 |
| 监测水平 | 较稳定 | 较稳定 | 较稳定 | 较稳定 | 不稳定 | 较稳定 | 较稳定 | 稳定 | 稳定 | 不稳定 | 不稳定 | 不稳定 | 不稳定 | 不稳定 | 较不稳定 |

表 14.9　异点同时同向的 **dy** 的数字特征及其定性诠释　　　　（单位：mm）

| 数字特征 | 1997 年 | | | | | | 1998 年 | | | 1999 年 | | | 2000 年 | | |
|---|---|---|---|---|---|---|---|---|---|---|---|---|---|---|---|
| | 5 月 | 6 月 | 7 月 | 8 月 | 9 月 | 11 月 | 5 月 | 7 月 | 9 月 | 5 月 | 7 月 | 9 月 | 5 月 | 7 月 | 9 月 |
| Ex | 2.4 | 2.8 | 3.2 | 1.1 | −1.7 | −0.1 | 1.2 | −4.4 | −6.8 | −11.3 | −12.3 | −9.1 | −0.8 | −4.5 | −4.2 |
| 位移水平 | 向东较小 | 向东较小 | 向东较小 | 向东较小 | 向西较小 | 向西较小 | 向东较小 | 向西较小 | 向西较小 | 向西小 | 向西较小 | 向西小 | 向西较小 | 向西较小 | 向西较小 |
| En | 1.0 | 1.9 | 1.6 | 4.8 | 4.6 | 4.5 | 5.7 | 5.7 | 8.9 | 9.0 | 7.8 | 11.0 | 12.0 | 14.5 | 19.1 |
| 形变离散 | 较低 | 较低 | 较低 | 较低 | 较低 | 较低 | 较低 | 较低 | 较低 | 低 | 低 | 低 | 低 | 低 | 高 |
| He | 0.2 | 0.7 | 0.5 | 2.5 | 1.8 | 3.3 | 3.4 | 5.1 | 9.2 | 5.4 | 18.0 | 10.9 | 8.9 | 9.0 | 5.4 |
| 监测水平 | 较稳定 | 较稳定 | 较稳定 | 较稳定 | 较稳定 | 较稳定 | 较稳定 | 较稳定 | 稳定 | 较稳定 | 稳定 | 稳定 | 稳定 | 稳定 | 较稳定 |

表 14.10　异点同时同向的 **d*h*** 的数字特征及其定性诠释　　　　（单位：mm）

| 数字特征 | 1997 年 | | | | | | 1998 年 | | | 1999 年 | | | 2000 年 | | |
|---|---|---|---|---|---|---|---|---|---|---|---|---|---|---|---|
| | 5 月 | 6 月 | 7 月 | 8 月 | 9 月 | 11 月 | 5 月 | 7 月 | 9 月 | 5 月 | 7 月 | 9 月 | 5 月 | 7 月 | 9 月 |
| Ex | −1.7 | −1.3 | −0.5 | −1.8 | −3.6 | −5.8 | −6.2 | −5.0 | −12.5 | −10.5 | −10.2 | −11.1 | −11.5 | −11.7 | −14.3 |
| 位移水平 | 下沉较小 | 下沉较小 | 下沉较小 | 下沉较小 | 下沉较小 | 下沉较小 | 下沉较小 | 下沉较小 | 下沉较小 | 下沉小 | 下沉小 | 下沉小 | 下沉小 | 下沉小 | 下沉小 |
| En | 1.3 | 1.0 | 0.9 | 2.5 | 3.0 | 3.5 | 3.3 | 3.6 | 5.4 | 5.3 | 4.9 | 5.2 | 12.0 | 6.6 | 12.2 |
| 形变离散 | 较低 | 较低 | 较低 | 较低 | 较低 | 较低 | 较低 | 较低 | 较低 | 较低 | 较低 | 较低 | 较低 | 较低 | 较低 |
| He | 0.6 | 0.6 | 0.3 | 2.5 | 1.7 | 1.8 | 1.7 | 1.6 | 3.4 | 1.4 | 1.6 | 1.4 | 2.3 | 3.4 | 2.2 |
| 监测水平 | 较稳定 | 较稳定 | 较稳定 | 较稳定 | 较稳定 | 较稳定 | 较稳定 | 较稳定 | 较稳定 | 较稳定 | 较稳定 | 较稳定 | 稳较稳定 | 较稳定 | 较稳定 |

在表 14.9 中，在监测初期的相当一段时间（整个 1997 年和 1998 年初）内，滑坡体基本向东移动，后来又转向西移动，移动的速度较为缓慢，达到一个小峰值后，再次呈递减的趋势向南移动。同时，位移不是很明显地越来越离散，很长时间内保持"较低"状态，只是在监测末期达到"高"的离散程度，监测水平基本较为稳定。

表 14.10 的结果显示，滑坡体一直向下加速沉降，但增加的幅度较小。位移的离散水平和监测水平虽有增长但幅度很小，基本保持较低、较稳定状态。总体而言，滑坡体在向南微偏西变速移动的过程中，伴随向下变速沉降，揭示出该滑坡体目前处于整体间歇性形变阶段。

# 14.6　异点异时同向的视角挖掘

异点异时同向的视角即视角七，具体指"不同监测点、不同监测日期和相同位移方向"的视角，重点表现所有监测点在一段时期内，于给定位移方向的滑坡位移水平及其监测水平的可靠性。在数域空间中，异点异时同向的视角的结果，表现为一个由多个云滴组成的云团，表示滑坡体在给定位移方向上对概念"滑坡稳定"的总体确定水平。在发现状态空间中，异点异时同向的视角面对的是，在给定位移方向上、具有不同时期的位移监测属性的、监测点对象构成的知识模板方向。

当以此视角观察滑坡体的形变监测数据时，通过空间数据挖掘获得的，是滑坡体在给定方向上、于不同粒度层次的知识模板的共性知识。显然，在给定位移方向上，面向属性的概念空间的同点异时同向的视角，以及面向对象的特征空间的异点同时同向的视角，都是针对滑坡监测数据的空间数据挖掘的微观层次。异点异时同向的视角，是二者的升华。其中，异点异时同向的视角在滑坡体的不同断面、整个滑坡体上又表现为中观层次、宏观层次。

## 14.6.1　不同断面的数字特征值

在滑坡体的不同断面上归纳挖掘，是中观层次的空间数据挖掘。根据数据场，分别估计宝塔滑坡的不同断面的不同监测点在不同时期，在 *X* 方向、*Y* 方向、*H* 方向的位移变形概率分布密度，所得结果分别如图 14.10、图 14.11、图 14.12 所示。以此为基础，再按照逆向云发生器的辐射拟合算法，就能够计算得到滑坡体的三个不同断面的数字特征值。表 14.11 给出的即为在异点异时同向的视角中，不同断面的数字特征及其定性诠释。

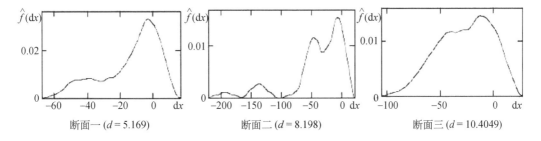

图 14.10　不同断面的不同监测点在不同时期在 $X$ 方向的 $\mathrm{d}x$ 概率分布

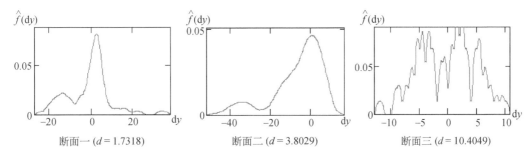

图 14.11　不同断面的不同监测点在不同时期在 $Y$ 方向的 $\mathrm{d}y$ 概率分布

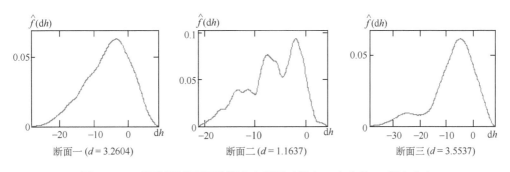

图 14.12　不同断面的不同监测点在不同时期在 $H$ 方向的 $\mathrm{d}h$ 概率分布

表 14.11　异点异时同向的不同断面的数字特征及其定性诠释　　　（单位：mm）

| 断面 | dx | | | dy | | | dh | | |
|---|---|---|---|---|---|---|---|---|---|
| | Ex | En | He | Ex | En | He | Ex | En | He |
| 一 | −13.8 | 112.1 | 22.3 | −0.2 | 5.0 | 4.9 | −6.1 | 5.7 | 12.8 |
| 定性诠释 | 向南移动小 | 形变离散低 | 监测不稳定 | 向西移动较小 | 形变离散较低 | 监测较稳定 | 下沉较小 | 形变离散低 | 监测较稳定 |
| 二 | −41.7 | 412.4 | 108.3 | −6.8 | 12.2 | 11.2 | −6.7 | 5.0 | 3.6 |
| 定性诠释 | 向南移动很大 | 形变离散很高 | 监测非常不稳定 | 向西移动较小 | 形变离散低 | 监测稳定 | 下沉较小 | 形变离散较低 | 监测较稳定 |
| 三 | −212.3 | 23.5 | 44.2 | −0.9 | 10.2 | 5.3 | −12.7 | 12.5 | 16.2 |
| 定性诠释 | 向南移动较大 | 形变离散高 | 监测很不稳定 | 向西移动较小 | 形变离散低 | 监测较稳定 | 下沉较小 | 形变离散较低 | 监测稳定 |

从表 14.11 中可以看出,滑坡体在 $X$ 方向上向南移动的幅度最大,在 $H$ 方向下沉的幅度次之,在 $Y$ 方向上向西移动的幅度最小,滑坡体的位移离散度和监测水平与此相似。同时,在三个方向上,断面的位移变化的大小顺序为:断面二>断面三>断面一。这些特点在与表 14.11 对应的数字特征可视化图 14.13 中,显示得更为直观。

图 14.13 是滑坡体在宝塔滑坡的三个监测断面上的总体位移形变水平,相互两两对比,可以发现断面二的位移水平、形变离散度和监测水平仍然分别最大、最高和最不稳定。而且,在整体上,滑坡体的断面一、断面二和断面三都在三个方向有偏向长江的一定位移量,且滑坡体的后缘明较前缘变化量大,证明该滑坡体为压推型滑坡。

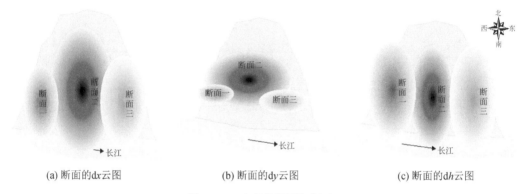

(a) 断面的 d$x$ 云图　　　　(b) 断面的 d$y$ 云图　　　　(c) 断面的 d$h$ 云图

图 14.13　中观的断面知识云

把三个断面在一个方向($X$ 方向、$Y$ 方向或 $H$ 方向)的位移,重新组合为断面一、断面二、断面三同时在三个方向($X$ 方向、$Y$ 方向和 $H$ 方向)的位移,可以得到另外的新意义。从中可以看出,三个断面的所有监测点都基本发生了大小不一的位移。它们的位移幅度、位移离散度和监测水平的规律都是 $X$ 方向>$H$ 方向>$Y$ 方向,而且在 $H$ 方向和 $Y$ 方向上表现为断面二>断面一>断面三。其中,断面二的监测点 BT21 在 $X$ 方向和 $Y$ 方向的位移幅度、位移离散度和监测水平方面都居首位。

### 14.6.2　滑坡的数字特征值

在很多情况下,人们思维决策使用的是滑坡体的整体形变位移水平。也就是说,用于决策的常常是异点异时同向的视角在空间数据挖掘中的宏观层次知识,这种知识甚至可能是一句数据浓缩量极大的概念语言。根据云概率分布密度估计理论,分别计算宝塔滑坡监测点在 $X$ 方向、$Y$ 方向和 $H$ 方向的观测数据的整体概率分布密度估计,所得结果分别如图 14.14 所示。

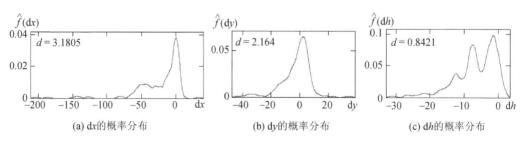

(a) d$x$ 的概率分布　　　　(b) d$y$ 的概率分布　　　　(c) d$h$ 的概率分布

图 14.14　滑坡体形变的整体概率分布密度估计

从图 14.14 中不难看出，三个方向的位移形变数据的概率密度最大值，都集中在"0mm"附近。相对而言，$X$ 方向的位移形变数据的概率密度范围最小，变化幅度最大，监测点向同一方向（长江方向）移动变形显著；$Y$ 方向的位移形变数据的概率密度范围次之，变化幅度次之，监测点变形左右波动；$H$ 方向的位移形变数据的概率密度范围最大，变化幅度最小，监测点变形的基本是一直向下沉降。监测点位移形变数据的这些差异，尤其概率密度差异，是宝塔滑坡监测数据规律的一种外在表达方法，也是宝塔滑坡形变规律的一种体现，在空间数据挖掘中不可忽略。

表 14.12 则是在此基础上，根据逆向云发生器的辐射拟合算法，计算得到的宝塔滑坡在三个不同方向的整体数字特征及其定性诠释。图 14.15（a）是与表 14.12 对应的数字特征可视化云图，显然更为直观。

**表 14.12　异点异时同向的数字特征及其定性诠释**　　　（单位：mm）

| 数字特征 | dx | dy | dh |
|---|---|---|---|
| Ex | −212.6 | −2.6 | −6.8 |
| 定性诠释 | 向南移动较大 | 向西移动较小 | 下沉较小 |
| En | 33.9 | 6.0 | 6.2 |
| 定性诠释 | 形变离散较高 | 形变离散较低 | 形变离散较低 |
| He | 63.7 | 5.0 | 10.1 |
| 定性诠释 | 监测非常不稳定 | 监测较稳定 | 监测稳定 |

图 14.15（b）是在图 14.9 与表 14.12 的基础上，生成的滑坡体整体位移形变云图，其表达的空间知识粒度在发现状态空间中沿知识模板的方向得到升华，可以归结为一句话，即"宝塔滑坡在监测期内发生了向南微偏西（长江方向）的移动，并伴随少量的向下沉降。"这是对迄今为止所有滑坡形变监测数据的总结，是一句浓缩量很大的用概念语言描述的空间知识。

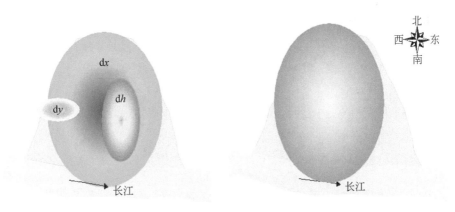

(a) 滑坡体在三个方向的位移形变　　　　　　　(b) 滑坡体的整体位移形变

图 14.15　宏观的滑坡体知识

## 14.7　基于数据场的例外挖掘

在基于云模型得到的空间可视化知识中，没有空间例外知识。可是，有的重要例外和空间规则同等重要，在侧重于例外挖掘的空间数据挖掘中甚至更为引起人们的兴趣。因此，这里将再用数据场的理论，从宝塔滑坡的空间监测数据中，发现空间例外。基于上述三个视角，监测点的数据场的等势线（面）不再是一个个嵌套的同心圆（球面），势心也不再是各个数据点在数域空间的位置，而是在数据场中根据位移的强弱，呈现自然的抱团特性。

### 14.7.1　不同方向上的例外

因为人们在决策思维时，最为感兴趣的多是空间共性知识，所以这里主要基于异点异时同向的视角，挖掘宏观层次的例外。以监测日期为横轴、以监测点的坐标为纵轴、以监测点在 $X$ 方向、$Y$ 方向或 $H$ 方向的位移为竖轴，把监测点在 $X$ 方向、$Y$ 方向或 $H$ 方向的位移量看作质量，向整个滑坡体辐射场，就可以得到滑坡体在异点异时同向的视角中的势场图（图 14.16、图 14.17、图 14.18）。

在图 14.16、图 14.17、图 14.18 中，由于是为了发现空间例外，需要突出个性知识，因此三幅图的辐射因子都取 $k=3$，并增加了两个基准点的监测数据，以突出例外的个性特征。在图 14.16、图 14.17、图 14.18 中可以很直观地看到，在 $X$ 方向、$Y$ 方向、$H$ 方向的位移 $\mathrm{d}x$、$\mathrm{d}y$、$\mathrm{d}h$ 的例外分别是滑坡体的监测点 BT21（向南的负位移，相对于其他监测点非常明显）、BT14 和 BT21（BT14 为向北的正位移，BT21 为向南的负位移，相对于其他监测点明显，且 BT21 的例外幅度大于 BT14）、BT31（向下的负位移，相对于其他监测点不是十分明显）。同时，$\mathrm{d}x$ 的例外幅度最大，而 $\mathrm{d}h$ 的例外幅度最小，几乎不能称之为例外。这时得到的是滑坡体在三个不同方向上的例外。

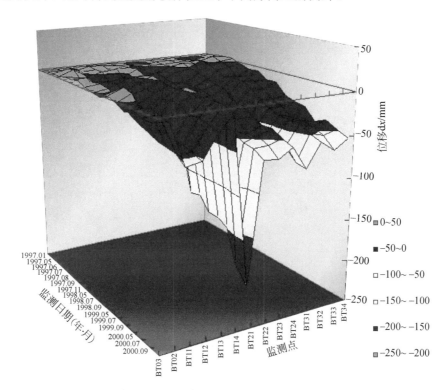

图 14.16　滑坡在 $X$ 方向的监测数据势场

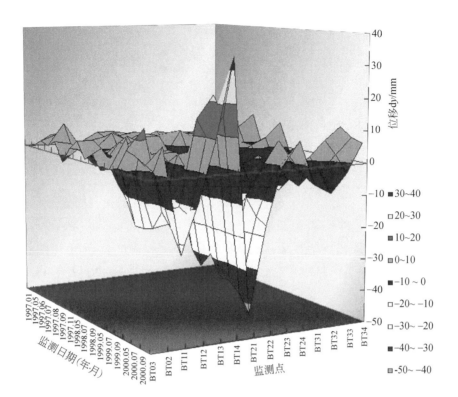

图 14.17 滑坡在 *Y* 方向的监测数据势场

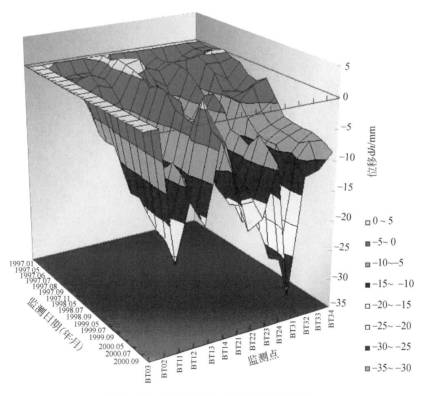

图 14.18 滑坡在 *H* 方向的监测数据势场

### 14.7.2 整体例外

如果要求获得滑坡体的整体例外，那么可以把监测日期作横轴、将监测点的坐标做纵轴、令监测点的位移作竖轴，把监测点的位移量看作质量，向整个滑坡体辐射场，就可以得到滑坡体在异点异时同向的视角中的整体势场图（图 14.19）。此处除了增加了两个基准点的监测数据外，辐射因子取 $k = 5$。

从图 14.19 中可以看出，宝塔滑坡体的最大例外是监测点 BT21 在 $X$ 方向的负位移，即向长江方向移动。虽然 BT14 是正位移中的最大例外，即在 $Y$ 方向向北的正位移，但是它的绝对位移在整个宝塔滑坡的所有监测数据中仍然较小。

### 14.7.3 规则+例外

在图 14.20 的宝塔滑坡的整体监测数据辐射势场的基础上，利用"数据场—云"聚类的算法，通过不断消除势心，还可以得到宝塔滑坡监测点的自然拓扑聚类谱系图（图 14.20（a））。

在认知层次 1 上，监测点相互独立，没有聚类。

在认知层次 2 上，监测点 BT13、BT23、BT24、BT32、BT34 自动聚集为一类，记为 A 类；监测点 BT11、BT12、BT22、BT31、BT33 自动聚集为另一类，记为 B 类；监测点 BT14 独列一类；监测点 BT21 独列一类；它们分别表示不同的滑坡形变位移水平。

在认知层次 3 上，A 类和 B 类又自动聚集为新的一类，说明宝塔滑坡的大部分监测点的形变位移水平具有相似性；监测点 BT14、监测点 BT21 仍然分别独立成类，是宝塔滑坡的形变位移的例外。

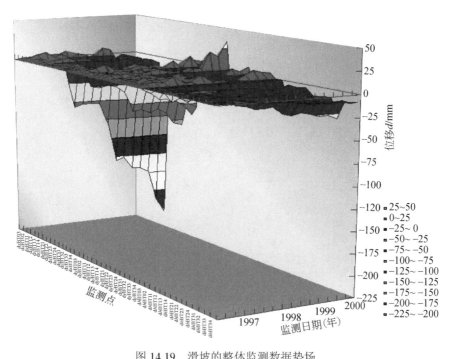

图 14.19　滑坡的整体监测数据势场

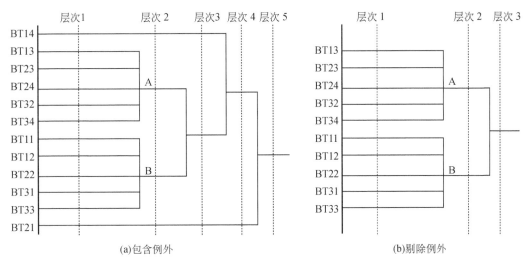

图 14.20　滑坡监测点的自然聚类和类谱

在认知层次 4 上，A 类和 B 类聚集的新类，和监测点 BT14 聚集为新类，说明小例外个性知识在较高的认知层次上被融入共性知识之中；但监测点 BT21 仍然独立成类，是较大的例外个性知识，可能对宝塔滑坡稳定性监测具有重要意义。

在认知层次 5 上，监测点 BT21 的"例外"作用被淹没在共性知识中，宝塔滑坡的所有监测点共同表达一个整体概念，即宝塔滑坡在监测时期内发生了大小不一的形变位移。

可见，从认知层次 1 逐步上升到认知层次 5，是求同；而从认知层次 5 逐步下降到认知层次 1，则是求异。这个认知过程，再次印证了空间数据挖掘的"规则+例外"机理，也证明了云模型和数据场对发现状态空间的双翼作用。当然，如果剔除例外的监测点 BT14、监测点 BT21，那么求同聚类或求异细化的过程就会简化三个认知层次，计算速度加快很多。但是，剔除例外并非最佳的选择，使挖掘的空间知识保持"规则+例外"形态，往往是实际应用的真正需要。

现在，把分别根据图 14.15、图 14.19 和图 14.20 得到的结论归结在一起，可以使空间知识的粒度在发现状态空间中沿着认知层次的方向再次升华，即"宝塔滑坡在监测期内发生了向南微偏西（长江方向）的移动，并伴随少量的向下沉降，且后缘较前缘位移大，其监测点 BT21 位移表现例外。"这是对迄今为止所有宝塔滑坡形变监测数据的较为全面的总结，也是一句浓缩量极大的用概念语言描述的空间知识，与人们的思维非常接近，可以直接用于决策。其中，监测点 BT21 位移表现例外，可以解释为位于该压推型滑坡的监测点 BT21 附近可能发生小范围的滑坡。这条"规则+例外"的宝塔滑坡空间知识，是云模型和数据场在发现状态空间共同作用的结果。

## 14.8　宝塔滑坡形变监测的知识及讨论

本节首先总结从宝塔滑坡形变监测数据中挖掘获得的知识，然后在此基础上研究空间数据挖掘机理，其次检验知识，最后把空间数据挖掘的知识与其他方法的结果进行对比讨论。

### 14.8.1 发现的知识

1. 挖掘视角 "同点异时同向" 发现的是每个监测点的时间序列知识

（1）南北方向 [$X$ 方向，表 14.5、图 14.6（a）]，位移幅度非常大、位移之间离散程度非常高、监测水平也非常不稳定的，是断面二的监测点 BT21；位移幅度较小、位移之间的离散程度较低、监测水平也较稳定的，是断面一的监测点 BT14；监测点之间位移变化的范围为断面二>断面三>断面一。

（2）东西方向 [$Y$ 方向，表 14.6、图 14.6（b）]，向西位移幅度大、位移之间离散程度低、监测水平也较不稳定的，是断面二的监测点 BT21；向西位移幅度较小、位移之间离散程度较低、监测水平也较稳定的，是断面三的监测点 BT33。

（3）垂直方向 [$H$ 方向，表 14.7、图 14.6（c）]，向下位移幅度大、位移之间离散度低、监测水平也稳定的，是断面三的监测点 BT31；向下位移幅度较小、位移之间离散度低、监测水平也较稳定的，是断面一的监测点 BT14。

总体上，每个监测点在不同监测日期的形变位移，南北方向一直向南（长江方向）移动、垂直方向一直向下沉降，东西方向的位移没有一致性，东西波动，而且，南北方向的位移在总体上远大于东西方向、垂直方向），滑坡主要向长江方向移动，所有监测点的位移监测水平基本相似，而且在东西方向和垂直方向位移变化的范围也基本相似。

2. 挖掘视角 "异点同时同向" 发现的是每个监测日期的所有监测点知识

（1）南北方向（表 14.8）在监测开始时的短暂两期（1997 年 5 月和 6 月）内，滑坡体向北发生了微小位移，但从第三期监测开始后，滑坡体一直向南移动，并以越来越快的速度递增移动。同时，位移也越来越离散，监测水平也越来越不稳定，而且变化趋势较为明显，前者从较低变为很高，后者从较稳定变为很不稳定。

（2）东西方向（表 14.9）在监测初期的相当一段时间（整个 1997 年和 1998 年初）内，滑坡体基本向东移动，后来又转向西移动，移动的速度较为缓慢，达到一个小峰值后，再次呈递减的趋势向南移动。同时，位移的离散水平不是很明显地越来越离散，很长时间内保持 "较低" 状态，只是在监测末期达到 "高" 的离散程度，监测水平基本较为稳定。

（3）垂直方向的滑坡体（表 14.10）一直向下加速沉降，但增加的幅度较小。位移的离散水平和监测水平虽有增长但幅度很小，基本保持较低、较稳定状态。

总体而言，滑坡体在向南微偏南变速移动的过程中，伴随向下变速沉降，揭示出该滑坡体目前处于整体间歇性形变阶段。

3. 挖掘视角 "异点异时同向" 发现的是滑坡的总体时间序列知识

不同断面的知识（表 14.11，图 14.13）。滑坡体在南北方向上向南移动的幅度最大，在垂直方向下沉的幅度次之，在东西方向上向西移动的幅度最小，滑坡体的位移离散度和监测水平与此相似。同时，在三个方向上，断面的位移变化的大小顺序为断面二>断面三>断面一，断面二的位移水平、形变离散度和监测水平仍然分别最大、最高和最不稳定。在整体上，滑坡体的断面一、断面二和断面三都在三个方向有偏向长江的一定位移量，且滑坡体的后缘明显较前缘变化量大，证明该滑坡体为压推型滑坡。

滑坡的三个方向知识［表 14.12、图 14.15（a）］。三个方向的位移形变数据的概率密度最大值，都集中在"0mm"附近。相对而言，南北方向的位移形变幅度最大，监测点向同一方向（长江方向）移动变形显著；东西方向次之，监测点变形左右波动；垂直方向最小，监测点基本是一直向下沉降。

滑坡整体知识［表 14.12、图 14.15（b）］。"宝塔滑坡在监测期内发生了向南微偏西（长江方向）的移动，并伴随少量的向下沉降。"

4. 基于数据场的例外挖掘

滑坡在三个不同方向上的例外。在南北方向、东西方向、垂直方向的位移 $dx$、$dy$、$dh$ 的例外分别是监测点 BT21（向南的负位移，相对于其他监测点非常明显，图 14.16）、BT14 和 BT21（BT14 为向北的正位移，BT21 为向南的负位移，相对于其他监测点明显，且 BT21 的例外幅度大于 BT14，图 14.17）、BT31（向下的负位移，相对于其他监测点不是十分明显，图 14.18）。其中，$dx$ 的例外幅度最大。

滑坡的最大例外（图 14.19）。监测点 BT21 在南北方向上向长江方向移动。

自然拓扑聚类谱系知识［图 14.20（a）］。在认知层次 1 上，监测点相互独立，没有聚类。在认知层次 2 上，除了监测点 BT14、BT21 分别独立，其他监测点开始聚为不同的类。在认知层次 3 上，大部分监测点自动聚为一类，监测点 BT14、BT21 仍然分别独立。在认知层次 4 上，监测点 BT14 被聚入大类，但 BT21 仍然独立。在认知层次 5 上，全部监测点聚为一类可见。这说明，宝塔滑坡的大部分监测点的形变位移水平具有相似性，"小例外"知识在较低的认知层次上就被融入共性知识，较大的例外个性知识必须在较高的认知层次才能被同化，可能对滑坡稳定性监测具有重要意义。最后聚为一类表明，宝塔滑坡的所有监测点数据共同表达了一个整体概念，即宝塔滑坡在监测时期内发生了大小不一的形变位移。

5. 规则+例外

"宝塔滑坡在监测期内发生了向南微偏西（长江方向）的移动，并伴随少量的向下沉降，且后缘较前缘位移大，其监测点 BT21 位移表现例外。"

这条知识是在监测数据的基础上，经过不同层次的挖掘而获得的。可以解释为，宝塔滑坡的大部分监测点的形变位移水平相似，主要向长江方向移动，是压推型滑坡，监测点 BT21 位移表现例外的原因是监测点 BT21 附近滑坡变形最大，是小范围滑坡灾害的高发地。根据 14.1 节可知，宝塔滑坡的岩层走向是东西走向，倾角上陡下缓呈椅状。这种滑坡特性和上述的知识十分吻合，说明包括滑坡体的物质性质、地质构造和坡度在内的内力作用，是滑坡灾害的主要成因。这条"规则+例外"的宝塔滑坡空间知识，是云模型和数据场在发现状态空间共同作用的结果，具有一定的数据挖掘机理。

### 14.8.2  挖掘机理

从前述的空间数据挖掘过程中，可以总结出其基本空间数据挖掘机理。首先，把滑坡监测数据的能量向整个滑坡体辐射，根据数据辐射估算监测数据的概率分布密度，并据此得到云模型的三个辐射数字特征，其次，根据滑坡监测的特点获得数字特征的定性诠释概念，在遵循原始监测数据整体水平的前提下，利用正向云发生器得到定性概念的可视化云图；最后，利用数据场得到滑坡位移形变的例外，进而得到粒度较大的"规则+例外"型的滑坡监测空间知识。

这个机理是基于不同认知层次的"数据→概念→知识（规则加例外）"视图，是从滑坡的监测点属性到滑坡的监测点个体对象，再到滑坡的整体对象的过程，在发现状态空间中，依次对应着不同认知层次上的属性空间、概念空间、特征空间，或属性方向、宏元组方向和知识模板方向，具体由云模型和数据场实现不同认知层次的定性定量的转化和例外挖掘。在数域空间中，它使用了针对属性的概念空间和针对对象的特征空间，涉及了从微观（不同监测点、不同监测日期、不同方向）、中观（滑坡体的不同断面）到宏观（整个宝塔滑坡）的多个视角。从微观到宏观，认知层次上升，知识浓缩抽象；而从宏观到微观，认知层次下降，知识具体，体现向数据靠拢的趋势。宝塔滑坡监测数据的整个挖掘机理，可以具体归结为图 14.21。

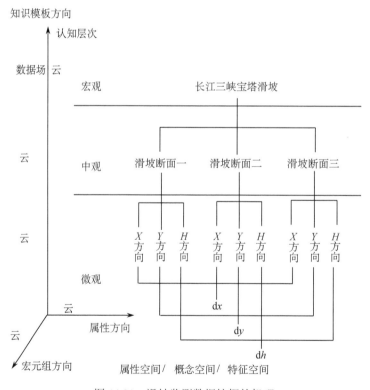

图 14.21  滑坡监测数据挖掘的机理

### 14.8.3  知识检验

实践是检验一切真理的标准。建立一个无论多么严密精确的数学方法，其评价结果都只是对真实情况的一种逼近或近似表达，都含有误差。对于滑坡监测这样关系到人身生命和国家财产安全的课题，仅仅用这样的数学模型评价是绝对不行的，应该到实地踏勘，检验监测结果的可靠性。在滑坡区巡视过程中发现：

（1）宝塔滑坡后缘所建的拦水堰墙（二道拦水堰）发现近 20m 长的裂缝，缝宽 10～20cm 不等。表明滑坡区目前处于整体间歇性形变阶段。

（2）2000 年 6～7 月间，由于连日暴雨，穿过滑坡区的公路两旁和滑区沟坎多处有较大的塌方。表明滑坡区的形变受滑坡区降水量的影响较为明显。

（3）在滑坡区中部的 BT21 监测点附近，向家营处的滑坡后缘发生了小规模的滑坡，滑坡区发现长 15～20m 的 2 条裂缝，上下交错之落差达 60～70cm，致使裂缝附近的多户居民晚上不敢在家居住，居民张国强家中墙壁的裂缝更是宽达近 15mm。这验证了：①滑坡区在向南微偏西（长江方向）变速移动的过程中，伴随向下变速沉降；②断面二的监测点 BT21 的位移幅度非常大、滑坡形变的离散程度非常高；③监测点 BT21 确实是重要的"例外"，意义是在它附近发生了小规模的滑坡，现在和将来都应该引起足够的重视。

（4）位于滑坡区后缘 BT31 附近的向家营村家，1987 年建造的砖瓦平房，近几年来，房屋后主墙被拉开 3 条裂缝，裂缝每年均变化 6～7cm，其房后的老山基础近年来也发现裂缝，年均变化 3～5cm。三个断面的所有监测点都在向 $X$ 负方向（南方向）发生了大小不一的位移。证明断面三的监测点 BT31，在滑坡形变的位移幅度和离散程度上也非常高，仅次于断面二的监测点 BT21。

（5）由（1）、（2）、（3）和（4）共同说明，在整体上，滑坡区为压推型滑坡，它的断面一、断面二和断面三都在三个方向有偏向长江的一定位移量，且滑坡区的后缘明显较前缘变化量大。

可见，上述调查结果与通过空间数据挖掘得到的空间知识吻合得相当好，从而进一步验证了空间知识的可靠性。这说明，首先在滑坡区的典型不稳定体上设立监测点，通过定期监测这些点的变化获得滑坡区形变监测的数据，其次根据一定的目的对这些原始监测数据进行空间数据清理，最后利用数据场和云模型在发现状态空间中进行空间数据挖掘的方法，可以达到滑坡监测的目的，是可行的。其最后的空间知识结果高度浓缩，表达方式和人们的思维决策方式非常一致，并和滑坡区的自然现实一致，是可靠的。

### 14.8.4　方法讨论

（1）滑坡监测关心的问题是，滑坡监测得好不好？滑坡的变形水平怎样？根据监测滑坡会否发生？常用自然语言发问，回答也当然最好是自然语言，当语言较多时，又要求图形概括这么多语言。言简意赅的方法是，图形+定性语言，这也是决策者需要的。可是，监测数据是定量的，自然语言是定性的，还有随机性和模糊性，怎样把定量的监测数据和定性的语言、形象的图形结合起来，并实现相互转换呢？

滑坡监测的目的，是提供防灾和抗灾的决策支持。由于滑坡灾害涉及的学科背景很多，例如，测量、GPS、数据处理、滑坡地质、灾害预防管理等，每个人不可能对每个相关学科都了如指掌。例如，测量的单位权方差，对于管理决策者可能是陌生的，甚至可能被赋予不同的含义。要求所有的决策者都具备这些滑坡监测的学科背景，更是不现实。那么，如何解决这个"决策急需而学科背景不足"的矛盾呢？

此处，采用了云模型解决这些问题。三个数字特征描述定性语言概念的基本特征，代表精确空间监测数据所反映的滑坡位移及其监测的整体水平。预期期望一般是监测点的首期初始观测位置，位移为 0。这个预期期望和监测点的监测值期望之差，就反映了监测点的整体平均位移。熵体现滑坡的位移形变水平，表示了监测点对预期位置的离散程度，超熵则综合反映监测仪器、监测员的素质和监测环境等因素对监测水平的影响程度。人们最喜闻乐见的是自然定性语言、直观形象的图形图像。提供一句来自监测数据的自然语言、或一幅反映监测精度的图形（如云图），显然比提供监测数据的各种精度指标（表 14.2 和表 14.3），更接近于人们的思维，更适合于决策者使用，尤其当监测点很多、监测周期很长、监测数据很多时。

（2）滑坡形变监测的数据，是在滑坡体的典型不稳定体上设立监测点，通过定期监测这些点的变化获得的，每个监测数据都是滑坡监测的一次具体实现，都在一定程度上反映了滑坡形变位移的水平，那么，怎样把每个监测点的数据作用映射到整个滑坡体上？怎样反映每个监测数据对滑坡监测结论的不同作用呢？，

此处采用了数据场解决。每个滑坡监测数据都把自己的数据能量，按照一定的条件，从每个监测点向整个滑坡体辐射，数据场刻画了每个数据对滑坡监测任务的不同作用。根据数据场的场强函数计算得到的势场，则给出了所有监测数据的自然拓扑聚类知识，并把共性规则和个性例外自然地在不同层次上呈现出来。

（3）滑坡监测的结论，可能有不同的要求和应用层次。高层的决策者是宏观的，把握方向，可能只是一句话，一幅图；中层的决策者是中观的，带有一定的技术性，可能对滑坡每个断面的变形感兴趣，内容要求可能较多；底层的决策者，可能是技术型的，就要具体到每个监测点。那么，怎样从滑坡监测数据中发现这些不同层次的监测结论呢？发现后，又如何表达出来呢？

为此，采用空间数据挖掘解决上述问题。决策是从理论到实践，对应一个自知识而数据的决策层次，而空间数据挖掘是从实践到理论，对应一个自数据而知识的认知层次。空间数据挖掘的操作空间是发现状态空间，基于多个不同视角，数据场刻画了每个数据对挖掘任务的不同作用，云模型实现了精确定量数据和不确定定性思维概念之间的相互转换，二者在发现状态空间中的共同作用，则把每个定量的精确监测数据的作用，在不同的认识层次上浓缩到定性的决策思维中。所获结论的具体形式是不同认知层次上的"规则+例外"型知识。

可见，空间数据挖掘的不同层次滑坡监测知识，信息量丰富、贴切和全面，接近于人们的思维和滑坡体运动的真实水平，满足了不同的决策要求。在接近人类智能的有效性和正确性方面，空间数据挖掘明显优于确定集合的发生与否（结果为没有灵性的二值逻辑，反映不出任何其他的信息）、一般的概率统计（只给出一个概率）、模糊学的发生隶属度（仅有一个模糊隶属度）、粗集的上下近似（留下一个模棱两可的边界）、专家群体打分（只有一个专家的主观经验均值）、或一般的精度评定法（只给出一个生硬的数值，反映不出任何其他的信息）等方法。

# 第 15 章　GIS 数据挖掘

空间数据挖掘可以把有限的 GIS 数据转变为无限的空间知识，并以发现的空间知识促进空间数据应用的自动化和智能化，更有效地挖掘空间数据的潜在价值。本章根据 GIS 数据，基于概念格和模型挖掘空间关联规则，基于归纳学习挖掘空间分布规则，基于粗集发现决策知识，利用数据场挖掘聚类知识。

## 15.1　空间关联规则挖掘

空间关联规则挖掘重在发现多种形式的规则与提高算法的效率，根据领域相关知识可以解释关联规则的具体意义。Koperski（1999）提出了一种在地理数据库中挖掘强关联规则的两步式空间优化技术。Aspinall 和 Pearson（2000）在美国黄石国家公园的汇水处环境条件中发现了用于环境保护的关联规则。Clementini 等（2000）在宽边界的空间对象中挖掘了多层次空间关联规则。Levene 和 Vincent（2000）发现了关系数据库的功能独立和包含独立的规则。Han 等（2000）提出了挖掘关联规则的 Intelligent Data Distribution 和 Hybrid Distribution 两个 Apriori 并行算法。

### 15.1.1　关联规则的挖掘过程

设 $I=\{i_1, i_2, \cdots, i_n\}$ 是项的集合，简称项集。$k$ 项集是包含 $k$ 个项的项集。任务相关的数据 $D$ 是数据库事务的集合，其中每个事务 $T$（$T \subseteq I$）是项集。每一个事务有一个标识符，称作 TID。如果 $A \subseteq T$，$A \subseteq I$，$B \subseteq I$，$A \cap B = \varnothing$，那么关联规则为 $A \Rightarrow B$。当规则产生过多，尤其当阈值设置较小时，生成的规则中存在很多冗余，可能多得无法处理。因为冗余规则可由其他规则推理得出，所以必须从中删除，而只保留非冗余规则。

**定义 15.1**　对于规则 $r: l_1 \Rightarrow l_2$，如果 $\neg \exists r': l_1' \Rightarrow l_2'$，$\text{support}(r) \leqslant \text{support}(r')$，$\text{confidence}(r) \leqslant \text{confidence}(r')$，并且 $l_1' \subseteq l_1$，$l_2' \subseteq l_2$，则称规则 $r$ 为非冗余规则（Zaki and Ogihara，2002）。

非冗余规则不能由其他规则推理得出，规则具有相同的支持度和置信度，且前件最少，后件最多，即可以通过尽可能少的条件推出尽可能多的结论，能够提供最大信息量。概念格联系为对象集合和属性集合之间的两个映射，可以将这两个映射的复合运算定义为封闭操作 $\gamma = \alpha \circ \beta = \beta(\alpha(l))$，对于项集 $l$，其封闭操作 $\gamma(l)$ 表示包含项集 $l$ 的所有对象的集合所具有的最大的项集。

若在 $D$ 中项集出现的频率大于或等于 min_sup 与 $D$ 中事务总数的乘积，则称它为频繁项集（frequent itemset）。

**定义 15.2**　对于频繁项集 $l$，如果 $\gamma(l)=l$，表示该项集是封闭项集，若同时满足 min_supp（最小支持度阈值），则称为频繁封闭项集（Zaki and Ogihara，2002）。

如何生成这些频繁封闭项集呢？来自定义的一个基本方法是：对于项集 $l$，首先执行α操作，找出含有项集 l 的所有对象的集合，若该对象集合占所有集合的百分比大于或等于支持度阈值，则说明是频繁的；然后执行β操作，计算出对象集合中的所有对象包含的共同项集。但是，这种方法的计算效率十分低下。

空间关联规则的挖掘过程是生成所有支持度和置信度分别大于用户定义的最小支持度和最小置信度的关联规则，主要包括以下步骤：

（1）准备数据；

（2）设定最小支持度阈值和最小置信度阈值；

（3）根据挖掘算法找出支持度大于或等于最小支持度阈值的所有频繁项集；

（4）根据频繁项集生成所有置信度大于或等于置信度阈值的有趣规则（强规则）；

（5）若生成的规则过多或过少，则需调整支持度阈值和置信度阈值，并重新生成强关联规则；

（6）关联规则的理解，挖掘出关联规则以后，还要结合领域相关知识对规则的意义进行解释和理解，这样才能体现出数据挖掘有意义的规则的含义。

在这几个步骤中，繁杂、耗时的是步骤（3）生成频繁项集，步骤（4）根据频繁项集生成关联规则时要避免生成过多的、冗余的规则，其他步骤可认为是相关的辅助步骤。因此，空间关联规则挖掘可以分解为两个子问题：一是找到所有的频繁项集（支持度大于最小支持度阈值的项目的组合），二是由频繁项集产生所有置信度大于最小置信度阈值的关联规则。第二个子问题易解决，重点是用高效率算法解决第一个子问题。

### 15.1.2 基于 Apriori 算法的关联规则挖掘

Apriori 算法使用频繁项集的先验信息生成关联规则（Agrawal and Srikant，1994）。利用先验信息产生候选频繁项集，然后根据每个频繁项集计算其所有子集，抽取相应的关联规则。需要扫描数据多遍，在第一遍扫描后其余扫描只在局部数据中进行。

假设 $C_k$ 表示候选 k 项集，$L_k$ 表示 $C_k$ 中出现频率大于或等于最小支持度阈值与事务总数的乘积的 k 项集，即 k 频繁项集。因为含有 k 项集的事务构成的概念比含有（k–1）项集事务构成的概念的内涵增加，外延减小，包含的事务数也减小了，所以在 Apriori 算法中，任何非频繁的（k–1）项集都不可能是频繁 k 项集的子集。因此，可以在生成 k 项集之前先删除候选（k–1）项集中的非频繁项集，得到（k–1）频繁项集。

算法可描述为：第一遍对单个项目计数并确定频繁项集，在每个后续扫描中，先根据上一遍扫描得到的频繁项集产生本次扫描的候选频繁项集，然后扫描这些候选频繁项集，计算候选项集的实际支持度，重复执行直到不再发现新的频繁项集。

（1）计算所有的 $C_1$。

（2）扫描数据库，删除其中的非频繁子集，生成 $L_1$（1 频繁项集）。

（3）将 $L_1$ 与自己连接生成 $C_2$（候选 2 项集）。

（4）扫描数据库，删除 $C_2$ 中的非频繁子集，生成 $L_2$（2 频繁项集）。

（5）依此类推，通过 $L_{k-1}$（（k–1）频繁项集）与自己连接生成 $C_k$（候选 k 项集），然后扫描数据库，生成 $L_k$（频繁 k 项集），直到不再有频繁项集产生为止。为了连接方便，可将项集中的项按辞典序排列，当执行 $L_k$ 与 $L_k$ 的连接时，若某两个元素的前 k–1 项相同，则认为二者可连接；否则，认为二者不可连接，不作处理。

**例 15.1** 设有 6 位顾客{$T_1$，$T_2$，$T_3$，$T_4$，$T_5$，$T_6$}，在一个零售店内共购买了 6 种商品{ a，b，c，d，e，f }。设支持度阈值为 0.3，对应事务数为 2，频繁项集的生成过程如图 15.1 所示。

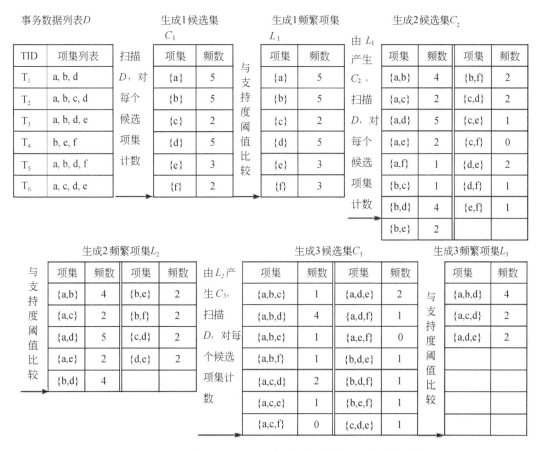

图 15.1　基于事务数据列表 *D* 逐步生成候选集和频繁项集的过程

规则的生成方法。从 *D* 中生成频繁项集以后，可以直接生成关联规则：①对于每个频繁项集 *l*，产生 *l* 的所有非空子集；②对于 *l* 的每个非空子集 *s*，若 support_count（$s \cup (l-s)$）/ support_count(*s*)≥min_conf，则输出规则 "$s \Rightarrow (l-s)$"，其中，support_count 表示支持度频数，min_conf 表示最小置信度阈值。对于例 15.1 的数据，设定置信度阈值为 0.8，根据以上方法可以产生表 15.1 中的 20 条关联规则。

可见，Apriori 算法容易理解，能够有效地发现大量数据中的关联规则，但是存在缺点：①在由 *k* 候选项集生成 *k* 频繁项集的过程中，需要对数据库重新扫描一次，这样需要多次扫描数据库，如果数据库很大，那么该算法将十分费时。②在根据频繁项集生成关联规则时，需要计算频繁项集的所有子集，这个过程也比较费时。③生成的规则太多，有很多规则是冗余规则。如何有效地解决以上问题呢？基于概念格的关联规则挖掘算法，可以有效地解决上面的问题。

表 15.1 Apriori 算法产生的关联规则表

| 规则 | 支持度 | 置信度 | 规则 | 支持度 | 置信度 | 规则 | 支持度 | 置信度 |
|---|---|---|---|---|---|---|---|---|
| a⇒b | 0.67 | 0.8 | b⇒a | 0.67 | 0.8 | c⇒a | 0.33 | 1.0 |
| a⇒d | 0.83 | 1.0 | d⇒a | 0.83 | 1.0 | a⇒bd | 0.67 | 0.8 |
| ab⇒d | 0.67 | 1.0 | ac⇒d | 0.33 | 1.0 | b⇒d | 0.67 | 0.8 |
| d⇒b | 0.67 | 0.8 | b⇒ad | 0.67 | 0.8 | ad⇒b | 0.67 | 0.8 |
| c⇒ad | 0.33 | 1.0 | ae⇒d | 0.33 | 1.0 | f⇒b | 0.33 | 1.0 |
| c⇒d | 0.33 | 1.0 | d⇒ab | 0.67 | 0.8 | bd⇒a | 0.67 | 1.0 |
| cd⇒a | 0.33 | 1.0 | de⇒a | 0.33 | 1.0 | — | — | — |

### 15.1.3 基于概念格的关联规则挖掘

概念格的构建算法可以自动生成频繁封闭项集。因为每个频繁概念格节点 $(O, A)$ 是满足最小支持度阈值的概念格节点，$O$ 是具有内涵集合 $A$ 中的共同属性最多的对象的集合，$A$ 是对象集合 $O$ 中所有对象具有的最多的共同属性的集合。因此，每个频繁概念格节点的内涵就是一个频繁封闭项集。利用前文所述的概念格的构建算法可以自动生成频繁封闭项集，进而直接利用频繁概念格节点自动生成关联规则。与 Apriori 算法相比，概念格可以减少频繁项集数，从而减少规则数。但是这样处理后仍可能存在规则的冗余。为了生成非冗余规则，首先给出频繁封闭项集的产生子集。

1. 频繁封闭项集的产生子集

在根据频繁封闭项集产生关联规则时，不必对每个子集都产生一条规则（这样产生的规则必然是冗余的），只需要根据频繁项集的产生子集来产生规则即可。产生子集可以认为是决定该概念节点对应的概念之所以是该概念的本质属性，或者是产生该频繁封闭项集的子项集，也称为内涵缩减集（谢志鹏，2001）。

**定义 15.3** 对于封闭项集 $l$，如果项集 $g⊆l$，满足 $\gamma(g)=l$，且 $\neg\exists g'⊆l$，$g'⊆g$，满足 $\gamma(g')=l$，那么称项集 $g$ 为封闭项集 $l$ 的产生子集（Zaki and Ogihara，2002）。

定义 15.3 说明，如果不存在任何一个比 $g$ 更小的 $l$ 子集的封闭操作的结果与 $l$ 相等，那么 $g$ 就是 $l$ 的产生子集。在计算时，首先求取每个频繁封闭节点内涵集的所有非空子集，若某个子集是某个父节点的子集，则删掉；其次对于每一个子集，若存在另外一个子集是该子集的真子集，则删掉；最后，经过两步处理后剩下的，就是该频繁封闭节点的产生子集，据此可以求出非冗余关联规则。

对于例 15.1 生成的概念格，如果设支持度阈值为 0.3，置信度阈值为 0.8，那么可以生成频繁概念格节点及其相应的产生子集 $G_f$（图 15.2）。

2. 非冗余规则的生成

根据非冗余关联规则的置信度的数值，可分为置信度等于 100%、小于 100%两种。

（1）置信度等于 100%的规则。规则的前件出现频率，等于前件和后件同时出现的频率。根据定义 15.3，产生子集出现的频率与其相应概念节点内涵集出现的频率相等，可以直接从概念格节点的产生子集生成相应的置信度等于 100%的规则。

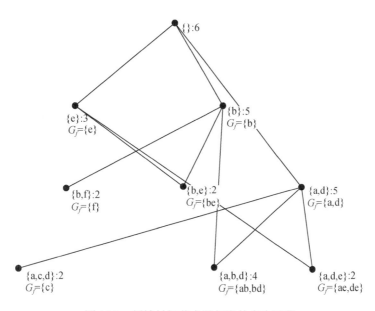

图 15.2　频繁封闭节点及相应的产生子集

对于每个频繁封闭项集 $f$，如果 $G_f$ 是 $f$ 的产生子集，$f/g$ 表示项集 $f$ 去掉项集 $g$ 所得到的项集，$FC$ 表示频繁封闭项集，那么置信度等于 100% 的规则是：$\{r: g \rightarrow (f/g) | f \wedge g,\ f \in FC,\ g \in G_f,\ g \neq f\}$。根据定义 15.3，support_count($G_f$)=support_count($f$)，则 confidence $(r: g \rightarrow (f/g))$= support_count($f$)/ support_count($G_f$)=100%。对于例 15.1 的数据所生成的概念格，如果设支持度为 0.3，那么置信度等于 100% 的 8 条关联规则如表 15.2 所示。

表 15.2　置信度等于 100% 的关联规则

| 规则 | 支持度 | 置信度 | 规则 | 支持度 | 置信度 | 规则 | 支持度 | 置信度 |
| --- | --- | --- | --- | --- | --- | --- | --- | --- |
| {f}⇒{b} | 0.33 | 1.00 | {a}⇒{d} | 0.83 | 1.00 | {d}⇒{a} | 0.83 | 1.00 |
| {a, b}⇒{d} | 0.67 | 1.00 | {b, d}⇒{a} | 0.67 | 1.00 | {a, e}⇒{d} | 0.33 | 1.00 |
| {d, e}⇒{a} | 0.33 | 1.00 | {c}⇒{a, d} | 0.33 | | | | |

（2）置信度小于 100% 的规则。根据概念格节点之间的包含与被包含关系，在概念格中从上到下进行计算。对于两个相邻的具有父子关系的频繁封闭节点，其对应的频繁封闭项集及其产生子集为：父节点 ($f_1$, $G_{f1}$)，子节点 ($f_2$, $G_{f2}$)，产生的置信度小于 100% 的规则为 $r: g \Rightarrow (f_2 - g) | g \in G_{f1}$（Zaki and Ogihara，2002）。对于例 15.1 的数据所生成的概念格，如果设支持度为 0.3，置信度为 0.8，那么可以生成如表 15.3 所示的 3 条小于 100% 的规则。

表 15.3　置信度小于 100% 的关联规则

| 规则 | 支持度 | 置信度 | 规则 | 支持度 | 置信度 | 规则 | 支持度 | 置信度 |
| --- | --- | --- | --- | --- | --- | --- | --- | --- |
| {b}⇒{a, d} | 0.67 | 0.80 | {a}⇒{b, d} | 0.67 | 0.80 | {d}⇒{a, b} | 0.67 | 0.80 |

因此，根据基于概念格的关联规则的挖掘算法，共产生了 11 条规则，比基于 Apriori 算法生成的 20 条规则要少得多，其中的冗余规则被自动删除。

### 3. 规则的直接提取法

利用关联规则的生成算法，可以自动地生成形式背景中所有满足 min_supp 和 min_conf 的规则。有时可能并不需要所有规则，而只对特定的规则感兴趣。这时可以通过分析概念格中某些指定概念节点之间的关系直接提取这些规则。根据概念格的 Hasse 图，计算各指定概念节点之间的关联规则的方法如下。

假设 $C_1=(m_1, n_1)$ 和 $C_2=(m_2, n_2)$ 分别表示两个感兴趣的概念格节点，两个节点对应的外延基数分别为 $|m_1|$ 和 $|m_2|$，设 fr($n$) 表示含有内涵 $n$ 的对象在数据集中出现的频率的函数，则根据概念节点之间的关系可以直接计算关联规则的置信度和支持度。

1）计算支持度

如果两个节点之间有直接联系，即从 Hasse 图上判断，两个节点之间有连接，那么 $s(n_1Rn_2)=$ fr($n_1 \cup n_2$)/fr($\varnothing$)，fr($n_1 \cup n_2$) 表示 $n_1$，$n_2$ 在数据集 $D$ 中同时出现的频率，fr($\varnothing$) 表示"空集"内涵属性在数据集 $D$ 中出现的频率，即数据集 $D$ 的基数。

如果两个节点之间没有直接联系，则找到两个节点之间的共同子节点 $n_3$，那么 $s(n_1Rn_2)=$fr($n_3$)/fr($\varnothing$)。

2）计算置信度

如果两个节点之间有直接联系，即从 Hasse 图上判断，两个节点之间有连接，那么 $n_1$，$n_2$ 之间的置信度 $C(n_1Rn_2)=$fr($n_1 \cup n_2$)/fr($n_1$)$=|m_2|/|m_1|$，注意 fr($n_1$)$\neq 0$，fr($n_1 \cup n_2$) 表示 $n_1$，$n_2$ 在数据集 $D$ 中同时出现的频率，fr($n_1$) 表示 $n_1$ 在数据集 $D$ 中出现的频率。如果 $n_2 \sqsubseteq n_1$，那么 $C(n_1Rn_2)=1$。

如果两个节点之间没有直接联系，那么找到两个节点之间的共同子节点 $n_3$，则 $C(n_1Rn_2)=C(n_1Rn_3) \times C(n_2Rn_3)$。

根据具体情况设定置信度和支持度的阈值，按照以上方法分别计算出各节点之间的置信度和支持度，如果均满足 min_supp 和 min_conf，那么存在感兴趣的关联规则。

对于例 8.2 的空间邻近关系数据所得到的概念格（图 8.9），如果希望了解"左上方：绿地"与"中心点：居民地；右上方：水体；左上方：绿地"这两个概念之间的关系，就可以根据 Hasse 图分析二者之间的关联关系，二者所对应的概念节点分别为：（3，{h}）和（2，{c，h，m}）。二者属于有直接联系的情况，根据以上方法计算得到的支持度和置信度分别为 0.33 和 0.67。得到的规则为

$$\{h\} \Rightarrow \{c, m\}, \quad s=0.33, \quad c=0.67$$

其中，h 表示"右上方：水体"，c 表示"中心点：居民地"，m 表示"左上方：绿地"，$s$ 为支持度，$c$ 为置信度。

如果需要了解"右上方：水体"与"正左方：居民地"这两个概念之间的关系，同理，首先找到二者对应的概念格节点（3，{h}）和（4，{r}），二者属于没有直接联系的情况，则首先找到二者的共同的子节点（2，{e，h，r，u，x，A}）。根据以上方法计算出的支持度和置信度为 0.33 和 0.33，得到的规则为：$\{h\} \Rightarrow \{r\}$，$s=0.33$，$c=0.33$，或者是 $\{r\} \Rightarrow \{h\}$，$s=0.33$，$c=0.33$。其中 h 表示"右上方：水体"，r 表示"正左方：居民地"，$s$ 为支持度，$c$ 为置信度。

### 4. 概念格与 Apriori 算法对比

基于概念格的数据挖掘算法，时间复杂度是一个重要内容。因为在应用基于概念格

的数据挖掘算法时，首先将形式背景（数据挖掘的对象）转换成单值形式属性表，然后根据形式背景产生的概念的交并运算生成相应的概念格节点。

与经典的 Apriori 算法相比，基于概念格的关联规则挖掘算法在生成频繁项集的过程中，虽然概念节点的交并运算占用时间，但是生成频繁项集的时间和产生关联规则的时间总体仍比 Apriori 算法快得多。为了检验，利用算法 8.1（增量式概念格的构建算法）、算法 8.2（集概念格生成和 Hasse 图的绘制为一体的快速算法）和 Apriori 算法，分别对相同的图像纹理特征的关联规则实施挖掘。

在实验过程中每取 20 个样本点为 1 组，分别记录每增加一组样本点程序运行的时间（精确到毫秒），Apriori 算法记录生成所有频繁项集的时间，算法 8.1 和算法 8.2 记录概念格的构建及 Hasse 图的绘制时间，三种算法的时间对比结果如图 15.3 所示。在图 15.3 中，横坐标为样本点的组数，纵坐标为运行时间，单位是秒。对于算法 8.1 和算法 8.2，分别选取了 39 组样本点；对于 Apriori 算法，由于该算法相对较慢，只选取了 21 组样本点。从图 15.3 可以看出，算法 8.1 和算法 8.2 的速度和效率均优于 Apriori 算法，算法 8.2 比算法 8.1 更快，效率更高。

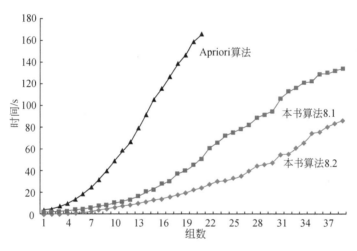

图 15.3　三种算法的时间复杂度对比

5. 概念格的化简

一般的概念格的复杂性为 $O(2^n)$，在建格过程中应设法化简概念格，减少复杂性。

（1）概念的内涵缩减。通过选择能够反映兴趣焦点的属性集合，将属性集合 $M$ 减少为 $M'$。

（2）减少对象的数量。当数据对象的数量十分巨大时，尽可能从大量数据集合中选择有代表性的样本，作为构建概念格的对象。

（3）通过分析属性的分布，寻找有效的编码技巧，减少空间复杂性。

对于复杂、大型的应用，建立概念格时可能产生大量的数对，涉及大量的处理和存储资源，此时必须采取剪枝策略，减少格节点的数量。例如，只生成出现的频率大于支持度阈值的频繁概念格节点，这时所生成的格称为半格或者部分格。

当数据很复杂时，绘制的 Hasse 图可能非常复杂，以至于难以观察。一个可行的方法是通过嵌套的 Hasse 图来减少视觉上的复杂性。其基本方法是分析概念格本身，寻找一些相对关系密切的概念子格，将概念子格作为一个整体，利用一个更宏观的概念节点来表示，构建嵌套的概念格，实现嵌套的 Hasse 图的绘制。

此外，概念格的构建过程其实是一个概念聚类的过程，构建的概念格是一个概念的分层系统，根据不同层次内的概念节点作为不同的聚类中心，可得到不同的概念聚类。对增量式关联规则的提取算法稍加修改，还可得到分类规则的提取算法，即在生成上层节点时，只生成具有指定后件为决策属性的某个类别的规则，即为分类规则。增加这个限定条件后，概念格的构建速度和生成规则的速度都将变得更快。

### 15.1.4 基于云模型的空间关联规则挖掘

一般地，空间关联规则挖掘的频繁项集存在于较高的概念层次上，而不易存在于低的概念层次上。特别是当属性项目为数字类型时，如果在原始的概念层次挖掘，最小支持度和最小置信度阈值较大就不会产生强关联规则，阈值很小则会产生很多不感兴趣的规则。此时，需要通过属性泛化将属性提升到较高的概念层次，然后在泛化数据上再挖掘关联规则。用云模型模拟人类划分属性空间的机制，把每个属性看作一个语言变量。为了表达一个语言变量，可能需要两个或多个属性，这些属性组成一个多维语言变量。每个语言变量，可定义几个语言值，相邻语言值之间允许重叠。在重叠区中，同一个属性值在不同的情况可能分配给不同的云。表达语言值的云可由用户交互地给定，也可通过云变换的方法自动获得。

把基于云模型的属性泛化方法与 Apriori 算法结合起来发现关联规则，整个过程分成两步，即首先作属性泛化，然后在泛化后的数据上实施 Apriori 算法，也就是把基于云模型的属性泛化方法作为 Apriori 算法的预处理手段。基于云模型的属性泛化过程直截了当，数据库只需扫描一次，按照最大隶属度方法将每一个属性值分配给相应的语言值。这一预处理过程的效率很高，所耗时间与数据库的大小呈线性关系。经过属性泛化后，在原始数据中不同的记录，在高概念层次上可能变成相同，进而合并为一个，数据的规模因此显著减小。在泛化的数据中增加一个新属性"计数"，来统计该记录由多少个原始记录合并得到。"计数"在挖掘关联规则的过程中并不作为真正的属性使用，而是用于计算项目集的支持度。

为了验证云模型在挖掘关联规则中的可行性和有效性，用中国地理经济数据探求地理空间位置与经济状况的关系。实际数据与随机模拟数据，共有 10 000 条记录，属性有 $x$、$y$、地势（高程）、公路网密度、距海洋距离、人均年收入，数据量约 600K 字节。位置 $x$ 和 $y$ 是平面直角坐标，由地理坐标（经度和纬度）通过投影变换得到。6 个属性均为数字型，其中公路网密度用每平方 km 的公路长度表示。如果直接用这些原始数字型数据，很难发现其中的规律。因此，首先用云模型做属性泛化。具体做法是，把属性 $x$ 和 $y$ 看作一个语言变量"位置"，为其定义 8 个二维语言值："西南""东北""北偏东""东南""西北""北部""南部""中部"等，它们大部分为旋转云。其余的属性均看作一维语言变量，各定义 3 个语言值，如"低""中"和"高"用于表达地势、公路网密度和人均年收入等，"近""中"和"远"用于表达距海洋距离。语言值"低"和"近"为半降云，"高"和"远"为半升云。相邻的云模型间有部分重叠。由于中国版图形状不规则，表达"位置"的 8 个云模型的数字特征值人工给出，超熵值取熵值的 1/10 000。其余的一维云用相应方法自动生成。经过属性泛化，数据量大幅度减小。表 15.4 为一个经过泛化的属性表。

由于云的特性，泛化属性表的计数值在不同的时刻略有不同，表 15.4 中为取多个泛化结果的平均值。以最小支持度 6% 和最小置信度 75% 在泛化的数据中挖掘，得到 8 个大的 4 项集，由此产生 8 条关联规则，以人均年收入为规则后件，其余三个属性的和为前件。用产生式规则方式表达关联规则，内容如下。

表 15.4 泛化的属性表

| 位置 | 地势 | 公路网密度 | 距离海洋 | 人均年收入 | 计数/% |
|------|------|-----------|---------|-----------|--------|
| 东南 | 中 | 高 | 近 | 高 | 4 |
| 东南 | 中 | 高 | 近 | 中 | 2 |
| 东南 | 低 | 高 | 近 | 高 | 8 |
| 西南 | 高 | 低 | 远 | 低 | 12 |
| 西南 | 高 | 低 | 远 | 中 | 3 |
| 南部 | 中 | 高 | 中 | 中 | 4 |
| 南部 | 低 | 高 | 中 | 高 | 2 |
| 南部 | 低 | 高 | 中 | 中 | 6 |
| 西北 | 中 | 低 | 远 | 低 | 8 |
| 西北 | 中 | 低 | 远 | 中 | 2 |
| 西北 | 高 | 低 | 远 | 低 | 5 |
| 中部 | 中 | 高 | 中 | 中 | 5 |
| 中部 | 低 | 高 | 中 | 中 | 6 |
| 东北 | 低 | 高 | 中 | 中 | 9 |
| 东北 | 低 | 高 | 近 | 高 | 1 |
| 东北 | 中 | 低 | 远 | 低 | 3 |
| 北偏东 | 低 | 高 | 近 | 高 | 8 |
| 北偏东 | 低 | 高 | 近 | 中 | 2 |
| 北部 | 中 | 中 | 中 | 中 | 7 |
| 北部 | 中 | 中 | 远 | 中 | 3 |

规则 1：如果位置是"东南"，公路网密度"高"，且距海洋"近"，那么人均年收入"高"。

规则 2：如果位置是"北偏东"，公路网密度"高"，且距海洋"近"，那么人均年收入"高"。

规则 3：如果位置是"东北"，公路网密度"高"，且距海洋"中"，那么人均年收入"中"。

规则 4：如果位置是"北部"，公路网密度"中"，且距海洋"中"，那么人均年收入"中"。

规则 5：如果位置是"西北"，公路网密度"低"，且距海洋"远"，那么人均年收入"低"。

规则 6：如果位置是"中部"，公路网密度"高"，且距海洋"中"，那么人均年收入收入"中"。

规则 7：如果位置是"西南"，公路网密度"低"，且距海洋"远"，那么人均年收入"低"。

规则 8：如果位置是"南部"，公路网密度"高"，且距海洋"中"，那么人均年收入"中"。

为了发现多层次关联规则，用虚拟云进一步泛化位置属性。由"西北"和"西南"生成综合云"西部"，"南部"和"中部"综合为"中南部"。8 条规则减少为 6 条，规则 1、2、3、4 不变，规则 5 和 7 变为新的规则 5，规则 6 和 8 变为新的规则 6。

规则 5：如果位置是"西部"，公路网密度"低"，且距海洋"远"，那么人均年收入"低"。

规则 6：如果位置是"中南部"，公路网密度"高"，且距海洋"中"，那么人均年收入"中"。

云模型与 Apriori 算法的结合，使得在数字型数据中挖掘关联知识成为可能，并且能够在多个概念层次实现。虽然云的特性和相邻云之间的重叠，使得在不同时刻作属性泛化得到的泛化关系表中"计数"属性有所不同，但是最终的知识结果是稳定的。这表明云模型在挖掘关联规则中预处理有效，基于云模型的泛化方法能较好地模拟人类思维，使发现的知识具有鲁棒性。

## 15.2　基于归纳学习挖掘空间分布规则

基于归纳学习的空间分布规则挖掘，应用归纳学习方法直接从银行经营收益和其他相关图层的数据中获取知识，挖掘银行经营收益与地理位置、交通、人口及收入状况、年龄、不同人种分布等地理因素的关系。归纳学习的结果可以对银行经营收益进行对比评价，推测其经营管理状况，也可以为新银行的选址提供指导。

银行的经营收益除了与其自身经营管理有关外，与银行所处的地理位置也有密切关系，采用 GIS 空间技术对银行的经营收益进行分析以及选址评价有实际意义。朱阿兴等在用 GIS 技术分析某银行在多伦多市一些分行效益不好的原因时，根据家庭收入和家庭人口生成一个潜在存款户图层，与分行经营指数（利润/分行总人员数）图叠加，直接从图上观察哪些分行是因为周围顾客少造成收益不高，哪些分行收益不好可能是由于分行管理不良造成的（这些分行周围存在着许多潜在存款户）。将专家的经验和知识转化成空间查询和空间分析操作，生成潜在用户图层。当银行数目众多，并且除了家庭收入和家庭人口外要考虑的因素也很多时，专家知识难以获取，即使拥有领域知识的专家也很难形式化地表达出来，因而无法用 GIS 空间分析工具直接做出一张潜在存款户图，这种直接在图上观察的方法就难以应用于银行经营分析和选址评价。

在空间数据库中实施归纳学习，比一般的关系数据库复杂。在空间数据库中实施归纳学习，首先要确定把什么作为学习的元组，称之为空间数据库学习的粒度问题。学习的粒度分为两种：一种是在空间对象粒度上学习；另一种是直接在像素粒度上学习，空间对象可以是图形数据库中的点、线和面对象，也可以是遥感图像中经过处理和分析得到的面特征（如均质区多边形）和线特征（如边缘线）。而像素主要指遥感图像的像素，也指栅格图形的单元。学习粒度的确定取决于学习的目的，也取决于空间数据的结构。确定了学习的粒度后，需要确定学习的属性。空间数据库的学习样本可以取感兴趣地区的全部数据，当数据量特别大时，为了提高学习速度，也可以采用抽样的方法随机地选取学习样本。选定学习样本后，按照所确定的学习粒度和属性，将学习数据组织成类似于关系数据表的形式，输入 C5.0 算法中进行归纳学习。C5.0 的输出为决策树和等价的产生式规则，产生式规则因便于阅读和应用而常被选用。

试验区为亚特兰大市，涉及银行分布图、道路网以及普查地段图等空间数据，采用的地图投影为 Albers 等面积投影，地图单位取 km。银行图层的属性包括 117 家银行 1993 年和 1994 年存款额、成立时间等，普查地段图层的属性有地段面积、1993 年人口数、人口增长率、各人种百分比、收入均值、收入中值、性别百分比、年龄均值、年龄中值等。学习的粒度为空间点对象。首先通过空间分析将多个图层中的空间和非空间信息集中到银行属性表中，形成学习数据，通过归纳学习挖掘出银行经营收益与多种地理因素的关系知识，然后用空间分析和演绎推理相结合推测银行经营管理状况和进行新银行选址评价。所用 GIS 软件为 ArcView 3.0a 并进行二次开发，归纳学习采用 C5.0 算法。

首先，为了便于归纳学习，根据 1994 年和 1993 年存款额将银行经营收益分为"好""中""差"三级。若"1994 年存款额" > "1993 年存款额"，并且"1994 年存款额" > "1994 年存款额中值"，则经营收益为"好"；若"1994 年存款额" < "1993 年存款额"，并且"1994 年存款额" < "1994 年存款额中值"，则经营收益为"差"；其余经营收益为"中"。在结果中，49 个为"中"，"好"和"差"的各 34 个，在图 15.4（a）中用不同的颜色表示。

因银行的经营与周围其他银行的数目和距离也有很大关系，故首先计算每个银行离最近银行的距离，以及距该银行一定距离内（1km）银行的数目，并把这两个指标加入银行属性表中。然后通过空间分析获得每家银行离道路网的最近距离、银行所在地段相关的属性数据，并加入银行属性表中。另将银行的大地坐标也加入银行属性表中。这样，数据挖掘工作集中在新的银行属性表中进行。参与归纳学习的属性表共有 23 个属性，除了银行经营收益属性"类别"为离散值外，其余属性均为连续值。

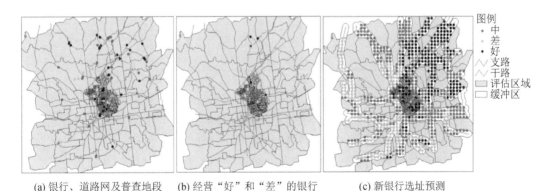

(a) 银行、道路网及普查地段　　(b) 经营"好"和"差"的银行　　(c) 新银行选址预测

图 15.4　基于归纳学习的银行普查、评估与预测

将经营收益作为决策属性（类别），其他属性作为条件属性，用 C5.0 算法对银行属性表进行归纳学习，共获得 22 条规则，见表 15.5。

表 15.5　银行经营收益与有关地理因素的关联规则

| 序号 | 规则内容 |
|---|---|
| 规则 1 | （Cover 19）PCT ASIAN＞3.06, AVG INC＞36483.52, DIST CLOSEST BANK＞0.663234 ⇒class Good（0.857） |
| 规则 2 | （Cover 4）SQ MILES≤0.312, POP GROWTH＞−6.62 ⇒class Good（0.833） |
| 规则 3 | （Cover 2）NO CLOSE BANK＞18, X COORD＞1065.441 ⇒class Good（0.750） |
| 规则 4 | （Cover 18）YEAR ESTABLISHED≤1962, POP GROWTH＞−6.62, PCT ASIAN＞0.88, X COORD＞1064.672 ⇒class Good（0.700） |
| 规则 5 | （Cover 17）YEAR ESTABLISHED＞1924, PCT BLACK≤4.09 ⇒class Good（0.526） |
| 规则 6 | （Cover 8）PCT BLACK＞4.09, MID AGE＞35.43 X COORD≤1064.672 ⇒class Good（0.900） |
| 规则 7 | （Cover 5）POP GROWTH≤−6.62, X COORD≤1065.441 ⇒class Average（0.857） |
| 规则 8 | （Cover 4）YEAR ESTABLISHED≤1965, PCT BLACK＜4.09, PCT ASIAN＜3.06 ⇒ class Average（0.833） |
| 规则 9 | （Cover 4）PCT OTHER＞1.32, DIST CLOSEST BANK≤0.376229 ⇒class Average（0.833） |
| 规则 10 | （Cover 4）YEAR ESTABLISHED≤1924, POP GROWTH＞−6.62, DIST CLOSEST BANK≤0.179002 ⇒class Average（0.833） |
| 规则 11 | （Cover 4）POP GROWTH≤−6.62, NO CLOSE BANK≤18 ⇒class Average（0.833） |
| 规则 12 | （Cover 9）1951＜YEAR ESTABLISHED≤1962, PCT ASIAN≤0.88, AVG AGE ＞ 31.34 ⇒class Average（0.800） |
| 规则 13 | （Cover 8）YEAR ESTABLISHED＞1951, MIN DIST Road＞0.093013, PCT BLACK＞4.09, X COORD＞1064.672 ⇒class Average（0.800） |
| 规则 14 | （Cover 7）YEAR ESTABLISHED＞1962, PCT BLACK＞4.09, DIST CLOSEST BANK≤0.050138 ⇒class Average（0.778） |
| 规则 15 | （Cover 2）PCT BLACK≤4.09, PCT MALE≤42.71 ⇒class Average（0.750） |
| 规则 16 | （Cover 2）PCT ASIAN＞3.06, AVG INC≤36483.52 ⇒class Average（0.750） |
| 规则 17 | （Cover 5）PCT ASIAN≤3.06, MED AGE≤35.43, DIST CLOSEST BANK ＞0.376229, X COORD≤1064.672 ⇒class Bad（0.857） |
| 规则 18 | （Cover 4）YEAR ESTABLISHED＞1960, PCT OTHER≤1.32, MED AGE≤35.43, X COORD≤1064.672 ⇒class Bad（0.833） |
| 规则 19 | （Cover 3）PCT ASIAN≤3.06, AVG AGE≤31.34 ⇒class Bad（0.800） |
| 规则 20 | （cover 3）1924＜YEAR ESTABLISHED≤1951, SQ MILES＞0.312 AVG AGE≤36.22 ⇒class Bad（0.800） |
| 规则 21 | （Cover 20）YEAR ESTABLISHED＞1962, MIN DIST Road≤0.093013 SO MILES＞0.312, PCT BLACK＞4.09, PCT ASIAN≤3.06, AVG AGE＞34.1, DIST CLOSEST BANK＞0.050138, X COORD＞1064.672 ⇒class Bad（0.773） |
| 规则 22 | （Cover 2）YEAR ESTABLISHED＞1981, PCT BLACK≤4.09, PCT ASIAN＞0.82, PCT MALE＞42.71 ⇒class Bad（0.750） |

Evaluation of learning result:

| | 规则 s | （a） | （b） | （c） | Classified as |
|---|---|---|---|---|---|
| No | Errors | 33 | 1 | | （a）：class Good |
| 22 | 12（10.3%） | 3 | 42 | 4 | （b）：class Average |
| — | — | 3 | 1 | 30 | （c）：class Bad |

在表 15.5 中，学习错误率为 14.3%，即学习精度为 89.7%。这些规则揭示了亚特兰大市银行的经营收益与有关地理因素的关系，从图 15.4（a）和表 13.4 中可以看出，这些关系比较复杂，位置相近的银行既有经营收益"好"的，也有经营收益"中"和"差"的，成立时间相近的银行既有经营收益"好"的，也有经营收益"中"和"差"的，必须由多个因素组合才能形成精确的规则。如规则 1 表明，若银行所在地段亚裔人口比例大于 3.06%，平均年收入大于 36483.52，该银行距最近银行的距离大于 0.663234km，则经营收益"好"，该规则覆盖 5 个银行实例，规则的置信度为 0.857；规则 2 表明，若银行所在

地段的面积小于或等于 $0.312\text{mi}^{2}$[①]且人口增长率大于$-6.62\%$，则银行经营收益"好"；规则 4 表明，若银行成立时间早于或等于 1962 年，人口增长率大于$-6.62\%$，亚裔人口比例大于 0.88%，$x$ 坐标大于 1064.672（位于东半部），则银行经营收益"好"；规则 19 表明，若银行所在地段亚裔人口比例小于或等于 3.06%，并且该地段平均年龄小于或等于 31.34 岁，则银行经营收益"差"。另外从规则 1、规则 17、规则 19 对比可以看出，在一些地段，亚裔人口的比例对银行的经营收益有重要影响。

根据归纳学习的结果，可以对银行的经营收益作进一步的分析。对于正确分类的银行，若它所符合的规则覆盖较多的银行实例（如规则 4、规则 21 等），则表明其经营收益与地理因素有较强的相关性。归纳学习的结果中有 12 个银行被错分，即根据规则推理出的经营收益类别与实际类别不同，它们属于这些规则的例外。由于归纳学习中只用了地理信息（以及银行成立时间），因此有理由认为产生这些例外的原因是银行内部经营造成的。若按规则推理得到某银行的经营收益为"好"或"中"，而其实际经营收益为"差"，则认为该银行经营管理不良，应考虑改善经营管理或进行人员调动；若按规则推理得到某银行的经营收益为"差"，而其实际经营收益为"中"或"好"，则认为该银行经营管理良好，其经营管理方式值得进一步分析。图 15.4（b）显示了根据规则的例外推测的经营管理"好"和"差"的银行。

归纳学习得到的知识不仅可以用于推测经营管理状况，而且它的另一个主要用途在于新银行的选址评价。若有新银行选址时，可以将其候选位置的属性输入到规则中，推理产生的经营收益可以作为选址的重要参考。下面对这一过程进行模拟。

在道路网 0.5km 的缓冲区内，等间距地生成新银行位置，按照与归纳学习时相同的处理方式，将银行离道路的最近距离、银行所在地段的有关属性等数据加入新银行的属性中，在计算每个新银行离最近银行的距离以及距新银行一定距离内银行的数量两个指标时，只考虑已存在银行，即处理新银行时，假定其他新银行不存在。

用归纳学习得到的规则对新银行属性数据进行推理，得到每个新银行经营收益的预测值"好""中"或"差"。在推理过程中，若同时激活几条规则，则取置信度（总和）大的输出类别为最终输出；若没有激活任何规则，则输出缺省值为"中"。将新银行图层与其他有关图层叠加，不同的经营收益用不同的颜色表示，绘成新银行经营收益预测图［图 15.4（c）］，或称为新银行选址评价图。从图 15.4（c）中可以清楚地看出东北部及市中心部分地区位置好，是新银行选址的优先考虑地区，另外在南部也有几个零星的好位置。

上述对银行经营管理的推测及选址评价结果具有相对正确性，只能作为决策的指导和参考。知识的获取和应用过程中的多个环节中存在着不确定性，不确定性来源之一是试验中参与学习的数据还不够丰富。例如，因为没有银行职员数信息，只能用总存款额表示经营收益，无法表示经营效益；没有银行实际储户分布数据，只能按照就近的原则用银行所在地段住户的统计信息参与归纳学习，无法考虑工作地点与居住地不在一个地段的情况，等等；不确定性来源之二是根据连续两年的存款额对经营收益"好""中""差"的定义，定义不同学习结果也会有所不同。不确定性来源之二与来源之一也有一定的关

---

① $1\text{mi}^{2}=2.589988\text{km}^{2}$

系，获取的银行经营数据越丰富，对经营收益的定义就会越合理，然而大量的经营数据属于商业秘密，银行以外的研究者根本无法获取。不确定性来源之三是归纳学习获取的知识存在着不确定性，不同的规则往往覆盖度（覆盖实例的个数）以及置信度不尽相同，因此应用知识的结果的可靠性和置信度也不相同；另一方面，归纳学习获取的知识并不完备，当进行选址评价时，有少数候选位置的新银行信息没有合适的规则进行推理，只能输出为缺省值"中"。

上述试验表明，通过归纳学习能够从银行数据和相关图层数据中挖掘出银行经营收益与多种地理因素关系的知识，根据这些知识可以推测经营管理状况以及进行新银行选址评价，尽管存在着上述不确定性，这些分析和评价结果对银行的经营管理和决策仍有重要的参考价值。在本试验中，GIS 空间分析技术也发挥了重要作用，例如缓冲区分析、距离分析、包含分析等用于从多图层中提取归纳学习所需空间信息，而归纳学习技术为后续的空间分析和决策提供知识，使得空间分析所需知识不再依赖专家输入。归纳学习与空间分析相互促进，提高了 GIS 空间数据分析和决策支持的智能化水平。虽然是以银行经营分析与选址评价为例，但是把归纳学习与 GIS 空间分析相结合的空间数挖掘方法，有一定的普遍意义，可广泛应用在资源评价及空间决策支持中。在此过程中不确定性的定量描述及可视化表达，值得进一步研究。

# 15.3　基于粗集发现决策知识

利用粗集，可以分析 GIS 属性依赖和属性重要性。例如，根据表 15.6，在中国大陆范围内分析位置、地势和公路网密度的关系（邸凯昌，2001），其论域 $U$ 由 13 个对象组成{1，2，…，13}，属性集 $A$={a，b，c}。对象 3、4 对属性 a 是不可辨别的，对象 9、11 对属性 b 是不可辨别的……由属性产生的划分如下：

$U$/IND{a}={{1}，{2}，{3，4}，{5，6}，{7，8}，{9，10}，{11}，{12，13}}；
$U$/IND{b}={{1，4，6，8，10，13}，{2，3，5，7，12}，{9，11}}；
$U$/IND{c}={{1}，{2，3，5，6，7，8，12，13}，{4，9，10，11}}；
$U$/IND{a，b}={{1}，{2}，{3}，{4}，{5}，{6}，{7}，{8}，{9}，{10}，{11}，{12}，{13}}。

表 15.6　一个属性类的例子

| $U$ | 1 | 2 | 3 | 4 | 5 | 6 | 7 | 8 | 9 | 10 | 11 | 12 | 13 |
|---|---|---|---|---|---|---|---|---|---|---|---|---|---|
| 位置（a） | 北部 | 北偏东 | 东北 | 东北 | 东南 | 东南 | 南部 | 南部 | 西北 | 西北 | 西南 | 中部 | 中部 |
| 地势（b） | 中 | 低 | 低 | 中 | 低 | 中 | 低 | 中 | 高 | 中 | 高 | 低 | 中 |
| 公路网密度（c） | 中 | 高 | 高 | 低 | 高 | 高 | 高 | 高 | 低 | 低 | 低 | 高 | 高 |

因此，有：
POS$_a$(c)={1，2，5，6，7，8，9，10，11，12，13}，$\gamma_a$(c)=11/13；
POS$_b$(c)={2，3，5，7，9，11，12}，$\gamma_a$(c)=7/13；
POS$_{\{a，b\}}$(c)={1，2，3，4，5，6，7，8，9，10，11，12，13}，$\gamma_{\{a，b\}}$(c)=13/13=1。
由于 c 对{a，b}的依赖程度为 1，因而有依赖关系{a，b}=>{c}。

$$\gamma_{\{a, b\}}(c) - \gamma_{\{a, b\}-\{a\}}(c) = \gamma_{\{a, b\}}(c) - \gamma_{\{b\}}(c) = 6/13$$

$$\gamma_{\{a, b\}}(c) - \gamma_{\{a, b\}-\{b\}}(c) = \gamma_{\{a, b\}}(c) - \gamma_{\{a\}}(c) = 2/13$$

所以，属性 a 比属性 b 重要。

### 15.3.1 城市气温数据挖掘

《中国主要城市行车图集》第 30 页中共有 37 个城市每个月的平均气温数据，均是数字型。研究各个区域的气温模式及差异，可以发现特征规则和区分规则（邸凯昌，2001）。首先，将数据绘成图表，可以看出数据的离散程度比较大，不易发现一般规律。其次，统计气温数据的直方图，用直方图均衡化的方法将气温分成低（−19.4～9.8）、中（9.8～20.3）、高（20.3～29.6）三级，将 12 个月归纳为 4 个季度，每个季度气温取 3 个月的平均值，城市名称根据位置分别归纳为北方、东北、南方、西北、西南等，泛化结果见表 15.7。再次，由于表 15.7 中记录数较多，因此再把中或低归纳为中低，把中或高归纳为中高，进一步泛化的结果见表 15.8。在表 15.8 中，西北与西南完全一样，可进一步归纳为西部。最后，归纳结果见表 15.9。根据表 15.9 可以写出下面的特征规则：

（位置，北方）⇒（春季，中低）∧（夏季，高）∧（秋季，中低）∧（冬季，低）∧（年平均，中低）；

（位置，东北）⇒（春季，低）∧（夏季，高）∧（秋季，低）∧（冬季，低）∧（年平均，低）；

（位置，南方）⇒（春季，中高）∧（夏季，高）∧（秋季，中高）∧（冬季，中低）∧（年平均，中高）；

（位置，西部）⇒（春季，中低）∧（夏季，中高）∧（秋季，中低）∧（冬季，低）∧（年平均，中低）。

表 15.7　气温数据一次泛化结果

| 位置 | 春季 | 夏季 | 秋季 | 冬季 | 年均 | 计数 |
|---|---|---|---|---|---|---|
| 北方 | 低 | 高 | 低 | 低 | 低 | 1 |
| 北方 | 中 | 高 | 低 | 低 | 低 | 1 |
| 北方 | 中 | 高 | 中 | 低 | 中 | 6 |
| 北方 | 低 | 高 | 中 | 低 | 中 | 1 |
| 东北 | 低 | 高 | 低 | 低 | 低 | 3 |
| 南方 | 中 | 高 | 中 | 低 | 中 | 9 |
| 南方 | 中 | 高 | 高 | 中 | 中 | 1 |
| 南方 | 中 | 高 | 高 | 中 | 高 | 1 |
| 南方 | 高 | 高 | 高 | 中 | 高 | 5 |
| 西北 | 低 | 高 | 低 | 低 | 低 | 1 |
| 西北 | 中 | 高 | 低 | 低 | 低 | 2 |
| 西北 | 低 | 中 | 低 | 低 | 低 | 1 |
| 西北 | 中 | 高 | 中 | 低 | 中 | 1 |
| 西南 | 低 | 中 | 低 | 低 | 低 | 1 |
| 西南 | 中 | 高 | 中 | 低 | 中 | 3 |

可以看出，上述特征规则与主观感受基本一致，是气温模式的一般规律。把表 15.9 看成是一个决策表，把春、夏、秋、冬和年平均气温作为条件属性，把位置作为决策属性，可以根据气温特点判断所在位置。

表 15.8  气温数据进一步泛化结果

| 位置 | 春季 | 夏季 | 秋季 | 冬季 | 年均 | 计数 |
|------|------|------|------|------|------|------|
| 北方 | 中低 | 高 | 中低 | 低 | 中低 | 9 |
| 东北 | 低 | 高 | 低 | 低 | 低 | 3 |
| 南方 | 中高 | 高 | 中高 | 中低 | 中高 | 16 |
| 西北 | 中低 | 中高 | 中低 | 低 | 中低 | 5 |
| 西南 | 中低 | 中高 | 中低 | 低 | 中低 | 4 |

表 15.9  气温归纳

| 位置 | 春季 | 夏季 | 秋季 | 冬季 | 年均 |
|------|------|------|------|------|------|
| 北方 | 中低 | 高 | 中低 | 低 | 中低 |
| 东北 | 低 | 高 | 低 | 低 | 低 |
| 南方 | 中高 | 高 | 中高 | 中低 | 中高 |
| 西部 | 中低 | 中高 | 中低 | 低 | 中低 |

把表 15.9 中每个记录看作一条决策规则，经过决策表简化，可以得到表 15.9 的最小区分规则。由于决策表中所有规则的条件都不同，所以每条决策规则都是一致的，因而整个决策表是一致的。分别去掉每个条件属性，看得到的决策表是否仍然一致，来判断该条件属性相对于决策属性是否可省去。首先，所有记录的"春季""秋季"和"年平均"的属性值相同，可以只留下一个记录，把决策表（表 15.9）简化为表 15.10。在表 15.10 中去掉属性"冬季"，决策表仍然一致，因此属性"冬季"可省去；而分别去掉属性"春季"和"夏季"后，决策表将不一致，即相同的条件对应不同的决策，因此"春季"和"夏季"不可省去。然后，将各个条件属性的属性值进一步简化，去掉可省去的属性值，用"—"表示，最终简化结果见表 15.11。

表 15.10  简化的属性表

| 位置 | 春季 | 夏季 | 冬季 |
|------|------|------|------|
| 北方 | 中低 | 高 | 低 |
| 东北 | 低 | 高 | 低 |
| 南方 | 中高 | 高 | 中低 |
| 西部 | 中低 | 中高 | 低 |

表 15.11  最终简化结果

| 位置 | 春季 | 夏季 |
|------|------|------|
| 北方 | 中低 | 高 |
| 东北 | 低 | — |
| 南方 | 中高 | — |
| 西部 | — | 中高 |

表 15.11 对应的最小决策规则（区分规则）为：

（春季，中低）∧（夏季，高）⇒（位置，北方）；

（春季，低）⇒（位置，东北）；

（春季，中高）⇒（位置，南方）；

（夏季，中高）⇒（位置，西部）。

可见，粗集方法使决策表得到充分的精炼，保留了用于决策的关键内容，决策结果不变，而决策速度会明显加快。

### 15.3.2 农业统计数据挖掘

从多年的中国统计年鉴中，收集中国大陆分省（市、区）1982～1990 年间农业人口、耕地面积、农业投资、农业总产出等有关数据，可以从中发现普遍特征以及多种因素与农业总产出的关系（邸凯昌，2001）。

首先用探测性数据分析，直观地初步发现一些规律并选择需进一步处理的数据。农业人口数折线图表明，农业人口数的跨度很大，四川、河南、山东等省份农业人口数很多，而西藏、青海、宁夏等，以及天津、北京、上海等城市农业人口数很少，而同一省（市、区）多年间农业人口数增加很缓慢或基本保持不变。海南从 1988 年建省农业人口数从广东省分离出来，同时也发现江苏省在 1984 和 1985 年农业人口数有一个明显减少的"异常"过程。耕地面积折线图表明，耕地面积的跨度也很大，绝大多数省份多年间耕地面积基本保持平衡，少数几个面积大的省份有缓慢减少的趋势。农业投资折线图表明，农业投资随年度变化情况很混乱，例如，天津市从 1984 年起农业投资大幅度下降，直到 1987 年才有所上升，但远没有达到 1982、1983 年的投资水平；广东省农业投资经过了明显的"两落两起"的过程，到 1990 年恢复较高投资水平；山东省 1982 至 1989 年农业投资持续增加，到 1989 年达到很高的水平，但 1990 年有一个较大的回落，等等。农业总产出折线图表明，各省（市、区）农业总产出基本保持了持续增长，农业总产出越大其增长幅度越大。

为了发现农业人口、耕地面积、农业投资等因素与农业总产出的关系，选取 1990 年的数据，构成属性表 15.12，把人口、耕地面积、投资等作为条件属性，把农业总产出作为决策属性，则表 15.12 称为决策表。直接从表 15.12 中的数据中无法看出其中的规律，可用探测性数据分析中的散点图，分析农业人口数与农业总产出的关系。随着农业人口

表 15.12　农业信息属性表

| 省份 | 耕地面积 | 农业人口 | 农业投资 | 农业总产出 |
|------|---------|---------|---------|-----------|
| 黑龙江 | 8826.53 | 20084.6 | 343 | 24540 |
| 辽宁 | 3470.40 | 22724.4 | 327 | 27380 |
| 吉林 | 3935.53 | 14883.2 | 195 | 18910 |
| 山东 | 6867.87 | 68459.6 | 216 | 64750 |
| 河北 | 6560.47 | 52315.5 | 279 | 35760 |
| 北京 | 414.47 | 3952.96 | 132 | 7020 |
| 天津 | 432.27 | 3830.47 | 120 | 5490 |
| 河南 | 6944.40 | 74522.5 | 479 | 50200 |

| 省份 | 耕地面积 | 农业人口 | 农业投资 | 农业总产出 |
|---|---|---|---|---|
| 山西 | 3701.80 | 22177.7 | 167 | 12480 |
| 陕西 | 3541.07 | 26659.6 | 123 | 17000 |
| 甘肃 | 3477.13 | 18682.5 | 286 | 10310 |
| 内蒙古 | 4911.53 | 14877.7 | 156 | 15690 |
| 宁夏 | 795.00 | 3542.94 | 94 | 2470 |
| 新疆 | 3072.93 | 10005.9 | 325 | 14470 |
| 青海 | 572.00 | 3101.09 | 72 | 2450 |
| 浙江 | 1731.13 | 35426.6 | 173 | 33680 |
| 江苏 | 4562.33 | 52707.6 | 192 | 58050 |
| 上海 | 324.00 | 4188.87 | 176 | 6820 |
| 安徽 | 4373.00 | 48175.6 | 333 | 37090 |
| 湖北 | 3486.60 | 41728.7 | 395 | 40220 |
| 湖南 | 3318.60 | 51824 | 210 | 39740 |
| 江西 | 2355.47 | 30530.3 | 113 | 25520 |
| 广东 | 2524.67 | 47690.1 | 468 | 60070 |
| 广西 | 2578.47 | 36766.4 | 137 | 25220 |
| 福建 | 1238.47 | 24994.3 | 117 | 22870 |
| 海南 | 433.53 | 5146.28 | 212 | 6870 |
| 四川 | 6307.20 | 92187.2 | 340 | 63710 |
| 贵州 | 1854.00 | 28402.1 | 87 | 14550 |
| 云南 | 2822.80 | 32399.8 | 223 | 21170 |
| 西藏 | 223.00 | 1882.24 | 30 | 1720 |

数的增多,农业总产出总的趋势是增加,然而仅从图中很难得到更进一步规律,因为接近的人口数对应的产出差别很大,接近的产出对应的人口数差别也很大,用相关统计的方法很难描述其中的规律。另外,耕地面积与农业总产出、农业投资与农业总产出的散点图的规律性很差,这里不再列出。

用面向属性归纳和粗集挖掘隐含在决策表(表15.12)中的分类决策规则。首先,用面向属性归纳技术对表15.12进行属性泛化(概念提升),将省份和城市名属性值泛化为所在区域位置,分为东北、北部、西北、东部、中部、华南、西南等语言值。将其他数值属性用最大方差法分别离散化,将离散区间分别泛化为三个语言值,如小、中、大、多、少、高、低等。将属性值用相应的高层次的语言值替换实现属性的泛化。表15.13为泛化结果,增加的计数属性表示合并的记录数(由于泛化记录各不相同,计数均为1),增加的编号属性是为了后续计算和描述。

表15.13　泛化的农业信息属性表

| 编号 | 区域 | 耕地面积 | 农业人口 | 农业投资 | 农业产出 | 计数 |
|---|---|---|---|---|---|---|
| 1 | 东北 | 大 | 中 | 大 | 中 | 1 |
| 2 | 东北 | 中 | 中 | 大 | 中 | 1 |
| 3 | 东北 | 中 | 少 | 中 | 低 | 1 |
| 4 | 北部 | 大 | 多 | 中 | 高 | 1 |

| 编号 | 区域 | 耕地面积 | 农业人口 | 农业投资 | 农业产出 | 计数 |
|---|---|---|---|---|---|---|
| 5 | 北部 | 大 | 多 | 中 | 中 | 1 |
| 6 | 北部 | 小 | 少 | 小 | 低 | 1 |
| 7 | 北部 | 小 | 少 | 小 | 低 | 1 |
| 8 | 北部 | 大 | 多 | 大 | 高 | 1 |
| 9 | 北部 | 中 | 中 | 中 | 低 | 1 |
| 10 | 西北 | 中 | 中 | 小 | 低 | 1 |
| 11 | 西北 | 中 | 中 | 中 | 低 | 1 |
| 12 | 西北 | 中 | 少 | 中 | 低 | 1 |
| 13 | 西北 | 小 | 少 | 小 | 低 | 1 |
| 14 | 西北 | 中 | 少 | 大 | 低 | 1 |
| 15 | 西北 | 小 | 少 | 小 | 低 | 1 |
| 16 | 东部 | 小 | 中 | 中 | 中 | 1 |
| 17 | 东部 | 中 | 多 | 中 | 高 | 1 |
| 18 | 东部 | 小 | 少 | 中 | 低 | 1 |
| 19 | 东部 | 中 | 多 | 大 | 中 | 1 |
| 20 | 中部 | 中 | 中 | 大 | 中 | 1 |
| 21 | 中部 | 中 | 多 | 中 | 中 | 1 |
| 22 | 中部 | 中 | 中 | 小 | 中 | 1 |
| 23 | 南部 | 中 | 多 | 大 | 高 | 1 |
| 24 | 南部 | 中 | 中 | 小 | 中 | 1 |
| 25 | 南部 | 小 | 中 | 小 | 中 | 1 |
| 26 | 南部 | 小 | 少 | 中 | 低 | 1 |
| 27 | 西南 | 大 | 多 | 大 | 高 | 1 |
| 28 | 西南 | 小 | 中 | 小 | 低 | 1 |
| 29 | 西南 | 中 | 中 | 中 | 中 | 1 |
| 30 | 西南 | 小 | 少 | 小 | 低 | 1 |

在应用面向属性的归纳完成属性泛化的基础上，用粗集方法实现决策表简化和最小分类决策规则生成。由表 15.13 计算属性产生的划分如下：

$U/\text{IND}\{\text{区域}\} = \{\{1，2，3\}，\{4，5，6，7，8，9\}，\{10，11，12，13，14，15\}$，$\{16，17，18，19\}，\{20，21，22\}，\{23，24，25，26\}，\{27，28，29，30\}\}$；

$U/\text{IND}\{\text{耕地面积}\} = \{\{1，4，5，8，27\}，\{2，3，9，10，11，12，14，17，19，20$，$21，22，23，24，29\}，\{6，7，13，15，16，18，25，26，28，30\}\}$；

$U/\text{IND}\{\text{农业人口}\} = \{\{1，2，9，10，11，16，20，22，24，25，28，29\}，\{3，6$，$7，12，13，14，15，18，26，30\}，\{4，5，8，17，19，21，23，27\}\}$；

$U/\text{IND}\{\text{农业投资}\} = \{\{1，2，8，14，19，20，23，27\}，\{3，4，5，9，11，12，16$，$17，18，21，26，29\}，\{6，7，10，13，15，22，24，25，28，30\}\}$；

$U/\text{IND}\{\text{农业产出}\} = \{\{1，2，5，16，19，20，21，22，24，25，29\}，\{3，6，7，9$，$11，12，13，14，15，18，26，28，30\}，\{4，8，17，23，27\}\}$。

正区域的计算如下：

POS $_{区域}$(农业产出)={10，11，12，13，14，15，20，21，22}；

POS $_{耕地面积}$(农业产出)=∅；

POS $_{农业人口}$(农业产出)={3，6，7，12，13，14，15，18，26，30}；

POS $_{农业投资}$(农业产出)=∅；

POS $_{\{区域，农业人口，农业投资\}}$(农业产出)={1，2，3，6，7，8，9，10，11，12，13，14，15，16，17，18，19，20，21，22，23，24，25，26，27，28，29，30}；

POS $_{\{区域，耕地面积，农业人口\}}$(农业产出)=POS $_{\{区域，农业人口，农业投资\}}$(农业产出)；

POS $_{\{区域，耕地面积，农业人口，农业投资\}}$(农业产出)= POS $_{\{区域，农业人口，农业投资\}}$(农业产出)。

从以上计算结果可以看出，由于正区域的基数（元素个数）均小于论域的基数 30，即不存在依赖程度 $\gamma$ 值为 1 的依赖关系，因此，决策表是不一致的，其不一致的原因是记录 4 和记录 5 条件属性完全相同而决策属性不同。同时，也可以看出，在条件属性中区域和农业人口数的重要性较高，而耕地面积和农业投资两个属性对决策是多余的，可以去掉其中一个，这里，去掉耕地面积属性，并合并相同元组，得到表 15.14。

表 15.14　去掉多余属性的简化决策表

| 编号 | 区域 | 农业人口 | 农业投资 | 农业产出 | 计数 |
|---|---|---|---|---|---|
| 1 | 东北 | 中 | 大 | 中 | 2 |
| 2 | 东北 | 少 | 中 | 低 | 1 |
| 3 | 北部 | 多 | 中 | 高 | 1 |
| 4 | 北部 | 多 | 中 | 中 | 1 |
| 5 | 北部 | 少 | 小 | 低 | 2 |
| 6 | 北部 | 多 | 大 | 高 | 1 |
| 7 | 北部 | 中 | 中 | 低 | 1 |
| 8 | 西北 | 中 | 小 | 低 | 1 |
| 9 | 西北 | 中 | 中 | 低 | 1 |
| 10 | 西北 | 少 | 中 | 低 | 1 |
| 11 | 西北 | 少 | 小 | 低 | 2 |
| 12 | 西北 | 少 | 大 | 低 | 1 |
| 13 | 东部 | 中 | 中 | 中 | 1 |
| 14 | 东部 | 多 | 中 | 高 | 1 |
| 15 | 东部 | 少 | 中 | 低 | 1 |
| 16 | 东部 | 多 | 大 | 中 | 1 |
| 17 | 中部 | 中 | 大 | 中 | 1 |
| 18 | 中部 | 多 | 中 | 中 | 1 |
| 19 | 中部 | 中 | 小 | 中 | 1 |
| 20 | 南部 | 多 | 大 | 高 | 1 |
| 21 | 南部 | 中 | 小 | 中 | 2 |
| 22 | 南部 | 少 | 中 | 低 | 1 |
| 23 | 西南 | 多 | 大 | 高 | 1 |
| 24 | 西南 | 中 | 小 | 低 | 1 |
| 25 | 西南 | 中 | 中 | 中 | 1 |
| 26 | 西南 | 少 | 小 | 低 | 1 |

为了方便，对记录重新编号。接着对表 15.14 的条件属性值进行检查，去掉多余的属性值。具体方法是，对每个记录的每个条件属性值进行检查，看去掉它后会不会改变决策结果，若不改变，则该属性值是多余的，可以去掉。例如，对于记录 8 至记录 12，去掉农业人口和农业投资两个属性的属性值，都不影响将农业产出决策为"低"，因此把两个属性的属性值全去掉。去掉所有多余属性值并将相同记录合并，得到最终简化决策表（表 15.15）。表 15.15 的每一条记录对应一条决策规则，记录的计数值可以看作是规则的支持度，其中规则 3 和 4 为不一致规则，其他 14 条规则为一致性规则。例如，规则 2 可以表述为"如果农业人口少，那么农业产出低"，规则 7 可以表述为"如果区域在西北，那么农业产出低"，规则 3 和 4 可以合并表示为"如果区域在北方、农业人口多、农业投资中等，那么农业产出高或中"，等等，这里不再把规则一一列出，实际上决策表本身就是一种决策知识的表达方式。这些规则揭示了区域位置、农业人口数、农业投资与农业总产出的宏观规律，对于农业发展决策具有重要的价值。这一实例再次说明探测性归纳学习方法的有效性。当然，如果能收集到更丰富的相关数据，发现的知识会更有价值。

表 15.15　决策表最终简化结果

| 编号 | 区域 | 农业人口 | 农业投资 | 农业产出 | 计数 |
|---|---|---|---|---|---|
| 1 | — | 中 | 大 | 中 | 2 |
| 2 | — | 少 | — | 低 | 6 |
| 3 | 北部 | 多 | 中 | 高 | 1 |
| 4 | 北部 | 多 | 中 | 中 | 1 |
| 5 | 北部 | 多 | 大 | 高 | 1 |
| 6 | 北部 | 中 | 中 | 低 | 1 |
| 7 | 西北 | — | — | 低 | 6 |
| 8 | 东部 | 中 | — | 中 | 1 |
| 9 | 东部 | 多 | 中 | 高 | 1 |
| 10 | 东部 | 多 | 大 | 中 | 1 |
| 11 | 中部 | — | — | 中 | 3 |
| 12 | 南部 | 多 | — | 高 | 1 |
| 13 | 南部 | 中 | — | 中 | 2 |
| 14 | 西南 | 多 | — | 高 | 1 |
| 15 | 西南 | 中 | 小 | 低 | 1 |
| 16 | 西南 | 中 | 中 | 中 | 1 |

## 15.4　空间聚类知识挖掘

空间聚类知识挖掘是基于一定的特征，将一个数据集划分为若干组，使得组内的相似性大于组间相似性。此处研究基于数据场的聚类算法、模糊综合聚类算法和基于数学形态学的聚类算法。

### 15.4.1　基于数据场的聚类算法

基于数据场的聚类，根据数据场中对象间的相互作用及自组织特性，模拟对象在数据场作用下的相向运动，将对象聚集成簇。

数据簇的势心是在数域空间中，一组数据根据特征对一个概念的隶属中心，即数据的概念聚类中心。在空间数据挖掘中，把每个数据映射到数域空间中一个特定点上，成千上万的数据形成成千上万个点。若以规则的笛卡儿网格划分数据场的全体空间（图 6.5），则这些成千上万的特定数据点，各自独立向所有的规则笛卡儿网格点辐射数据能量，任意网格点的势都是所有数据辐射到该点的数据场的叠加。在各笛卡儿网格点累加后的势场中，等势线（面）自然嵌套，整体上以不同的势心为中心呈现抱团特性，形成自然的拓扑聚类和类谱图。

图 6.8 为某监测数据的自然聚类和类谱图。从图 6.8 中可以发现，许多空间对象先通过描述它们的数据向全体空间辐射数据能量形成势场，然后再根据等势线的自然嵌套，在不同认识层次上自然聚类，形成自然的类谱系图，分别代表监测点的不同特定群体，表示变形的具体不同特征，并可以使用概念描述。首先，空间对象在层次 1 上自动聚集为 A、B、C、D、E 五类，分别表示监测点"变形小而密集""变形小而疏散""变形大而较密集""变形大而疏散""变形中而疏散，且数量少"；其次，A 类和 B 类、D 类和 E 类在层次 2 上分别构成同一谱系 AB 类、DE 类，分别表示监测点"变形小""变形大"；最后，AB 类、DE 类，再与 C 类在层次 5 上构成更大的谱系 ABCDE 类，表示"监测点发生了大小不一的变形"（图 6.8）。

进一步地，对公共数据集（Guha et al.，1998）聚类。原始数据包含 5 个不同形状、大小和密度的聚类及一些均匀分布的噪声数据，共 100000 个数据点。首先从中随机抽取 8000 个数据点，然后对比采用改进的层次聚类算法 BIRCH 和 CURE、流行的 $K$-means 算法，以及数据场算法，对其进行聚类分析（图 15.5）。

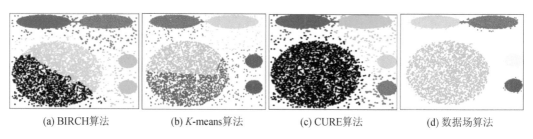

(a) BIRCH算法    (b) $K$-means算法    (c) CURE算法    (d) 数据场算法

图 15.5    相同数据集的不同方法的聚类结果

四个算法的聚类个数 $k$=5；CURE 算法的抽样率为 0.3；每个类取 10 个代表数据点

从图 15.5 可以看出，BIRCH 和 $K$-means 算法存在明显的球形偏见，CURE 算法在参数设置合适时能够正确发现数据分布的聚类结构，但不能有效地处理噪声数据，所有的噪声数据都被划分给最邻近的聚类。相对而言，数据场算法不仅具有良好的聚类质量，能够有效处理噪声数据，而且聚类结果不依赖于用户参数的仔细选择（Wang et al.，2011）。

对比数据场聚类算法和常规聚类方法，可以发现，常规聚类方法总是将原始数据集中的 $N$ 个样本，人为地拆分成含 $N_1$ 个样本的训练集和含 $N$–$N_1$ 个样本的测试集，用训练集形成聚类，用测试集验证聚类结果的效果。实际上，这就宣布了只有这 $N_1$ 个样本才对聚类有贡献，其不确定性至少表现在两个方面：①如何确定训练集 $N_1$ 和测试集 $N$–$N_1$

的拆分比例，具体选哪些样本作为训练集，都不得而知；②任何一个样本对聚类应该都会有贡献，包括测试集中的每一个样本在内，如果常规方法把最为重要的聚类样本划入了测试集，那么聚类结果的质量可想而知。这两个方面集中暴露了常规方法的缺陷。

从极微观上看，这 $N$ 个空间对象各自都有体现自身价值的不同特征，差异是绝对的，最严最细的分法应该是 $N$ 类。从极宏观上看，这 $N$ 个空间对象既然被通过若干特征放到一起比较，说明具有可比性，可以统属一类。数据场聚类的方法通过场强函数使得数据集中的每个样本在特征空间的作用都借助"场的势"表现出来，其聚类结果反映了所有样本的贡献。

同时，常规的数据聚类方法，对论域定量硬划分，不能直接反映数据的分布状况；在概念聚类时只能生成概念树，对数据的概念爬升较为机械，不能反映实际概念的模糊性和随机性，以及不同层次概念之间的多隶属关系。根据空间的数据场分布，求得空间各点的数据场的势，自然形成的等势线拓扑结构，可以较为自然地体现离散后的定性概念之间的泛层次关系，是基于论域软划分的连续数据离散化。

### 15.4.2 模糊综合聚类

模糊集合把经典集合的值域从 {0，1} 扩充为 [0, 1]，以模糊隶属函数替代特征函数，反映样本数据从非隶属概念全体到完全隶属概念全体的逼近趋势。逆向而言，这种趋势是隶属值从 1 向 0 的辐射过程，具有距离衰减性、辐射就近性、独立性和叠加性等性质，和数据辐射反映样本数据从非完备到完备的逼近趋势基本一致。同时，模糊综合评判的模糊综合评判矩阵和模糊聚类分析的模糊等价矩阵，面对的都是能够辐射数据能量的数据，其模糊隶属度和数据场中的数据辐射亮度具有极为相似的意义，都表示一个实体对另一个实体的隶属程度。如果模糊聚类分析在模糊综合评判的基础上实现，那么模糊综合评判矩阵辐射的数据能量向前传播至模糊等价矩阵，可为最后的聚类结果所继承，以数据生成聚类阈值。

模糊综合聚类的基本思想是：遵循数据场，顾及每个样本数据从非完备到完备的过渡逼近趋势及其数据能量辐射，基于模糊集合作综合评判，根据扩张原则把统计概率融入模糊数学，依靠分解定理，在模糊聚类置信水平下予以极大剩余聚类。

首先，选择参评因素并确定权重，求取隶属度并获得模糊总体评价矩阵 $X$。其次，由 $B = A \cdot X$ 求得全部因素的综合评价矩阵 $B$，并把所有被评价的空间对象的等级评判结果组合成一个模糊综合评判矩阵。其中，$A$ 是因素权重矩阵，选择因素确定其权重可利用前面第 5 章提出的基于云模型的 DHP 法。再次，利用模糊综合评判矩阵中的元素，求得模糊相似矩阵 $R$ 和模糊等价矩阵（传递闭包矩阵）$t(R)$。最后，根据 $t(R)$ 利用基于模糊聚类置信水平的极大剩余法进行聚类，得到聚类知识。下面以二级因素模型为例介绍其基本原理，二级以上模型可据此类推。

假设因素集 $U = \{U_1, U_2, \cdots, U_m\}$，且 $U_i = \{u_{i1}, u_{i2}, \cdots, u_{ik_i}\}$（$i = 1, 2, \cdots, m$），等级集 $V = \{v_1, v_2, v_3, \cdots, v_n\}$（共 $n$ 个等级）。对每个 $U_i$ 的 $k_i$ 子因素，权重分配矩阵为 $A_i = (a_{i1}, a_{i2}, \cdots, a_{ik_i})$，则 $U_i$ 的总体评价矩阵为

$$X_i = \begin{pmatrix} x_{11} & x_{12} & \cdots & x_{1n} \\ x_{21} & x_{22} & \cdots & x_{2n} \\ \vdots & \vdots & & \vdots \\ x_{k_i 1} & x_{k_i 2} & \cdots & x_{k_i n} \end{pmatrix}$$

综合评判矩阵 $B_i = A_i \cdot X_i$, $U$ 的所有因素的综合评判矩阵为

$$B^{(p)} = A \cdot B = A \cdot (B_1, B_2, \cdots, B_i, \cdots, B_m)^{\mathrm{T}}$$

其中，$p = 1, 2, \cdots, l$，$l$ 为空间对象的单元数。对 $l$ 个空间对象的模糊综合评判矩阵为 $B_{l \times n} = (B^{(1)}, B^{(2)}, \cdots, B^{(i)}, \cdots, B^{(l)})^{\mathrm{T}}$。在得到模糊等价矩阵 $B_{l \times n}$ 后，传统的模糊综合评判以此为基础，用最大隶属度原则生成评价等级，却没有足够估计对象间的关联而容易导致结果与实际不符。模糊综合聚类没有就此止步，而是根据数据辐射的特点，把矩阵 $B_{l \times n}$ 中的元素 $y_{ij}$（$i = 1, 2, \cdots, l$；$j = 1, 2, \cdots, n$）作为原始数据，进一步构建模糊相似矩阵。可以根据情况选用最大最小法，算术平均最小法、几何平均最小法、指数相似系数法、相关系数法、夹角余弦法、绝对值距离法、欧氏距离法、兰氏距离法、数量积法、非参数法、绝对值指数法、绝对值倒数法、绝对值减法等（Grabmeier and Rudolph，2002）。这里使用夹角余弦法，计算模糊集 $i$ 和模糊集 $j$ 按 $m$ 个因素靠近程度定义的贴近度 $r_{ij}$，

$$r_{ij} = \frac{\sum\limits_{k=1}^{n}(y_{ik} \times y_{jk})}{\left(\sum\limits_{k=1}^{n} y_{ik}^2\right)^{\frac{1}{2}} \times \left(\sum\limits_{k=1}^{n} y_{jk}^2\right)^{\frac{1}{2}}}, \quad i = j = 1, 2, \cdots, l$$

在此基础上建立的模糊相似矩阵 $R = (r_{ij})_{l \times l}$，只是满足了自反性和对称性，而模糊聚类分析的模糊等价矩阵 $t(R)$，还要求具有传递性。对 $R = (r_{ij})_{l \times l}$ 应用平方自合成法，生成的模糊等价矩阵 $t(R)$，就同时满足了自反性、对称性和传递性，即

$$R \to R^2 \to R^4 \to \cdots \to R^{2^p} = R^{2^{p+1}} = R^{2^{p+2}} = \cdots = R^{2^n}$$

$$R * R = \max\{\min(r_{i1}, r_{j1}), \min(r_{i2}, r_{j2}), \cdots, \min(r_{ik}, r_{jk}), \cdots, \min(r_{il}, r_{jl})\}$$

$$(i = 1, 2, \cdots, l; \ j = 1, 2, \cdots, l; \ i \neq j; \ k = 1, 2, \cdots, l)$$

$$t(R)_{l \times l} = \begin{pmatrix} t_{11} & t_{12} & \cdots & t_{1l} \\ t_{21} & t_{22} & \cdots & t_{2l} \\ \vdots & \vdots & & \vdots \\ t_{l1} & t_{l2} & \cdots & t_{ll} \end{pmatrix}$$

在得到模糊等价矩阵 $t(R)$ 后，传统的模糊聚类分析是先据此主观地选择一系列的阈值 $\lambda$ 值，然后再根据分解定理强制把 $[0, 1]$ 的模糊论域向 0 和 1 的二值确定论域转化。这种人为强制转化，不仅脱离了模糊数学的精髓，而且抛弃了模糊等价矩阵 $t(R)$ 中蕴含的大量有用信息，引入了人为误差，并累积和传播至最后的聚类结果。同时，这样得到的聚类结果不但受主观意识的影响较大，而且对于同一个模糊等价矩阵，不同的算法，$\lambda$ 值就不同；利用不同的 $\lambda$ 来聚类，将得到不同的结果，甚至结果可能相差悬殊。为此，此处不是采用传统的方法，而是定义在模糊聚类置信水平的基础上。

模糊聚类置信水平指两个或两个以上的空间对象属于同一类的模糊概率，完全不同于传统模糊聚类分析的阈值。它是度量模糊聚类分析结果的可靠程度的数值指标，也是建立在模糊概率基础上的类别信任水平。一般地，模糊聚类置信水平可以参考数理统计的理论，取为95%或98%等，视要求的聚类可靠性而定。模糊聚类置信水平越大，聚类结果就越可靠。模糊聚类置信水平在模糊聚类分析开始之前就已经确定，且置信水平的选取，只与要求的聚类可靠程度有关，与模糊等价矩阵无关。当选定聚类置信水平后，整个模糊聚类过程都将遵守模糊聚类置信水平对可靠程度的设定，其聚类结果唯一，而且不受主观因素的影响。

基于模糊聚类置信水平的极大剩余法聚类，利用空间对象和模糊等价矩阵 $t(R)$ 的整体数据辐射能量的比值，增大相同类别个体间的类内相似性，增强不同类别的类间差异性，从全体到局部地逐步逼近寻优，达到模糊聚类置信水平下的最优分类。基本思想是：首先，依据数据辐射选定模糊聚类置信水平；其次，将模糊等价矩阵 $t(R)$ 的每一列除主对角线之外的所有元素求和，用每个和值与和值中的最大者作比，比值大于或等于模糊聚类置信水平的空间对象聚为一类；最后，在剩余的和值中再重复上述步骤，直至聚类完毕。具体算法如下。

**算法 15.1** 极大剩余聚类法

输入：模糊等价矩阵
输出：聚类结果
步骤：
步骤（1）：选定模糊聚类置信水平 $\alpha$；
步骤（2）：对 $t(R)$ 的每一列（$t_{ii}$ 除外）的 $l-1$ 个元素求和：

$$T_j = \sum_{i=1}^{l} t_{ij}, \ i \neq j, \ i, \ j = 1, 2, \cdots, l$$

步骤（3）：求出最大值 $T_{max}^{(1)} = \max(T_1, \ T_2, \ \cdots, \ T_l)$ 和比值 $K_j^1 = \dfrac{T_j}{T_{max}^{(1)}}$；

步骤（4）：把 $K_j^{(1)} \geqslant \alpha$ 的 $U_j$ 聚为第一类；

步骤（5）：在剩余 $T_j$ 中再重复上述步骤，直到聚类完毕。

土地质量随距离衰减的变化和数据场相似，地价评估是土地价值的经济显化过程，这里以南宁市城市土地定级估价课题的基准地价成果数据为基础，从中选取 20 个较具代表性的土地单元，使用模糊综合聚类实施空间数据挖掘。

20 个土地单元的序号及其名字如下：1 为南宁火车站，2 为南华大厦，3 为车辆段，4 为邕江影剧院，5 为妇幼保健院附属卫校，6 为市百货大楼，7 为永新区政府，8 为民生商场，9 为区检察院，10 为南铁一中，11 为新阳路小学，12 为二十五中，13 为市政工程公司，14 为龙宫大酒家，15 为区广播电视学校，16 为区建筑科学研究所，17 为市自来水公司技校，18 为亭子二中，19 为江南区政府，20 为白沙造纸厂。它们在南宁市的土地级别总图中的空间分布位置如图 15.6 所示。

土地影响因素的几何分类和量化。土地影响因素的数据能量随因素与坐标格网点的距离的增加而减弱。其中，一般因素是全域性的，个别因素是具体性的，区域因素的影响规律较为复杂。根据几何形状，区域影响因素可分作点状（车站、码头等）、线状（道

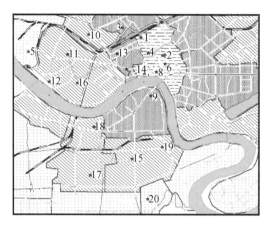

图 15.6　模糊综合聚类的结果

路、河流等）和面状（大气污染、工程地质等）。按照数据场的势的计算基础（图 15.6），
南宁市土地影响因素的数据能量遵循一定的量化规则（谌作霖和王树良，1999），以土
地的笛卡儿坐标格网为基本单位量化，并把量化后的地价影响因素的数据能量，按可比
价格换算为单位价值量，使各指标值的量纲和数量级一致，统一在[0，1]之内。根据土
地现状信息，评语集定为 $V = \{$ Ⅰ，Ⅱ，Ⅲ，Ⅳ $\}$。

　　根据需要提取被评价单元的参评因素数据，按前述方法计算得到其所有地价影响因
素的总数据场（图 15.7）、模糊综合评判矩阵 $\boldsymbol{B}_{20\times4}$。

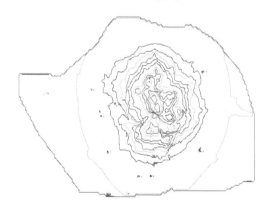

图 15.7　地价影响因素的总数据场

　　对比图 15.6 和图 15.7 可以看出，数据场的强度及其等势线的疏密和南宁市的土地
等级相一致，以市中心为起点，向整个城市辐射由土地因素数据引起的数据能量。市中
心的商服繁华、基础设施完备、交通便捷、房地产市场较为发达，可采集到的土地影响
因素数据最多，数据能量大，土地等级高。距市中心越远，数据能量衰减越快，致使土
地等级越低，即土地等级的距离衰减律。

　　再对 $\boldsymbol{B}_{20\times4}$ 中的元素 $y_{ij}$（$i=1$，2，…，20；$j=1$，2，3，4）进行聚类分析。根据模
糊综合评判矩阵 $\boldsymbol{B}_{20\times4}$ 求得模糊相似矩阵 $\boldsymbol{R}_{20\times20}$，平方自合成模糊等价矩阵 $t(\boldsymbol{R}_{20\times20})$。
然后，给定模糊聚类置信水平 $\alpha=99\%$，应用极大剩余法，求得各土地单元的分类
（表 15.16）。

表 15.16　基于模糊聚类置信水平的极大剩余法模糊综合聚类　　　　　　　（α=99%）

| 土地单元号 | $T^{(1)}$ | $K^{(1)}$ | 第一类 | $T^{(2)}$ | $K^{(2)}$ | 第二类 | $T^{(3)}$ | $K^{(3)}$ | 第三类 | $T^{(4)}$ | $K^{(4)}$ | 第四类 |
|---|---|---|---|---|---|---|---|---|---|---|---|---|
| 1 | 16.253 | 0.954 | | 16.253 | 0.982 | | 16.253 | 0.998 | 1 | | | |
| 2 | 16.280 | 0.956 | | 16.280 | | | 16.280 | 1.000 | 2 | | | |
| 3 | 17.005 | 0.998 | 3 | | | | | | | | | |
| 4 | 16.280 | 0.956 | | 16.280 | 0.984 | | 16.280 | 1.000 | 4 | | | |
| 5 | 16.516 | 0.969 | | 16.516 | 0.998 | 5 | | | | | | |
| 6 | 16.220 | 0.952 | | 16.220 | 0.980 | | 16.220 | 0.996 | 6 | | | |
| 7 | 16.104 | 0.945 | | 16.104 | 0.973 | | 16.104 | 0.989 | | 16.104 | 1.000 | 7 |
| 8 | 16.267 | 0.955 | | 16.267 | 0.983 | | 16.267 | 0.999 | 8 | | | |
| 9 | 114.928 | 0.935 | | 114.928 | 0.963 | | 114.928 | 0.978 | | 114.928 | 0.991 | 9 |
| 10 | 17.005 | 0.998 | 10 | | | | | | | | | |
| 11 | 17.005 | 0.998 | 11 | | | | | | | | | |
| 12 | 16.967 | 0.996 | 12 | | | | | | | | | |
| 13 | 114.858 | 0.931 | | 114.858 | 0.958 | | 114.858 | 0.974 | | 114.858 | 0.990 | 13 |
| 14 | 16.182 | 0.950 | | 16.182 | 0.978 | | 16.182 | 0.994 | 14 | | | |
| 15 | 17.036 | 1.000 | 15 | | | | | | | | | |
| 16 | 17.036 | 1.000 | 16 | | | | | | | | | |
| 17 | 16.939 | 0.994 | 17 | | | | | | | | | |
| 18 | 16.939 | 0.994 | 18 | | | | | | | | | |
| 19 | 17.033 | 0.999 | 19 | | | | | | | | | |
| 20 | 16.545 | 0.971 | | 16.545 | 1.000 | 20 | | | | | | |
| $T_{\max}^{(1)}$ | 17.036 | | | $T_{\max}^{(2)}$ | 16.545 | | $T_{\max}^{(3)}$ | 16.280 | | $T_{\max}^{(4)}$ | 16.104 | |

注：[1] $T^{(1)} = \sum\limits_{i=1}^{20} t_{ij}$, $i \neq j$; $i, j = 1, 2, \cdots, 20$;

[2] $T^{(2)} = T_{剩}^{(1)}$, $T^{(3)} = T_{剩}^{(2)}$, $T^{(4)} = T_{剩}^{(3)}$;

[3] $K_j^p = \dfrac{T^{(p)}}{T_{\max}^p}$, $j = 1, 2, \cdots, 20$, $p = 1, 2, 3, 4$。

　　经过前面的工作，虽然各土地单元已相应归入各自地类，但各地类的等级还不一定能确定。为了确定各地类的等级，分别将每类土地单元在综合评判矩阵 $\boldsymbol{B}_{l \times n}$ 中的元素 $y_{ij}$ 按列求和，其中最大的和所在的列就是此类单元的等级。最后，求得各类土地单元的等级如表 15.17 所示。

　　为了凸现模糊综合聚类的效果，再直接根据 $\boldsymbol{B}_{20 \times 4}$ 矩阵，单独使用模糊综合评判，按照最大隶属度原则确定土地等级（表 15.18）。

　　现在，把根据模糊综合聚类得到的表 15.17、图 15.7 与单独用模糊综合评判得到的表 15.18 相对比，容易看出：模糊综合评判①把处于市中心、商服繁华、基础设施完备、人口密度很大的 I 级土地 14（龙宫大酒家）错定为 II 级地；②把被邕江阻隔于市中心另一岸的 II 级地 9（区检察院）错定为 I 级地；③把位于郊区、各项设施都较差的 IV 级地 20（白沙造纸厂）错定为 II 级地。

　　这些错误的出现，就在于模糊综合评判根据最大隶属度原则定级时，若次最大隶属度与最大隶属度相差不大，则丢失了河流道路阻隔（Tung et al.，2001）、土地区位波及性等大量土地定级信息。由 $\boldsymbol{B}_{20\times4}$ 知，土地单元 20（白沙造纸厂）对 II 级隶属度为 0.622，对 IV 级为 0.604，这是模糊综合评判本身所不能克服的。

表 15.17 基于模糊综合聚类的土地定级

| 等级 | I | II | III | IV |
|---|---|---|---|---|
| 聚类 | 第三类 | 第四类 | 第一类 | 第二类 |
| 土地单元号 | 1, 2, 4, 6, 8, 14 | 7, 9, 13 | 3, 10, 11, 12, 15, 16, 17, 18, 19 | 5, 20 |
| 特性 | 老城区，商服繁华，基础设施完善，南宁的商业中心、黄金地段 | 设施较完善，商服繁华较好，邕江、铁路阻隔使其与 I 级地相望 | 紧靠在 I、II 级周围，基本以住宅文教用地为主 | 分布在 III 级外围，各项设施都较差，绿地覆盖度高 |

表 15.18 基于最大隶属度原则的模糊综合评判

| 等级 | I | II | III | IV |
|---|---|---|---|---|
| 土地单元号 | 1, 2, 4, 6, 8, 9 | 7, 13, 20 | 3, 10, 11, 12, 15, 16, 17, 18, 19 | 5, 14 |

再来分析基于数据场的模糊综合聚类的挖掘结果。从表 15.17、图 15.7 中不难看到，土地单元的级别唯一，符合南宁市土地的实际价值和特性，而且结果包含的土地信息量丰富，有主导因素也有次要因素，有最大隶属度也有模糊聚类的定量补足，同时兼顾了河流阻隔等因素。该结果明确给出 1~20 土地单元的等级，体现了南宁市的土地特点，即土地级别由市中心到边缘、从高到低逐渐过渡，高级别集中在市中心繁华地段，低级别分布在市区边缘，整个城市的土地级别由市中心商业繁华区向周围呈辐射状，反映出土地质量与土地区位的对应关系（图 15.7）。但因铁道和邕江阻隔，二者两侧的繁华程度有明显差别，如龙宫大酒家与区检察院。又因交通条件是影响土地质量的重要因素，因此主干道两侧呈级差递减趋势，如南宁火车站和白沙造纸厂等。

因此，基于模糊聚类置信水平的模糊综合聚类区别于基于阈值的传统模糊聚类分析。前者置信水平的选取，只与要求的聚类可靠程度有关，与模糊等价矩阵无关，聚类置信水平一旦选定，聚类结果唯一，不受主观因素的影响；后者阈值的选取与模糊等价矩阵紧密关联，不同阈值得到不同结果，不同人可能选取不同阈值，同一人也可能选取不同阈值，致使聚类结果主观且不唯一。模糊聚类置信水平是模糊聚类分析结果的可靠性大小的度量指标。极大剩余法基于模糊聚类置信水平，从个体到全体逐步地逼近聚类，具有聚类结果客观、唯一和可靠性高的特点。

### 15.4.3 基于数学形态学的聚类

数学形态学研究数字图像的形态结构特征与快速并行处理方法，通过对目标图像的形态变换实现结构分析与特征提取。形态变换通过选择较小特征图像集合（结构元）与目标图像相互作用来实现，膨胀和侵蚀是基本的形态运算（Serra，1982）。GIS 中的缓冲区（buffer）分析与数学形态学的膨胀与侵蚀运算一致，缓冲区的大小对应圆形结构元的半径，当缓冲区为正时相当于膨胀，缓冲区为负时相当于侵蚀。

基于数学形态学的聚类算法（mathematical morphology clustering，MMC）根据同一类别的目标在空间分布上比较聚集的形态特征，区分不同形态的聚类，适于点状、线状和面状目标（邸凯昌，2001）。开始每个目标独自成类，用一系列由小到大的圆形结构元，循环地用多边形逼近。闭运算连接相邻的目标，连通区即为聚类，每次闭运算连通区的着色统计数即为聚类数。随着结构元由小到大变化，聚类数逐渐减少，最后当结构元足够大时，所有目标连接聚为一类。用聚类多边形最小面积阈值剔除噪声，把不包含原始空间目标的小多边形视为无效的空洞，聚类结果为有效的多边形。

假设空间数据集为 $X$，缓冲区半径为 $r$（r>0），buffer($X$，$r$)是对 X 进行缓冲区操作的结果，另设 $B$ 为半径为 $r$ 的圆形结构元，则 buffer($X$，$r$) 和 buffer($X$，$-r$) 分别等同于膨胀和侵蚀，开和闭分别用 buffer(buffer($X$，$-r$)，$r$) 和 buffer(buffer($X$，$r$)，$-r$) 来实现。用由小到大变化的 $r$ 对空间目标先做正缓冲区再做负缓冲区，统计包含原始目标的多边形数即聚类数。随着缓冲区半径由小到大，得到的聚类数会由多变少。

**算法 15.2** 基于栅格的 MMC 算法

输入：空间数据库中感兴趣的数据 $X$（背景为 0，目标为 1）。
输出：聚类结果 $Y$（同一类中的值相同，不同类中的值不同）。
步骤：
步骤（1）：初始化 $i=1$；
步骤（2）：建立圆形结构元 $B_i$，其半径为 $i$；
步骤（3）：闭运算 $Y_i = X \cdot B_i$；
步骤（4）：统计 $Y_i$ 的连通区数即聚类数 $n_i$，如果 $n_i > 1$，则 $i=i+1$，转步骤（2）；
否则继续步骤（5）；
步骤（5）：根据 $n_i$ 计算最优聚类数 $n_k$，得到对应的结构元半径 $k$；
步骤（6）：$Y = X \cdot B_k$；
步骤（7）：对 $Y$ 的连通区着色，不同聚类着不同色。

基于矢量的 MMC 算法与基于栅格的 MMC 算法对应。在栅格算法中圆形结构元的半径大小即为迭代次数 $i$；在矢量算法中可定义初始缓冲区半径 $r_1$ 及半径随迭代次数的递增量 $\Delta r$，在第 $i$ 次迭代时缓冲区半径 $r_i = r_1 + (i-1) \cdot \Delta r$。$\Delta r$ 根据数据的比例尺和精度来确定，相当于栅格数据的像素大小。$\Delta r$ 太小增加迭代次数，太大则可能得不到合适的聚类数。矢量聚类算法的结果是多边形的聚类边界，在聚类的同时很容易发现偏差值和空洞。

**算法 15.3** 基于矢量的 MMC 算法

输入：空间数据库中感兴趣的矢量数据 $X$（点、线或多边形）。
输出：聚类结果 $Y$（多边形）。
步骤：
步骤（1）：初始化 $i=1$，$r_1$，$\Delta r$；
步骤（2）：确定缓冲区半径 $r_i = r_1 + (i-1) \cdot \Delta r$；
步骤（3）：闭运算 $Y_i = $ buffer(buffer($X$，$r_i$)，$-r_i$)；
步骤（4）：统计 $Y_i$ 的多边形数即聚类数 $n_i$，如果 $n_i > 1$，则 $i=i+1$，转步骤（1）；
否则步骤（5）；
步骤（5）：根据 $n_i$ 计算最优聚类数 $n_k$，得到对应缓冲区半径 $r_k = r_1 + (k-1) \cdot \Delta r$；
步骤（6）：$Y = $ buffer(buffer($X$，$r_k$)，$-r_k$)；
步骤（7）：$Y$ 即为聚类结果，多边形数为聚类数，每个多边形为不同的聚类。

图 15.8 为空间数据的模拟例子，（a）中聚类的直径相差悬殊且彼此间距离较近，数据库（b）和（c）为凹形聚类，数据库（d）为在（c）上加了噪声，均为比较复杂的情况。

在图 15.8 中，CLARANS 算法的聚类结果（Ester et al.，1996），各类用分割线划分开，属于一类的目标在空间分布上比较集中。可是，部分聚类结果不正确，因为任一点到本类重心的距离，未必会小于它到另一类重心的距离，尤其当聚类大小相差悬殊或聚类形状非凸时。而且，难以发现数据中的例外，很难获取聚类边界，无法发现聚类的空洞（hole），这是 K-means、K-medoids、DBSAN 等多数聚类算法的缺陷（Hawkins，1980；Shckhar et al.，2003）。

在图 15.8 中，MMC 算法自动确定的最优聚类数均为 4 类，结果揭示了（a）、（b）、（c）、（d）数据的结构特点。在聚类结果、聚类边界、数据空洞（（b）中没有空洞）中，连通区为聚类，不同颜色代表不同的聚类。

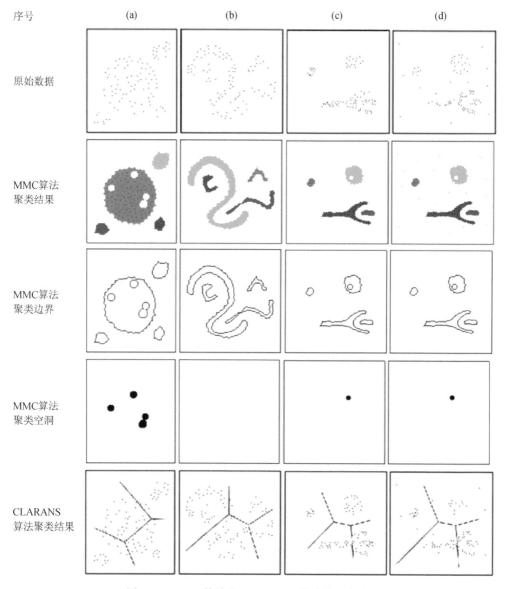

图 15.8 MMC 算法和 CLARANS 算法的聚类结果

对于数据库（d）中有噪声的情况，MMC 算法也能得到正确的结果。用 3，4 或 5 作为聚类最少点数阈值，对应的闭运算结构元半径分别为 6，5，4，4，滤除噪声点。当栅格聚类中像素个数为 1 或小于聚类最小点数阈值时，或矢量聚类多边形面积小于聚类多边形最小面积阈值时，则认为这一聚类是例外或噪声。

在聚类结束后，栅格聚类再做一步形态学运算，能获得聚类边界。对聚类结果 $Y$，先用半径为 1 的结构元侵蚀，再用 $Y$ 减去侵蚀结果，即得单线宽的聚类边界。

在完成聚类后，数据中空洞内的像素值仍为背景值 0，空洞包含在聚类中，而真正背景区中总有像素位于图像边界，据此可以分开空洞与真正背景。以背景值 0 为对象着色连通区，不同区域着不同色。因为聚类结果为有效多边形，而无效多边形是不包含任何原始空间目标的多边形，所以在着色过程中，若遇到图像边界，则连通区为真正背景区；若始终不与图像边界接触，则连通区为数据空洞。在空洞中没有数据，而在空洞以外的聚类区中数据比较紧密地分布。可以对这些空洞滤波，只有面积大于一定阈值才认为是空洞。

# 参 考 文 献

边馥苓. 2011. 用数字的眼光看世界. 武汉: 武汉大学出版社.

陈军. 1999. 试论中国 NSDI 建设的若干问题. 遥感学报, 3(2): 94-97.

陈述彭. 2007. 空间数据挖掘的里程碑式力作——评《空间数据挖掘理论与应用》. 科学通报, 52(21): 2577.

谌作霖, 王树良. 1999. 土地管理学. 武汉: 武汉大学出版社.

邸凯昌. 2001. 空间数据发掘和知识发现. 武汉: 武汉大学出版社.

淦文燕. 2003. 聚类——数据挖掘中的基础问题研究. 南京: 中国人民解放军理工大学博士学位论文.

龚健雅. 1992. GIS 中矢量栅格一体化数据结构与面向目标数据模型的研究. 武汉: 武汉测绘科技大学博士学位论文.

国务院关于印发促进大数据发展行动纲要的通知, 国发〔2015〕50 号, http://www.gov.cn/zhengce/content/2015-09/05/content_10137.htm, 2015-9-5.

胡可云. 2001. 基于概念格和粗糙集的数据挖掘方法研究. 北京: 清华大学博士学位论文.

金祥文. 2000. 中国数字地球战略中的国家空间数据基础设施建设. 测绘通报, (1): 1-7.

李德仁. 1999. 信息高速公路、空间数据基础设施与数字地球. 测绘学报, 28(1): 1-5.

李德仁. 2003. 利用遥感影像进行变化检测. 武汉大学学报(信息科学版), 28(3): 7-12.

李德仁, 关泽群. 2000. 空间信息系统的集成与实现. 武汉: 武汉大学出版社.

李德仁, 李熙. 2015. 论夜光遥感数据挖掘. 测绘学报, 44: 591-601.

李德仁, 沈欣, 李迪龙等. 2017b.论军民融合的卫星通信、遥感、导航一体天基信息实时服务系统. 武汉大学学报(信息科学版), 42(11): 1501-1505.

李德仁, 王树良, 李德毅. 2006. 空间数据挖掘理论与应用. 北京: 科学出版社.

李德仁, 王树良, 李德毅. 2013. 空间数据挖掘理论与应用. (第 2 版). 北京: 科学出版社.

李德仁, 王树良, 李德毅等. 2002. 空间数据挖掘和知识发现理论与方法的研究. 武汉大学学报(信息科学版), 27(3): 221-233.

李德仁, 王树良, 史文中等. 2001. 论空间数据挖掘和知识发现. 武汉大学学报(信息科学版), 26(6): 470-481.

李德仁, 余涵若, 李熙. 2017a. 基于夜光遥感影像的"一带一路"沿线国家城市发展时空格局分析. 武汉大学学报(信息科学版), 42(6): 711-720.

李德仁, 袁修孝. 2002. 误差处理和可靠性理论. 武汉: 武汉大学出版社.

李德毅. 1994. 发现状态空间理论. 小型微型计算机系统, 15(11): 1-6.

李德毅, 杜鹢. 2005. 不确定性人工智能. 北京: 国防工业出版社.

马洪超. 2002. 基于本征随机过程的纹理分析与应用研究. 武汉: 武汉大学博士后研究工作报告.

马建文, 马超飞. 1999. 基于空间角度理论的卫星光学遥感数据认知与挖掘.中国图像图形学报, 4[A](11): 918-923.

秦昆. 2004. 基于形式概念分析的图像数据挖掘研究. 武汉: 武汉大学博士学位论文.

史文中, 王树良. 2002.GIS 中属性不确定性的处理方法及其发展. 遥感学报, 6(5): 393-400.

眭海刚. 2002. 基于特征的道路网自动变化检测方法研究. 武汉: 武汉大学博士学位论文.

王晋年, 张兵, 刘建贵等. 1999. 以地物识别和分类为目标的高光谱数据挖掘. 中国图像图形学报, 4[A](11): 957-964.

王林, 彭辉, 朱华勇等. 2010. 应用无人机跟踪地面目标——最新研究进展. 系统仿真学报, 22(z1): 172-177.

王尚庆等. 1999. 长江三峡滑坡监测预报. 北京: 地质出版社.

王树良. 2002. 基于数据场与云模型的空间数据挖掘和知识发现. 武汉: 武汉大学博士学位论文.

王树良, 金福生, 陈杰浩. 2012. 云计算时代漫谈. 北京: 北京出版社.

王树良, 王新洲, 曾旭平等. 2004. 滑坡监测数据挖掘视角. 武汉大学学报(信息科学版), 29(7): 608-715.

王新洲. 2002. 非线性模型参数估计理论与应用. 武汉: 武汉大学出版社.

巫兆聪. 2004. 粗集理论在遥感图像分类中的应用. 武汉: 武汉大学博士学位论文.

夏松. 2006. 航空遥感影像地形高程变化与数据更新. 武汉: 武汉大学博士学位论文.

谢志鹏. 2001. 基于概念格模型的知识发现研究. 合肥: 合肥工业大学博士学位论文.

谢志鹏, 刘宗田. 2002. 概念格的快速渐进式构造算法. 计算机学报, 5: 490-493.

许凯. 2010. 云模型支持下的遥感图像分类粒计算方法研究. 武汉: 武汉大学博士学位论文.

张路. 2004. 基于多元统计分析的遥感影像变化检测方法研究. 武汉: 武汉大学博士学位论文.

张晓东. 2005. 基于遥感影像与 GIS 数据的变化检测理论和方法研究. 武汉: 武汉大学博士学位论文.

周成虎. 2016. 大数据时代的空间数据价值——《空间数据挖掘理论与应用》评价. 地理学报, 7: 封三.

周焰. 2003. 基于内容的遥感图像查询的研究. 武汉: 武汉大学博士后研究工作报告.

Abdi H, Williams L J. 2010. Principal component analysis. Wiley Interdisciplinary Reviews: Computational Statistics, 2(4): 433-459.

Addink E A, Stein A. 1999. A comparison of conventional and geostatistical methods to replace clouded pixels in NOAA-AVHRR images. International Journal of Remote Sensing, 20(5): 961-977.

Agrawal R, Srikant R. 1994. Fast algorithms for mining association rules. In Proceedings of International Conference on Very Large Databases(VLDB), Santiago, Chile, 487-499.

Aguirre J, Seijmonsbergen A, Duivenvoorden J. 2011. Optimizing land cover classification accuracy for change detection, a combined pixel-based and object-based approach in a mountainous area in Mexico. Applied Geography, 6556-6563.

Ahlqvist Q, Keukelaar J, Oukbir K. 2000. Rough classification and accuracy assessment. International Journal of Geographical Information Science, 14(5): 475-496.

Ai-Khudhairy D H A, Caravaggl L, Giada S. 2005. Structural damage assessments from IKONOS data using change detection, object-oriented segmentation, and classification techniques, Photogrammetry and Remote Sensing, 7: 825-837.

Al G. 1998. The Digital Earth: Understanding our planet in the 21st Century, http://www.regis.berkeley.edu/rhome/whatsnew/gore_digearth.html.

Alexandre B, Karen C S, Andre G J. 2006. A novel method for mapping land cover changes: Incorporating time and space with geostatistics. IEEE Transactions on Geoscience and Remote Sensing, 44(11): 3427-3435.

Ali S, Shah M. 2006. COCOA: Tracking in aerial imagery. Airborne Intelligence Surveillance Reconnaissance Systems & Applications III: 62090D-62090D-6.

Alom M Z, Tarek M T, Christopher Y, et al. 2018. The History Began from AlexNet: A Comprehensive Survey on Deep Learning Approaches, arXiv: 1803.01164.

Ankerst M, Kastenmüller G, Kriegel H P, et al. 1999. 3D shape histograms for similarity search and classification in spatial databases. Lecture Notes in Computer Science, 1651: 207-225.

Arthurs A M. 1965. Probability Theory. London: Dover Publications.

Aspinall R, Pearson D. 2000. Integrated geographical assessment of environmental condition in water catchments: Linking landscape ecology, environmental modeling and GIS. Journal of Environmental Management, 59: 299-319.

Atkinson P M, Lewis P. 2000. Geostatistical classification for remote sensing: An introduction, Computers & Geosciences, 26: 361-371.

Barnett V. 1978. Outliers in Statistical Data. New York: John Wiley & Sons.

Barrabbasi A L, Albert R. 1999. Emergence of scaling in random networks. Science, 286: 509-512.

Baudouin D, Patrick B, Pierre D. 2006. Forest change detection by statistical object-based method. Remote Sensing of Environment, 102: 1-11.

Bell W, Felzenszwalb P, Huttenlocher D. 1999. Detection and long term tracking of moving object in aerial video, http://www.cs.cornell.edu/vision/wbell/identtracker.

Bennett M M, Smith L C. 2017. Advances in using multitemporal night-time lights satellite imagery to detect, estimate, and monitor socioeconomic dynamics, Remote Sensing of Environment, 192: 176-197.

Bonin O. 1998. Attribute uncertainty propagation in vector geographic information systems: Sensitivity analysis. In Proceedings of the Tenth International Conference on Scientific and Statistical Database Management, edited by Kristine KELLY, Capri, Italy: IEEE Computer Society, 254-259.

Breiman L. 2001. Random forest. Machine Learning, 45: 5-32.

Brus D J. 2000. Using nonprobability samples in design-based estimation of spatial means of soil properties. Proceedings of Accuracy 2000, Amsterdam, 83-90.

Bruzzone L, Prieto D. 2000. Automatic analysis of the difference image for unsupervised change detection, IEEE Transactions on Geoscience and Remote Sensing, 38(3): 1171-1182.

Bruzzone L, Prieto D F, Serpico S B. 1999. A neural-statistical approach to multitemporal and multisource remote-sensing image classification. IEEE Transactions on Geoscience and Remote Sensing, 37: 1350-1359.

Buckless B P, Petry F E. 1994. Genetic Algorithms. Los Alamitos, California: IEEE Computer Press.

Burrough P A, Frank A U. 1996. Geographic Objects with Indeterminate Boundaries.Basingstoke: Taylor and Francis.

Canters F. 1997. Evaluating the uncertainty of area estimates derived from fuzzy land-cover classification. Photogrammetric Engineering and Remote Sensing, 63: 403-414.

Cao G, Zhou L, Li Y. 2016. A new change-detection method in high-resolution remote sensing images based on a conditional random field model. International Journal of Remote Sensing, 37(5): 1173-1189.

Carstleman K R. 1996. Digital Image Processing. Englewood Cliffs N.J.: Prenticehall International Inc.

Celik T. 2009. Unsupervised change detection in satellite images using principal component analysis and k-means clustering. IEEE Geoscience & Remote Sensing Letters, 6(4): 772-776.

Chang H, Yeung D Y, Xiong Y. 2004. Super-resolution through neighbor embedding. in CVPR.

Chen J, Li C M, Li Z L, et al. 2001. A Voronoi-based 9-intersection model for spatial relations. International Journal of Geographical Information Science, 15(3): 201-220.

Cheng M H, Che H Y, Leou J J. 2011. Video super-resolution reconstruction using a mobile search strategy and adaptive patch size. Signal Processing. 91(5): 1284-1297.

Chrisman N C. 1997. Exploring Geographic Information Systems. New York: Wiley & Sons.

Christopher B J, Ware J M, Miller D R. 2000. Bayesian probabilistic Methods for change detection with area-class maps. Proceedings of Accuracy 2000, 329-336.

Clark P, Niblet T T. 1987. The CN2 induction algorithm. Machine Learning, (3): 261-283.

Clementini E, Felice P D. 1996. An algebraic model for spatial objects with indeterminate boundaries. In Geographical Objects with Indeterminate Boundaries, edited by Burrough P A and Frank A U, London: Taylor & Francis, 155-169.

Clementini E, Felice P D, Koperski K. 2000. Mining multiple-level spatial association rules for objects with a broad boundary. Data & Knowledge Engineering, 34: 251-270.

Codd E. 1995. Twelve rules for on-line analytic processing. Computer world, April.

Collins J B, Woodcock C E. 1999. Modeling the distribution of cover fraction of a geophysical field. In: Advances in remote sensing and GIS analysis, edited by Atikonson P M and Tate N J, Chichester: John Wiley & Sons, 119-133.

Collins R T. 1998. A system for video surveillance and monitoring: VSAM final report. Imeko Org, 59(5): 329-337.

Costa J P, Pronzato L, Thierry E. 2000. Nonlinear prediction by kriging with application to noise cancellation. Signal processing, 80: 553-566.

Cressie N. 1991. Statistics for Spatial Data. New York: John Wiley and Sons.

Dasu T. 2003. Exploratory Data Mining and Data Cleaning. New York: John Wiley & Sons.

Densham P J, Goodchild M F. 1989. Spatial decision support systems: A research agenda, In: Proceedings GIS/LIS'89, Orlando, FL, 707-716.

Di G V, Starovoitov V. 1999. Distance-based functions for image comparison. Pattern recognition letters, 20: 207-214.

Dong Z, Li X, Wang S L. 2006. Special issue on advances in data mining and its applications, International Journal of Systems Science, 37(13): 865-866.

Džaja B, Bonković M, Malešević L. 2013. Solving a two-colour problem by applying probabilistic approach to a full-colour multi-frame image super-resolution. Signal Processing: Image Communication. 28(5): 509-521.

Egenhofer M J, Clementini E, Felice P D. 1994. Topological relations between regions with holes. International Journal of Geographical Information Systems, 8(2): 129-142.

Egenhofer M J, Franzosa R D. 1995. On the equivalence of topological relations. International Journal of Geographical Information Systems, 9(2): 133-152.

Egenhofer M J, Mark D M. 1995. Modelling conceptual neighborhoods of topological line-region relations. International Journal of Geographical Information Systems, 9: 555-565.

Eisavi V, Homayouni S. 2016. Performance evaluation of random forest and support vector regressions in natural hazard change detection. Journal of Applied Remote Sensing, 10(4): 046030.

Eklund P W, Kirkby S D, Salim A. 1998. Data mining and soil salinity analysis. International Journal of Geographical Information Science, 12(3): 247-268.

Elvidge C D, Baugh K E, Anderson S J, et al. 2012. The night light development index(NLDI): A spatially explicit measure of human development from satellite data. Social Geography, 7: 23-35.

Elvidge C D, Ziskin D, Baugh K E, et al. 2009. A fifteen year record of global natural gas flaring derived from satellite data. Energies, 2: 595-622.

Emary E, Mostafa K, Onsi H. 2010. A proposed multi-scale approach with automatic scale selection for image change detection. IEEE International Conference on Image Processing, 3149-3152.

Espindola G M, Camara G, Reis I A, et al. 2006. Parameter selection for region-growing image segmentation algorithms using spatial auto-correlation. International Journal of Remote Sensing, 27(14): 3035-3040.

Ester M, Frommelt A, Kriegel H P, et al. 2000. Spatial data mining: Databases primitives, algorithms and efficient DBMS support. Data Mining and Knowledge Discovery, 4: 193-216.

Ester M, Kriegel H P, Xu X. 1996. A density-based algorithm for discovering clusters in large spatial databases with noise. Proceedings of the 2nd International Conference on Knowledge Discovery and Data Mining, Portland, USA.

Farsiu S, Robinson D, Elad M, et al. 2004. Advances and challenges in super‐resolution. International Journal of Imaging Systems and Technology, 14(2): 47-57.

Fayyad U M, Piatetsky-Shapiro G, Smyth P, et al. 1996. Advances in Knowledge Discovery and Data Mining. Menlopark CA: AAAI/MIT Press.

Fisher P F. 1991. Modeling soil map-unit inclusions by montecarlo simulation. International Journal of Geographical Information Systems, 5(2): 193-208.

Franklin S E, Wulder M A, Lavigne M B. 1996. Automated Derivation of Geographic window sizes for Use in Remote Sensing Digital Image Texture Analysis, Computer & Geosciences, 22(6): 665-673.

Frasconi P, Gori M, Soda G. 1999. Data categorization using decision trellises. IEEE Transactions on Knowledge and Data Engineering, 11(5): 697-712.

Gallant S I. 1993. Neural Network Learning and Expert Systems. Cambridge: MIT Press.

Ganter B, Wille R. 1999. Formal Concept Analysis-Mathematical Foundations, Berlin: Springer: 1-243.

Gao F, Dong J, Li B, et al. 2016. Change detection from synthetic aperture radar images based on neighborhood-based ratio and extreme learning machine. Journal of Applied Remote Sensing, 10(4): 046019.

George K, Han E H, Kumar V. 1999. CHAMELEON: A hierarchical clustering algorithm using dynamic modeling. IEEE computer, 27(3): 329-341.

Giachetta G, Mangiarotti L, Sardanashvily G. 2009. Advanced classical field theory. Singapore: World Scientific.

Godin R, Missaoui R, Alaoui H. 1995. Incremental concept formation algorithms based on Galois(concept) lattices. Proceedings of the 1st International Symposium on Knowledge Retrieval, Santa Cruz(CA), USA, 1-8.

Gonzales M L. 1999. Spatial OLAP: conquering geography. DB2 Magazine, 4(1): 16-20.

Goodchild M F. 1995. Attribute accuracy. In: Elements of Spatial Data Quality, edited by GUPTILL S.C. and MORRISON J.L. New York: Elsevier. 139-151.

Grabmeier J, Rudolph A. 2002. Techniques of clustering algorithms in data mining. Data Mining and Knowledge Discovery, 6: 303-360.

Guha, S, Rastogi R, Shim K. 1998. CURE: An efficient clustering algorithm for large databases. Proceedings of ACM SIGMOD International Conference on Management of Data. New York: NY, 73-84.

Haining R. 2003. Spatial Data Analysis: Theory and Practice. Cambridge: Cambridge University Press.

Han E H S, Karypis G, Kumar V. 2000. Scalable parallel data mining for association rules. IEEE Transaction on Knowledge and Data Engineering, 12(3): 337-352.

Han J. 1998. Towards on-line analytical mining in large databases. ACM SIGMOD-Record.

Han J, Fu Y. 1994. Dynamic generation and refinement of concept hierarchies for knowledge discovery in databases. Proceedings of AAAI'94 Workshop on Knowledge Discovery in Databases(KDD'94), Seattle, WA, July.

Han J W, Cai Y, Cercone N. 1993. Data driven discovery of quantitative rules in relational databases. IEEE Transaction on Knowledge and Data Engineering, 5(1): 29-40.

Han J, Kamber M, Pei J. 2012. Data Mining: Concepts and Techniques(3rd edition). Burlington: Morgan Kaufmann.

Hao M, Shi W, Zhang H, et al. 2013. Unsupervised change detection with expectation-maximization-based level set. IEEE Geoscience & Remote Sensing Letters, 11(1): 210-214.

Hao M, Shi W, Zhang H, et al. 2016. A scale-driven change detection method incorporating uncertainty analysis for remote sensing images. Remote Sensing, 8(9): 745.

Hawkins D. 1980. Identifications of Outliers. London: Chapman and Hall.

Hazel G. 2001. Object-level change detection in spectral imagery. IEEE Transactions on Geoscience & Remote Sensing, 39(3): 553-561.

Hernàndez M A, Stolfo S J. 1998. Real-world data is dirty: Data cleansing and the merge/purge problem. Data Mining and Knowledge Discovery, 2: 1-31.

Heuvelink G B M. 1998. Error Propagation in Environmental Modeling. London: Taylor & Francis.

Hinneburg A, Keim D A. 1999. Optimal grid-clustering: Towards breaking the curse of dimensionality in high-dimensional clustering. In: Proceedings of 25th International Conference on Very Large Data Bases, Edinbugh, UK: Morgan Kaufmann, 506-517.

Howard C M. 2001. Tools and Techniques for Knowledge Discovery, Ph.D. Thesis. Norwich: University of East Anglia.

Huang C F. 1997. Principle of information diffusion. Fuzzy Sets and Systems, 91: 69-90.

Huang X Q, Jensen J R. 1997. A machine-learning approach to automated knowledge-base building for remote sensing image analysis with GIS data. Photogrammetric Engineering & Remote Sensing, 63(10): 1185-1194.

Hussain M, Chen D, Cheng A, et al. 2013. Change detection from remotely sensed images: From pixel-based to object-based approaches. ISPRS Journal of Photogrammetry & Remote Sensing, 80(2): 91-106.

IBM. 2009. Behind IBM's Quest for a "Smarter Planet". http://makower.typepad.com/joel_makower/2009/01/behind-ibms-quest-for-a-smarter-planet.html.

IDC(International Data Corporation). 2011. Electronic Medicines Compendium. 2011 IDC Digital Universe Study: Big Data is Here, Now What? June 28, 2011.

Indyk P, Motwani R. 1998. Approximate nearest neighbors: Towards removing the curse of dimensionality. Proceedings of 30th Symposium on Theory of Computing. 604-613.

Inmon W H. 1996. Building the Data Warehouse. Second Edition. New York: John Wiley & Sons.

Journel A G. 1996. Modelling uncertainty and spatial dependence: Stochastic imaging. International Journal of Geographical Information Systems, 10(5): 517-522.

Kalal Z, Mikolajczyk K, Matas J. 2012. Tracking-learning-detection. IEEE Transactions on Pattern Analysis and Machine Intelligence, 34(7): 1409-1422.

Kaufman L, Rousseew P J. 1990. Finding Groups in Data: An Introduction to Cluster Analysis. New York: John Wiley & Sons.

Killer J, Hatef M, Duin R P W. et al. 1998. On combining classifier. IEEE Transactions on Pattern Analysis and Machine Intelligence, 20(3): 226-239.

Kim W, Choi B J, Hong E K, et al. 2003. A taxonomy of dirty data. Data Mining and Knowledge Discovery, 7: 81-99.

Knorr E M, Ng R T. 1996. Finding aggregate proximity relationships and commonalities in spatial data mining. IEEE Transactions on Knowledge and Data Engineering, 8(6): 884-897.

Komorowski J, Pawlak Z, Polkowski L, et al. 1999. Rough Sets: A Tutorial. In Rough Fuzzy Hybridization, edited by PAL S.K. and SKOWRON A., Singapore: Springer, 3-98.

Koperski K. 1999. A Progressive Refinement Approach to Spatial Data Mining. Ph.D. Thesis(British Columbia: Simon Fraser University).

Koperski K. Adhikary J, Han J. 1996. Spatial data mining: Process and challenges survey paper. SIGMOD'96 Workshop on Research Issues on Data Mining and Knowledge Discovery(DMKD'96), Montreal, Canada, June.

Krishnan A, Williams L J, Mcintosh A R, et al. 2011. Partial Least Squares(PLS)methods for neuroimaging: A tutorial and review. Neuroimage. 56(2): 455-475.

Lapkin A. 2012. Hype cycle for big data. Ganter, 31 July 2012.

Lecun Y, Bottou L, Bengio Y, et al. 1998. Gradient-based learning applied to document recognition, Proceedings of the IEEE, 86(11): 2278-2324

Lee D D, Seung H S. 1999.  Learning the parts of objects by non-negative matrix factorization. Nature, 401(6755): 788-791.

Lee E S. 2000. Neuro-fuzzy estimation in spatial statistics. Journal of Mathematical Analysis and Applications, 249: 221-231.

Levene M, Vincent M W. 2000. Justification for inclusion dependency normal form. IEEE Transactions on Knowledge and Data Engineering, 12(2): 281-291.

Li C, Xu C, Gui C, et al. 2010. Distance regularized level set evolution and its application to image segmentation. IEEE Transactions on Image Processing, 19(12): 3243-3254.

Li D R, Cheng T. 1994. KDG—Knowledge discovery from GIS. Proceedings of the Canadian Conference on GIS, Ottawa, Canada, June 6-10, 1001-1012.

Li D R, Wang S L. 2007. Spatial data mining and knowledge discovery, Advances in Spatio-Temporal Analysis: in ISPRS Book Series, Vol. 5, 171-192.

Li D R, Wang S L. Li D Y. 2015. Spatial Data Mining: Theory and Application. Berlin: Springer.

Li D R, Wang S L, Yuan H N, et al. 2016. Software and Applications of Spatial Data Mining. Wiley Interdisciplinary Reviews-Data Mining and Knowledge Discovery, 6(3): 84-114.

Li E, Xu S B, Meng W L, et al. 2017. Building extraction from remotely sensed images by integrating saliency cue. IEEE Journal of Selected Topics in Applied Earth Observations & Remote Sensing, 10(3): 906-919.

Li X, Chen X, Zhao Y, et al. 2013b. Automatic intercalibration of night-time light imagery using robust regression. Remote Sensing Letters, 4: 45-54.

Li X, Hu Y, Gao X, et al. 2010. A multi-frame image super-resolution method. Signal Processing, 90(2): 405-414.

Li X, Li D. 2014. Can night-time light images play a role in evaluating the Syrian Crisis? International Journal of Remote Sensing, 35: 6648-6661.

Li X, Xu H, Chen X, et al. 2013. Potential of NPP-VIIRS nighttime light imagery for modeling the regional economy of China. Remote Sensing, 5: 3057-3081.

Li X, Zhang R, Huang C, et al. 2015. Detecting 2014 northern Iraq Insurgency using night-time light imagery. International Journal of Remote Sensing, 36: 3446-3458.

Li Y, Cai C, Qiu G, et al. 2014. Face hallucination based on sparse local-pixel structure. Pattern Recognition, 47(3): 1261-1270.

Li Z, Shi W, Zhang H, et al. 2017. Change detection based on gabor wavelet features for very high resolution remote sensing images. IEEE Geoscience and Remote Sensing Letters, (99): 1-5.

Lin Y, Cercone N. 1997. Rough Sets and Data Mining Analysis for Imprecise Data. London: Kluwer Academic Publishers.

Liu H, Rudy S. 1997. Feature selection via discretization. IEEE Transaction on Knowledge Discovery and

Data Engineering, 9(4): 642-645.

Liu M, Tuzel O, Ramalingam S, et al. 2011. Entropy rate superpixel segmentation. IEEE Computer Vision and Pattern Recognition: 2097-2104.

Liu Q, Liu L, Wang Y. 2017. Unsupervised change detection for multispectral remote sensing images using random walks. Remote Sensing, 438.

Lodwick W A, Monson W, Svoboda L. 1990. Attribute error and sensitivity analysis of map operations in GIS: Suitability analysis. International Journal of Geographical Information Systems, 4(4): 413-428.

Long Y, Gong Y, Xiao Z, et al. 2017. Accurate object localization in remote sensing images based on convolutional neural networks, IEEE Transaction on Geoscience and Remote Sensing 55(5): 2017.

Lu J, Li J, Chen G, et al. 2015. Improving pixel-based change detection accuracy using an object-based approach in multi-temporal SAR flood images. IEEE Journal of Selected Topics in Applied Earth Observations & Remote Sensing, 8(7): 3486-3496.

Lu Y. 1997. Concept hierarchy in data mining: Specification, generation and implementation. M.Sc. thesis, Simon Fraser University.

Lu H, Setiono R, Liu H. 1996. Effective data mining using neural networks. IEEE Transactions on Knowledge and Data Engineering, 8(6): 957-961.

Lyons M, Akamatsu S, Kamachi M, et al. 1998. Coding facial expression with gabor wavelets. In: Proceedings of 3rd IEEE International Conference on Automatic Face and Gesture Recognition, Nara, Japan.

Ma X, Zhang J, Qi C. 2010. Hallucinating face by position-patch. Pattern Recognition, 43(6): 2224-2236.

Maceachren A M, Wachowicz M, Edsall R M, et al. 1999. Constructing knowledge from multivariate spatiotemporal data: Integrating geographical visualization with knowledge discovery in database methods. International Journal of Geographical Information Science, 13(4): 311-334.

Manjunath B S, Ma W Y. 1996. Texture features for browsing and retrieval of image data, IEEE Transactions on Pattern Analysis and Machine Intelligence, 18(8): 837-842.

Marsala C, Bigolin N M. 1998. Spatial data mining with fuzzy decision trees. In Data Mining, edited by Ebecken N F F.(Ashurst Lodge, UK: WIT Press/ Computational Mechanics Publications), 235-248.

McKinsey Global Institute. 2011. Big Data: The next frontier for innovation, competition, and productivity, May 2011.

Mikhail E M, Ackermann F. 1976. Observations and Least Squares. New York: IEP-A Dun-Donnelley Publisher.

Miller H J, Han J. 2009. Geographic Data Mining and Knowledge Discovery. 2nd edition. London: Taylor & Francis.

Miller W T, Sutton R S, Werbos P J. 1990. Neural Network for Control. Cambridge(MA): MIT Press.

Moranduzzo T, Melgani F. 2014. Detecting cars in UAV images with a catalog-Based approach. IEEE Transactions on Geoscience & Remote Sensing, 52(10): 6356-6367.

Mouzon O D, Dubois D, Prade H. 2000. Using consistency and abduction based indices in possibilistic causal diagnosis. Proceedings of 2000 IEEE International Conference on Fuzzy Sytems May 7-10, 2000, San Antonio, TX, USA. 729-734.

Muggleton S. 1990. Inductive Acquisition of Expert Knowledge. Wokingham, England: Turing Institute Press in association with Addison-Wesley.

Murray A T, Estivill-Castro V. 1998. Clustering discovery techniques for exploratory spatial data analysis. International Journal of Geographical Information Science, 12(5): 431-443.

Murray A T, Shyy T K. 2000. Integrating attribute and space characteristics in choropleth display and spatial data mining. International Journal of Geographical Information Science, 14(7): 649-667.

Natalie F, Meister O, Schlaile C, et al. 2007. Detection and tracking of objects in an image sequence captured by a VTOL-UAV. Proc Spie, 6561: 65611H-65611H-12.

Nourine L. 1999. A fast algorithm for building lattices. Information Processing Letters, 71: 199-204.

OSTP(Office of Science and Technology Policy/Executive Office of the President). 2012. Fact Sheet: Big data across the federal government, March 29, www.WhiteHouse.gov/OSTP.

Pawlak Z. 1981. Information systems – theoretical foundations. Information Systems, 6: 205-218.

Pawlak Z. 1982. Rough sets. International Journal of Computer and Information Sciences, 11(5): 341-356.

Pawlak Z. 1984. Rough classification. International Journal of Man-Machine Studies, 20: 469-483.

Pawlak Z. 1985. Rough sets and fuzzy sets. Fuzzy Sets and System, 17: 99-102.

Pawlak Z. 1991. Rough Sets: Theoretical Aspects of Reasoning about Data. London: Kluwer Academic Publishers.

Pawlak Z. 1997. Rough sets. In Rough Sets and Data Mining Analysis for Imprecise Data, edited by Lin T Y and Cercone N. London: Kluwer Academic Publishers, 3-7.

Pawlak Z. 1998. Rough set elements. In Rough Sets in Knowledge Discovery 1: Methodologies and Applications. Studies in fuzziness and soft computing, Vol.18, edited by Polkowski L, Skowron A. Heidelberg: Physica-Verlag, 10-30.

Pawlak Z. 1999. Rough sets, rough Function and rough calculus. Rough-Fuzzy Hybridization: A New Trend in Decision-Making, edited by PAL S, Skowron A. Singapore: Spring-Verlag: 99-108.

Pawlak Z, Polkowski L, Skowron A. 2000. Rough sets and rough logic: A KDD perspective. Rough Methods and Applications: New Developments in Knowledge Discovery in Information Systems, edited by Polkowski L, Tsumoto S, Lin T Y. Berlin: Phisica-Verlag: 583-648.

Piatetsky-Shapiro G. 1994. An overview of knowledge discovery in databases: Recent progress and challenges. In: Rough Sets, Fuzzy Sets and Knowledge Discovery, edited by Wojciech P. Ziarko(Berlin: Springer-Verlag), 1-10.

Pitt L, Reinke R E. 1988. Criteria for polynomial time(conceptual)clustering. Machine Learning, 2(4): 371-396.

Polkowski L, Skowron A. 1998a. Rough Sets in Knowledge Discovery 1: Methodologies and Applications. Studies in Fuzziness and Soft Computing, Vol.18, Heidelberg: Physica-Verlag.

Polkowski L, Skowron A. 1998b. Rough Sets in Knowledge Discovery 2: Applications, Case Studies and Software Systems. Studies in Fuzziness and Soft Computing, Vol.19, Heidelberg: Physica-Verlag.

Polkowski L, Tsumoto S, Lin T Y. 2000. Rough Sets Methods and Applications: New Developments in Knowledge Discovery in Information Systems. Heidelberg: Physica-Verlag.

Qiao L, Chen S, Tan X. 2010. Sparsity preserving projections with applications to face recognition. Pattern Recognition, 43(1): 331-341.

Quinlan J R. 1993. C4.5: Programs for Machine Learning. San Mateo: Morgan Kaufmann.

Ramachandran R, et al. 1999. Algorithm Development and Mining(ADaM)System for Earth Science Applications, 1-4.

Reinartz T. 1999. Focusing Solutions for Data Ming: Analytical Studies and Experimental Results in Real-World Domains. Berlin: Springer.

Ren S, He K, Girshick R, et al. 2015. Faster R-CNN: Towards real-time object detection with region proposal networks. IEEE Transactions on Pattern Analysis & Machine Intelligence, 99: 1-1.

Rui Y, Huang T S. 1999. Image retrieval: Current techniques, promising directions and open issues. Journal of Visual Communication and Image Representation, 10: 39-62.

Russ J C. 1992.The Image Processing Handbook. Boca Raton, Fla: CRC Press.

Samal A. Bhatia S, Vadlamani P, et al. 2009. Searching Satellite Imagery with Integrated Measures. Pattern Recognition, 42(11): 2502-2513.

Schneider M. 1997. Spatial Data Types for Database Systems, Lecture Notes in Computer Science, 1288. Berlin: Springer.

Schölkopf B, Platt J, Hofmann T. 2006. Graph-based visual saliency. Advances in Neural Information Processing Systems: 545-552.

Serra J. 1982. Image Analysis and Mathematical Morphology. London: Academic Press.

Sester M. 2000. Knowledge acquisition for the automatic interpretation of spatial data. International Journal of Geographical Information Science, 14(1): 1-24.

Shafer G. 1976. A Mathematical Theory of Evidence. Princeton: Princeton University Press.

Shao P, Shi W, He P, et al. 2016. Novel approach to unsupervised change detection based on a robust semi-supervised FCM clustering algorithm. Remote Sensing, 8(3): 264.

Sheikholeslami G, Chatterjee S, Zhang A. 1998. Wavecluster: A multi-resolution clustering approach for very large spatial databases. Proceedings of the 24th Very Large Databases Conference(VLDB 98). New York, NY.

Shekhar S, Lu C, Zhang P. 2003. A unified approach to detecting spatial outliers. GeoInformatica, 7(2): 139-166.

Shi W Z, 2010. Principles of Modelling Uncertainties in Spatial Data and Spatial Analyses. London: CRC Press.

Shi W Z, Fisher P F, Goodchild M F. 2002. Spatial Data Quality. London: Taylor & Francis.

Siam M, Elsayed R, Elhelw M. 2012. On-board multiple target detection and tracking on camera-equipped aerial vehicles// Robotics and Biomimetics(ROBIO), 2012 IEEE International Conference on. 2399-2405.

Skowron A, Grzymala-busse J. 1993. From rough set theory to evidence theory. In Advances in the Dempster-Shafer Theory of Evidence, edited by R. Yager, M. Fedrizzi and J. Kasprzykpages, New York: John Wiley and Sons, 193-236.

Slocum T A. 1999. Thematic Cartography and Visualization. Prentice: Prentice Hall.

Smets P. 1996. Imperfect information: Imprecision and uncertainty. Uncertainty Management in Information Systems. London: Kluwer Academic Publishers. 225-254.

Smith G M, Curren P J. 1999. Methods for estimating image signal-to-noise ratio. In: Advances in remote sensing and GIS analysis, edited by Atikonson P M and Tate N J. Chichester: John Wiley & Sons, 61-74.

Smithson M J. 1989. Ignorance and Uncertainty: Emerging Paradigms. New York: Springer-Verlag.

Soukup T, Davidson I. 2002. Visual Data Mining: Techniques and Tools for Data Visualization and Mining. New York: Wiley Publishing.

Srivastava J. Cheng P Y. 1999. Warehouse creation—a potential roadblock to data warehousing. IEEE Transactions on Knowledge and Data Engineering, 11(1): 118-126.

Sun K, Chen Y. 2010. The Application of objects change vector analysis in object-level change detection. International Conference on Computational Intelligence and Industrial Application(PACIIA), 15(4): 383-389.

Sun W, Wang S L. 2011. Research on Landslide Early Warning Method Based on Parallel Coordinates, Energy Procedia, 13: 8355-8363.

Thonfeld F, Feilhauer H, Braun M, et al. 2016. Robust change vector analysis(RCVA)for multi-sensor very high resolution optical satellite data. International Journal of Applied Earth Observation & Geo-information. 131-140.

Tung A K H, Hou J, Han J. 2001. Spatial clustering in the presence of obstacles. IEEE Transactions on Knowledge and Data Engineering: 359-367.

Van M. 1994. Extraction of mineral absorption features from high-spectral resolution data using non-parametric geostatistical techniques. International Journal of Remote Sensing, 15: 2193-2214.

Wang C, Xu M, Wang X, et al. 2013. Object-oriented change detection approach for high-resolution remote sensing images based on multi-scale fusion. Journal of Applied Remote Sensing, 7(1): 073696.

Wang J, Yang J, Muntz R. 2000. An approach to active spatial data mining based on statistical information. IEEE Transactions on Knowledge and Data Engineering, 12(5): 715-728.

Wang S. Yang S, Jiao L. 2016. Saliency-guided change detection for SAR imagery using a semi-supervised Laplacian SVM. Remote Sensing Letters, 7(11): 1043-1052.

Wang S L. 2011. Spatial data mining under the smart Earth. Proceedings of IEEE International Conference on Granular Computing, Taiwan, China, May 16-18, 557-560.

Wang S L, Chi H, Feng X, et al. 2009. Human facial expression mining based on cloud model, Proceedings of IEEE International Conference on Granular Computing(IEEE GrC 2009), Nanchang, China, May 16-18, 557-560.

Wang S L, Gan W Y, Li D Y, et al. 2011. Data field for hierarchical clustering, International Journal of Data Warehousing and Mining, 7(4): 43-63.

Wang S L, Li D, Shi W, et al. 2003a. Cloud model-based spatial data mining. Annals of GIS, 9(2): 67-78.

Wang S L, Li D, Shi W, et al. 2003b. Geo-rough space. Geo-Spatial Information Science, 6(1): 11-19.

Wang S L, Shi W. 2012. Chapter 5 Data Mining, Knowledge Discovery. In: Wolfgang Kresse W and Danko D.(eds.)Handbook of Geographic Information(Berlin: Springer), 123-142.

Wang S L, Wang D K, Li C Y, et al. 2016a. Clustering by fast search and find of density peaks with data field. Chinese Journal of Electronics, 25(3): 397-402.

Wang S L, Wang X Z, Shi W Z. 2002. Spatial data cleaning. Proceedings of the First International Workshop on Data Cleaning and Preprocessing, edited by Zhang S, Yang Q, Zhang C, Maebashi TERRSA, Maebashi City, Japan, December 9th – 12th, 88-98.

Wang W, Zhao Z, Zhu H. 2009. Object-oriented change detection method based on multi-scale and multi-feature fusion. Urban Remote Sensing Joint Event: 1-5.

Wang Z, Miao Z, Wu Q M J, et al. 2013. Low-resolution face recognition: A review. The Visual Computer, 30(4): 1-28.

Wang Z Y, Klir G J. 1992. Fuzzy Measure Theory. New York: Plenum Press.

Watts D J, Strogatz S H. 1998. Collective dynamics of "small world" networks. Nature, 393: 400-442.

Wilson D L, Baddeley A J, Owens R A. 1997. A new metric for gray-scale image comparison. International Journal of Computer Vision, 24: 5-17.

Witten I, Frank E. 2000. Data Mining, Practical Machine Learning Tools and Techniques with Java Implementation. San Francisca: Morgan Kaufman Publishers.

Xiao P, Yuan M, Zhang X, et al. 2017. Cosegmentation for object-based building change detection from high-resolution remotely sensed images. IEEE Transactions on Geoscience & Remote Sensing, 55(3): 1587-1603.

Xu H, Yang H, Li X, et al. 2015. Multi-Scale Measurement of Regional Inequality in Mainland China during 2005–2010 Using DMSP/OLS Night Light Imagery and Population Density Grid Data. Sustainability, 7: 13469.

Yang J B, Madan G, Singh L. 1994. An evidential reasoning approach for multiple-attribute decision making with uncertainty. IEEE Transactions on System, man, and Cybernetics, 24(1): 1-18.

Yann L, et al. 1988. Gradient-based learning applied to document recognition. IEEE, November[S1].

Yao Y Y, Wong S K M, Lin T Y. 1997. A review of rough set models. In Rough Sets and Data Mining Analysis for Imprecise Data, edited by Y.LIN and N.CERCONE. London: Kluwer Academic Publishers: 47-75.

Zadeh L A. 1965. Fuzzy sets. Information and Control, 8(3): 338-353.

Zaïane O R, Han J. Li Z N, et al. 1998. Multimedia-miner: A system prototype for multimedia data mining, Proceedings of 1998 CMSIGMOD Conference on Management of Data, Seattle, Washington, June.

Zaki M J, Ogihara M. 2002. Theoretical foundations of association rules. 3rd SIGMOD Workshop on Research Issues in Data Mining and Knowledge Discovery: 1-8.

Zhang H, Gong M, Zhang P, et al. 2016. Feature-level change detection using deep representation and feature change analysis for multispectral imagery. IEEE Geoscience and Remote Sensing Letters, 13(11): 1666-1670.

Zhang J X, Goodchild M F. 2002. Uncertainty in Geographical Information. London: Taylor & Francis.

Zhang T, Ramakrishnan R, Livny M. 1996. BIRCH: An efficient data clustering method for very large databases. Proceedings of the 1996 ACM SIGMOD International Conference on Management of Data, Montreal, Canada, 103-114.

Zhou L, Gao G, Li Y, et al. 2016. Change detection based on conditional random field with region connection constraints in high-resolution remote sensing images. IEEE Journal of Selected Topics in Applied Earth Observations & Remote Sensing, 9(8): 3478-3488.

Zhuang Y, Zhang J, Wu F. 2007. Hallucinating faces: LPH super-resolution and neighbor reconstruction for residue compensation. Pattern Recognition, 40(11): 3178-3194.

# 后　记

　　空间大数据的主要内容是 GIS 数据和遥感图像，遥感技术的发展，以及地理信息系统的完善，极大地加速了数据的生产、传输、复制和再生的能力，已经远超人类的分析、理解和应用能力。人类被数据淹没却饥渴于数据的状况，迄今仍然没有实质的改变。GIS 数据挖掘和遥感图像挖掘，是空间数据挖掘的两大科学任务，更是两大难点。

　　"笼天地于形内，挫万物于笔端。"本书构建了空间数据挖掘的相互作用形式化理论，提出了挖掘视角描述相互作用的各向异性，数据场建模相互作用的一般规律，云模型转换相互作用的定性知识和定量数据，地学粗空间保持现实世界的相互作用在信息世界的本真。引入了深度学习，开创了时空分布的视频数据挖掘、夜光遥感图像挖掘、无人机目标跟踪等新方向，并提供人道主义灾难救助的技术支撑。在"一带一路"、灾害监测、空间资源配置、防灾减灾等重大需求中，这些理论方法获得成功应用。

　　在地球空间信息学中，空间数据挖掘的机遇和挑战同时并存。"问渠那得清如许？为有源头活水来。"时空数据提供了无尽的数据资源，增添了空间数据挖掘的活力。同时，也倒逼空间数据挖掘从理论上根本解决问题，如时空分布的视频数据挖掘、多源空间数据的融合、空间数据挖掘的不确定性、网络化空间数据挖掘、空间数据挖掘语言、智能化交互式空间数据挖掘、空间数据挖掘的安全等问题。本书成果及其将来的深入，无疑对空间数据挖掘的应用有借鉴意义。

　　现在，大数据已经渗透入人们的学习、工作和生活，空间数据挖掘是充分发挥其价值的利器，同时也困难重重。尽管如此，"已是悬崖百丈冰，犹有花枝俏。"我们还是要努力创新，攻克难关。"忽如一夜春风来，千树万树梨花开。"我们期待着这方面研究取得突破性成果。